Toni C. Stocker, Ingo Steinke
Statistik

Toni C. Stocker, Ingo Steinke

Statistik

Übungsbuch

2., korrigierte Auflage

DE GRUYTER
OLDENBOURG

ISBN 978-3-11-074411-8
e-ISBN (PDF) 978-3-11-074418-7
e-ISBN (EPUB) 978-3-11-074427-9

Library of Congress Control Number: 2021947430

Bibliografische Information der Deutschen Nationalbibliothek
Die Deutsche Nationalbibliothek verzeichnet diese Publikation in der Deutschen
Nationalbibliografie; detaillierte bibliografische Daten sind im Internet über
http://dnb.dnb.de abrufbar.

© 2022 Walter de Gruyter GmbH, Berlin/Boston
Einbandabbildung: Toni C. Stocker, Ingo Steinke
Druck und Bindung: CPI books GmbH, Leck

www.degruyter.com

Vorwort zur 2. Auflage

In der nun vorliegenden Auflage wurden die bis dato entdeckten Fehler der Erstauflage korrigiert. In diesem Zusammenhang möchten wir uns ganz herzlich bei allen aufmerksamen Leserinnen und Lesern bedanken, die uns hier in den letzten Jahren Hinweise gegeben haben. Ferner erscheint das Drucklayout in neuem Gewand. Ansonsten blieben alle Inhalte unverändert.

Mannheim, im August 2021   Toni Stocker und Ingo Steinke

Begleitendes Lehrbuch

Stocker, T.C. und Steinke, I. (2022): Statistik – Grundlagen und Methodik. München: De Gruyter Oldenbourg.

Hinweis

Die Autoren spenden ihr Honorar dem Bundesverband von „MENTOR - Die Leselernhelfer". Webseite: http://www.mentor-bundesverband.de

https://doi.org/10.1515/9783110744187-202

Vorwort

Das vorliegende Übungsbuch enthält Aufgaben und Lösungen zu den Themen deskriptive Statistik, Wahrscheinlichkeitsrechnung und schließende Statistik. Es behandelt die beschreibende Statistik ein- und zweidimensionaler Daten, elementare Wahrscheinlichkeitsrechnung, das Rechnen mit Zufallsvariablen und Zufallsvektoren, das Schätzen und Testen von Parametern sowie erste Schritte in die lineare Regression. Das Buch versteht sich als Begleittext zum Lehrbuch „Statistik – Grundlagen und Methoden" von Stocker und Steinke [2022], ist aber auch unabhängig davon für Studierende geeignet, die sich mit dem Thema Statistik aktiv auseinander setzen wollen.

Die Aufgaben bestehen zum großen Teil aus Rechenaufgaben, die dazu dienen, sich mit den in der Statistik üblichen Formeln und Denkweisen vertraut zu machen, und in geringerem Umfang aus Theorieaufgaben, in denen theoretisches Wissen abgefragt wird bzw. Aussagen oder Formeln hergeleitet werden sollen. Einige Aufgaben, die anspruchsvoller sind, als es für eine Einführung in die Grundlagen der Statistik notwendig wäre, sind mit einem Stern gekennzeichnet.

Im Übungsbuch werden überwiegend Standardthemen aus dem Bereich Statistik behandelt. Es wird vorausgesetzt, dass der Leser ein gewisses Vorwissen hat oder dabei ist, es sich mit einem geeigneten Lehrbuch, z.B. Stocker und Steinke [2022], anzueignen. Die Formeln, die zur Lösung der Aufgaben benötigt werden, sollten daher im Prinzip bekannt sein. Sie werden in den Lösungen aber in der Regel in allgemeiner Form noch einmal angegeben und teilweise bereits bei der Formulierung der Übungsaufgaben vorgestellt. Alle Abbildungen und Tabellen in diesem Buch sind, sofern nicht anders gekennzeichnet, eigene Darstellungen. Die Aufgaben sind zu einem großen Teil alte Klausuraufgaben oder Übungsaufgaben, die über viele Jahre hinweg in der Lehre der Autoren verwendet wurden. Die ursprüngliche Inspiration für einzelne Aufgaben ist nicht mehr immer bekannt und Übereinstimmungen mit in anderer Literatur veröffentlichten Aufgaben sind nicht beabsichtigt, aber auch nicht vollständig ausgeschlossen. In diesem Übungsbuch werden – wie häufig in der statistischen Literatur üblich – bei der Dezimalstellenschreibweise Punkte anstelle von Kommata verwendet.

Sofern das Übungsbuch als Begleitbuch zu Stocker und Steinke [2022] verwendet wird, sei darauf hingewiesen, dass nicht jedem Kapitel des Lehrbuches ein Kapitel des Übungsbuches gewidmet ist. Die thematische Zuordnung zwischen den Kapiteln ist in folgendender Tabelle zusammengefasst.

https://doi.org/10.1515/9783110744187-203

Lehrbuch	Übungsbuch
Kapitel 1–4	Kapitel 1
Kapitel 5	Kapitel 2
Kapitel 6	Kapitel 3
Kapitel 7–8	Kapitel 4
Kapitel 9–10	Kapitel 5
Kapitel 11	Kapitel 6
Kapitel 12	Kapitel 7

Wir danken Herrn Dr. S. Giesen und Frau J. Conrad vom Verlag De Gruyter für die angenehme Zusammenarbeit.

Mannheim, im Juli 2016   Toni Stocker und Ingo Steinke

Inhalt

1 Beschreibung empirischer Verteilungen

Aufgabe 1.1

(a) Geben Sie zu den folgenden Merkmalen drei verschiedene Merkmalsausprägungen an:

Größe, Farbe, Rang (in der Armee), Wurfweite, Alter, Gehalt, Zensur.

(b) Entscheiden Sie, ob die in (a) angegebenen Merkmale nominal, ordinal oder metrisch skaliert sind.

Aufgabe 1.2

Gegeben ist eine Menge von Ausdrücken.

100m-Laufzeit	Flugdauer	Mathenote
London-Paris	2	Schülerinnen
Sportler	12.3 s	Flugstrecken
Julia	Paul	1:50 h

Ordnen Sie diese Ausdrücke den Begriffe

Grundgesamtheit, Merkmalsträger, Merkmal, Merkmalsausprägung

so zu, dass jeder Grundgesamtheit ein Merkmalsträger, jedem Merkmalsträger ein Merkmal und dem Merkmal eine Merkmalsausprägung zugeordnet ist. Nicht alle Zuordnungen sind dabei eindeutig.

Aufgabe 1.3

Gegeben seien die folgenden Beobachtungswerte:

$$x_1 = 3, \ x_2 = 5, \ x_3 = 3, \ x_4 = 0, \ x_5 = 2, \ x_6 = 1, \ x_7 = 1, \ x_8 = 3.$$

(a) Bestimmen Sie $\sum_{i=2}^{4} x_i$.

(b) Stellen Sie eine Häufigkeitstabelle auf, in der Sie die absoluten und relativen Häufigkeiten der verschiedenen Ausprägungen der x_i angeben.

(c) Bestimmen Sie die relative Häufigkeit für das Auftreten von 2, $f_n(2)$, und die empirische Verteilungsfunktion an der Stelle 2, $F_n(2)$.

(d) Bestimmen Sie $\sum_{i=1}^{8} f_n(i)$.

https://doi.org/10.1515/9783110744187-001

(e) Skizzieren Sie die empirische Verteilungsfunktion F_n zu den Beobachtungswerten.

Aufgabe 1.4

Abbildung 1.1 zeigt die empirische Verteilungsfunktion, die basierend auf einer Stichprobe von 7 Beobachtungen erstellt wurde.

Bestimmen Sie, wie häufig die Werte 2 bzw. 3 in der Stichprobe vorkommen.

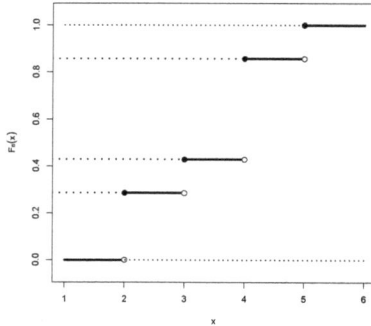

Abb. 1.1: Aufgabe 1.4   **Abb. 1.2:** Aufgabe 1.5

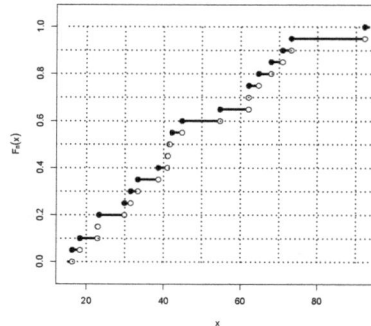

Aufgabe 1.5

Gegeben sei die empirische Verteilungsfunktion F_n aus Abbildung 1.2 zu den Beobachtungswerten $x_1, \ldots, x_n$ mit $n = 20$.

Bestimmen Sie den Anteil der Beobachtungswerte x_i, die

(a) kleiner oder gleich 30 sind.

(b) größer als 70 sind.

(c) größer als 40 und kleiner oder gleich 60 sind.

Aufgabe 1.6

Gegeben sei folgendes Stamm-Blatt-Diagramm:

0 | 67778899

1 | 001111

1 | 6

Die Dezimalstelle ist eine Stelle rechts von |.

(a) Bestimmen Sie die Anzahl der dargestellten Werte.

(b) Ermitteln Sie den kleinsten und größten ablesbaren Wert.

(c) Entscheiden Sie, ob die Verteilung der Daten symmetrisch, links- oder rechts-schief ist.

Aufgabe 1.7

Gegeben seien folgende Daten:

2.17   0.94   0.16   1.41   0.63   0.32   1.87   1.11   0.20   0.27   0.38   0.34.

Erstellen Sie ein Stamm-Blatt-Diagramm zur Klassenbreite 1.

Aufgabe 1.8

Gegeben sei folgendes Stamm-Blatt-Diagramm:

Zeile 1:   -1 | 763

Zeile 2:   -0 | 00

Zeile 3:   0 | 3688

Zeile 4:   1 | 1

Die Dezimalstelle ist zwei Stellen rechts von |. Die Klassengrenzen des obigen Diagramms sind links abgeschlossen und rechts offen.

Nehmen Sie Stellung zu folgenden Aussagen: Bei Hinzufügen des Wertes

(a) 100 müsste man in Zeile 3 eine 0 einfügen.

(b) 1000 müsste das bestehende Diagramm um eine zusätzliche Zeile erweitert werden.

Aufgabe 1.9

Ein Datensatz ergab das Histogramm von Abbildung 1.3.

Bestimmen Sie

(a) den Anteil der Werte, die kleiner oder gleich 3 sind.

(b) den Anteil der Werte, die größer als 5 sind.

(c) den Median der klassierten Daten.

Hinweis: Die Klassengrenzen sind links offen und rechts abgeschlossen, haben also die Form „$(c_{j-1}, c_j]$".

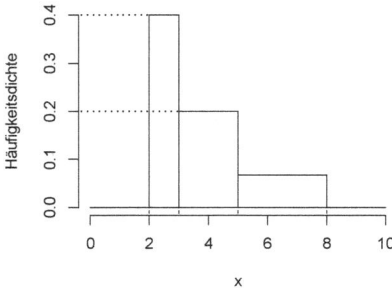

Abb. 1.3: Aufgabe 1.9

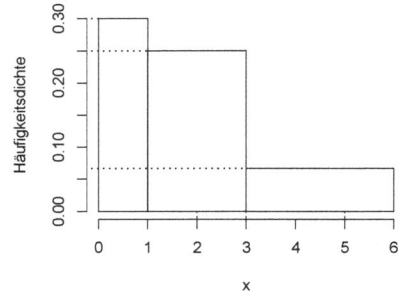

Abb. 1.4: Aufgabe 1.12

Aufgabe 1.10

Stellen Sie die Verteilung der nachfolgenden Daten mit einem Histogramm grafisch dar. Verwenden Sie die Klassenbreite 0.5 und beginnen Sie die Klasseneinteilung an der Stelle 1.5.

$$3.27 \quad 4.56 \quad 1.72 \quad 3.12 \quad 3.48 \quad 2.57 \quad 2.01 \quad 1.53 \quad 3.11 \quad 1.60$$
$$2.68 \quad 2.58 \quad 2.27 \quad 3.51 \quad 2.41 \quad 2.48 \quad 2.34 \quad 2.44 \quad 2.40 \quad 3.35$$

Aufgabe 1.11

Für die Klasseneinteilung gewisser Beobachtungswerte ergebe sich folgende Tabelle:

j	$(c_{j-1}, c_j]$	$\tilde{f}_j$
1	(0,100]	0.6
2	(100,400]	0.3
3	(400,800]	0.1

$\tilde{F}_n$ bezeichne die empirische Verteilungsfunktion der klassierten Daten.

(a) Bestimmen Sie den Wert von $\tilde{F}_n$ an den Stellen 500 und 900.

(b) Bestimmen Sie den Modalwert der klassierten Daten.

(c) Entscheiden Sie, ob die sich ergebene Verteilung symmetrisch, rechtsschief oder linksschief ist.

Aufgabe 1.12

Wir betrachten das Histogramm in Abbildung 1.4. Überprüfen Sie die Richtigkeit folgender Aussagen:

(a) Im Intervall (0, 1] liegen mehr Werte als im Intervall (1,3].

(b) Mehr als 10% aller Werte liegen im Intervall $(3, 6]$.

Bestimmen Sie für die korrespondierende (approximative) empirische Verteilungsfunktion $\tilde{F}_n$ die Ausdrücke

(c) $\tilde{F}_n(3)$ und $\tilde{F}_n(7) - \tilde{F}_n(1)$.

Aufgabe 1.13
Zur Erstellung eines Mietspiegels werden in einem Stadtbezirk die Nettomieten erhoben. Dabei ergibt sich unter Verwendung konventioneller Notation nachfolgende Übersicht.

j	$(c_{j-1}, c_j]$	$\tilde{n}_j$
1	$(0, 300]$	10
2	$(300, 400]$	30
3	$(400, 600]$	40
4	$(600, 1000]$	20

Korrespondierend dazu kann man ein Histogramm erstellen.

(a) Bestimmen Sie $\sum_{j=1}^{4} \tilde{n}_j + \sum_{j=1}^{4} 1$.

(b) Ermitteln Sie die relativen Klassenhäufigkeiten, $\tilde{f}_j$.

(c) Bestimmen Sie die Säulenhöhen des Histogramms und zeichnen Sie es.

(d) $\tilde{F}_n(x)$ bezeichne die (approximative) empirische Verteilungsfunktion zur Klasseneinteilung. Bestimmen Sie $\tilde{F}_n(500)$ und $\tilde{F}'_n(500)$.

Aufgabe 1.14
Die Durchschnittsgröße der männlichen Studierenden am Fachbereich Mathematik betrage 183 cm bei einer Standardabweichung von 5 cm, die der weiblichen Studierenden 169 cm bei einer Standardabweichung von 4 cm. Angenommen, es gebe drei Mal so viele männliche wie weibliche Studierende. Bestimmen Sie

(a) die Durchschnittsgröße aller Studierenden.

(b) die Standardabweichung der Größen aller Studierenden.

Aufgabe 1.15
Gegeben seien die folgenden 6 Beobachtungswerte 3, 6, 2, −1, 5, 12.

(a) Bestimmen Sie das arithmetische Mittel $\bar{x}$ und die (empirische) Varianz $\bar{s}^2$ der Daten.

Angenommen, zu diesen 6 Werten kommen 10 weitere Werte mit Mittelwert 0 und Varianz 15 hinzu. Bestimmen Sie

(b) das Gesamtmittel aller 16 Werte.

(c) die Gesamtvarianz aller 16 Werte.

Aufgabe 1.16

Gegeben seien 10 metrisch skalierte, positive Beobachtungswerte $x_1, \ldots, x_{10}$ mit

$$\sum_{i=1}^{10} x_i^2 = 10000 \quad \text{und} \quad \tilde{s}^2 = 600.$$

Bestimmen Sie $\bar{x}$.

Aufgabe 1.17

In einem Unternehmen sind 400 Männer und 100 Frauen beschäftigt. Das durchschnittliche Nettomonatsgehalt bei den Männern beträgt 3600 Euro bei einer (empirischen) Standardabweichung von 400 Euro. Bei den Frauen liegt das Durchschnittsgehalt bei 3300 Euro bei einer (empirischen) Standardabweichung von 200 Euro.

Bestimmen Sie

(a) das Durchschnittsgehalt aller Mitarbeiter.

(b) die (empirische) Standardabweichung aller Gehälter.

Angenommen, alle Gehälter werden von Euro in Dollar umgerechnet, wobei 1 Euro = 1.29 Dollar gelte.

(c) Bestimmen Sie dann das Durchschnittsgehalt und die Standardabweichung aller Gehälter in Dollar.

Aufgabe 1.18

(a) In einer Volkswirtschaft wuchs das Bruttoinlandsprodukt in 5 Jahren von 2 auf 2.5 Billionen Euro. Bestimmen Sie das durchschnittliche jährliche Wachstum des Bruttoinlandsprodukts dieser Volkwirtschaft in diesem Zeitraum.

(b) Ein Wertpapier habe zu Wochenbeginn den Wert von 100 Euro. Der Wert des Wertpapiers nehme am Montag um 2% zu. Am Dienstag fällt der Wert um 2%. Am Mittwoch steigt der Wert wieder um 2%. Am Donnerstag fällt der Wert wieder um 2%. Bestimmen Sie den Wert des Wertpapiers am Donnerstag.

Aufgabe 1.19

(a) Der Bierausstoß einer Brauerei ging innerhalb von 10 Jahren von 1400 Hektoliter auf 900 Hektoliter zurück. Bestimmen Sie den Prozentsatz, um den die Bierproduktion durchschnittlich jährlich schrumpfte.

(b) Bei einer anderen Brauerei ging im gleichen Zeitraum die Jahresproduktion jährlich um durchschnittlich 5% auf ein Niveau von 1200 Hektoliter zurück. Bestimmen Sie die Jahresproduktion am Anfang des Zeitraumes.

Aufgabe 1.20

Gegeben seien die folgenden Beobachtungswerte:

$$x_1 = -1, \quad x_2 = -1, \quad x_3 = 3, \quad x_4 = -4, \quad x_5 = 0, \quad x_6 = 2, \quad x_7 = 5.$$

Bestimmen Sie

(a) $\frac{1}{7} \sum_{i=1}^{7} |x_i - \tilde{x}_{0.5}|$.

(b) $x_{([5.7])}$ und $\tilde{x}_{0.8}$.

Aufgabe 1.21

Gegeben seien die folgenden 8 Beobachtungswerte: 2, 0, 5, 8, −5, 1, −3, 4.
Ermitteln Sie

(a) $x_{([3.8])}$, $\tilde{x}_{0.8}$ und $\tilde{x}_{0.25}$.

(b) den Median der absoluten Abweichungen vom Median (MAD, „Median Absolute Deviations").

Aufgabe 1.22

Ist die folgende Aussage richtig?

Bei einer rechtsschiefen unimodalen Verteilung ist nach der Fechner'schen Lageregel der Modalwert in der Regel größer als der Median.

Aufgabe 1.23

Abbildung 1.5 stellt einen Boxplot zu 20 Beobachtungswerten, $x_1, \ldots, x_{20}$, dar. Der Median der Daten sei 4.44, die beiden Quartile 4.22 bzw. 5.03.

(a) Können die Werte 5.5 bzw. 7.0 zu den Beobachtungswerten x_i gehören?

(b) Bestimmen Sie den Quartilskoeffizienten der Schiefe $QS_{0.25}$.

(c) Wenn man alle x_i-Werte mit 10 multipliziert und 5 addiert, würde sich dann die Gestalt des Boxplots (abgesehen von der Achsenskalierung) ändern?

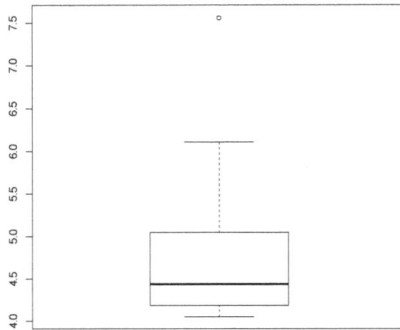

Abb. 1.5: Aufgabe 1.23 **Abb. 1.6:** Aufgabe 1.24

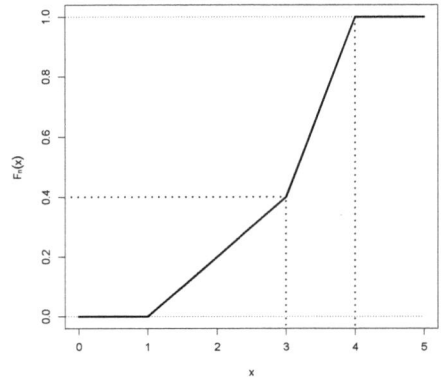

Aufgabe 1.24

Gegeben seien Beobachtungswerte eines stetigen Merkmals, welche klassiert vorliegen und zur (approximativen) Verteilungsfunktion $\tilde{F}_n$ aus Abbildung 1.6 führen. Prüfen Sie auf Grundlage der klassierten Daten folgende Aussagen:

(a) $x_{mod} > \tilde{x}_{0.5} > \overline{x}$.

(b) Es liegt eine linksschiefe Verteilung vor.

(c) $QS_{0.05} < 0$.

Aufgabe 1.25

Gegeben seien die Beobachtungswerte 7, 2, 10, 12, 1, 4, 8 und 20.

(a) Erstellen Sie einen Boxplot. Bestimmen Sie die Länge der (inneren) Box des Boxplots und alle im Boxplot dargestellen Ausreißer.

(b) Bestimmen Sie den MAD der Beobachtungswerte.

Aufgabe 1.26

Gegeben seien die folgenden 10 Beobachtungswerte:

$$1, -1, -2, 0, 1, 0, 2, 4, 8, 20.$$

(a) Bestimmen Sie den Median der Daten.

(b) Ermitteln Sie das 0.25-Quantil.

(c) Bestimmen Sie (empirische) Varianz der Beobachtungswerte.

Aufgabe 1.27

Gegeben seien die folgenden 5 Beobachtungswerte: 2, 6, 4, 8, 20.

(a) Zeichnen Sie die Lorenzkurve.

(b) Liegt der Punkt mit den Koordinaten (0.5, 0.1) unterhalb der Lorenzkurve?

(c) Bestimmen Sie den Gini-Koeffizienten und den normierten Gini-Koeffizienten.

Aufgabe 1.28

In Land A besitzen 80% der ärmeren Bevölkerung nur 10% des privaten Landes, während sich die reichsten 20% der Bevölkerung die restlichen 90% aufteilen.

Im Land B besitzen 80% der ärmeren Bevölkerung nur 5% des privaten Landes, während sich die reichsten 20% der Bevölkerung den Rest aufteilen.

Gehen Sie jeweils davon aus, dass alle Personen, die zur ärmeren Bevölkerung zählen, gleich viel Land besitzen, und alle Personen, die zur reicheren Bevölkerung gehören, gleich viel Land besitzen.

(a) Bestimmen Sie die Konzentrationsmaßzahlen nach Gini an privatem Landbesitz für Land A und Land B.

(b) Ist die Konzentration an privatem Landbesitz nach Gini im Land B doppelt so groß wie im Land A?

(c) Angenommen, alle privaten Grundbesitzer (kleine und große) müssten jeweils die Hälfte ihres Landes an den Staat abgeben. Wie ändert sich dann die Konzentrationsmaßzahl für den privaten Landbesitz?

Aufgabe 1.29

$x_1, \ldots, x_n$ seien Beobachtungswerte. Die Funktion f sei definiert als

$$f(c) = \frac{1}{n} \sum_{i=1}^{n} |x_i - c| \tag{1.1}$$

für reelles c.

Skizzieren Sie f für die Beobachtungswerte

$$1, -1, -2, 0, 1, 0, 2, 4, 8, 20.$$

Für welche c wird f minimal bzw. maximal?

*Aufgabe 1.30

$x_1, \ldots, x_n$ seien Beobachtungswerte. Zeigen Sie allgemein, dass das 0.5-Quantil die Funktion f aus (1.1) minimiert.[1]

Aufgabe 1.31

Wir definieren als Streuungsmaßzahl

$$s_X^* = \left[\frac{1}{n} \sum_{i=1}^{n} (x_i - \bar{x})^3 \right]^{1/3}.$$

Stellen Sie fest und begründen Sie, ob s_X^*

(a) verschiebungsinvariant bzw. verschiebungsäquivariant ist.

(b) skaleninvariant bzw. skalenäquivariant ist.

Aufgabe 1.32

Es gibt verschiedene Möglichkeiten, die Robustheit von Kennwerten zu bewerten. Ein einfaches Kriterium könnte man so formulieren: Ein Kennwert heißt *robust*, wenn er sich nicht ändert, wenn man den größten Beobachtungswert durch einen noch größeren oder den kleinsten Beobachtungswert durch einen noch kleineren ersetzt.

(a) Verwenden Sie zunächst die Daten $x_1 = 1$, $x_2 = 2$ und $x_3 = 3$. Berechnen Sie das arithmetische Mittels $\bar{x}$ und den Median $\tilde{x}_{0.5}$. Ersetzen Sie x_1 durch 0 und x_3 durch 10. Bestimmen Sie erneut das arithmetische Mittel und den Median.

(b) Beurteilen Sie für eine allgemeine Stichprobe vom Umfang $n \geq 3$ die Robustheit im obigen Sinne (i) des arithmetischen Mittels $\bar{x}$ und (ii) des Medians $\tilde{x}_{0.5}$.

---

[1] Einige Aufgaben, die anspruchsvoller sind, als es für eine Einführung in die Grundlagen der Statistik notwendig wäre, sind mit einem Stern gekennzeichnet.

Lösungen

Lösung von Aufgabe 1.1

Wir fassen die möglichen Merkmalsausprägungen und die Zuordnung zu den Skalenarten gemäß Aufgabenstellung (b) in einer Tabelle zusammen:

Merkmal	(a)	(b)
Größe	1.70 m, 1.55 m, 2.10 m	metrisch
Farbe	rot, blau, grün	nominal
Rang	Gefreiter, Leutnant, Major	ordinal
Wurfweite	35 m, 46 m, 41 m	metrisch
Alter	4, 17, 45	metrisch
Gehalt	1500 Euro, 3000 Euro, 5000 Euro	metrisch.
Zensur	„ausreichend", „gut", „sehr gut"	ordinal

Zensuren werden oftmals mit Zahlen dargestellt, drücken aber in erster Linie ein Ranking aus.

Lösung von Aufgabe 1.2

Die folgende Tabelle gibt die Zuordnung der Ausdrücke zu den den Begriffen an.

Grundgesamtheit	Träger	Merkmal	Ausprägung
Schülerinnen	Julia	Mathenote	2
Sportler	Paul	100m-Laufzeit	12.3 s
Flugstrecken	London-Paris	Flugdauer	1:50 h

Lösung von Aufgabe 1.3

(a) Es gilt

$$\sum_{i=2}^{4} x_i = x_2 + x_3 + x_4 = 5 + 3 + 0 = \underline{\underline{8}}.$$

(b) Die verschiedenen Ausprägungen, die x_i annehmen kann, bezeichnen wir mit a_j. n_j gibt an, wie häufig Ausprägung a_j in der Stichprobe vorkommt. Mit Hinblick auf Teilaufgabe (e) wird die Tabelle um die kummulierten relativen Häufigkeiten, $F_n(a_j)$, ergänzt:

$$f_n(a_j) = \frac{n_j}{n}, \qquad F_n(a_j) = \sum_{i:a_i \leq a_j} f_n(a_i). \tag{1.2}$$

a_j	n_j	$f_n(a_j)$	$F_n(a_j)$
0	1	1/8	1/8
1	2	2/8	3/8
2	1	1/8	4/8
3	3	3/8	7/8
5	1	1/8	1
Summe	8	1	

(c) $f_n(2)$ ist die relative Häufigkeit für das Auftreten von 2, also

$$f_n(2) = 1/8 = \underline{\underline{0.125}}.$$

$F_n(2)$ ist die relative Häufigkeit dafür, dass die x_i kleiner oder gleich 2 sind.

$$F_n(2) = \sum_{i:a_i \leq 2} f_n(a_i) = \frac{1}{8} + \frac{2}{8} + \frac{1}{8} = \frac{4}{8} = \underline{\underline{0.5}}.$$

(d) $f_n(i)$ ist die relative Häufigkeit für das Auftreten des Wertes i. Daher sind, vgl. Aufgabenteil (b), $f_n(0) = 1/8$, $f_n(1) = 2/8$, $f_n(2) = 1/8$, $f_n(3) = 3/8$, $f_n(5) = 1/8$ und $f_n(i) = 0$ für alle anderen i.

$$\sum_{i=1}^{8} f_n(i) = f_n(1) + f_n(2) + \cdots + f_n(8)$$

$$= \frac{2}{8} + \frac{1}{8} + \frac{3}{8} + 0 + \frac{1}{8} + 0 + 0 + 0 = \frac{7}{8} = \underline{\underline{0.875}}.$$

(e) Eine Darstellung der empirischen Verteilungsfunktion finden Sie in Abbildung 1.7. Zum Zeichnen wurden die Werte $F_n(a_j)$ aus Aufgabenteil (b) verwendet.

Lösung von Aufgabe 1.4

Die Werte der empirischen Verteilungsfunktion sind kumulierte relative Häufigkeiten und haben die Gestalt k/n, wobei $n = 7$ der Stichprobenumfang ist und $k \in \{0, \ldots, n\}$. Auch wenn man die Werte von F_n nicht genau ablesen kann, muss $F_n(2) = 2/7 \approx 0.2857$ gelten, weil $1/7 \approx 0.1428$ zu klein und $3/7 \approx 0.4286$ zu groß ist. Daher gibt es zwei Beobachtungen, die gleich 2 sind.

Analog kann man schließen, dass $F_n(3) = 3/7 \approx 0.4286$ gilt. Damit ist $f_n(3) = F_n(3) - F_n(2) = 1/7$ die relative Häufigkeit für das Auftreten von 3 und damit gibt es nur eine Beobachtung, die gleich 3 ist.

Lösung von Aufgabe 1.5

$F_n(x)$ gibt an, wie groß der Anteil der Daten ist, die kleiner oder gleich x sind. Daher gibt $1 - F_n(x)$ den Anteil der Daten an, die größer als x sind und für $x < y$ gibt

$$F_n(y) - F_n(x) = \sum_{i:a_j \leq y} f_n(a_j) - \sum_{i:a_j \leq x} f_n(a_j) = \sum_{i:x < a_j \leq y} f_n(a_j) \qquad (1.3)$$

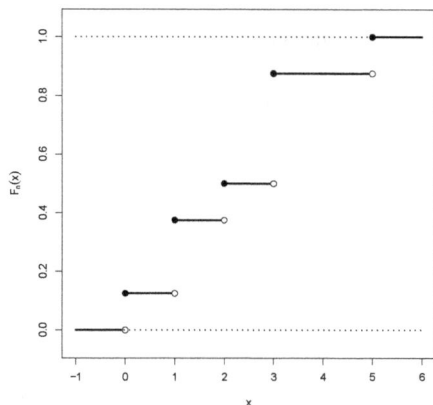

Abb. 1.7: Empirische Verteilungsfunktion zu Aufgabe 1.3

den Anteil der Daten an, die größer als x und kleiner oder gleich y sind. Die F_n-Werte lesen wir aus Abbildung 1.2 ab.

(a) $F_n(30) = 0.25$. Damit sind 25% der Beobachtungswerte kleiner oder gleich 30.

(b) $1 - F_n(70) = 1 - 0.85 = 0.15$. Damit sind 15% der Beobachtungswerte größer als 70.

(c) $F_n(60) - F_n(40) = 0.65 - 0.40 = 0.25$. 25% der Beobachtungswerte sind größer als 40 und kleiner oder gleich 60.

Lösung von Aufgabe 1.6

Der erste Wert des Stamm-Blatt-Diagramms ist 0|6 bzw. 0.6. Mit der Rechtsverschiebung der Dezimalstelle um 1 erhält man 6. Das Stamm-Blatt-Diagramm stellt damit folgende Werte (gerundet) dar:

$$6 \quad 7 \quad 7 \quad 7 \quad 8 \quad 8 \quad 9 \quad 9 \quad 10 \quad 10 \quad 11 \quad 11 \quad 11 \quad 11 \quad 16.$$

(a) Die Stichprobe umfasst somit 15 Werte. Das ist auch gleichzeitig die Gesamtzahl der Ziffern, die rechts von | stehen.

(b) Der kleinste ablesbare Wert ist 0|6 bzw. 6 und der größte ablesbare Wert ist 1|6 bzw. 16.

(c) Eine Stamm-Blatt-Diagramm-Darstellung entspricht einer um 90 Grad gedrehten Histogrammdarstellung zu einer geeigneten Klasseneinteilung. Die Klassenbreite ist in unserem Fall 0.5. Es liegt daher eine rechtsschiefe (rechtsflache) Verteilung der Daten vor.

Lösung von Aufgabe 1.7

Die Werte werden sortiert und auf eine Nachkommastelle gerundet:

$$0.2 \quad 0.2 \quad 0.3 \quad 0.3 \quad 0.3 \quad 0.4 \quad 0.6 \quad 0.9 \quad 1.1 \quad 1.4 \quad 1.9 \quad 2.2$$

Daraus ergibt sich, z.B. folgendes Stamm-Blatt-Diagramm:

$$0 \mid 22333469$$
$$1 \mid 149$$
$$2 \mid 2$$

Lösung von Aufgabe 1.8

Der Eintrag der Zeile 4 ist 1|1 bzw. 1.1. Verschiebt man das Komma um zwei Stellen nach rechts, steht der Eintrag für 110 – auf eine Zehnerstelle gerundet.

(a) Falsch: 100 wäre als 1|0 zu kodieren. In Zeile 4, nicht 3, wäre daher eine 0 zu ergänzen.

(b) Richtig: Der Eintrag zu 1000 würde so aussehen: 10|0. Die Darstellung wäre entsprechend durch eine weitere Zeile zu ergänzen.

Lösung von Aufgabe 1.9

Wir erstellen die folgende Häufigkeitstabelle:

j	$(c_{j-1}, c_j]$	$d_j = c_j - c_{j-1}$	$\tilde{h}_j = \tilde{f}_j / d_j$	$\tilde{f}_j = \tilde{h}_j \cdot d_j$	$\tilde{F}_n(c_j)$
1	$(2, 3]$	1	0.4	0.4	0.4
2	$(3, 5]$	2	0.2	0.4	0.8
3	$(5, 8]$	3	x	$3x$	1.0

$\tilde{h}_j$ sei der Wert des Histogramms im entsprechenden Intervall und $\tilde{f}_j$ die zugehörige relative Klassenhäufigkeit. Da die Höhe des Histogramms über dem Intervall $(5, 8]$ schlecht abzulesen ist, wurde der Wert zunächst auf x gesetzt.

(a) Die Werte sind kleiner oder gleich 3, wenn sie im Intervall $(2,3]$ liegen. Da $\tilde{f}_1 = 0.4$ ist, sind 40% der Beobachtungen kleiner oder gleich 3.

(b) In den Intervallen $(2,3]$ und $(3,5]$ befinden sich insgesamt 80% der Beobachtungen, $\tilde{f}_1 + \tilde{f}_2 = 0.4 + 0.4 = 0.8$. Damit müssen sich die restlichen 20% der Beobachtungen in dem verbleibenden Intervall $(5,8]$ befinden. Folglich sind 20% der Daten größer als 5.

(c) Der Median der Originaldaten lässt sich nicht bestimmen. Aber man kann einen Median auf Grundlage der klassierten Daten bestimmen: Der Median bzw. das 0.5-Quantil muss sich im Intervall $(c_{j-1}, c_j] = (3, 5]$ befinden, da jeweils weniger als 50% der Daten ≤ 3 bzw. > 5 sind, s. auch Aufgabenteile (b) und (c). Dieses Intervall wird auch als *Einfallsklasse* des Quantils bezeichnet. Der Index der Einfallsklasse ist damit in unserem Fall $j = 2$. Dann gilt für die (approximative) Berechnung des Medians, s. Stocker und Steinke [2022], Abschnitt 4.2.2. bzw. Abschnitt 4.3.2,

$$\tilde{x}_\alpha \approx c_{j-1} + \frac{d_j}{\tilde{f}_j}(\alpha - \tilde{F}_n(c_{j-1})), \tag{1.4}$$

$$\tilde{x}_{0.5} \approx 3 + \frac{2}{0.4}(0.5 - 0.4) = \underline{\underline{3.5}}.$$

Der Median der klassierten Daten beträgt 3.5.

Lösung von Aufgabe 1.10

Die Ergebnisse, die zum Zeichnen des Histogramms benötigt werden, sind in der folgenden Tabelle zusammengefasst:

j	$(c_{j-1}, c_j]$	$\tilde{n}_j$	$\tilde{f}_j$	d_j	$\tilde{h}_j = \tilde{f}_j / d_j$
1	$(1.5, 2.0]$	3	0.15	0.5	0.3
2	$(2.0, 2.5]$	7	0.35	0.5	0.7
3	$(2.5, 3.0]$	3	0.15	0.5	0.3
4	$(3.0, 3.5]$	5	0.25	0.5	0.5
5	$(3.5, 4.0]$	1	0.05	0.5	0.1
6	$(4.0, 4.5]$	0	0.00	0.5	0.0
7	$(4.5, 5.0]$	1	0.05	0.5	0.1

$\tilde{n}_j$ gibt dabei an, wie viele der Beobachtungen in das Intervall $(c_{j-1}, c_j]$ fallen. Das muss zunächst gezählt werden. Die Klassenbreiten $d_j = c_j - c_{j-1}$ betragen alle 0.5. Die letzte Spalte der Tabelle gibt die Balkenhöhen $\tilde{h}_j$ des Histogramms über dem Intervall $(c_{j-1}, c_j]$ an. Die Darstellung des Histogramms findet sich in Abbildung 1.8.

Lösung von Aufgabe 1.11

(a) Da alle Beobachtungen kleiner oder gleich 800 sind, ist $\tilde{F}_n(900) = 1$. Die Datentabelle wird ergänzt durch die Klassenbreite d_j und die Balkenhöhe des Histogramms $\tilde{f}_j / d_j$.

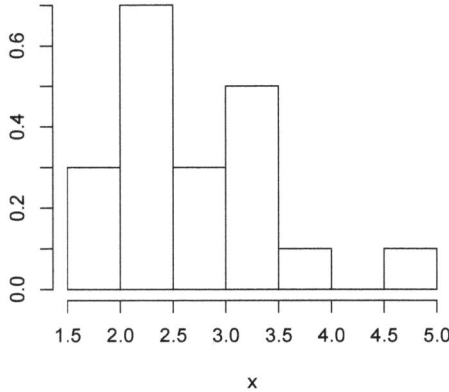

Abb. 1.8: Histogramm zu Aufgabe 1.10

j	$(c_{j-1}, c_j]$	$\tilde{f}_j$	$d_j = c_j - c_{j-1}$	$\tilde{f}_j/d_j$
1	$(0,100]$	0.6	100	0.006
2	$(100,400]$	0.3	300	0.001
3	$(400,800]$	0.1	400	0.00025

Allgemein gilt für Klassenbreite d_j und relative Klassenhäufigkeit $\tilde{f}_j$:

$$\tilde{F}_n(x) = \tilde{F}_n(c_{j-1}) + \tilde{f}_j \cdot \frac{x - c_{j-1}}{d_j} \quad \text{für } x \in (c_{j-1}, c_j], \tag{1.5}$$

vgl. Stocker und Steinke [2022], Abschnitt 3.3.2. In unserem Fall ist $500 \in (400, 800)$, also $j = 3$ und $\tilde{F}_n(400) = 0.6 + 0.3 = 0.9$, d.h. 90% der Beobachtungen sind kleiner oder gleich 400.

$$\tilde{F}_n(500) = \tilde{F}_n(400) + 0.1 \cdot \frac{500 - 400}{400} = \underline{\underline{0.925}}.$$

(b) Der Modalwert der klassierten Daten bestimmt sich als Mittelpunkt der Klasse mit dem größten Wert der Häufigkeitsdichte. In unserem Fall ist der Wert der Häufigkeitsdichte für die Klasse $(0, 100]$ am größten. Als Modalwert der klassierten Daten nehmen wir dann die Klassenmitte:

$$\tilde{x}_{\text{mod}} = \frac{0 + 100}{2} = \underline{\underline{50}},$$

vgl. Stocker und Steinke [2022], Abschnitt 4.2.3. Der Modalwert beträgt also 50.

(c) Die Darstellung des Histogramms liefert eine monoton fallende Funktion; das entspricht einer rechtsschiefen (rechtsflachen) Verteilung der Daten.

Lösung von Aufgabe 1.12

Aus der Histogrammdarstellung kann man den Flächeninhalt des linken Rechteckes, $1 \cdot 0.3 = 0.3$, und des mittleren Rechteckes, $2 \cdot 0.25 = 0.5$ bestimmen. Bei Histogrammdarstellungen entsprechen die Flächeninhalte der Rechtecke den relativen Häufigkeiten der Daten in den zugehörigen Intervallen.

(a) Falsch. Im Intervall $(0,1]$ liegen nur 30% der Beobachtungen – im Gegensatz zu 50% der Beobachtungen im Intervall $(1,3]$.

(b) Richtig. Da in den Intervallen $(0,1]$ und $(1,3]$ insgesamt $30\% + 50\% = 80\%$ aller Daten liegen, befinden sich im Intervall $(3,6]$ insgesamt 20% aller Werte.

(c) Da das Argument von $\tilde{F}_n(3)$, 3, mit einer Intervallgrenze der Klasseneinteilung übereinstimmt, ist eine lineare Approximation nicht nötig und $\tilde{F}_n(3)$ berechnet sich als relative Häufigkeit dafür, dass die Beobachtungen kleiner oder gleich 3 sind: $\tilde{F}_n(3) = 0.3 + 0.5 = \underline{0.8}$.

Wie oben kann man schließen, dass $\tilde{F}_n(1) = 0.3$ ist. Da alle Daten ≤ 7 sind, ist $\tilde{F}_n(7) = 1$.

$$\tilde{F}_n(7) - \tilde{F}_n(1) = 1 - 0.3 = \underline{\underline{0.7}}.$$

Lösung von Aufgabe 1.13

(a) Es gilt

$$\sum_{j=1}^{4} \tilde{n}_j + \sum_{j=1}^{4} 1 = (10 + 30 + 40 + 20) + (1 + 1 + 1 + 1) = \underline{\underline{104}}.$$

(b) Die Wertetabelle aus der Aufgabenstellung wird ergänzt.

j	$(c_{j-1}, c_j]$	$\tilde{n}_j$	$\tilde{f}_j$	d_j	$\tilde{h}_j = \tilde{f}_j/d_j$	$\tilde{F}_n(c_j)$
1	$(0, 300]$	10	0.1	300	0.000333	0.1
2	$(300, 400]$	30	0.3	100	0.003	0.4
3	$(400, 600]$	40	0.4	200	0.002	0.8
4	$(600, 1000]$	20	0.2	400	0.0005	1.0
Summe		100	1.0			

In der Spalte $\tilde{f}_j$ findet man dann die relativen Klassenhäufigkeiten.

(c) Die Säulenhöhen des Histogramms wurden in der Spalte $\tilde{h}_j$ berechnet. Das Histogramm finden Sie in Abbildung 1.9.

(d) Es sind $\tilde{F}_n(400) = 0.4$ und $\tilde{F}_n(600) = 0.8$, s. Tabelle. Nach Formel (1.5) ist dann für $j = 3$:

$$\tilde{F}_n(500) = 0.4 + 0.4 \cdot \frac{500 - 400}{200} = \underline{\underline{0.6}}.$$

Die Ableitung von $\tilde{F}_n$ ist dort, wo sie definiert ist, gleich dem Wert der Histogrammfunktion, d.h. da $500 \in (400, 600]$ im Intervall mit Index $j = 3$ liegt:

$$\tilde{F}_n'(500) = \tilde{f}_n(500) = \tilde{h}_3 = \underline{\underline{0.002}}.$$

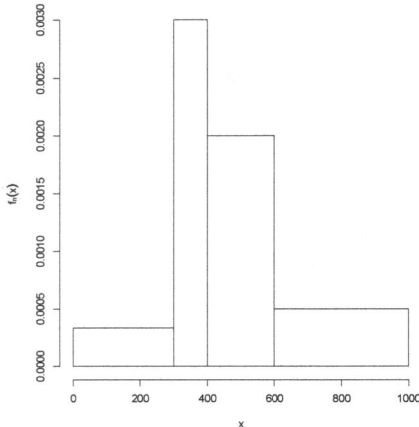

Abb. 1.9: Histogramm zu Aufgabe 1.13

Lösung von Aufgabe 1.14

Es sei $n_1 = m$ die Anzahl der weiblichen und $n_1 = 3m$ die Anzahl der männlichen Studenten. Die Gesamtanzahl der Studenten in der Umfrage ist dann $n = n_1 + n_2 = 4m$. Es bezeichnen $\overline{x}_1 = 169$ und $\overline{x}_2 = 183$ die Durchschnittsgrößen der weiblichen bzw. männlichen Studenten und $\tilde{s}_1 = 4$ bzw. $\tilde{s}_2 = 5$ die zugehörigen Standardabweichungen. Die Anteile der weiblichen bzw. männlichen Studenten betragen $\tilde{f}_1 = n_1/n = 1/4$ und $\tilde{f}_2 = n_2/n = 3/4$. Die Formeln zur Berechnung von Mittelwerten und Standardabweichungen für gruppierte Daten finden sich in Stocker und Steinke [2022], Abschnitt 4.5.1.

(a) Die Durchschnittsgröße *aller* Studenten beträgt dann

$$\overline{x} = \sum_{j=1}^{k} \tilde{f}_j \cdot \overline{x}_j \tag{1.6}$$

$$= \tilde{f}_1 \cdot \overline{x}_1 + \tilde{f}_2 \cdot \overline{x}_2 = \frac{1}{4} \cdot 169 + \frac{3}{4} \cdot 183 = \underline{\underline{179.5}}.$$

Das arithmetische Mittel der Größen aller Studenten beträgt demnach 179.5 cm.

(b) Die Varianz der Größen aller Studenten berechnen wir mittels der *Streuungszerlegungsformel* für gruppierte Daten

$$\tilde{s}^2 = \sum_{j=1}^{k} \tilde{f}_j \tilde{s}_j^2 + \sum_{j=1}^{k} \tilde{f}_j (\overline{x}_j - \overline{x})^2 \tag{1.7}$$

$$= \left[\frac{1}{4} \cdot 4^2 + \frac{3}{4} \cdot 5^2 \right] + \left[\frac{1}{4} \cdot (169 - 179.5)^2 + \frac{3}{4} \cdot (183 - 179.5)^2 \right]$$

$$= 59.5.$$

Damit ist $\overline{s} = \sqrt{59.5} \approx \underline{7.714}$. Die Standardabweichung der Größen aller Studenten beträgt also ca. 7.714 cm.

Lösung von Aufgabe 1.15

(a) Es ist

$$\overline{x} = \frac{1}{6}(3 + 6 + 2 - 1 + 5 + 12) = \frac{27}{6} = \underline{\underline{4.5}}.$$

Zur Bestimmung der (empirischen) Varianz verwenden wir die *Verschiebungsformel*, s. Stocker und Steinke [2022], Abschnitt 4.4.4.,

$$\tilde{s}^2 = \frac{1}{n} \sum_{i=1}^{n} x_i^2 - \overline{x}^2 \tag{1.8}$$

$$= \frac{1}{6}(3^2 + 6^2 + 2^2 + (-1)^2 + 5^2 + 12^2) - 4.5^2 = \underline{\underline{16.25}}.$$

(b) Es gilt $n = 6 + 10 = 16$, $\tilde{f}_1 = 6/16 = 0.375$, $\tilde{f}_2 = 10/16 = 0.625$, vgl. (1.6),

$$\overline{x} = \tilde{f}_1 \overline{x}_1 + \tilde{f}_2 \overline{x}_2 = 0.375 \cdot 4.5 + 0.625 \cdot 0$$

$$= \underline{\underline{1.6875}}.$$

Das arithmetische Mittel aller Daten beträgt damit 1.6875.

(c) Wir verwenden die *Streuungszerlegungsformel* für gruppierte Daten (1.7):

$$\tilde{s}^2 = [\tilde{f}_1 \tilde{s}_1^2 + \tilde{f}_2 \tilde{s}_2^2] + [\tilde{f}_1 (\overline{x}_1 - \overline{x})^2 + \tilde{f}_2 (\overline{x}_2 - \overline{x})^2]$$

$$= 0.375 \cdot 16.25 + 0.625 \cdot 15 + 0.375 \cdot (4.5 - 1.6875)^2$$

$$+ 0.625 \cdot (0 - 1.6875)^2 \approx \underline{\underline{20.215}}.$$

Die (empirische) Varianz aller Beobachtungswerte beträgt ca. 20.215.

Lösung von Aufgabe 1.16

Aus der Verschiebungsformel (1.8) folgt

$$\overline{x}^2 = \frac{1}{n} \sum_{i=1}^{n} x_i^2 - \tilde{s}^2 = \frac{1}{10} \cdot 10\,000 - 600 = 400.$$

Folglich ist $|\bar{x}| = \sqrt{400} = 20$. Da die x_i positiv sind, muss ihr arithmetisches Mittel auch positiv sein: $\bar{x} = \underline{\underline{20}}$.

Lösung von Aufgabe 1.17

Es bezeichne $\bar{x}_1 = 3600$ das Durchschnittsgehalt aller Männer und $\bar{x}_2 = 3300$ das Durchschnittsgehalt aller Frauen. Dann ist $\tilde{f}_1 = 400/500 = 0.2$ der Anteil der Männer und $\tilde{f}_2 = 100/500 = 0.2$ der Anteil der Frauen in der Firma.

(a) Es gilt, s. (1.6),

$$\bar{x} = \tilde{f}_1\bar{x}_1 + \tilde{f}_2\bar{x}_2 = 0.8 \cdot 3600 + 0.2 \cdot 3300 = \underline{\underline{3540}}.$$

Das Durchschnittsgehalt aller Angestellten im Unternehmen beträgt 3540 Euro.

(b) Wir verwenden die *Streungszerlegungsformel* (1.7).

$$\tilde{s}^2 = [\tilde{f}_1\tilde{s}_1^2 + \tilde{f}_2\tilde{s}_2^2] + [\tilde{f}_1(\bar{x}_1 - \bar{x})^2 + \tilde{f}_2(\bar{x}_2 - \bar{x})^2]$$
$$= [0.8 \cdot 400^2 + 0.2 \cdot 200^2] + [0.8 \cdot (3600 - 3540)^2$$
$$+ 0.2 \cdot (3300 - 3540)^2] = 136\,000 + 14\,400 = \underline{\underline{150\,400}},$$
$$\tilde{s} = \sqrt{\tilde{s}^2} \approx \underline{\underline{387.81}}.$$

Die Standardabweichung der Gehälter aller Beschäftigten im Unternehmen beträgt ca. 387.81 Euro.

(c) Wenn alle Zahlenwerte mit 1.29 multipliziert werden, dann sind auch der Mittelwert und die Standardabweichung mit 1.29 zu multiplizieren (*Skalenäquivarianz*). Damit liegt das Durchschnittsgehalt aller Angestellten bei $1.29 \cdot 3540 = 4566.60$ Dollar und die Standardabweichung bei $1.29 \cdot 387.81 \approx 500.27$ Dollar.

Lösung von Aufgabe 1.18

(a) p bezeichne das durchschnittliche jährliche Wachstum. Aus dem Ansatz

$$2.5 = (1 + p)^5 \cdot 2 \quad \text{folgt} \quad p = \sqrt[5]{2.5/2} - 1 \approx \underline{\underline{0.0456}},$$

vgl. Stocker und Steinke [2022], Abschnitt 4.3.3. Es würde also ein durchschnittliches Wirtschaftswachstum von 4.56% vorliegen.

(b) Der Wert des Wertpapiers am Donnerstag lässt sich durch Multiplikation mit den einzelnen *Wachstumsfaktoren* berechnen als

$$100 \cdot 1.02 \cdot 0.98 \cdot 1.02 \cdot 0.98 \approx \underline{\underline{99.92}},$$

s. Stocker und Steinke [2022], Abschnitt 4.3.3. Am Donnerstag beträgt der Wert des Wertpapiers 99.92 Euro.

Lösung von Aufgabe 1.19

(a) q sei der jährliche *Wachstumfaktor*. Dann ist

$$1400 \cdot q^{10} = 900, \text{ also } q = \sqrt[10]{\frac{900}{1400}} \approx 0.9568;$$

damit *schrumpfte* die Bierproduktion jährlich um durchschnittlich

$$100\% \cdot (1 - 0.9568) = \underline{4.322}\%.$$

(b) x_0 sei der Wert der Jahresproduktion des Biers am Anfang des 10-jährigen Zeitraumes und x_{10} am Ende. Dann ist

$$x_0 \cdot 0.95^{10} = x_{10} = 1200, \text{ also } x_0 = 1200/0.95^{10} \approx \underline{2004.2}.$$

Die Bierproduktion betrug am Anfang des Zeitraumes ca. 2004.2 Hektoliter.

Lösung von Aufgabe 1.20

Zunächst ordnen wir die $n = 7$ Beobachtungswerte der Größe nach und erhalten $x_{(1)}, \ldots, x_{(7)}$:

$$-4, \quad -1, \quad -1, \quad 0, \quad 2, \quad 3, \quad 5.$$

Zur Berechnung des Medians bzw. der Quantile verwenden wir die Formeln aus Stocker und Steinke [2022], Abschnitt 4.2.2 und 4.3.2. α-Quantile berechnen wir für $\alpha \in (0, 1)$ mittels

$$\tilde{x}_\alpha = \begin{cases} x_{([n \cdot \alpha]+1)}, & \text{wenn } n \cdot \alpha \text{ nicht ganzzahlig ist,} \\ 0.5(x_{(n \cdot \alpha)} + x_{(n \cdot \alpha + 1)}), & \text{wenn } n \cdot \alpha \text{ ganzzahlig ist.} \end{cases} \tag{1.9}$$

Die *Gaußklammern* [ ] stehen für die Abrundungsfunktion. Speziell ergibt sich für den Median, also das 0.5-Quantil,

$$\tilde{x}_{0.5} = \begin{cases} x_{\left(\frac{n+1}{2}\right)}, & \text{wenn } n \text{ ungerade ist,} \\ 0.5(x_{\left(\frac{n}{2}\right)} + x_{\left(\frac{n}{2}+1\right)}), & \text{wenn } n \text{ gerade ist.} \end{cases} \tag{1.10}$$

(a) Da der Stichprobenumfang *ungerade* ist, gilt für den Median

$$\tilde{x}_{0.5} = x_{\left(\frac{n+1}{2}\right)} = x_{\left(\frac{7+1}{2}\right)} = x_{(4)} = 0$$

und die *mittlere absolute Abweichung vom Median* ergibt sich aus

$$\frac{1}{7} \sum_{i=1}^{7} |x_i - \tilde{x}_{0.5}| = \frac{1}{7}(|-1 - 0| + |-1 - 0| + \cdots + |5 - 0|)$$

$$= \frac{1}{7}(1 + 1 + 3 + 4 + 0 + 2 + 5) = \frac{16}{7} \approx \underline{2.286}.$$

(b) $0.8 \cdot 7 = 5.6$ ist nicht ganzzahlig. Also sind

$$x_{([5.7])} = x_{(5)} = \underline{\underline{2}} \quad \text{und} \quad \tilde{x}_{0.8} = x_{([0.8 \cdot 7]+1)} = x_{(6)} = \underline{\underline{3}}.$$

Lösung von Aufgabe 1.21

Es liegen $n = 8$ Beobachtungswerte vor. Die geordneten Beobachtungen $x_{(1)}, \ldots, x_{(8)}$ sind

$$-5, \quad -3, \quad 0, \quad 1, \quad 2, \quad 4, \quad 5, \quad 8.$$

(a) Damit ist $x_{([3.8])} = x_{(3)} = \underline{\underline{0}}$.

Für die Bestimmung der α-Quantile ist zu unterscheiden, ob $\alpha \cdot n$ nicht ganzzahlig ist, etwa für $\alpha = 0.8, 0.8 \cdot 8 = 6.4$, bzw. ganzzahlig ist, etwa für $\alpha = 0.25, 0.25 \cdot 8 = 2$, s. (1.9).

$$\tilde{x}_{0.8} = x_{([8 \cdot 0.8]+1)} = x_{(6+1)} = x_{(7)} = \underline{\underline{5}},$$
$$\tilde{x}_{0.25} = 0.5(x_{(2)} + x_{(3)}) = 0.5(-3 + 0) = \underline{\underline{-1.5}}.$$

(b) MAD berechnet sich als Median von

$$|x_1 - \tilde{x}_{0.5}|, |x_2 - \tilde{x}_{0.5}|, \ldots, |x_n - \tilde{x}_{0.5}|.$$

Zunächst muss also der Median $\tilde{x}_{0.5}$ bestimmt werden, s. (1.10).

$$\tilde{x}_{0.5} = \frac{1}{2}(x_{(n/2)} + x_{(n/2+1)}) = \frac{1}{2}(x_{(4)} + x_{(5)}) = \frac{1}{2}(1 + 2) = 1.5.$$

Damit sind $x_i - \tilde{x}_{0.5}$: $0.5, -1.5, 3.5, 6.5, -6.5, -0.5, -4.5, 2.5$ und für die der Größe nach geordneten Beträge erhält man

$$0.5, \quad 0.5, \quad 1.5, \quad 2.5, \quad 3.5, \quad 4.5, \quad 6.5, \quad 6.5.$$

Der Median dieser Zahlen ist, da n gerade ist, der Mittelwert der beiden mittleren Werte:

$$MAD = \frac{1}{2}(2.5 + 3.5) = \underline{\underline{3}}.$$

Lösung von Aufgabe 1.22

Bei einer rechtsschiefen unimodalen Verteilung gilt gemäß der Fechner'schen Lageregel:

$$x_{mod} < \tilde{x}_{0.5} < \bar{x},$$

s. auch Stocker und Steinke [2022], Abschnitt 4.2.4. Damit ist die Aussage falsch.

Lösung von Aufgabe 1.23

(a) 5.5 ist größer als das 0.75-Quantil, ist aber noch kleiner als die obere Antenne (whisker). Damit könnte der Wert 5.5. auftreten. 7.0 ist erkennbar größer als die obere Antenne. Wenn 7.0 auftreten würde, müsste der Wert als separater Ausreißer-Punkt in der Darstellung kenntlich gemacht werden. Da das nicht der Fall ist, kann 7.0 nicht als Wert im Datensatz aufgetreten sein.

(b) Der Quartilskoeffizient der Schiefe, s. Stocker und Steinke [2022], Abschnitt 4.7, berechnet sich mittels

$$QS_{0.25} = \frac{(\tilde{x}_{0.75} - \tilde{x}_{0.5}) - (\tilde{x}_{0.5} - \tilde{x}_{0.25})}{\tilde{x}_{0.75} - \tilde{x}_{0.25}}$$
$$= \frac{(5.03 - 4.44) - (4.44 - 4.22)}{5.03 - 4.22} \approx \underline{0.4568}.$$

Der Quartilskoeffizient der Schiefe ist größer als Null. Damit wären die Daten rechtsschief.

(c) Nein. Die wesentlichen Kennzahlen zur Darstellung eines Boxplots, der Median und die Quartile sind sowohl verschiebungs- als auch skalenäquivariant. Sie werden also proportional zu den Daten mitskaliert. Der resultierende Boxplot sieht genauso aus; er hat nur eine andere Achsenskalierung.

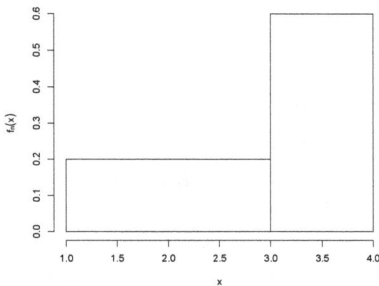

Abb. 1.10: Histogramm zu Aufgabe 1.24

Lösung von Aufgabe 1.24

Auf Grundlage der Darstellung ergibt sich folgende Tabelle:

j	$(c_{j-1}, c_j]$	$\tilde{F}_n(c_j)$	$\tilde{f}_j$	$d_j = c_j - c_{j-1}$	$\tilde{h}_j = \tilde{f}_j/d_j$
1	(1,3]	0.4	0.4	2	0.2
2	(3,4]	1	0.6	1	0.6

Die Werte von $\tilde{F}_n(c_j)$ kann man direkt aus der Abbildung ablesen. $\tilde{F}_n(c_1)$ ist dann auch gleich der ersten relativen Klassenhäufigkeit $\tilde{f}_1$, während sich $\tilde{f}_2$ aus $\tilde{f}_2 = \tilde{F}_n(c_2) - \tilde{F}_n(c_1) = 1 - 0.4 = 0.6$ berechnet. $\tilde{h}_j$ geben dann die Säulenhöhen des zugehörigen Histogramms an. Die resultierende Histogrammdarstellung liefert Abbildung 1.10.

(b) Das Histogramm ist unimodal und monoton wachsend. Es hat die Darstellung einer linksschiefen (linksflachen) Verteilung.

(a) Aussage (a) ist nach den *Fechner'schen Lageregeln*, s. Stocker und Steinke [2022], Abschnitt 4.2.4, eine weitere Möglichkeit, Linksschiefe zu charakterisieren. Aussage (a) sollte damit erfüllt sein.

Da verschiedene Charakterisierungen für Linksschiefe auch unterschiedliche Ergebnisse liefern können, berechnen wir für die klassierten Daten die entsprechenden Kennwerte (approximativ), vgl. Stocker und Steinke [2022], Abschnitt 4.2.1, 4.2.2 und 4.2.3:

$$\overline{x} \approx \sum_{j=1}^{k} \widetilde{f}_j \cdot \frac{c_{j-1} + c_j}{2} = 0.4 \cdot 2 + 0.6 \cdot 3.5 = \underline{2.9}.$$

Die Klasse, mit dem größtem Wert der Histogrammfunktion, ist $(3,4]$, $j = 2$.

$$x_{mod} \approx 0.5(c_{j-1} + c_j) = 0.5(3 + 4) = \underline{3.5}.$$

Die Einfallsklasse für das 0.5-Quanil ist $(3,4]$, $j = 2$, s. auch (1.4).

$$\widetilde{x}_{0.5} \approx c_{j-1} + \frac{d_j}{\widetilde{f}_j}(\alpha - \widetilde{F}_n(c_{j-1})) = 3 + \frac{0.5 - 0.4}{0.6} \approx \underline{3.167}.$$

Es gilt $3.5 > 3.167 > 2.9$. Damit ist Aussage (a) richtig.

(c) Quantilskoeffizienten der Schiefe QS_α sind weitere Kenngrößen, um Schiefe zu charakterisieren. Bei linksschiefen Verteilungen sind sie (i.d.R.) negativ. Da wir nach (a) und (b) bereits die Verteilung als linksschief eingeordnet haben, ist also zu erwarten, dass $QS_{0.05} < 0$ ist.

Um sicher zu gehen, berechnen wir den $QS_{0.05}$, s. Stocker und Steinke [2022], Abschnitt 4.7. Dazu benötigen wir das 0.05- und das 0.95-Quantil der klassierten Daten. Für $\alpha = 0.05$ und $j = 1$ erhalten wir

$$\widetilde{x}_{0.05} = c_{j-1} + \frac{d_j}{\widetilde{f}_j}(\alpha - \widetilde{F}_n(c_{j-1})) = 1 + \frac{0.05 - 0}{0.2} = \underline{1.25}.$$

Für $\alpha = 0.95$ und $j = 2$ ergibt sich

$$\widetilde{x}_{0.95} = c_{j-1} + \frac{d_j}{\widetilde{f}_j}(\alpha - \widetilde{F}_n(c_{j-1})) = 3 + \frac{0.95 - 0.4}{0.6} \approx \underline{3.917}.$$

Schließlich können wir $QS_{0.05}$ berechnen, $\alpha = 0.05$:

$$\begin{aligned} QS_\alpha &= \frac{(\widetilde{x}_{1-\alpha} - \widetilde{x}_{0.5}) - (\widetilde{x}_{0.5} - \widetilde{x}_\alpha)}{\widetilde{x}_{1-\alpha} - \widetilde{x}_\alpha} \\ &\approx \frac{(3.917 - 3.167) - (3.167 - 1.25)}{3.917 - 1.25} \approx \underline{\underline{-0.438}}. \end{aligned}$$

Wie erwartet ist $QS_\alpha < 0$.

Lösung von Aufgabe 1.25

(a) Die geordneten Beobachtungswerte sind

$$1, \quad 2, \quad 4, \quad 7, \quad 8, \quad 10, \quad 12, \quad 20.$$

Die Bestandteile eines Boxplots werden in Stocker und Steinke [2022], Abschnitt 3.2.4 beschrieben. Es liegen $n = 8$ Beobachtungen vor. Damit sind $0.5 \cdot n$, $0.25 \cdot n$ und $0.75 \cdot n$ ganzzahlig und der Median und die Quartile bestimmen sich gemäß (1.9).

$$8 \cdot 0.50 = 4: \quad \tilde{x}_{0.5} = \frac{x_{(4)} + x_{(5)}}{2} = \frac{7 + 8}{2} = 7.5,$$

$$8 \cdot 0.25 = 2: \quad \tilde{x}_{0.25} = \frac{x_{(2)} + x_{(3)}}{2} = \frac{2 + 4}{2} = 3,$$

$$8 \cdot 0.75 = 6: \quad \tilde{x}_{0.75} = \frac{x_{(6)} + x_{(7)}}{2} = \frac{10 + 12}{2} = 11.$$

Die Länge der inneren Box berechnet sich als *Interquartilsabstand*

$$d_Q = \tilde{x}_{0.75} - \tilde{x}_{0.25} = 11 - 3 = \underline{\underline{8}}.$$

Da n gerade ist, sind die untere bzw. obere Begrenzung (*hinges*) der Box gleich dem 0.25- bzw. 0.75-Quantil der Beobachtungswerte.

$$h_L = \tilde{x}_{0.25} = 3, \quad h_U = \tilde{x}_{0.75} = 11.$$

Für den minimalen bzw. maximalen Wert der von der Box ausgehenden Antenne (*whisker*) berechnen wir

$$a_L^* = h_L - 1.5 d_Q = 3 - 1.5 \cdot 8 = -9,$$

$$a_U^* = h_U + 1.5 d_Q = 11 + 1.5 \cdot 8 = 23.$$

Da $x_{(1)} = 1 > a_L^*$ und $x_{(8)} = 20 < a_U^*$, werden die Antennen nur bis zum minimalen bzw. maximalen Datenwert gezeichnet.

$$a_L = x_{(1)} = 1, \quad a_U = x_{(8)} = 20.$$

Den Boxplot finden Sie in Abbildung 1.11. Es gibt keine Ausreißer im Sinne des Boxplots im Datensatz.

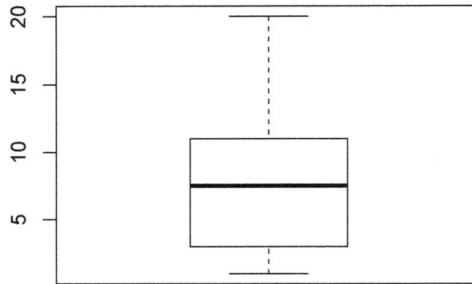

Abb. 1.11: Boxplot zu Aufgabe 1.25

(b) Es ist der Median von $|x_1 - \tilde{x}_{0.5}|, \ldots, |x_1 - \tilde{x}_{0.5}|$ zu bestimmen. Mit gilt $\tilde{x}_{0.5} = 7.5$ erhalten wir zunächst

$$|1 - 7.5|, |2 - 7.5|, |4 - 7.5|, |7 - 7.5|, |8 - 7.5|, |10 - 7.5|, |12 - 7.5|, |20 - 7.5|,$$

also 6.5, 5.5, 3.5, 0.5, 0.5, 2.5, 4.5, 12.5 und der Größe nach geordnet

$$0.5, \quad 0.5, \quad 2.5, \quad 3.5, \quad 4.5, \quad 5.5, \quad 6.5, \quad 12.5.$$

Der Median dieser 8 Werte liefert das gesuchte Ergebnis. Es gilt

$$MAD = (3.5 + 4.5)/2 = \underline{\underline{4}}.$$

Lösung von Aufgabe 1.26

Es liegen 10 Beobachtungsdaten vor ($n = 10$); geordnet lauten sie

$$-2, \quad -1, \quad 0, \quad 0, \quad 1, \quad 1, \quad 2, \quad 4, \quad 8, \quad 20.$$

(a) Da n gerade ist, berechnet sich der Median folgendermaßen:

$$\tilde{x}_{0.5} = \frac{x_{(n/2)} + x_{(n/2+1)}}{2} = \frac{x_{(5)} + x_{(6)}}{2} = \frac{1 + 1}{2} = \underline{\underline{1}}.$$

Der Median der Daten ist gleich 1.

(b) Da $0.25 \cdot n = 2.5 \cdot 10 = 2.5$ nicht ganzzahlig ist, berechnet sich das 0.25-Quantil gemäß (1.9).

$$\tilde{x}_{0.25} = x_{([0.25 \cdot 10]+1)} = x_{(2+1)} = x_{(3)} = \underline{\underline{0}}.$$

Das 0.25-Quantil der Daten ist gleich 0.

(c) Es gilt

$$\bar{x} = \frac{-2 - 1 + 0 + 0 + 1 + 1 + 2 + 4 + 8 + 20}{10} = 3.3,$$

$$\sum_{i=1}^{n} x_i^2 = (-2)^2 + (-1)^2 + \cdots + 20^2 = 491,$$

$$\tilde{s}^2 = \frac{1}{n} \sum_{i=1}^{n} x_i^2 - (\bar{x}_n)^2 = \frac{1}{10}491 - 3.3^2 = \underline{\underline{38.21}}.$$

Die (empirische) Varianz der Daten beträgt 38.21.

Lösung von Aufgabe 1.27

Es sei $s = \sum_{i=1}^{n} x_i = 2 + 6 + 4 + 8 + 20 = 40$ die *Merkmalssumme*. Wir ordnen die Beobachtungen und erstellen eine Tabelle, deren Werte wir zum Zeichnen der Lorenzkurve verwenden können:

j	1	2	3	4	5
$x_{(j)}$	2	4	6	8	20
$s_j = \sum_{i=1}^{j} x_{(i)}$	2	6	12	20	40
$u_j = j/n$	0.2	0.4	0.6	0.8	1
$v_j = s_j/s$	0.05	0.15	0.30	0.5	1.0

u_j bestimmt den Anteil der Beobachtungen bis zum Index j. s_j berechnet die akkumulierte Merkmalssumme bis zum Index j und v_j deren Anteil.

(a) Beim Zeichnen der Lorenzkurve werden die u_j auf der x-Achse und die v_j auf der y-Achse abgetragen, s. auch Stocker und Steinke [2022], Abschnitt 4.8.1. Als Ergebnis erhält man Abbildung 1.12.

(b) Die Aussage ist richtig: Für $j = 2$ ist $u_2 = 0.4$ und $v_2 = 0.15 > 0.1$. Da die Lorenzkurve monoton wachsend ist, ist sie auch an der Stelle 0.5 größer als 0.1, vgl. auch Abbildung 1.12. Der Punkt $(0.5, 0.1)$ wurde als x in die Abbildung eingezeichnet; er liegt unterhalb der Lorenzkurve.

(c) Der Gini-Koeffizient berechnet sich mit der Formel, vgl. Stocker und Steinke [2022], Abschnitt 4.8.2,

$$\begin{aligned} G &= \frac{2 \cdot \sum_{i=1}^{n} i \cdot x_{(i)}}{n \cdot \sum_{i=1}^{n} x_i} - \frac{n+1}{n} \\ &= \frac{2 \cdot (1 \cdot 2 + 2 \cdot 4 + 3 \cdot 6 + 4 \cdot 8 + 5 \cdot 20)}{2 \cdot 40} - \frac{6}{5} \\ &= \frac{2 \cdot 160}{5 \cdot 40} - \frac{6}{5} = \underline{\underline{0.4}}. \end{aligned}$$

Der normierte Gini-Koeffizient ist dann

$$G^* = \frac{n}{n-1} \cdot G = \frac{5}{4} \cdot 0.4 = \underline{\underline{0.5}}.$$

Der Gini-Koeffizient beträgt 0.4 und der normierte Gini-Koeffizient 0.5.

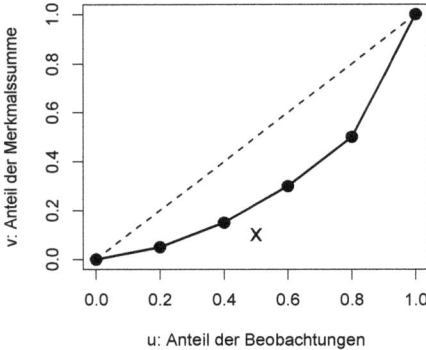

Abb. 1.12: Lorenzkurve zu Aufgabe 1.27

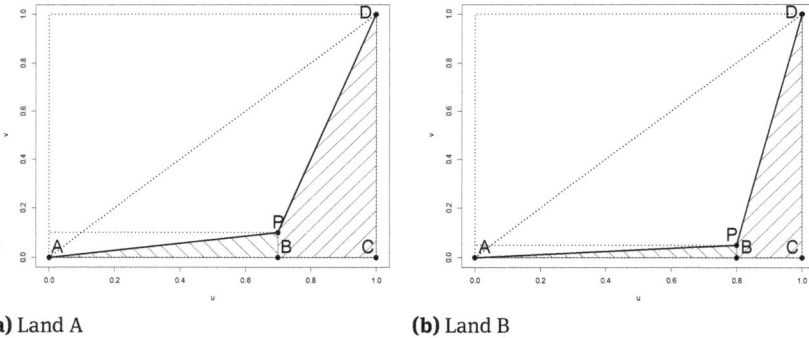

(a) Land A　　　　　　　　　**(b)** Land B

Abb. 1.13: Konzentration der Fläche in

Lösung von Aufgabe 1.28

(a) Die Lorenzkurve zu Land A finden Sie in Abbildung 1.13. Der Anteil der ärmeren Bevölkerung soll 80% betragen, also gibt es ein m, sodass $u_m = m/n = 0.8$ ist. Die ärmere Bevölkerung soll nur 10% der Landfläche besitzen; damit ist $v_m = 0.1$. Der Punkt $(u_m, v_m) = (0.8, 0.1)$ wurde ins Diagramm eingezeichnet. Da die Landfläche innerhalb der ärmeren und reicheren Bevölkerung gleich verteilt sein soll, ist die Lorenzkurve im Intervall $(0, 0.8)$ bzw. $(0.8, 1)$ linear.

Wir berechnen den Gini-Koeffizienten mit geometrischen Betrachtungen. Dazu zerlegen wir die Fläche unterhalb der Lorenzkurve in das Dreieck ABP und das Trapez $BCDP$, s. Abbildung 1.13(a). Die Flächeninhalte (FI) von Dreiecken berechnen sich als

$$0.5 \cdot \text{Grundseite} \cdot \text{Höhe},$$

also

$$FI(ABP) = 0.5 \cdot 0.8 \cdot 0.1 = 0.04$$

Die Flächeninhalte (FI) von Trapezen berechnen sich als

$$0.5 \cdot (\text{Grundseite 1+Grundseite 2}) \cdot \text{Höhe},$$

also

$$FI(BCDP) = 0.5 \cdot (0.1 + 1) \cdot 0.2 = 0.11.$$

Dreieck ACD hat einen Flächeninhalt von 0.5. Der Flächeninhalt, der zwischen Lorenzkurve und Winkelhalbierender AD eingeschlossen wird, ist dementsprechend

$$F = 0.5 - 0.04 - 0.11 = 0.35.$$

Der Gini-Koeffizient ist gleich dem doppelten Flächeninhalt zwischen Lorenzkurve und Winkelhalbierender AD:

$$G_A = 2F = 2 \cdot 0.35 = \underline{0.7}.$$

Eine alternative Möglichkeit, den Gini-Koeffizienten zu bestimmen, finden Sie am Ende der Aufgabe.

Der Gini-Koeffizient für Land B berechnet sich auf analoge Weise unter Zuhilfenahme von Abbildung 1.13(b):

$$G_B = 2 \cdot \left[0.5 - 0.5 \cdot 0.8 \cdot 0.05 - 0.5 \cdot (0.05 + 1) \cdot 0.2 \right] = \underline{0.75}.$$

(b) Die Gini-Koeffizient von Land B ist nicht doppelt so groß wie der von Land A.

(c) Aufgrund der Skalenäquivarianz des Gini-Koeffizienten würde eine Halbierung aller Flächen zu den gleichen Konzentrationsmaßzahlen wie in Aufgabenteil (a) führen.

Alternative Vorgehensweise zur Bestimmung des Gini-Koeffizienten von Land A: Wir wählen $x_1, \ldots, x_n$ so, dass die Voraussetzungen der Aufgabenstellung erfüllt sind und verwenden die Berechnungsformel des Ginikoeffizienten. Wir können die x_i z.B. für Land A folgendermaßen wählen:

$$1, 1, 1, 1, 36.$$

Dann gilt:

j	1	2	3	4	5
$x_{(j)}$	1	1	1	1	36
$s_j = \sum_{i=1}^{j} x_{(i)}$	1	2	3	4	40
$u_j = j/n$	0.2	0.4	0.6	0.8	1
$v_j = s_j/s$	0.025	0.05	0.075	0.1	1.0

Die 80% ärmsten Landbesitzer $x_1, \ldots, x_4$ besitzen 4 Landeinheiten, d.h. nur 10% der gesamten Landfläche. Damit gilt:

$$
\begin{aligned}
G &= \frac{2 \cdot \sum_{i=1}^{n} i \cdot x_{(i)}}{n \sum_{i=1}^{n} x_i} - \frac{n+1}{n} \\
&= \frac{2 \cdot (1 \cdot 1 + 2 \cdot 1 + 3 \cdot 1 + 4 \cdot 1 + 5 \cdot 36)}{5 \cdot 40} - \frac{6}{5} \\
&= \frac{380}{200} - \frac{240}{200} = \underline{\underline{0.7}}.
\end{aligned}
$$

Der Gini-Koeffizient für Land A beträgt 0.7.

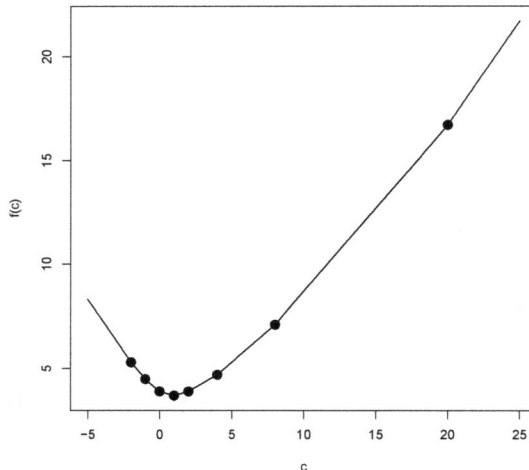

Abb. 1.14: Summe der absoluten Abweichungen (Aufgabe 1.29)

Lösung von Aufgabe 1.29

Eine Darstellung von f liefert Abbildung 1.14. Die Punkte markieren die Funktionswerte, die zu den x_i-Werten, $i = 1, \ldots, 10$, des Datensatzes gehören. Die Funktion f ist stetig und stückweise linear. Sie nimmt ihr Minimum an der Stelle 1 an. Nach oben ist die Funktion unbeschränkt.

Die Minimalstelle der Funktion ist für den Beispieldatensatz gerade das 0.5-Quantil. Um das zu prüfen, berechnen wir das 0.5-Quantil. Dazu sortieren wir zunächst die Daten der Größe nach.

$$-2 \quad -1 \quad 0 \quad 0 \quad 1 \quad 1 \quad 2 \quad 4 \quad 8 \quad 20.$$

Wir haben $n = 10$ Beobachtungen und berechnen den Median gemäß

$$\tilde{x}_{0.5} = 0.5(x_{(n/2)} + x_{(n/2+1)}) = 0.5(x_{(5)} + x_{(6)}) = 0.5(1 + 1) = \underline{1}.$$

Die Funktion f wird also an der Stelle des Medians minimal.

Lösung von Aufgabe 1.30

Wir bezeichnen mit $x_{(1)}, \ldots, x_{(n)}$ wie üblich die geordnete Stichprobe der Beobachtungen $x_1, \ldots, x_n$ und setzen $x_{(0)} = -\infty$ und $x_{(n+1)} = +\infty$. Für jede reelle Zahl z ist ihr Betrag gemäß

$$|z| = \begin{cases} z, & \text{wenn } z \geq 0, \\ -z, & \text{wenn } z < 0, \end{cases}$$

definiert. Damit ist

$$f(c) = \frac{1}{n} \sum_{i=1}^{n} |x_i - c| = \frac{1}{n} \sum_{i=1}^{n} |x_{(i)} - c|$$

$$= \frac{1}{n} \sum_{i=1}^{k} (c - x_{(i)}) + \frac{1}{n} \sum_{i=k+1}^{n} (x_{(i)} - c) \quad \text{für } c \in (x_{(k)}, x_{(k+1)}]$$

und $k = 0, 1, \ldots, n$. $f(c)$ ist also in den Intervallen $(x_{(k)}, x_{(k+1)}]$ jeweils eine lineare Funktion in c. Im Inneren der Intervalle kann man die Ableitung nach c bilden:

$$f'(c) = \frac{k}{n} - \frac{n-k}{n} = \frac{2k-n}{n} \quad \text{für } c \in (x_{(k)}, x_{(k+1)})$$

$$\begin{cases} < 0, & \text{wenn } k < n/2, \\ = 0, & \text{wenn } k = n/2, \\ > 0, & \text{wenn } k > n/2. \end{cases}$$

Damit ist f für $c \in (x_{(k)}, x_{(k+1)}]$ streng monoton fallend, wenn $k < n/2$ ist, konstant, wenn $k = n/2$ ist, und streng monoton wachsend, wenn $k > n/2$ ist.

<u>1.Fall:</u> n ist ungerade. Wenn $c < x_{(\frac{n+1}{2})}$ ist, dann liegt c in einem Intervall $[x_{(k)}, x_{(k+1)})$ mit $k+1 \leq (n+1)/2$, also $k \leq (n-1)/2 < n/2$. Die Funktion f ist also für $c < x_{(\frac{n+1}{2})}$ streng monoton fallend. Wenn $c > x_{(\frac{n+1}{2})}$ ist, dann liegt c in einem Intervall $(x_{(k)}, x_{(k+1)}]$ mit $k \geq (n+1)/2 > n/2$. Die Funktion f ist also für $c > x_{(\frac{n+1}{2})}$ streng monoton wachsend. Damit nimmt f an der Stelle $x_{(\frac{n+1}{2})}$ und nur dort ein globales Minimum an.

<u>2.Fall:</u> n ist gerade. Wenn $c < x_{(n/2)}$ ist, dann liegt c in einem Intervall $[x_{(k)}, x_{(k+1)})$ mit $k + 1 \leq n/2$, also $k \leq n/2 - 1 < n/2$. Die Funktion f ist also für $c < x_{(n/2)}$ streng

monoton fallend. Wenn $c > x_{(n/2+1)}$ ist, dann liegt c in einem Intervall $(x_{(k)}, x_{(k+1)}]$ mit $k \geq (n/2) + 1 > n/2$. Die Funktion f ist also für $c > x_{(n/2+1)}$ streng monoton wachsend. Im Intervall $(x_{(n/2)}, x_{(n/2+1)})$ ist die Ableitung von f gleich Null und f somit konstant. Damit nimmt f überall im Intervall $[x_{(\frac{n}{2})}, x_{(\frac{n}{2}+1)}]$ seinen kleinsten Wert an, insbesondere auch an der Stelle des Mittelpunktes des Intervalls, d.h. dem Median der Beobachtungsdaten.

Lösung von Aufgabe 1.31

Die Begriffe der Invarianz und Äquivarianz von Maßzahlen werden in Stocker und Steinke [2022], Abschnitt 4.9.3, diskutiert.

(a) Es sei $u_i = x_i + c$. Dann gilt $\overline{u} = \overline{x} + c$ und

$$s_U^* = \left[\frac{1}{n}\sum_{i=1}^{n}(u_i - \overline{u})^3\right]^{1/3} = \left[\frac{1}{n}\sum_{i=1}^{n}(x_i + c - \overline{x} - c)^3\right]^{1/3} = s_X^* \neq s_X^* + c,$$

wenn $c \neq 0$. Eine Verschiebung der Daten x_i ändert die Maßzahl nicht. Damit ist s_X^* verschiebungsinvariant und nicht verschiebungsäquivariant.

(b) Es seien $u_i = c \cdot x_i$ für $c > 0$. Dann gilt $\overline{u} = c \cdot \overline{x}$ und

$$s_U^* = \left[\frac{1}{n}\sum_{i=1}^{n}(u_i - \overline{u})^3\right]^{1/3} = \left[\frac{1}{n}\sum_{i=1}^{n}(c \cdot x_i - c \cdot \overline{x})^3\right]^{1/3}$$

$$= \left[c^3 \cdot \frac{1}{n}\sum_{i=1}^{n}(x_i - \overline{x})^3\right]^{1/3} = c \cdot s_X^* \neq s_X^*,$$

wenn $c \neq 1$ ist. Die Maßzahl ändert sich bei Skalierung gerade um den Skalierungsfaktor. Daher ist s_X^* nicht skaleninvariant, aber skalenäquivariant.

Lösung von Aufgabe 1.32

(a) Das arithmetische Mittel der Originaldaten ist $\overline{x} = (1 + 2 + 3)/3 = 2$ und der Median $\tilde{x}_{0.5} = x_{(2)} = 2$. Nach dem Ersetzen erhalten wir als arithmetisches Mittel $\overline{x} = (0+2+10)/3 = 4 \neq 2$ und als Median $\tilde{x}_{0.5} = x_{(2)} = 2$. Der Median ist also unverändert, während sich das arithmetische Mittel einen anderen Wert angenommen hat. Das spricht für eine Robustheit des Medians und gegen eine Robustheit des arithmetischen Mittels.

(b) $x_1, \ldots, x_n$ seien die bereits ihrer Größe nach geordneten Originaldaten, $\overline{x}$ ihr arithmetisches Mittel. Wir ersetzen x_1 durch x_1^* und x_n durch x_n^* mit $x_1^* < x_1$ und $x_n < x_n^*$. $\overline{x}^*$ sei dann das arithmetische Mittel nach der Ersetzung. Das arithmetische Mittel ist nicht robust:

$$\overline{x}^* = \frac{1}{n}(x_1^* + x_2 + \cdots + x_{n-1} + x_n^*)$$

$$= \frac{1}{n}(x_1 + x_2 + \cdots + x_{n-1} + x_n + (x_1^* - x_1) + (x_n^* - x_n))$$

$$= \overline{x} + \frac{1}{n}(x_1^* + x_n^* - x_1 - x_n) \neq \overline{x},$$

wenn $x_1^* + x_n^* \neq x_1 + x_n$ ist.

Der Median ist robust: Die geordneten Daten nach der Ersetzung lauten $x_1^*, x_2, \ldots, x_{n-1}, x_n^*$. Da zur Medianberechnung aber nur die mittleren x_i-Werte verwendet werden, die sich durch die Ersetzung nicht verändert haben, bleibt der Median unverändert.

2 Analyse empirischer Zusammenhänge

Aufgabe 2.1

Gegeben seien folgende Paare von Beobachtungen (x_i, y_i):

$$(0,1), (0,0), (1,1), (0,0), (0,0), (1,2), (1,1), (0,1), (0,1), (1,0),$$
$$(0,0), (1,0), (1,2), (0,2), (1,0), (1,1), (0,1), (1,0), (0,0), (0,1).$$

Stellen Sie eine gemeinsame Häufigkeitstabelle auf.

Aufgabe 2.2

Ergänzen Sie die folgende Häufigkeitstabelle:

x y	1	2	3	4	Summe
1	23		20	16	
2	16	9		14	55
3		17	23	10	
Summe		45			200

Aufgabe 2.3

Einer Gruppe von 200 Personen wurden Werbespots vorgespielt. Bei einem späteren Interviewtermin wurden sie gefragt, ob sie sich noch an das Produkt erinnern konnten, das beworben wurde. X sei für die Personen das Merkmal Geschlecht (1=weiblich, 2=männlich) und Y das Merkmal „Produkt-Awareness", kurz PA; es gebe an, ob die Person sich an das Produkt erinnern konnte (1) oder nicht (0). Die Ergebnisse der Befragung sind in der nachfolgenden Tabelle zusammengefasst.

X Y	0	1
1	55	65
2	45	35

(a) Bestimmen Sie die bedingte absolute Häufigkeitsverteilung für X gegeben $Y = 0$.

(b) Ermitteln Sie die bedingte relative Häufigkeitsverteilung für das Merkmal Y jeweils sowohl für die weiblichen als auch die männlichen Versuchsteilnehmer. In welcher Gruppe ist die Produkt-Awareness stärker ausgeprägt?

(c) Bestimmen Sie die bedingte relative Häufigkeitsverteilung für das Merkmal Geschlecht jeweils für die beiden Ausprägungen von Produkt-Awareness.

https://doi.org/10.1515/9783110744187-002

(d) Begründen Sie, dass X und Y nicht empirisch unabhängig sind.

Aufgabe 2.4

Es werde der Zusammenhang zwischen Geschlecht (G) und präferierter Urlaubsgestaltung (U) untersucht. Folgende Tabelle zeigt das Ergebnis einer Befragung.

G \\ U	Meer	Berge	Städte
männlich	20	5	15
weiblich	25	15	20

(a) Wie viele Personen wurden befragt? Wie viele Personen waren männlich, wie viele weiblich?

(b) Geben Sie für das Merkmal U die Merkmalsausprägungen und die Merkmalsskala an. Beschreiben Sie die Häufigkeitsverteilung des Merkmals U in tabellarischer Form und mit einer geeigneten grafischen Darstellung.

(c) Bestimmen Sie die bedingte Häufigkeitsverteilungen für (i) alle befragten Männer bzw. (ii) alle befragten Frauen und stellen Sie die Verteilungen grafisch dar. Sind die Merkmale G und U empirisch unabhängig?

(d) Wie viele weibliche Personen der Befragung hätten als präferiertes Urlaubsziel „Berge" angeben müssen, wenn die Merkmale G und U bei gleichen Randhäufigkeiten empirisch unabhängig wären?

Aufgabe 2.5

Im Rahmen einer Umfrage wurden Studenten nach der Art, wie sie wohnen (X) und der Art, wie sie ihr Studium finanzieren (Y) befragt. Als Antwortmöglichkeiten zu X konnten sie auswählen, ob sie zu Hause bei den Eltern (a_1) oder im Wohnheim wohnen (a_2) oder am privaten Wohnungsmarkt eine Wohnung gemietet haben (a_3). Als Finanzierungsarten standen die Finanzierung durch die Eltern (b_1), ein Stipendium bzw. Bafög (b_2) bzw. eine Selbstfinanzierung zur Auswahl (b_3). Die folgende Tabelle zeigt das Ergebnis der Befragung:

X \\ Y	Eltern	Stipend./Bafög	Selbstfinanzierung
bei Eltern	24	6	4
Wohnheim	45	14	3
Wohnungsmarkt	102	19	12

Wir interessieren uns für die Abhängigkeit zwischen den Merkmalen X und Y.

(a) Bestimmen Sie den Chi-Quadrat-Koeffizienten χ^2.

(b) Ermitteln Sie den Kontingenzkoeffizienten und den korrigierten Kontingenzkoeffizienten.

Aufgabe 2.6

X bzw. Y seien Merkmale, die die Ausprägungen a_1, a_2, a_3 bzw. b_1, b_2, b_3 annehmen können. c sei eine positive natürliche Zahl. Gegeben sei folgende Kontingenztabelle mit den absoluten Häufigkeiten des Auftretens der verschiedenen Merkmalskombinationen von (X, Y).

X \ Y	b_1	b_2	b_3
a_1	c	c	c
a_2	$2c$	$2c$	$2c$
a_3	$4c$	$4c$	$4c$

(a) Bestimmen Sie die Zusammenhangsmaßzahl χ^2-Koeffizient.

Nehmen Sie Stellung bzgl. der Richtigkeit der folgenden Aussagen:

(b) Der χ^2-Koeffizient bleibt unverändert, wenn die Werte der 1. Zeile verdoppelt werden.

(c) Der χ^2-Koeffizient bleibt unverändert, wenn alle Werte in der 1. Zeile um 1 erhöht werden.

(d) Der χ^2-Koeffizient bleibt unverändert, wenn alle Werte in der 1. Spalte um 1 erhöht werden.

Aufgabe 2.7

Die Befragung von 240 Personen bezüglich des Rauchverhaltens (Merkmal X) und der Ernährungsweise (Merkmal Y) ergab folgende Kontingenztabelle:

Y \ X	Raucher	Nichtraucher
Nicht vegetarisch	40	160
Vegetarisch	2	38

(a) Bestimmen Sie den korrigierten Kontingenzkoeffizienten C^*.

(b) Sind die Merkmale Rauchverhalten und Ernährung unabhängig?

Überprüfen Sie die Richtigkeit folgender Aussagen:

(c) Der Wert von C^* bleibt unverändert, falls die Werte in der 2. Spalte der Tabelle verdoppelt werden.

(d) Der Wert von C^* kann auch bestimmt werden, falls in der Tabelle nur die prozentualen Anteile aller vier Gruppen (Summe = 100%) angegeben sind.

Aufgabe 2.8

Bei einer Befragung von 40 Pauschaltouristen auf einer Ferieninsel wurden neben ihrem Alter (X) das neben dem Preis wichtigste Kriterium für ihre Hotelwahl (Y) festgestellt.

Alter \ Priorität	Gutes Essen und guter Service	Lage (z.B. schöner Strand in der Nähe)	Komfort und Sauberkeit
unter 35	0	25	0
von 35 bis unter 65	5	0	0
ab 65	0	0	10

Bestimmen Sie für die obige Kontingenztabelle den χ^2-Koeffizienten und den korrigierten Kontingenzkoeffizienten. Beurteilen Sie die Stärke der Abhängigkeit zwischen den Merkmalen X und Y.

Tab. 2.1: Kontingenztabellen

X \ Y	1	2		X \ Y	1	2		X \ Y	1	2
1	0.08	0.12		1	0.08	0.12		1	0.20	0.00
2	0.20	0.30		2	0.20	0.30		2	0.50	0.00
3	0.12	0.18		3	0.30	0.00		3	0.00	0.30

Aufgabe 2.9

Die drei Kontingenztabellen aus Tabelle 2.1 stellen für drei verschiedene Konstellationen jeweils die gemeinsame Häufigkeitsverteilung der Merkmale X, Y dar. Entscheiden Sie, in welchem Fall der korrigierte Kontingenzkoeffizient

(a) gleich 0 ist.

(b) gleich 1 ist.

(c) zwischen 0 und 1 liegt.

Aufgabe 2.10

Gegeben sei die Häufigkeitsverteilung

X \ Y	0	1
1	55	65
2	45	35

(a) Bestimmen Sie den χ^2-Koeffizienten nach der allgemeinen Formel.

(b) Bestimmen Sie den $\widehat{\chi}^2$-Koeffizienten mit der Formel

$$\chi^2 = \frac{n(n_{11}n_{22} - n_{12}n_{21})^2}{n_{\bullet 1}n_{\bullet 2}n_{1\bullet}n_{2\bullet}} \tag{2.1}$$

(c) Bestimmen Sie den korrigierten Kontingenzkoeffizienten.

Aufgabe 2.11

Gegeben sei eine Häufigkeitstabelle mit k Zeilen und l Spalten mit den Einträgen n_{ij}. Mit $e_{ij} = n_{i\bullet}n_{\bullet j}/n$ bezeichnen wir die *unter Unabhängigkeit zu erwartenden Häufigkeiten* für die Zelle in Zeile i und Spalte j. Zeigen Sie, dass gilt:

(a) $n_{i\bullet} = \sum_{j=1}^{l} e_{ij}$ für alle Zeilen $i = 1, \ldots, k$.

(b) $n_{\bullet j} = \sum_{i=1}^{k} e_{ij}$ für alle Spalten $j = 1, \ldots, l$.

(c) Die Summe aller e_{ij} ist gleich der Anzahl der Beobachtungspaare,

$$\sum_{i=1}^{k} \sum_{j=1}^{l} e_{ij} = n.$$

*Aufgabe 2.12

Zeigen Sie, dass für 2×2-Kontingenztabellen Formel (2.1) das gleiche Ergebnis liefert wie die allgemeine Formel zur Berechnung des χ^2-Koeffizienten.

Aufgabe 2.13

Gegeben seien folgende zweidimensionale Beobachtungswerte (x_i, y_i):

i	1	2	3	4
x_i	2	3	1	4
y_i	1	2	3	4

Es wird die Korrelation zwischen x- und y-Werten berechnet und eine KQ-Regression der y-Werte auf die x-Werte durchgeführt. Die KQ-Gerade laute $\widehat{y}(x) = \widehat{a} + \widehat{b}\,x$.

(a) Ermitteln Sie den empirischen Korrelationskoeffizienten.

(b) Bestimmen Sie $\widehat{b}$, $\widehat{y}(x_4)$ und $\widehat{y}(0)$.

(c) Angenommen, es gelte: $y_1 = y_2 = y_3 = y_4 = 2.5$ unter Beibehaltung der obigen x-Werte. Sind dann der Korrelationskoeffizient bzw. die KQ-Gerade definiert?

Aufgabe 2.14

Gegeben seien folgende zweidimensionale Beobachtungswerte (x_i, y_i), i = 1, 2, 3, 4:

x_i	-2	5	1	4
y_i	5	-1	3	2

Es wird eine KQ-Regression der y-Werte auf die x-Werte durchgeführt gemäß Modellgleichung

$$y_i = b_0 + b_1 \cdot x_i + u_i, \quad i = 1, \ldots, 4.$$

Die KQ-Gerade lautet $\hat{y}(x) = \hat{b}_0 + \hat{b}_1 x$.

(a) Bestimmen Sie $\hat{b}_0$, $\hat{b}_1$, $\hat{y}_1$ und $\hat{u}_1$.

Angenommen, die x- und y-Werte werden (gleichzeitig) jeweils mit $c > 0$ multipliziert. Sind dann die folgenden Aussagen korrekt?

(b) Die Steigung der KQ-Gerade bleibt unverändert.

(c) Die neuen Residuen sind die ursprünglichen Residuen multipliziert mit c.

Bestimmen Sie für die Daten

(d) den Korrelationskoeffizient nach Pearson.

(e) den Korrelationskoeffizient nach Spearman.

Aufgabe 2.15

Gegeben seien die folgenden zweidimensionalen Beobachtungswerte: $(2, 2)$, $(1, 3)$, $(3, 0)$, $(5, -1)$. Entscheiden Sie, ob die folgenden Aussagen richtig oder falsch sind?

(a) Die Korrelation nach Spearman liegt im Intervall $[-0.8, -0.7]$.

(b) Die Korrelation nach Pearson ist hier gleich der nach Spearman.

Aufgabe 2.16

In Abbildung 2.1 sehen Sie vier Streudiagramme. Der empirische Korrelationskoeffizient nach Pearson von jeweils genau einem Datensatz

(a) ist negativ.

(b) ist betragsmäßig klein (liegt zwischen -0.2 und 0.2).

(c) liegt zwischen 0.4 und 0.6.

(d) ist groß (größer als 0.9).

Ordnen Sie (a)–(d) den Abbildungen (i) bis (iv) zu.

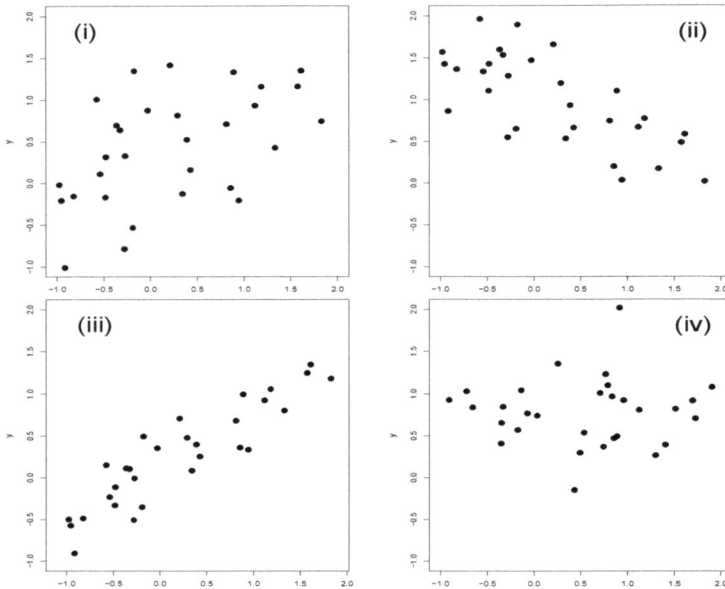

Abb. 2.1: Streudiagramme zu Aufgabe 2.16

Aufgabe 2.17

Die Punktepaare (x_i, y_i) aus Abbildung 2.2 unterscheiden sich nur im Punkt (x_7, y_7), wobei in der linken Abbildung $y_7 = 2.1$ und in der rechten $y_7 = 5$ gilt.

(a) Für beide Abbildungen kann man den empirischen Korrelationskoeffizienten bestimmen. Man erhält die beiden Wert 0.825 und 0.966. Weisen Sie die Werte der richtigen Abbildung zu.

(b) Wie groß ist der Korrelationskoeffizient nach Spearman für die Daten der beiden Abbildungen?

Wir betrachten jetzt die Abbildungen 2.3.

(c) Ordnen Sie den drei Abbildungen die Werte der Korrelationskoeffizienten nach Spearman zu: 0.714, 0.926, 1.000.

(d) Würden Sie erwarten, dass sich die Korrelationskoeffizienten nach Pearson zu den drei Abbildungen deutlich unterscheiden?

(e) Interpretieren Sie die Ergebnisse aus (a) bis (d) im Sinne einer Robustheitsbetrachtung.

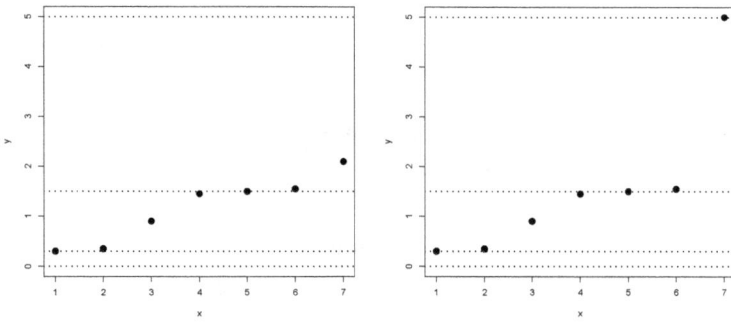

Abb. 2.2: Streudiagramme zu Aufgabe 2.17

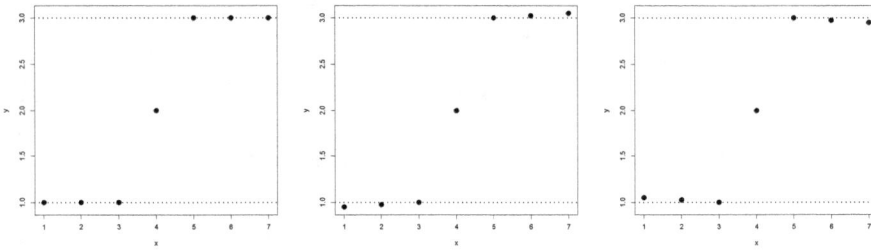

Abb. 2.3: Streudiagramme zu Aufgabe 2.17

Lösungen

Lösung von Aufgabe 2.1

Die x_i können die Werte 0 oder 1 annehmen, die y_i die Werte 0, 1 oder 2. Insgesamt gibt es 20 Beobachtungen. Es wird gezählt, wie häufig jede Wertekombination auftritt.

x ＼ y	0	1	2	Summe
0	5	5	1	11
1	4	3	2	9
Summe	9	8	3	20

Lösung von Aufgabe 2.2

Die Lücken in der Tabelle werden zunächst mit Variablen aufgefüllt, die wir dann systematisch berechnen. Wir nutzen dabei aus, dass die Spalte *Summe* die jeweiligen Zeilensummen und die Zeile *Summe* die jeweiligen Spaltensummen enthält.

x ＼ y	1	2	3	4	Summe
1	23	a	20	16	b
2	16	9	c	14	55
3	d	17	23	10	e
Summe	f	45	g	h	200

Dann gilt:

(a) Aus der Spalte $y = 2$ erhalten wir: $a = 45 - 9 - 17 = \underline{\underline{19}}$.

(b) Die Zeile $x = 1$ liefert: $b = 23 + a + 20 + 16 = \underline{\underline{78}}$.

(c) Aus der Zeile $x = 2$ erhalten wir:

$$16 + 9 + c + 14 = 55 \implies c = 55 - 39 = \underline{\underline{16}}.$$

(d) Aus der Spalte $y = 4$ ergibt sich: $h = 16 + 14 + 10 = \underline{\underline{40}}$.

(e) Aus der Spalte $y = 3$ ergibt sich: $g = 20 + c + 23 = \underline{\underline{59}}$.

(f) Aus der Zeile *Summe* berechnen wir:

$$f + 45 + g + h = 200 \implies f = 200 - 45 - 59 - 40 = \underline{\underline{56}}.$$

(g) Aus der Spalte $y = 1$ erhalten wir dann:

$$23 + 16 + d = f \implies d = 56 - 23 - 16 = \underline{\underline{17}}.$$

(h) Die Zeile $x = 3$ liefert jetzt: $e = d + 17 + 23 + 10 = \underline{\underline{67}}$.

Die vollständig ausgefüllte Häufigkeitstabelle ist damit

x \ y	1	2	3	4	Summe
1	23	19	20	16	78
2	16	9	16	14	55
3	17	17	23	10	67
Summe	56	45	59	40	200

Lösung von Aufgabe 2.3

Zunächst ergänzen wir die Ausgangstabelle um ihre Zeilen- und Spaltensummen.

X \ Y	0	1	Summe
1	55	65	120
2	45	35	80
Summe	100	100	200

Wir verwenden die Notation aus Stocker und Steinke [2022], Abschnitt 5.1.

(a) Die bedingte absolute Häufigkeitsverteilung erhalten wir, wenn wir nur die Beobachtungen mit $y = 0$ berücksichtigen, d.h. wir verwenden nur die Daten aus der Spalte $y = 0$.

a_i	1	2	Summe
n_{i1}	55	45	100

(b) Die bedingte relative Häufigkeitsverteilung erhält man, indem die bedingte absolute Häufigkeitsverteilung durch die Summe der in dieser Verteilung berücksichtigten Beobachtungen teilt. Für die konkrete Berechnung werden die Zeilen ($x = 1$ bzw. $x = 2$) durch die zugehörigen Zeilensummen (120 bzw. 80) geteilt. Es ergibt sich:

Frauen ($x = 1$)

b_j	0	1	Summe
$f_{1j}^{Y\mid X}$	0.458	0.542	1.000

Männer ($x = 2$)

b_j	0	1	Summe
$f_{2j}^{Y\mid X}$	0.563	0.437	1.000

Bei Frauen ist die Produkt-Awareness stärker ausgeprägt, da sich die weiblichen Teilnehmer in 54.2% der Fälle an das Produkt erinnern konnten – im Gegensatz zu den männlichen Teilnehmern, wo das nur bei 43.7% der Fall war.

(c) In Analogie zu (b) berechnen wir die bedingten relativen Häufigkeitsverteilungen bzgl. Y. In diesem Fall werden die Spalten ($y = 0$ bzw. $y = 1$) durch die zugehörigen Spaltensummen (jeweils 100) geteilt.

Keine Produkt-Awareness ($y = 0$)

a_i	1	2	Summe
$f_{i1}^{X\mid Y}$	0.55	0.45	1.00

Produkt-Awareness ($y = 1$)

a_i	1	2	Summe
$f_{i2}^{X\mid Y}$	0.65	0.35	1.00

(d) X und Y sind nicht empirisch unabhängig, da die bedingten relativen Häufigkeitsverteilungen nicht übereinstimmen, s. (b) bzw. (c).

Lösung von Aufgabe 2.4

(a) Wir ergänzen die Ausgangstabelle um die Zeilen- und Spaltensummen.

G \\ U	Meer	Berge	Städte	Summe
männlich	20	5	15	$40 = m$
weiblich	25	15	20	$60 = w$
Summe	45	20	35	$100 = n$

Die Gesamtzahl der befragten Personen war 100. Davon waren 40 männlich und 60 weiblich.

(b) Das Merkmal U, die präferierte Urlaubsgestaltung, ist nominal skaliert und nimmt in der Umfrage nur die Merkmalsausprägungen „Meer", „Berge" und „Städte" an. Die Häufigkeiten des Vorkommens der Ausprägungen von U finden sich in der Zeile *Summe*.

U	Meer	Berge	Städte	Summe
Häufigkeit	45	20	35	100

Eine Darstellung der Häufigkeitsverteilung mit einem Säulendiagramm finden Sie in Abbildung 2.4.

(c) Zur tabellarischen Darstellung der bedingten Häufigkeitsverteilungen verwenden wir die obige Ausgangstabelle und teilen die Zahlen in den Zellen durch die Zeilensummen (40 bzw. 60).

$U\mid G = g$	Meer	Berge	Städte	Summe
g=männlich	0.500	0.125	0.375	1
g=weiblich	0.417	0.250	0.333	1

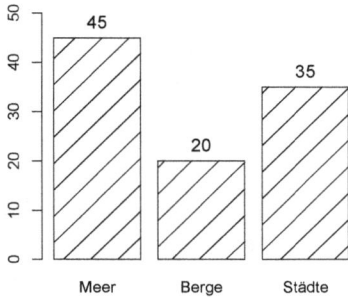

Abb. 2.4: Häufigkeitsverteilung U

Da die bedingten Häufigkeitsverteilungen für Männer (Zeile *männlich*) und Frauen (Zeile *weiblich*) nicht identisch sind, sind die Merkmale G und U nicht unabhängig. Eine grafische Veranschaulichung mit Säulendiagrammen der beiden Häufigkeitsverteilungen finden Sie in Abbildung 2.5.

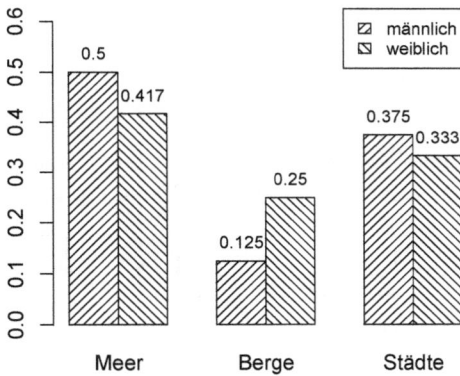

Abb. 2.5: Bedingte Häufigkeitsverteilungen

(d) Bei gleichen Randhäufigkeiten berechnet sich die Zellenhäufigkeit für den unabhängigen Fall mittels

$$e_{ij} = \frac{n_{i\bullet} n_{\bullet j}}{n}. \tag{2.2}$$

Speziell ergibt sich

$$e_{22} = e_{weiblich,Berge} = \frac{60 \cdot 20}{100} = \underline{\underline{12}}.$$

Bei gleichen Randhäufigkeiten hätten 12 weibliche Personen als präferiertes Urlaubsziel „Berge" angeben müssen, wenn die Merkmale Geschlecht und präferiertes Urlaubsziel unabhängig wären.

Lösung von Aufgabe 2.5

Wir vervollständigen die Kontingenztablle und ergänzen $e_{ij} = n_{i\bullet}n_{\bullet j}/n$ in runden Klammern. Hierbei steht $n_{i\bullet}$ für die Summe der Einträge der i-ten Zeile und $n_{\bullet j}$ für die Summe der Einträge der j-ten Spalte.

X ＼ Y	Eltern	Stipend./Bafög	Selbstfinanz.	Summe
zu Hause	24 (25.39)	6 (5.79)	4 (2.82)	34
Wohnheim	45 (46.30)	14 (10.56)	3 (5.14)	62
Priv. Whg.-Markt	102 (99.31)	19 (22.65)	12 (11.03)	133
Summe	171	39	19	229

(a) Wir verwenden die Formel zur Berechnung des Chi-Quadrat-Koeffizienten, s. Stocker und Steinke [2022], Abschnitt 5.1.2,

$$\chi^2 = \sum_{i=1}^{k} \sum_{j=1}^{l} \frac{(n_{ij} - e_{ij})^2}{e_{ij}}, \quad e_{ij} = \frac{n_{i\bullet}n_{\bullet j}}{n}. \tag{2.3}$$

Herbei geben k bzw. l an, wie viele Werte die beiden Merkmale X bzw. Y annehmen. In dem vorliegenden Beispiel sind $k = 3$ und $l = 3$. Damit ergibt sich für die konkreten Beobachtungswerte

$$\chi^2 = \frac{(24 - 25.39)^2}{25.39} + \frac{(6 - 5.79)^2}{5.79} + \frac{(4 - 2.82)^2}{2.82}$$
$$+ \frac{(45 - 46.30)^2}{46.30} + \frac{(14 - 10.56)^2}{10.56} + \frac{(3 - 5.14)^2}{5.14}$$
$$+ \frac{(102 - 99.31)^2}{99.31} + \frac{(19 - 22.65)^2}{22.65} + \frac{(12 - 11.03)^2}{11.03}$$
$$\approx 0.0761 + 0.0076 + 0.4938 + 0.0365 + 1.1206 + 0.8910$$
$$+ 0.0729 + 0.5882 + 0.0853 \approx \underline{3.372}.$$

Der Chi-Quadrat-Koeffizient beträgt 3.372.

(b) Der Kontingenzkoeffizient normiert den Chi-Quadrat-Koeffizienten und berechnet sich gemäß

$$C = \sqrt{\frac{\chi^2}{\chi^2 + n}} \approx \sqrt{\frac{3.372}{3.372 + 229}} \approx \underline{\underline{0.120}}.$$

M ist das Minimum aus Zeilen und Spaltenanzahl der Kontingenztabelle und beträgt 3. Der korrigierte Kontingenzkoeffizient ist dann gleich

$$C^* = \sqrt{M/(M-1)} \cdot C \approx \sqrt{3/(3-1)} \cdot 0.120 \approx \underline{0.147}.$$

Lösung von Aufgabe 2.6

(a) Da alle Spalten identisch sind, kann man leicht nachprüfen, dass $e_{ij} = n_{ij}$, s. (2.2), für alle Zeilen und Spalten gilt und die Merkmale X und Y unabhängig sind. Damit ist auch $\chi^2 = 0$, s. (2.3).

(b) Nach der Veränderung sind erneut alle Spalten identisch und damit $\chi^2 = 0$. Der Chi-Quadrat-Koeffizient bleibt also unverändert.

(c) S. (b).

(d) Die Spalten sind nach dieser Veränderung nicht mehr identisch. Daher gilt i.A. nicht mehr $\chi^2 = 0$.

Lösung von Aufgabe 2.7

Wir ergänzen die Kontingenztabelle um die Zeilen- bzw. Spaltensummen, $n_{i\bullet}$ bzw. $n_{\bullet j}$.

	Raucher	Nichtraucher	Summe
Nicht vegetarisch	40	160	200
Vegetarisch	2	38	40
Summe	42	198	240

Den χ^2-Koeffizienten berechnen wir mit der speziellen Berechnungsformel für 2×2-Kontingenztabellen, s. Stocker und Steinke [2022], Abschnitt 5.1.2,

$$\chi^2 = \frac{n(n_{11}n_{22} - n_{12}n_{21})^2}{n_{\bullet 1}n_{\bullet 2}n_{1\bullet}n_{2\bullet}} = \frac{240(40 \cdot 38 - 160 \cdot 2)^2}{200 \cdot 40 \cdot 42 \cdot 198} = \underline{5.1948}.$$

(a) Der Kontingenzkoeffizient ist damit

$$C = \sqrt{\frac{\chi^2}{\chi^2 + n}} \approx \sqrt{\frac{5.1948}{5.1948 + 240}} \approx \underline{0.1456}.$$

In diesem Fall ist $M = 2$ und der korrigierte Kontingenzkoeffizient beträgt

$$C^* = \sqrt{M/(M-1)} \cdot C = \sqrt{2} \cdot C \approx \sqrt{2} \cdot 0.1456 \approx \underline{0.2058}.$$

(b) Nein. Da $\chi^2 \neq 0$, sind X und Y nicht (empirisch) unabhängig.

(c) Nein. Das kann man leicht nachrechnen: Die resultierende Kontingenztabelle ist jetzt

	Raucher	Nichtraucher	Summe
Nicht vegetarisch	40	320	360
Vegetarisch	2	76	78
Summe	42	396	438

Der Chi-Quadrat-Koeffizient berechnet sich dann als

$$\chi^2 = \frac{n(n_{11}n_{22} - n_{12}n_{21})^2}{n_{\bullet 1}n_{\bullet 2}n_{1\bullet}n_{2\bullet}} = \frac{438(40 \cdot 76 - 320 \cdot 2)^2}{360 \cdot 78 \cdot 42 \cdot 396} \approx \underline{5.402},$$

$$C = \sqrt{\frac{\chi^2}{\chi^2 + n}} \approx \sqrt{\frac{5.402}{5.402 + 438}} \approx \underline{0.1104}.$$

Da der Kontingenzkoeffizient vom ursprünglichen Wert abweicht, ist auch der korrigierte Kontingenzkoeffizient nicht gleich dem entsprechenden ursprünglichen Wert.

(d) Ja. Es sei $p_{ij} = n_{ij}/n$. Dann ist

$$C^* = \sqrt{\frac{M}{M-1}} \sqrt{\frac{\chi^2/n}{\chi^2/n + 1}}$$

der korrigierte Kontingenzkoeffizient. Er hängt also nur über χ^2/n von den Beobachtungsdaten ab. Mit

$$\chi^2/n = \frac{(n_{11}n_{22} - n_{12}n_{21})^2}{n_{\bullet 1}n_{\bullet 2}n_{1\bullet}n_{2\bullet}} = \frac{(p_{11}p_{22} - p_{12}p_{21})^2}{p_{\bullet 1}p_{\bullet 2}p_{1\bullet}p_{2\bullet}}$$

lässt sich χ^2/n auch auf Grundlage der prozentualen Anteile der vier Gruppen berechnen.

Lösung von Aufgabe 2.8

Hier liegt eine perfekte Abhängigkeit zwischen der Altersklasse und dem wichtigstem Kriterium vor. Damit ist $\chi^2 > 0$ und $C^* = 1$. Die formale Rechnung liefert:

Alter Priorität	Gutes Essen und guter Service	Lage (z.B. schöner Strand in der Nähe)	Komfort und Sauberkeit	Σ
unter 35	0 (3.125)	25 (15.625)	0 (6.25)	25
von 35 bis unter 65	5 (0.625)	0 (3.125)	0 (1.25)	5
ab 65	0 (1.25)	0 (6.25)	10 (2.5)	10
Summe	5	25	10	40

Damit gilt, vgl. (2.3),

$$\chi^2 = 3.125 + 5.625 + 6.25 + 30.625 + 3.125 + 1.25$$
$$+ 1.25 + 6.25 + 22.50 = \underline{\underline{80}}.$$

Die Kontingenztabelle hat drei Zeilen und drei Spalten, also ist $M = \min(3, 3) = 3$. Der Kontingenzkoeffizient ist

$$C = \sqrt{\frac{\chi^2}{\chi^2 + n}} = \sqrt{\frac{80}{120}} = \sqrt{2/3} \approx \underline{0.816}$$

und der korrigierte Kontingenzkoeffizient beträgt

$$C^* = \sqrt{M/(M-1)} \cdot C = \sqrt{3/2} \cdot \sqrt{2/3} = \underline{\underline{1.0}}.$$

Der maximal mögliche Wert des korrigierten Kontingenzkoeffizienten, 1, wird angenommen. Das heißt, es liegt eine besonders starke Form der Abhängigkeit vor: Von den Ausprägungen eines Merkmals kann direkt und ohne Fehler auf die Ausprägungen des anderen Merkmals geschlossen werden. *Alle* 35- bis 65-Jährigen haben bspw. als oberste Priorität das gute Essen und den guten Service.

Lösung von Aufgabe 2.9

In der rechten Tabelle von Tabelle 2.1 besteht eine strikte Abhängigkeit zwischen X und Y: In jeder Zeile der Häufigkeitstabelle ist genau ein Zahlenwert ungleich 0. Wenn $X = 1$ ist, ist damit $Y = 1$. Wenn $X = 2$ ist, nimmt Y den Wert 1 an und für $X = 3$ ist $Y = 2$. Im Fall einer solchen strikten Abhängigkeit ist der korrigierte Kontingenzkoeffizient 1.

In der mittleren Tabelle ist der Eintrag in der Zeile $X = 3$ und Spalte $Y = 2$ gleich 0. Da für die relative Häufigkeit

$$f_{3,2} = 0 \neq 0.3 \cdot 0.42 = f_{3\bullet} f_{\bullet 2}$$

gilt, sind X und Y nicht empirisch unabhängig. Damit ist der korrigierte Korrelationskoeffizient auch nicht 0. Da offenbar keine strikte Abhängigkeit zwischen X und Y vorliegt, muss er also zwischen 0 und 1 liegen.

Für die linke Tabelle kann man nachprüfen, dass empirische Unabhängigkeit vorliegt, also

$$f_{ij} = f_{i\bullet} f_{\bullet j} \quad \text{für } i = 1, 2, 3 \text{ und } j = 1, 2$$

gilt. Zusammenfassend ergibt sich:

(a) linke Tabelle.

(b) rechte Tabelle.

(c) mittlere Tabelle.

Lösung von Aufgabe 2.10

(a) Zunächst ergänzen wir die Tabelle um die Zeilen- und Spaltensummen und ergänzen die unter Unabhängigkeit *erwarteten Häufigkeiten* $e_{ij} = n_{i\bullet} n_{\bullet j}/n$ in runden Klammern.

X \ Y	0	1	Σ
1	55 (60)	65 (60)	120
2	45 (40)	35 (40)	80
Σ	100	100	200

Damit ergibt sich

$$\chi^2 = \sum_{i=1}^{2} \sum_{j=1}^{2} \frac{(n_{ij} - e_{ij})^2}{e_{ij}}$$

$$= \frac{(55-60)^2}{60} + \frac{(65-60)^2}{60} + \frac{(45-40)^2}{40} + \frac{(35-40)^2}{40} \approx \underline{\underline{2.0833}}.$$

(b) Es gilt

$$\chi^2 = \frac{n(n_{11}n_{22} - n_{12}n_{21})^2}{n_{\bullet 1}n_{\bullet 2}n_{1\bullet}n_{2\bullet}} = \frac{200 \cdot (55 \cdot 35 - 65 \cdot 45)^2}{100 \cdot 100 \cdot 120 \cdot 80} \approx \underline{\underline{2.0833}}.$$

Das Ergebnis stimmt mit dem aus (a) überein.

(c) Der Kontingenzkoeffizient ist

$$C = \sqrt{\frac{\chi^2}{\chi^2 + n}} \approx \sqrt{\frac{2.0833}{2.0833 + 200}} \approx 0.1015,$$

$$C^* = \sqrt{M/(M-1)} \cdot C \approx \sqrt{2/(2-1)} \cdot 0.1015 \approx \underline{\underline{0.144}}.$$

Es liegt nur eine eher schwache empirische Abhängigkeit zwischen den x- und y-Werten vor.

Lösung von Aufgabe 2.11

(a) Nach der Definition von $n_{i\bullet}$ und $n_{\bullet j}$ gilt:

$$\sum_{j=1}^{l} e_{ij} = \sum_{j=1}^{l} \frac{n_{i\bullet}n_{\bullet j}}{n} = \frac{n_{i\bullet}}{n} \sum_{j=1}^{l} n_{\bullet j} = \frac{n_{i\bullet}}{n} \cdot n = n_{i\bullet}.$$

(b) Analog zu (a) gilt:

$$\sum_{i=1}^{k} e_{ij} = \sum_{i=1}^{k} \frac{n_{i\bullet}n_{\bullet j}}{n} = \frac{n_{\bullet j}}{n} \sum_{i=1}^{k} n_{i\bullet} = \frac{n_{\bullet j}}{n} \cdot n = n_{\bullet j}.$$

(c) Wir verwenden (a) und dass die Summe der $n_{i\bullet}$ gleich n ist.

$$\sum_{i=1}^{k} \sum_{j=1}^{l} e_{ij} = \sum_{i=1}^{k} \left(\sum_{j=1}^{l} e_{ij} \right) \overset{(a)}{=} \sum_{i=1}^{k} n_{i\bullet} = n.$$

Lösung von Aufgabe 2.12

Zunächst ist

$$n_{1\bullet}n_{\bullet 1} = (n_{11} + n_{12})(n_{11} + n_{21}) = n_{11}^2 + n_{12}n_{11} + n_{11}n_{21} + n_{12}n_{21}$$
$$= n_{11}(n_{11} + n_{12} + n_{21}) + n_{12}n_{21} = n_{11}(n - n_{22}) + n_{12}n_{21}$$
$$= n_{11}n + n_{12}n_{21} - n_{11}n_{22}.$$

Damit ist

$$n_{11} - e_{11} = n_{11} - \frac{n_{1\bullet}n_{\bullet 1}}{n} = \frac{n_{11}n_{22} - n_{12}n_{21}}{n}.$$

$n_{11} - e_{11}$ lässt sich also im Wesentlichen mithilfe von $n_{11}n_{22} - n_{12}n_{21}$ darstellen; dieser Ausdruck soll auch im Endergebnis vorkommen. Analog erhalten wir

$$n_{22} - e_{22} = \frac{n_{11}n_{22} - n_{12}n_{21}}{n} \quad \text{und}$$
$$n_{12} - e_{12} = n_{21} - e_{21} = -\frac{n_{11}n_{22} - n_{12}n_{21}}{n}.$$

Daraus ergibt sich für χ^2, in dem wir in die allgemeine Berechnungsvorschrift einsetzen, zunächst:

$$\chi^2 = \sum_{i=1}^{2}\sum_{j=1}^{2}\frac{(n_{ij} - e_{ij})^2}{e_{ij}}$$
$$= \left(\frac{n_{11}n_{22} - n_{12}n_{21}}{n}\right)^2 \cdot \left(\frac{1}{e_{11}} + \frac{1}{e_{12}} + \frac{1}{e_{21}} + \frac{1}{e_{22}}\right).$$

Wir untersuchen den zweiten Faktor und schreiben zunächst

$$\frac{1}{e_{11}} = \frac{n_{2\bullet}n_{\bullet 2}}{\frac{n_{1\bullet}n_{\bullet 1}}{n}n_{2\bullet}n_{\bullet 2}} = \frac{n^2 \cdot e_{22}}{n_{1\bullet}n_{\bullet 1}n_{2\bullet}n_{\bullet 2}}.$$

Analog sind

$$\frac{1}{e_{12}} = \frac{n^2 \cdot e_{21}}{n_{1\bullet}n_{\bullet 1}n_{2\bullet}n_{\bullet 2}}, \quad \frac{1}{e_{21}} = \frac{n^2 \cdot e_{12}}{n_{1\bullet}n_{\bullet 1}n_{2\bullet}n_{\bullet 2}}, \quad \frac{1}{e_{22}} = \frac{n^2 \cdot e_{11}}{n_{1\bullet}n_{\bullet 1}n_{2\bullet}n_{\bullet 2}}.$$

Wegen $e_{11} + e_{12} + e_{21} + e_{22} = n$ folgt

$$\chi^2 = \left(\frac{n_{11}n_{22} - n_{12}n_{21}}{n}\right)^2 \cdot \frac{n^3}{n_{1\bullet}n_{\bullet 1}n_{2\bullet}n_{\bullet 2}} = \frac{n(n_{11}n_{22} - n_{12}n_{21})^2}{n_{\bullet 1}n_{\bullet 2}n_{1\bullet}n_{2\bullet}}$$

und damit die Behauptung.

Lösung von Aufgabe 2.13

Wir berechnen zunächst einige Zwischenergebnisse.

$$\bar{x} = 2.5, \quad \bar{y} = 2.5, \quad \sum_{i=1}^{4}x_i^2 = \sum_{i=1}^{4}y_i^2 = 30, \quad \sum_{i=1}^{n}x_iy_i = 27,$$

$$\tilde{s}_x^2 = \frac{1}{n}\sum_{i=1}^{n}x_i^2 - \bar{x}^2 = \frac{1}{4}\cdot 30 - 2.5^2 = 1.25,$$

$$\tilde{s}_{XY} = \frac{1}{n} \sum_{i=1}^{n} x_i y_i - \overline{x} \cdot \overline{y} = \frac{1}{4} \cdot 27 - 2.5 \cdot 2.5 = 0.5.$$

Da in diesem Beispiel die y_i-Werte nur Vertauschungen der x_i-Werte sind, stimmen die Mittelwerte und empirischen Varianzen der x- und y-Werte überein.

(a) Der empirische Korrelationskoeffizient ist dann, s. auch Stocker und Steinke [2022], Abschnitt 5.2.2,

$$r_{XY} = \frac{\tilde{s}_{XY}}{\sqrt{\tilde{s}_X^2 \tilde{s}_Y^2}} = \frac{0.5}{1.25} = \underline{\underline{0.4}}.$$

Der Korrelationskoeffizient beträgt 0.4.

(b) Formeln zur Berechnung der Kleinste-Quadrate-Koeffizienten bei der Kleinste-Quadrate-Regression finden sich in Stocker und Steinke [2022], Abschnitt 5.2.3. Es gilt:

$$\hat{b} = \frac{\tilde{s}_{XY}}{\tilde{s}_X^2} = \frac{0.5}{1.25} = \underline{\underline{0.4}},$$

$$\hat{a} = \overline{y} - \hat{b}\overline{x} = 2.5 - 0.4 \cdot 2.5 = 1.5,$$

$$\hat{y}(x_4) = \hat{a} + \hat{b} \cdot x_4 = 1.5 + 0.4 \cdot 4 = \underline{\underline{3.1}},$$

$$\hat{y}(0) = \hat{a} + \hat{b} \cdot 0 = 1.5 + 0.4 \cdot 0 = \underline{\underline{1.5}}.$$

(c) Wenn alle y_i identisch sind, dann wäre $\tilde{s}_Y^2 = 0$ und damit der Korrelationskoeffizient nicht definiert. Die KQ-Gerade ist weiterhin definiert. Ihr Anstieg $\hat{b}$ wäre gleich Null und dementsprechend $\hat{a} = \overline{y}$.

Lösung von Aufgabe 2.14

Wir berechnen

$$\overline{x} = 2, \quad \overline{y} = 2.25, \quad \sum_{i=1}^{4} x_i^2 = 46, \quad \sum_{i=1}^{4} y_i^2 = 39, \quad \sum_{i=1}^{n} x_i y_i = -4,$$

$$\tilde{s}_X^2 = \frac{1}{n} \sum_{i=1}^{n} x_i^2 - \overline{x}^2 = \frac{1}{4}(46 - 4 \cdot 2^2) = 7.5,$$

$$\tilde{s}_Y^2 = \frac{1}{n} \sum_{i=1}^{n} y_i^2 - \overline{y}^2 = 4.6875,$$

$$\tilde{s}_{XY} = \frac{1}{n} \sum_{i=1}^{n} x_i y_i - \overline{x} \cdot \overline{y} = \frac{1}{4}(-4 - 4 \cdot 2 \cdot 2.25) = -5.5.$$

(a) Wir verwenden die Formeln aus Stocker und Steinke [2022], Abschnitt 5.2.3. Damit sind

$$\hat{b}_1 = \frac{\tilde{s}_{XY}}{\tilde{s}_X^2} = \frac{-5.5}{7.5} = -\frac{11}{15} \approx \underline{\underline{-0.7333}},$$

$$\widehat{b}_0 = \overline{y} - \widehat{b}\overline{x} \approx 2.25 - (-0.7333) \cdot 2 = \underline{3.7166},$$

$$\widehat{y}_1 = \widehat{y}(x_1) = \widehat{a} + \widehat{b}x_1 \approx 3.7166 - 0.7333 \cdot (-2) = \underline{5.1832},$$

$$\widehat{u}_1 = y_1 - \widehat{y}_1 \approx 5 - 5.1832 = \underline{-0.1832}.$$

(b) Richtig, die Steigung bleibt unverändert: Es sei $y_i^* = c \cdot y_i$ und $x_i^* = c \cdot x_i$ für $i = 1, \ldots, n$. Da das arithmetische Mittel und die Standardabweichung skalenäquivariant sind, s. Stocker und Steinke [2022], Abschnitt 4.9.3, gilt:

$$\overline{y}^* = c \cdot \overline{y}, \quad \overline{x}^* = c \cdot \overline{x}, \quad \widetilde{s}_{Y^*} = c \cdot \widetilde{s}_Y, \quad \widetilde{s}_{X^*} = c \cdot \widetilde{s}_X.$$

Weiterhin ist

$$\widetilde{s}_{X^* Y^*} = \frac{1}{n} \sum_{i=1}^{n} x_i^* y_i^* - \overline{x}^* \cdot \overline{y}^* = c^2 \cdot \left(\frac{1}{n} \sum_{i=1}^{n} x_i y_i - \overline{x} \cdot \overline{y} \right) = c^2 \widetilde{s}_{XY}.$$

Der Anstieg b_1^* der KQ-Geraden der (x_i^*, y_i^*)-Daten berechnet sich dann als

$$\widehat{b}_1^* = \frac{\widetilde{s}_{X^* Y^*}}{\widetilde{s}_{X^*}^2} = \frac{c^2 \cdot \widetilde{s}_{XY}}{c^2 \cdot \widetilde{s}_X^2} = \frac{\widetilde{s}_{XY}}{\widetilde{s}_X^2} = b_1.$$

(c) Die Aussage ist richtig: Wir verwenden die Bezeichnungen des vorherigen Aufgabenteils und bezeichnen das i-te KQ-Residuum der (x_i^*, y_i^*)-Daten mit $\widehat{u}_i^*$. Für den Achsenabschnitt b_0^* der KQ-Geraden der (x_i^*, y_i^*)-Daten gilt

$$b_0^* = \overline{y}^* - \widehat{b}_1^* \overline{x}^* = c \cdot (\overline{y} - \widehat{b}_1 \overline{x}) = c \cdot \widehat{b}_0.$$

Es folgt:

$$\widehat{u}_i^* = y_i^* - \widehat{y}_i^* = c \cdot y_i - (\widehat{b}_0^* + \widehat{b}_1^* x_i^*) = c \cdot y_i - (c \cdot \widehat{b}_0 + \widehat{b}_1 \cdot c \cdot x_i)$$

$$= c \cdot (y_i - \widehat{b}_0 - \widehat{b}_1 \cdot x_i) = c \cdot (y_i - \widehat{y}_i) = c \cdot \widehat{u}_i.$$

Die Aussagen (b) und (c) kann man sich anschaulich klar machen, indem man sich die Multiplikation mit c als gleichartige Änderung der Skaleneinteilung der x- bzw y-Achse vorstellt. Die Verteilung der Punkte und die einzuzeichnende KQ-Gerade bleiben dabei unberührt. Daher ändert sich ihr Anstieg nicht und die Residuen ändern sich proportional zu c.

(d) Der Korrelationskoeffizient nach Pearson ist

$$r = \frac{\widetilde{s}_{XY}}{\sqrt{\widetilde{s}_X^2 \widetilde{s}_Y^2}} = \frac{-5.5}{\sqrt{7.5 \cdot 4.6875}} \approx \underline{-0.9276}.$$

(e) Eine Veranschaulichung der Daten in einem Streudiagramm zeigt, dass hier ein streng monoton fallender Zusammenhang zwischen den x- und y-Beobachtungen vorliegt. Der Spearman'sche Korrelationskoeffizient r_{SP} ist daher -1.

Es soll nachfolgend demonstriert werden, wie man r_{SP} rechnerisch ermittelt. Zur Bestimmung des Korrelationskoeffizienten nach Spearman bestimmen wir die Ränge der x_i- und y_i-Werte. Dazu sortiert man alle x_i-Werte. Dem kleinsten Wert wird Rang 1, dem zweitkleinsten Wert Rang 2 zugeordnet usw. Genauso verfährt man mit den y_i-Werten.

i	x_i	y_i	$rg(x_i)$	$rg(y_i)$	$(rg(x_i))^2$	$(rg(y_i))^2$	$rg(x_i)rg(y_i)$
1	-2	5	1	4	1	16	4
2	5	-1	4	1	16	1	4
3	1	3	2	3	4	9	6
4	4	2	3	2	9	4	6
Σ	8	9	10	10	30	30	20

$rg(-2) = 1$, da -2 der kleinste x_i-Wert ist. Entsprechend werden den x_i-Werten 1, 4 und 5 die Ränge 2, 3 und 4 zugewiesen.

Der Korrelationskoeffizient nach Spearman berechnet sich dann wie der Korrelationskoeffizient nach Pearson, nachdem die x_i durch die $rg(x_i)$ und die y_i durch die $rg(y_i)$-Werte ersetzt wurden.

$$r_{SP} = \frac{\sum_{i=1}^{n} rg(x_i)rg(y_i) - n \cdot \overline{rg}_X \overline{rg}_Y}{\sqrt{(\sum_{i=1}^{n}(rg(x_i))^2 - n \cdot \overline{rg}_X^2)(\sum_{i=1}^{n}(rg(y_i))^2 - n \cdot \overline{rg}_Y^2)}}$$

$$= \frac{20 - 4 \cdot 2.5 \cdot 2.5}{\sqrt{(30 - 4 \cdot 2.5^2)(30 - 4 \cdot 2.5^2)}} = \frac{-5}{\sqrt{5 \cdot 5}} = \underline{\underline{-1}}.$$

Der Korrelationskoeffizient nach Spearman beträgt -1.

Lösung von Aufgabe 2.15

Wir veranschaulichen die Daten mit einem Streudiagramm, s. Abbildung 2.6.

(a) Falsch: Es liegt ein streng monoton fallender Zusammenhang zwischen den x- und den y-Werten vor. Daher ist der Spearman'sche Korrelationskoeffizient gleich -1.

(b) Falsch: Der Korrelationskoeffizient nach Pearson wäre nur dann gleich -1, wenn alle Beobachtungspunkte auf einer Gerade mit negativem Anstieg liegen würden. In Abbildung 2.6 ist klar erkennbar, dass das nicht der Fall ist.

Lösung von Aufgabe 2.16

Um aus einem Streudiagramm auf die Richtung und Stärke der Korrelation zu schließen, kann man versuchen, das Streuverhalten der Beobachtungen grob mit einer Ellipse zu beschreiben, s. Abbildung 2.7. Der Anstieg der Hauptachse der Ellipse stimmt bei geeigneter Wahl der Ellipse mit dem Vorzeichen des Korrelationskoeffizienten überein. Falls die Hauptachse nicht parallel zur x-Achse verläuft, dann ist die Korrelation betragsmäßig umso größer, je schmaler die Nebenachse im Vergleich zur Hauptachse ist.

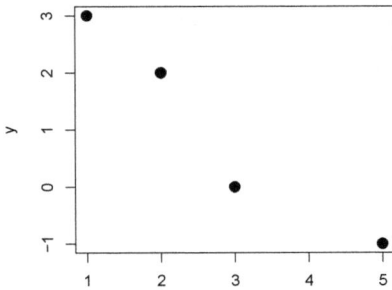

Abb. 2.6: Streudiagramm zu Aufgabe 2.15

Am deutlichsten ist der positive Anstieg der Hauptachse der Ellipse in Abbildung (iii) erkennbar. Allem Anschein nach liegt hier die größte Korrelation vor und wir würden die Antwort (d) zuordnen. Die einzige Abbildung mit einem deutlich erkennbaren Abfall der Hauptachse findet sich in Abbildung (ii). Abbildung (ii) wäre dementsprechend die negative Korrelation aus (a) zuzuordnen. In Abbildung (i) ist auch ein positiver Anstieg der Hauptachse der Ellipse erkennbar. Die Ellipse ist aber nicht so schmal wie in Abbildung (iii). Wir würden also eine positive, aber nicht so stark ausgeprägte Korrelation zuordnen und würden die Lösung (c) zuweisen. Es bleibt Abbildung (iv). Hier könnte man davon ausgehen, dass die Hauptachse der Ellipse parallel zur x-Achse verläuft. Das spricht für Unkorreliertheit oder eine betragsmäßig kleine Korrelation. Das passt zur letzten verbleibenden Lösung: (b).

Zusammenfassend erhalten wir folgende Zuordnung:

(a)	(b)	(c)	(d)
(ii)	(iv)	(i)	(iii)

Lösung von Aufgabe 2.17

(a) Durch den extremen Wert an der Stelle $x = 7$ lassen sich die Punkte der rechten Abbildung weniger gut durch eine Gerade beschreiben und der Korrelationskoeffizient fällt kleiner aus. Daher ist der linken Abbildung der Korrelationskoeffizient 0.966 und der rechten Abbildung der Wert 0.825 zuzuordnen.

(b) In beiden Abbildungen ist der Verlauf streng monoton wachsend und der Spearman'sche Korrelationskoeffizient dementsprechend 1.

(c) Die Punkte der mittleren Abbildung zeigen einen streng monoton wachsenden Verlauf. Der Spearman'sche Korrelationskoeffizient ist dementsprechend 1. In der linken Abbildung ist der Verlauf monoton wachsend, aber nicht überall streng monoton wachsend. In der rechten Abbildung ist der Funktionsverlauf in den

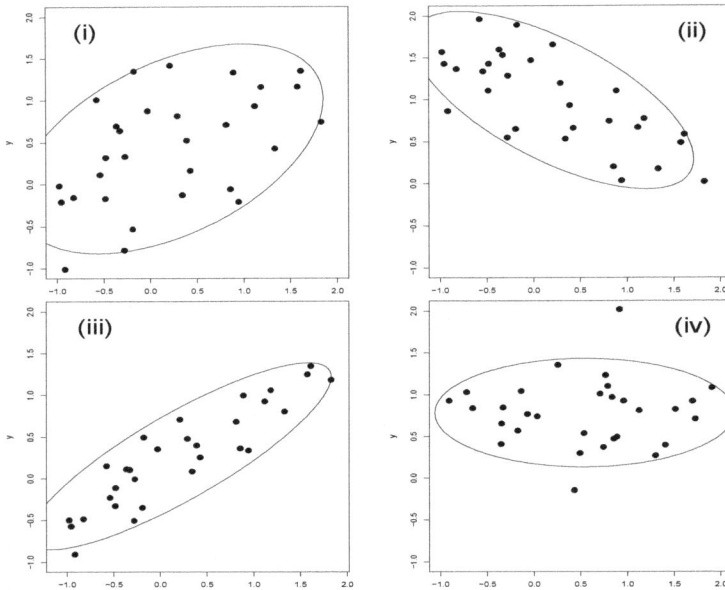

Abb. 2.7: Streudiagramme

Teilintervallen [1,3] und [5,7] sogar fallend. Damit ist der rechten Abbildung der kleinste Spearman'sche Korrelationskoeffizient, nämlich 0.714, zuzuorden, während dieser Koeffizient im linken Bild 0.926 sein muss.

(d) Da sich die y_i-Werte nur geringfügig im direkten Vergleich der Abbildungen ändern, sollte der Pearson'sche Korrelationskoeffizient im Wesentlichen unverändert bleiben. Das lässt sich durch Berechnung aus den Orginaldaten (die in der Aufgabenstellung nicht angegeben wurden) nachrechnen. Man erhält von der linken zur rechten Abbildung als Korrelationskoeffizienten nach Pearson: 0.926, 0.933, 0.918.

(e) Wie wir in (a) gesehen haben, können einzelne Beobachtungspaare den Wert des Pearson'schen Korrelationskoeffizienten deutlich verändern. Der Korrelationskoeffizient nach Spearman ist in dieser Beziehung weniger anfällig (s. (b)) und wird als robuster aufgefasst – sofern die Veränderung nicht das Ranking der x- und y-Werte wesentlich beeinflusst. Andererseits kann auch eine kleine betragsmäßige Veränderung der y-Werte den Spearman'schen Korrelationskoeffizienten deutlich verändern (s. (c)), wenn daraus eine wesentliche Veränderung des Rankings der y-Daten resultiert. In dem Fall ist der Korrelationskoeffizient nach Pearson weniger empfindlich und damit robuster (s. (d)).

3 Wahrscheinlichkeitsrechnung

Aufgabe 3.1

Gegeben seien die Mengen ganzer Zahlen $B = \{1, 2, 3, 4, 5, 6\}$ und $C = \{3, 7, 8\}$, das abgeschlossene Intervall $A = [0, 4]$ und das halboffene Intervall $D = (2, 6]$.
Ermitteln Sie

(a) $B \cup C$

(b) $A \cap D$.

(c) $C \setminus A$

(d) $(A \cap B) \cup C$.

Aufgabe 3.2

Beim zweimaligen Werfen eines Würfels werden folgende Ereignisse betrachtet:

A = „Die Summe der beiden Zahlen ist gerade."

B = „Es wird zweimal die gleiche Zahl geworfen."

C = „Es werden zwei verschiedene Zahlen geworfen."

(a) Ist B eine Teilmenge von A, d.h. $B \subset A$?

(b) Gilt $(B \cup C) \subset A$?

(c) Gilt $A \cap B \cap C = \emptyset$?

(d) Bestimmen Sie $|B \setminus A|$.

Hinweis: Die Schreibweise $B \subset A$ bedeutet, dass B eine Teilmenge von A ist, und gilt auch dann, wenn $A = B$ ist.

Aufgabe 3.3

A, B und C seien Ereignisse. Drücken Sie die folgenden Ereignisse bzw. Formulierungen mithilfe der Mengenschreibweise von Ereignissen aus, d.h. mithilfe der Symbole $\cap$, $\cup$, - (Komplementärmenge), $\setminus$ und $\subset$.

(a) Wenn A eintritt, dann tritt auch C ein.

(b) Die Ereignisse A, B und C treten alle ein.

(c) Mindestens eines der Ereignisse A, B und C tritt ein.

(d) Keines der Ereignisse A, B und C tritt ein.

(e) A oder B treten ein, aber nicht C.

https://doi.org/10.1515/9783110744187-003

Aufgabe 3.4

Ein durch Reihen- und Parallelschaltungen aufgebautes System möge aus den Bauteilen 1 bis 4 gemäß der folgenden Abbildung bestehen. Mit A_i, $i = 1, 2, 3, 4$, bezeichnen wir das Ereignis, dass Bauteil i in einem betrachteten Zeitraum ausfällt.

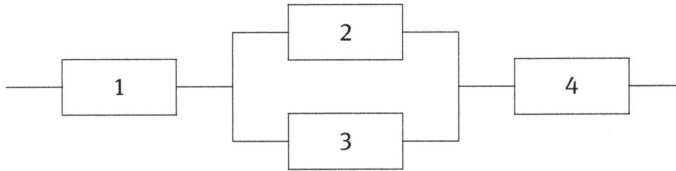

Drücken Sie folgende Ereignisse mithilfe der A_i und den Mengenoperationen Komplement, Vereinigung, Durchschnitt etc. aus:

(a) Bauteile 2 und 3 fallen beide aus.

(b) Mindestens eines der vier Bauteile 1 bis 4 fällt aus.

(c) Das Gesamtsystem fällt aus (vgl. Abbildung).

Hinweis zu (c): Man kann das System als Teil eines Stromkreises interpretieren. Die Bauteile spielen dabei die Rolle von Widerständen. Das Gesamtsystem fällt solange nicht aus, solange „Strom" durch die Schaltung fließen kann. Ausgefallene Bauteile können dabei nicht von Strom durchflossen werden.

Aufgabe 3.5

Beim dreimaligen Werfen einer Münze werden folgende Ereignisse betrachtet:

$$D = \text{„Es wird mindestens einmal ‚Zahl' geworfen.“}$$
$$E = \text{„Es wird mindestens einmal ‚Wappen' geworfen.“}$$
$$F = \text{„Es wird zuerst ‚Zahl', dann ‚Wappen' und dann wieder}$$
$$\text{‚Zahl' geworfen.“}$$

(a) Geben Sie eine Darstellung für einen Ergebnisraum an.

(b) Entscheiden Sie, welche der folgenden Beziehungen gelten:

(A) $E \subset D$.   (B) $F \subset \overline{E}$.   (C) $F \subset D \cap E$.

(c) Bestimmen Sie $|(D \cap E) \setminus F|$.

Aufgabe 3.6

In einer Urne befinden sich 7 gleichartige Kugeln, die mit den Nummern 1 bis 7 beschriftet sind. Eine Kugel wird zufällig aus der Urne entnommen und die auf ihr stehende Zahl als Ergebnis des Zufallsexperiments notiert.

(a) Geben Sie den Ergebnisraum an.

Geben Sie die folgenden Ereignisse als Teilmengen des Ergebnisraumes an und ermitteln Sie ihre Wahrscheinlichkeiten.

(b) Es wird die 3 oder 5 gezogen.

(c) Es wird eine ungerade Zahl gezogen.

Aufgabe 3.7

In einer Urne befinden sich 5 Kugeln mit den Nummern 1 bis 5. Es werden nacheinander zwei Kugeln *ohne Zurücklegen* zufällig entnommen und die entsprechenden Zahlen als Ergebnis des Zufallsexperiments notiert.

(a) Geben Sie den Ergebnisraum an.

Geben Sie die folgenden Ereignisse als Teilmengen des Ergebnisraumes an und ermitteln Sie ihre Wahrscheinlichkeiten.

(b) Es wird mindestens eine Kugel mit einer 3 gezogen.

(c) Die Zahlenwerte der beiden gezogenen Zahlen unterscheiden sich um genau 1.

Aufgabe 3.8

Emma hat auf ihrem MP3-Player ihre 30 Lieblingslieder in einer Playlist gespeichert. Im Shuffle-Modus wird jeweils ein Lied zufällig ausgewählt und gespielt. Angenommen, Emma hört im Shuffle-Modus Musik und jedes Lied habe eine Länge von genau 3 Minuten. Mit welcher Wahrscheinlichkeit wird dann mindestens ein Lied zweimal gespielt, wenn Emma

(a) 2 Lieder

(b) 15 Minuten Musik

hört.

Aufgabe 3.9

Gegeben seien zwei Zufallsereignisse mit jeweils positiven Eintrittswahrscheinlichkeiten. Entscheiden Sie, ob die folgenden Aussagen stets richtig sind.

(a) Die Wahrscheinlichkeit, dass die beiden Ereignisse „gleichzeitig" eintreten, ist stets kleiner oder gleich der Wahrscheinlichkeit, dass keines der beiden Ereignisse eintritt.

(b) Können die beiden Ereignisse niemals gleichzeitig eintreten, so sind die beiden Ereignisse stochastisch unabhängig.

Aufgabe 3.10

Gegeben seien zwei Ereignisse A und B, wobei $P(A) > 0$.

(a) Die Ungleichung „$P(A \cup B) \le 2$" ist dann

    (A) stets richtig.   (B) weder stets richtig noch stets falsch.   (C) stets falsch.

(b) Die Ungleichung „$P(A \setminus B) < P(A)$" ist dann

    (A) stets richtig.   (B) weder stets richtig noch stets falsch.   (C) stets falsch.

(c) Die Aussage „$P(A) + P(B) \le 1$, wenn A und B unabhängig sind." ist dann

    (A) stets richtig.   (B) weder stets richtig noch stets falsch.   (C) stets falsch.

(d) Die Gleichung „$P(A) + P(B) = P(A \cap B)$" ist dann

    (A) stets richtig.   (B) weder stets richtig noch stets falsch.   (C) stets falsch.

Aufgabe 3.11

A, B und C seien Ereignisse, für die die folgenden Wahrscheinlichkeiten bekannt sind:

$$P(A) = 0.6, \quad P(B) = 0.5, \quad P(C) = 0.4, \quad P(A \cap C) = 0.2.$$
$$P(A \cap B) = 0.3, \quad P(B \cap C) = 0.2, \quad P(A \cap B \cap C) = 0.1.$$

Überprüfen Sie, ob die folgenden Ereignisse (stochastisch) unabhängig sind:

(a) B und C.

(b) A, B und C.

Berechnen Sie folgende Wahrscheinlichkeiten

(c) $P(C \cup A)$.

(d) $P(A \setminus (B \cap C))$.

(e) $P((A \cup B) \cap C)$. *Hinweis:* $(A \cup B) \cap C = (A \cap C) \cup (B \cap C)$.

Aufgabe 3.12

Ein durch Reihen- und Parallelschaltungen aufgebautes System möge aus unabhängig arbeitenden Bauteilen bestehen:

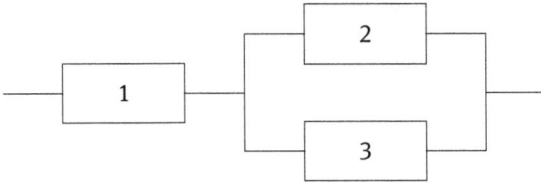

Mit A_i, $i = 1, 2, 3$, bezeichnen wir das Ereignis, dass Bauteil i in einem betrachteten Zeitraum ausfällt. Es seien $P(A_1) = 0.1$, $P(A_2) = 0.2$ und $P(A_3) = 0.3$.

Drücken Sie die folgenden Ereignisse mithilfe von A_1, A_2 und A_3 aus und berechnen Sie (für den betrachteten Zeitraum) die dazugehörige Wahrscheinlichkeit.

(a) A = „Bauteil 1 oder Bauteil 2 fällt aus."

(b) B = „Weder Bauteil 2 noch Bauteil 3 fällt aus."

(c) C = „Das Gesamtsystem fällt aus."

Hinweis: Zur Beurteilung der Arbeit des Gesamtsystems stellen wir uns das System als elektrische Schaltung vor und die Bauteile als Widerstände. Das Gesamtsystem soll dann noch arbeiten können, solange „Strom" durch die Schaltung fließen kann.

Aufgabe 3.13

Gegeben seien drei Ereignisse A, B und C mit jeweils positiven Eintrittswahrscheinlichkeiten, wobei $A \subset B$ sei.

Welche der folgenden Aussagen ist dann stets richtig?

(a) $P(C|A) \leq P(C|B)$.

(b) $P(B|A) = 1$.

(c) $P(\overline{A} \cap C) = P(B \cap C)$.

Aufgabe 3.14

Gegeben seien drei paarweise unabhängige Ereignisse A, B und C mit jeweils positiven Eintrittswahrscheinlichkeiten.

Welche der folgenden Aussagen ist dann stets richtig?

(a) $P(A \cap B \cap C) = P(A \cap B)P(B \cap C)$.

(b) $P(B|A) = P(A|B)$.

(c) $P(A \cap \overline{C}) = P(A)P(\overline{C})$.

Aufgabe 3.15

Gegeben seien drei Ereignisse A, B und C mit jeweils positiver Eintrittswahrscheinlichkeit, d.h. $P(A) > 0$, $P(B) > 0$ und $P(C) > 0$.

Sind die folgenden Aussagen stets richtig?

(a) $P(A \setminus B) = P(A|B)$.

(b) $P(A \cup B|C) = P(A|C) + P(B|C)$, falls $A \cap B = \emptyset$.

(c) $P(A|B) = P(A|C)P(C|B)$.

Aufgabe 3.16

Aus einer Urne mit 3 roten und 5 weißen Kugeln werden zwei Kugeln ohne Zurücklegen nacheinander entnommen. A_1 bzw. A_2 sei das Ereignis, beim ersten bzw. zweiten Zug eine rote Kugel zu ziehen.

(a) Berechnen Sie $P(A_1)$.

(b) Berechnen Sie $P(A_2)$.

(c) Berechnen Sie $P(A_1 \cap A_2)$.

(d) Sind A_1 und A_2 stochastisch unabhängig?

Aufgabe 3.17

In einer Transportkette wird eine Ware zunächst mit einem Lieferwagen von A nach B gefahren. In B wird die Ware in einen Lkw umgeladen und nach C weitertransportiert. In C übernimmt dann ein Güterzug und transportiert die Ware direkt zum Bestimmungsort D. Der Lieferwagen kommt mit einer Wahrscheinlichkeit von 90% pünktlich in B an. Der Lkw kommt mit einer Wahrscheinlichkeit von 80% pünktlich in C an, vorausgesetzt, dass der Lieferwagen pünktlich war. Hat der Lieferwagen Verspätung, so kann dies der Lkw nicht mehr einholen. Der Güterzug erreicht mit einer Wahrscheinlichkeit von 95% den Zielort pünktlich, falls der Lkw pünktlich war. Eine Verspätung des Lkw kann der Güterzug nicht mehr einholen.

Bestimmen Sie die Wahrscheinlichkeit, mit der

(a) der Lkw in C verspätet eintrifft.

(b) die Ware am Zielort verspätet eintrifft.

Aufgabe 3.18

Ein Würfel werde zweimal geworfen. Die beiden Zahlen sollen im Voraus richtig getippt werden, wobei die Reihenfolge keine Rolle spielt. Peter tippt generell immer auf zwei verschiedene Zahlen (z.B. ‚1' und ‚4'). Paul tippt generell auf zwei gleiche Zahlen (z.B. ‚3' und ‚3'). Es gewinnt derjenige, der als Erster einen richtigen Tipp abgibt.

Was denken Sie, welche Strategie ist erfolgreicher? Bestimmen Sie die Gewinnwahrscheinlichkeit von Peter.

Aufgabe 3.19

Auf dem Erdölmarkt gebe es drei Konzerne, A, B und C. Experten vermuten, dass A mit Wahrscheinlichkeit 0.7 den Preis für das Barrel Öl anheben wird. Nur zu 30% geht man von einer Beibehaltung oder Senkung des Preises aus. Sollte A tatsächlich den Preis erhöhen, geht man davon aus, dass B mit Wahrscheinlichkeit 0.9 den Preis ebenfalls anheben wird. Sollte A den Preis nicht erhöhen, rechnet man nur mit Wahrscheinlichkeit 0.1 mit einer Preiserhöhung von Seiten B. Unabhängig davon, wie sich B verhält, wird C bei einer Preiserhöhung von A mit einer Wahrscheinlichkeit von 90% den Preis anheben.

Ermitteln Sie die Wahrscheinlichkeit, mit der

(a) alle drei Konzerne ihre Preise anheben.

(b) mindestens die Konzerne A und C ihre Preise anheben.

Aufgabe 3.20

Bei einer Versicherung haben 80% der Kunden eine Lebensversicherung, 40% der Kunden eine Hausratsversicherung und 20% der Kunden verfügen über keine der beiden Policen.

Bestimmen Sie die Wahrscheinlichkeit, mit der ein zufällig ausgewählter Kunde bei der Versicherung

(a) beide Versicherungen abgeschlossen hat.

(b) eine Lebensversicherung besitzt, falls bereits bekannt ist, dass der Kunde dort eine Hausratsversicherung hat.

(c) eine Hausratsversicherung besitzt, falls bereits bekannt ist, dass der Kunde eine Lebensversicherung hat.

Aufgabe 3.21

Bei der Produktion eines Fahrzeuges sind 3 Fließbänder in Betrieb, davon ein Endband E für die Endmontage und zwei identische Vorbänder V_1 und V_2, die beide in das Endband münden. Das Endband und damit die Produktion insgesamt *laufen* nur, falls wenigstens ein Vorband und das Endband *laufen*. Ansonsten stoppt die Produktion und alle Bänder stehen. Technische Defekte an den Bändern können nicht ausgeschlossen werden. Zur Vereinfachung nehmen wir an, dass sie die einzig möglichen Auslöser für einen Produktionsausfall sein können und unabhängig voneinander auftreten. Die Wahrscheinlichkeit eines Defekts während einer Schicht betrage für die Vorbänder jeweils 0.5% und für das Endband 3%. Wir betrachten die Ereignisse V_1 = „Vorband 1 läuft", V_2 = „Vorband 2 läuft" und E = „Endband läuft" jeweils bezogen auf die Dauer einer Schicht.

Bestimmen Sie

(a) $P(V_1)$.

(b) $P(V_1 \cup V_2 | E)$.

(c) die Wahrscheinlichkeit für einen Produktionsausfall bei einer Schicht.

Aufgabe 3.22

Ein idealer Würfel werde geworfen und die folgenden Ereignisse betrachtet: A = „Es wird eine Zahl größer als 3 geworfen", B = „Es wird eine durch 3 teilbare Zahl geworfen" und C = „Es wird eine Primzahl geworfen". Stellen Sie fest, ob

(a) A und B bzw.

(b) A und C

unabhängig sind.

*Aufgabe 3.23

$A_1, A_2, \ldots, A_n$ seien vollständig unabhängig. Zeigen Sie direkt unter Verwendung der Definition der vollständigen Unabhängigkeit, dass dann auch $\overline{A}_1, A_2, \ldots, A_n$ vollständig unabhängig sind.

Aufgabe 3.24

Gegeben seien zwei Ereignisse A und B, wobei $P(A) > P(B) = 0.5$ gilt.

Stellen Sie fest, ob die folgenden Aussagen stets richtig sind:

(a) Die Wahrscheinlichkeit, dass wenigstens eines der beiden Ereignisse eintritt, ist größer als 0.5.

(b) Die Wahrscheinlichkeit, dass keines der beiden Ereignisse eintritt, ist gleich Null.

(c) Die Wahrscheinlichkeit, dass keines der beiden Ereignisse eintritt, ist kleiner oder gleich der Wahrscheinlichkeit, dass wenigstens eines der beiden Ereignisse eintritt.

Aufgabe 3.25

Bei einer Werbeaktion wurden in den Filialen einer Feinkost-Kette 3 verschiedene Typen von Werbeständen für einen neuen Fruchtsaft aufgestellt. Typ A, der zu 50% verwendet wurde, umfasste ein Sortiment von 5 verschiedenen Saftsorten. Bei Typ B, der zu 25% verwendet wurde, wurden 3 Sorten angeboten. Bei Typ C, der ebenfalls zu 25% verwendet wurde, wurde nur eine Sorte angeboten. Es ließ sich nun feststellen, dass die Erfolgswahrscheinlichkeit, d.h. die Wahrscheinlichkeit dafür, dass ein vorbeigehender Kunde eine Probe des Saftes kostet, 2% bei Typ A, 3% bei Typ B und 8% bei Typ C betrug.

(a) Bestimmen Sie die Erfolgsquote für die gesamte Werbeaktion.

(b) Ermitteln Sie den Anteil der Kunden, die von dem Fruchtsaft probiert haben, die aus verschiedenen Sorten wählen konnten.

Aufgabe 3.26

Ein Portfolio-Manager analysiere die Tagesrenditen von drei verschiedenen Aktien A, B und C, die wir kurzerhand mit R_A, R_B und R_C bezeichnen. Dabei stellt er fest, dass R_A an 60% aller Handelstage positiv und sonst negativ ist. Zur Vereinfachung schließen wir Tagesrenditen von 0% aus. Unabhängig von der Wertentwicklung von A sei R_B nur an 50% aller Tage positiv. Weisen A und B gleichzeitig eine positive Entwicklung auf, so ist R_C mit Wahrscheinlichkeit 70% ebenfalls positiv. Weisen A und B gleichzeitig eine negative Entwicklung auf, so ist R_C mit 50%iger Wahrscheinlichkeit positiv. Weisen A und B gegensätzliche Entwicklungen auf, so liegt die Wahrscheinlichkeit einer positiven Entwicklung von C ebenfalls bei 50%.
A^+ sei das Ereignis, dass R_A positiv ist. Analog definieren wir B^+ und C^+.

(a) Bestimmen Sie $P(C^+)$ und $P(C^+|A^+)$.

Sind

(b) A^+ und B^+ bzw.

(c) A^+ und C^+

stochastisch unabhängig?

*Aufgabe 3.27

Zeigen Sie analytisch, nur unter Verwendung der Axiome der Wahrscheinlichkeitsrechnung und den Rechenregeln $P(\emptyset) = 0$ und

$$P(A \cup B) = P(A) + P(B) - P(A \cap B), \tag{3.1}$$

folgende Aussagen für beliebige Ereignisse A, B und C:

(a) $P(A \setminus B) = P(A) - P(A \cap B) = P(A \cup B) - P(B)$.

(b) $P(A \setminus B) = P(A) - P(B)$, wenn $B \subset A$.

(c) Es gilt

$$P(A \cup B \cup C) = P(A) + P(B) + P(C) - P(A \cap B) - P(A \cap C)$$
$$- P(B \cap C) + P(A \cap B \cap C).$$

*Aufgabe 3.28

$A_1, \ldots, A_n$ seien beliebige Ereignisse. Zeigen Sie, dass

$$P\left(\bigcup_{i=1}^{n} A_i\right) \leq \sum_{i=1}^{n} P(A_i) \tag{3.2}$$

gilt. Diese Eigenschaft bezeichnet man auch als „Subadditivität".

Hinweis: Verwenden Sie das Verfahren der „vollständigen Induktion".

Lösungen

Lösung von Aufgabe 3.1

(a) Die Vereinigung $B \cup C$ ist die Menge der Zahlen, die in mindestens einer der beiden Mengen B bzw. C vorkommen. $B \cup C = \{1, 2, 3, 4, 5, 6, 7, 8\}$.

(b) Der Durchschnitt $A \cap D$ ist die Menge der Zahlen, die in beiden Mengen A bzw. D vorkommen. $A \cap D = \underline{\{2, 4\}}$.

(c) Die Mengendifferenz $C \setminus A$ ist die Menge der Zahlen, die in C, aber nicht in A vorkommen. $C \setminus A = \underline{\{7, 8\}}$.

(d) Aufgrund der Klammersetzung wird erst die Durchschnittsmenge $A \cap B$ bestimmt. $(A \cap B) \cup C = \{1, 2, 3, 4\} \cup C = \underline{\underline{\{1, 2, 3, 4, 7, 8\}}}$.

Lösung von Aufgabe 3.2

(a) Richtig. Wenn zweimal die gleiche Zahl geworfen wurde (B), dann ist die Summe der beiden geworfenen Zahlen stets gerade (A).

(b) Falsch. Wenn 1 und 2 geworfen werden, dann tritt C ein und damit tritt auch $B \cup C$ ein, aber nicht A.

(c) Richtig. B und C können nicht gleichzeitig eintreten und damit auch nicht A, B und C.

(d) Es gilt $B \subset A$, also $B \setminus A = \emptyset$ bzw. $|B \setminus A| = \underline{\underline{0}}$.

Lösung von Aufgabe 3.3

Wir verwenden die Sprachregelung, die für Ereignisse und Mengenoperationen üblich ist. $A \cap B$ bspw. ist das Ereignis, dass A und B gemeinsam eintreten. $A \cup B$ steht für das Ereignis, dass A *oder* B bzw. mindestens eines der Ereignisse A und B eintreten. Das *oder* ist dabei *inklusiv* zu interpretieren: Wenn A und B eintreten, dann tritt $A \cup B$ auch ein.

(a) $A \subset C$. Jedes Ergebnis, dass zu A gehört, muss auch in C enthalten sein.

(b) $A \cap B \cap C$. A *und* B *und* C treten gemeinsam ein.

(c) $A \cup B \cup C$. A *oder* B *oder* C tritt ein.

(d) $\overline{A} \cap \overline{B} \cap \overline{C}$. A tritt *nicht* ein *und* B tritt *nicht* ein *und* C tritt *nicht* ein.

(e) $(A \cup B) \setminus C$. A *oder* B tritt ein *und* C tritt *nicht* ein.

Lösung von Aufgabe 3.4

(a) $A_2 \cap A_3$. A_2 *und* A_3 treten ein.

(b) $A_1 \cup A_2 \cup A_3 \cup A_4$. A_1 *oder* A_2 *oder* A_3 *oder* A_4 tritt ein.

(c) $A_1 \cup (A_2 \cap A_3) \cup A_4$. Das Gesamtsystem fällt aus, wenn Bauteil 1 ausfällt *oder* die beiden Bauteile 2 *und* 3 ausfallen *oder* Bauteil 4 ausfällt.

Lösung von Aufgabe 3.5

(a) W stehe beim Wurf der Münze für den Ausgang „Wappen" und Z für den Ausgang „Zahl". Die Münze wird drei Mal geworfen. Ein Ergebnis des *dreifachen* Münzwurfes steht also für drei Münzwurfergebnisse. Z,W,Z bzw. (Z,W,Z) steht bspw. dafür, dass im ersten Wurf „Zahl", im zweiten Wurf „Wappen" und im dritten Wurf „Zahl" geworfen wurde. Der Ergebnisraum ergibt sich dann als Menge aller möglichen Ergebinsse des dreifachen Münzwurfes:

$$\Omega = \{(W, W, W), (W, W, Z), (W, Z, W), (W, Z, Z),$$
$$(Z, W, W), (Z, W, Z), (Z, Z, W), (Z, Z, Z)\}.$$

(b) (C) gilt, (A) und (B) gelten nicht.
(A) gilt nicht: Das dreimalige Werfen von Wappen gehört zum Ereignis E, aber nicht zu D.
(B) gilt nicht: Wenn F eintritt, dann tritt auch E ein, da im zweiten Wurf „Wappen" geworfen wird; dementsprechend tritt $\overline{E}$ *nicht* ein.
(C) gilt: Wenn F eintritt, wird mindestens einmal „Zahl" (vgl. D) *und* mindestens einmal „Wappen" (vgl. E) geworfen. Damit tritt auch $D \cap E$ ein.

(c) Man kann alle zu $(D \cap E) \setminus F$ gehörenden Münzwurfergebnisse angeben:

$$(D \cap E) \setminus F = \{(Z, Z, W), (Z, W, W), (W, Z, Z),$$
$$(W, Z, W), (W, W, Z)\}.$$

Die Menge $(D \cap E) \setminus F$ enthält damit 5 Elemente, also ist $|(D \cap E) \setminus F| = \underline{\underline{5}}$.

Lösung von Aufgabe 3.6

Beim einmaligen Ziehen einer Kugel aus einer Urne haben wir es mit einem Laplace-Experiment zu tun: Das Zufallsexperiment hat nur endlich viele Ausgänge und alle Ausgänge sind (unter idealisierten Annahmen) gleichwahrscheinlich. Wahrscheinlichkeiten können wir dann mit der Formel der klassischen Wahrscheinlichkeit, vgl. Stocker und Steinke [2022], Abschnitt 6.1.3,

$$P(A) = |A|/|\Omega| \tag{3.3}$$

berechnen.

(a) Der Ergebnisraum umfasst alle möglichen Zugergebnisse und damit die Zahlen 1 bis 7:

$$\Omega = \{1, 2, 3, 4, 5, 6, 7\}.$$

Die Anzahl der Elemente von Ω ist 7: $|\Omega| = 7$.

(b) Mit $B = \{3, 5\}$ ist $P(B) = |B|/|\Omega| = 2/7 \approx \underline{0.2857}$. Mit Wahrscheinlichkeit 0.2857 wird eine 3 oder 5 gezogen.

(c) $C = \{1, 3, 5, 7\}$ fasst alle günstigen Ergebnisse zusammen, d.h. alle Zugergebnisse die einen ungeraden Zahlenwert liefern. Damit ist $P(C) = |C|/|\Omega| = 4/7 \approx \underline{0.5714}$. Die Wahrscheinlichkeit, eine ungerade Zahl zu ziehen, beträgt 0.5714.

Lösung von Aufgabe 3.7

Es liegt ein Urnenmodell ohne Zurücklegen und mit Berücksichtigung der Reihenfolge der gezogenen Ergebnisse vor. Wahrscheinlichkeiten in diesem Modell kann man daher mit der Formel der klassischen Wahrscheinlichkeit, $P(A) = |A|/|\Omega|$, berechnen.

(a) Ein Ergebnis des Zufallsexperiments besteht aus den beiden Zugergebnissen des ersten und zweiten Zuges. Die Zugergebnisse können als geordnete Paare geschrieben werden. (i, j) gibt dann an, dass im 1. Zug eine Kugel mit der Nummer i und im zweiten Zug eine Kugel mit der Nummer j gezogen wurde. Da *ohne Zurücklegen* gezogen wird, muss $i \neq j$ sein. Der Ergebnisraum Ω ist dann die Menge aller Ergebnisse des zweifachen Ziehens:

$$\Omega = \{(1, 2), (1, 3), (1, 4), (1, 5), (2, 1), (2, 3), (2, 4), (2, 5), (3, 1), (3, 2),$$
$$(3, 4), (3, 5), (4, 1), (4, 2), (4, 3), (4, 5), (5, 1), (5, 2), (5, 3), (5, 4)\}.$$

Die Anzahl der möglichen Ergebnisse ist $|\Omega| = 5 \cdot 4 = 20$. Diesen Zahlenwert kann man auch so ermitteln: Für den ersten Zug gibt es 5 Möglichkeiten. Für den zweiten Zug gibt es dann *jeweils* nur noch 4 Zugmöglichkeiten, da eine Kugel schon gezogen wurde: $5 \cdot 4 = 20$.

(b) Die 3 kann mit der ersten oder zweiten Kugel gezogen werden. Wir schreiben alle günstigen Ergebnisse auf und zählen ihre Anzahl.

$$B = \{(3, 1), (3, 2), (3, 4), (3, 5), (1, 3), (2, 3), (4, 3), (5, 3)\},$$

$|B| = 2 \cdot 4 = 8$. $P(B) = |B|/|\Omega| = 8/20 = \underline{0.4}$. Mit Wahrscheinlichkeit 0.4 wird die 3 gezogen.

(c) Es werden alle $(i, j) \in \Omega$ aufgeschrieben, für die $|i - j| = 1$ ist.

$$C = \{(1, 2), (2, 1), (2, 3), (3, 2), (3, 4), (4, 3), (4, 5), (5, 4)\},$$

$P(C) = |C|/|\Omega| = 8/20 = \underline{0.4}$. Die Wahrscheinlichkeit, dass sich die gezogenen Zahlen um genau 1 unterscheiden, beträgt 0.4.

Lösung von Aufgabe 3.8

Wir lösen die Aufgaben mithilfe von klassischen Wahrscheinlichkeiten. Wir ordnen jedem Lied in der Playlist genau eine der Zahlen 1 bis 30 zu.

(a) Zwei gespielte Lieder kann man dann als geordnetes Paar (i, j) angeben, wobei i bzw. j die Zahl ist, die dem ersten bzw. zweiten gespielten Lied zugeordnet wurde. Da Lieder auch mehrfach gespielt werden können, ist $i = j$ möglich. Der Ergebnisraum kann damit als

$$\Omega = \{(i, j) : i, j \in \{1, 2, \ldots, 30\}\}$$

angegeben werden, d.h. $|\Omega| = 30^2$. Sei A das Ereignis, dass zwei Mal das gleiche Lied gespielt wird. $\overline{A}$ ist dann das Ereignis, dass beide Lieder verschieden sind. Dann ist

$$A = \{(i, i) : i \in \{1, 2, \ldots, 30\}\},$$

d.h. $|A| = 30$ und damit $P(A) = |A|/|\Omega| = 30/30^2 = 1/30 \approx \underline{0.0333}$. Mit Hinblick auf Aufgabenteil (b) kann man auch $\overline{A}$ untersuchen:

$$\overline{A} = \{(i, j) : i, j \in \{1, 2, \ldots, 30\} \text{ und } i \neq j\}.$$

Das erste Lied kann jedes der 30 Lieder sein; für i haben wir 30 Möglichkeiten. Da sich das zweite Lied vom ersten unterscheiden muss, haben für das zweite Lied, j, nur noch 29 Auswahlmöglichkeiten. Damit ist $|\overline{A}| = 30 \cdot 29$, also

$$P(\overline{A}) = \frac{|\overline{A}|}{|\Omega|} = \frac{30 \cdot 29}{30^2} = \frac{29}{30}.$$

Damit ist $P(A) = 1 - P(\overline{A}) = 1 - 29/30 = 1/30$, wie wir oben schon festgestellt haben.

(b) Da jedes Lied 3 Minuten lang sein soll, werden in 15 Minuten 5 Lieder gespielt. Diese kann man als geordnetes 5-Tupel $(i_1, i_2, i_3, i_4, i_5)$ angeben, wobei i_j die Nummer des j-ten gespielten Liedes ist. Für den Ergebnisraum ergibt sich dann:

$$\Omega = \{(i_1, i_2, i_3, i_4, i_5) : i_j \in \{1, 2, \ldots, 30\} \text{ und } j \in \{1, 2, 3, 4, 5\}\},$$

d.h. $|\Omega| = 30^5$. Sei A das Ereignis, dass mindestens einmal das gleiche Lied zweimal gespielt wird. A darzustellen und die Anzahl der günstigen Ergebnisse zu bestimmen, ist jetzt nicht mehr so einfach: Da auch zwei Lieder doppelt gespielt werden könnten oder ein Lied auch öfter als zweimal gespielt werden könnte, müsste man eine umfangreichere Fallunterscheidung durchführen. Einfacher ist es $\overline{A}$, das Ereignis, dass alle gespielten Lieder verschieden sind, zu betrachten.

$$\overline{A} = \{(i_1, i_2, i_3, i_4, i_5) \in \Omega : i_j \neq i_k \text{ für } j \neq k\}.$$

Für i_1 gibt es 30 Lieder, die man zuordnen könnte, für i_2 (wie in (a)) nur noch 29 Lieder. Für i_3 gibt es nur noch 28 Möglichkeiten, da sich die beiden ersten Lieder nicht wiederholen dürfen. Für i_4 bzw. i_5 gibt es dementsprechend noch 27 bzw. 26

Möglichkeiten. Es folgen

$$P(\overline{A}) = \frac{|\overline{A}|}{|\Omega|} = \frac{30 \cdot 29 \cdot 28 \cdot 27 \cdot 26}{30^5} \approx 0.7037$$

bzw.

$$P(A) = 1 - P(\overline{A}) \approx 1 - 0.7037 = \underline{0.2963}.$$

Mit einer Wahrscheinlichkeit von 29.63 würde Emma während der 15 Minuten mindestens ein Lied doppelt (oder häufiger) hören.

Lösung von Aufgabe 3.9

Wir bezeichnen die Ereignisse mit A und B. Nach Aufgabenstellung sind $P(A) > 0$ und $P(B) > 0$.

(a) Falsch. Es wird behauptet, dass folgende Aussage gilt:

$$P(A \cap B) \leq P(\overline{A} \cap \overline{B})$$

Falls $A = B = \Omega$ ist, dann ist $P(A \cap B) = 1$ und $P(\overline{A} \cap \overline{B}) = 0$. Die angegebene Ungleichung ist damit falsch.

(b) Falsch. Es wird behauptet: Wenn $A \cap B = \emptyset$, dann sind A und B unabhängig, d.h. $P(A \cap B) = P(A)P(B)$. Da die linke Seite dieser Gleichung $P(\emptyset) = 0$ ist, die rechte Seite aber > 0 ist, ist die Behauptung falsch.

Lösung von Aufgabe 3.10

(a) (A). Es gilt stets $P(A \cup B) \leq 1 \leq 2$.

(b) (B).
Spezialfall 1: $B = \emptyset$. Dann ist $P(A \setminus B) = P(A) \not< P(A)$ und die Aussage falsch.
Spezialfall 2: $B = A$. Dann ist $P(A \setminus B) = 0 < P(A)$ und die Aussage richtig.

(c) (B).
Spezialfall 1: $A = B = \Omega$. Dann ist $P(A \cap B) = 1 = P(A)P(B)$ und damit sind A und B unabhängig. Es gilt aber $P(A) + P(B) = 2 \not\leq 1$. Die Aussage ist damit falsch.
Spezialfall 2: Falls $B = \emptyset$ ist, dann sind $P(A \cap B) = 0 = P(A)P(B)$, A und B also unabhängig, und $P(A) + P(B) = P(A) \leq 1$. Die Aussage ist also richtig.

(d) (C): Es gilt $P(A \cap B) \leq P(B) < P(A) + P(B)$. Die angegebene Gleichung ist damit (für $P(A) > 0$) stets nicht erfüllt.

Lösung von Aufgabe 3.11

(a) $P(B) \cdot P(C) = 0.5 \cdot 0.4 = 0.2 = P(B \cap C)$. Damit sind B und C nach Definition unabhängig.

(b) Es gilt

$$P(A) \cdot P(C) = 0.6 \cdot 0.4 = 0.24 \neq 0.2 = P(A \cap C).$$

Damit sind A und C und dementsprechend auch A, B und C nicht stochastisch unabhängig.

(c) Wir wenden die Rechenregeln der Wahrscheinlichkeitsrechnung an, s. Stocker und Steinke [2022], Abschnitt 6.1.3:

$$P(A \cup C) = P(A) + P(C) - P(A \cap C) = 0.6 + 0.4 - 0.2 = \underline{0.8}.$$

(d) Für beliebige Ereignisse A_* und B_* ist $P(A_* \setminus B_*) = P(A_*) - P(A_* \cap B_*)$.

$$P(A \setminus (B \cap C)) = P(A) - P(A \cap (B \cap C)) = 0.6 - 0.1 = \underline{0.5}.$$

(e) Zunächst wenden wir das Distributivgesetz der Mengenrechnung an: $(A \cup B) \cap C = (A \cap C) \cup (B \cap C)$.

$$\begin{aligned} P((A \cup B) \cap C) &= P((A \cap C) \cup (B \cap C)) \\ &= P(A \cap C) + P(B \cap C) - P((A \cap C) \cap (B \cap C)) \\ &= 0.2 + 0.2 - 0.1 = \underline{0.3} \end{aligned}$$

mit $(A \cap C) \cap (B \cap C) = A \cap B \cap C$.

Lösung von Aufgabe 3.12

Da die Bauteile unabhängig voneinander arbeiten sollen, fallen sie auch unabhängig voneinander aus; d.h. wir gehen davon aus, dass A_1, A_2, A_3 stochastisch unabhängig sind, s. z.B. Stocker und Steinke [2022], Abschnitt 6.2.2.

(a) Das Ereignis, dass Bauteil 1 *oder* Bauteil 2 ausfällt, lässt sich als $A = A_1 \cup A_2$ ausdrücken. Aufgrund der Unabhängigkeit von A_1 und A_2 ist $P(A_1 \cap A_2) = P(A_1)P(A_2)$.

$$\begin{aligned} P(A) = P(A_1 \cup A_2) &= P(A_1) + P(A_2) - P(A_1 \cap A_2) \\ &= 0.1 + 0.2 - 0.1 \cdot 0.2 = \underline{0.28}. \end{aligned}$$

(b) Es ist $B = \overline{A}_2 \cap \overline{A}_3$. Aus der Unabhängigkeit von A_2 und A_3 folgt auch die Unabhängigkeit von $\overline{A}_2$ und $\overline{A}_3$.

$$\begin{aligned} P(B) = P(\overline{A}_2 \cap \overline{A}_3) &= P(\overline{A}_2) \cdot P(\overline{A}_3) = (1 - P(A_2))(1 - P(A_3)) \\ &= (1 - 0.2)(1 - 0.3) = 0.8 \cdot 0.7 = \underline{0.56}. \end{aligned}$$

(c) Das Gesamtsystem fällt aus, wenn Bauteil 1 ausfällt *oder* die beiden Bauteile 2 *und* 3 ausfallen. Damit ist $C = A_1 \cup (A_2 \cap A_3)$. Es gilt – unter Verwendung der Unabhängigkeit –

$$\begin{aligned} P(A_1 \cup (A_2 \cap A_3)) &= P(A_1) + P(A_2 \cap A_3) - P(A_1 \cap (A_2 \cap A_3)) \\ &= 0.1 + 0.2 \cdot 0.3 - 0.1 \cdot 0.2 \cdot 0.3 = \underline{0.154}. \end{aligned}$$

Das Gesamtsystem fällt mit Wahrscheinlichkeit 15.4% im betreffenden Zeitraum aus.

Lösung von Aufgabe 3.13

Zur Konstruktion von Gegenbeispielen verwenden wir als Zufallsexperiment das einmalige Würfeln mit $\Omega = \{1, 2, \ldots, 6\}$. Es seien $A = \{1, 2\}$ und $B = \{1, 2, 3\}$.

(a) Falsch. Wir setzen $C = A$. Dann ist

$$P(C|A) = \frac{P(C \cap A)}{P(A)} = \frac{P(A)}{P(A)} = 1$$

$$\nleq 2/3 = \frac{P(\{1, 2\})}{P(\{1, 2, 3\})} = \frac{P(C \cap B)}{P(B)} = P(C|B).$$

(b) Richtig. Wenn $A \subset B$, dann gilt allgemein

$$P(B|A) = P(A \cap B)/P(A) = P(A)/P(A) = 1.$$

(c) Falsch. Wenn $C = \{1, 2\} = A$, dann ist mit $\overline{A} = \{3, 4, 5, 6\}$:

$$P(\overline{A} \cap C) = P(\emptyset) = 0 \neq 2/6 = P(\{1, 2\}) = P(B \cap C).$$

Lösung von Aufgabe 3.14

(a) Falsch. Wir betrachten den Spezialfall, dass A, B und C vollständig unabhängig sind und $P(B) < 1$. Dann sind A, B und C auch paarweise unabhängig und es gilt:

$$P(A \cap B \cap C) = P(A)P(B)P(C)$$

$$\neq P(A)(P(B))^2 P(C) = P(A \cap B)P(B \cap C).$$

(b) Falsch. Sofern $P(A) \neq P(B)$ ist, gilt

$$P(B|A) = P(B) \neq P(A) = P(A|B).$$

(c) Richtig. Wenn A und C unabhängig sind, dann sind auch A und $\overline{C}$ unabhängig.

Lösung von Aufgabe 3.15

(a) Falsch. Wir betrachten den Spezialfall $A = B$:

$$P(A \setminus B) = P(\emptyset) = 0 \neq 1 = P(A|B).$$

(b) Richtig. Die bedingte Wahrscheinlichkeit $A \mapsto P(A|C)$ erfüllt für festes C die Rechenregeln der Wahrscheinlichkeitsrechnung.

(c) Falsch. Für den Spezialfall $A = B$ und $B \cap C = \emptyset$ gilt: $P(A|B) = 1$ und $P(C|B) = 0$, also

$$P(A|B) = 1 \neq 0 = 0 \cdot 0 = P(A|C) \cdot P(C|B).$$

Lösung von Aufgabe 3.16

(a) Von den 8 Kugeln, die gezogen werden können, sind 3 rot, damit „günstig". Nach der Formel der klassischen Wahrscheinlichkeit, (3.3), ist $P(A_1) = 3/8 = \underline{0.375}$.

(b) Wir betrachten zwei Lösungsansätze.

Lösung 1: Wir verwenden die Formel der totalen Wahrscheinlichkeit. Dabei ist $P(A_2|A_1) = 2/7$, da nach dem Ziehen einer roten Kugel (A_1) nur noch 7 Kugeln in der Urne und 2 (rote) Kugeln davon für A_2 günstig sind. Demgegenüber ist $P(A_2|\overline{A}_1) = 3/7$, da nach dem Ziehen einer weißen Kugel ($\overline{A}_1$) von den verbleibenden 7 Kugeln noch 3 Kugeln rot und damit günstig sind.

$$P(A_2) = P(A_2|A_1)P(A_1) + P(A_2|\overline{A}_1)P(\overline{A}_1)$$
$$= (2/7) \cdot (3/8) + (3/7) \cdot (5/8) = 3/8 = \underline{0.375}.$$

Lösung 2: Wir nummerieren die Kugeln gedanklich von 1 bis 8 durch, wobei die Kugeln mit den Nummern 1 bis 3 die roten Kugeln seien. Den Ergebnisraum des Ziehens kann man dann als

$$\Omega = \{(1, 2), (1, 3), \ldots, (1, 8), (2, 1), \ldots, (8, 7)\}, \quad |\Omega| = 8 \cdot 7,$$

angeben. Alle Ergebnisse sind gleichwahrscheinlich. Günstig für A_2 sind dann die Ergebnisse, bei denen eine der Zahlen 1 bis 3 an zweiter Stelle steht. Für jede dieser drei Zuordnungen gibt es 7 Kugeln, die zuerst gezogen worden sein könnten. Daher ist $|A_2| = 3 \cdot 7$ und nach der Formel der klassischen Wahrscheinlichkeit

$$P(A_2) = \frac{|A_2|}{|\Omega|} = \frac{3 \cdot 7}{8 \cdot 7} = \frac{3}{8} = \underline{0.375}.$$

Beide Lösungen führen natürlich auf das gleiche Ergebnis.

(c) Nach der Multiplikationsregel für Ereignisse und (a) und (b), s. Stocker und Steinke [2022], Abschnitt 6.2.2, gilt:

$$P(A_1 \cap A_2) = P(A_2|A_1)P(A_1) = (2/7) \cdot (3/8) = 3/28 \approx \underline{0.1071}.$$

(d) Nein. Wir prüfen formal die Unabhängigkeit unter Verwendung von (a) und (b):

$$P(A_2|A_1) = \frac{2}{7} \neq \frac{3}{8} = P(A_2).$$

Damit sind A_1 und A_2 nicht stochastisch unabhängig.

Lösung von Aufgabe 3.17

Wir führen folgende Ereignisse ein:

$$B = \text{„Der Lieferwagen kommt in B pünktlich an."}$$
$$C = \text{„Der Lkw kommt in C pünktlich an."}$$
$$D = \text{„Der Zug kommt in D pünktlich an."}$$

Laut Aufgabenstellung gelten:

$$P(B) = 0.9, \quad P(C|B) = 0.8 \quad \text{und} \quad P(D|C) = 0.95.$$

(a) Der Lkw kann eine Verspätung des Lieferwagens nicht mehr einholen. Falls der Lkw pünktlich war, muss also auch der Lieferwagen pünktlich gewesen sein, d.h.

$$C \subset B \quad \text{bzw.} \quad C = B \cap C.$$

Nach der Multiplikationsregel gilt dann:

$$P(C) = P(B \cap C) = P(C|B)P(B) = 0.9 \cdot 0.8 = \underline{0.72},$$

$$P(\text{„Lkw verspätet in C“}) = P(\overline{C}) = 1 - 0.72 = \underline{0.28}.$$

Der Lkw trifft mit Wahrscheinlichkeit 0.28 bzw. 28% verspätet in C ein.

(b) Der Zug kann eine Verspätung des Lkw nicht mehr einholen. Falls der Zug pünktlich war, muss also auch der Lkw pünktlich gewesen sein, d.h.

$$D \subset C \quad \text{bzw.} \quad D = C \cap D.$$

Mit der gleichen Argumentation wie in (a) ergibt sich

$$P(D) = P(C \cap D) = P(D|C)P(C) = 0.95 \cdot 0.72 = 0.684,$$

$$P(\text{„Zug verspätet in D“}) = P(\overline{D}) = 1 - 0.684 = \underline{0.316}.$$

Der Zug trifft mit Wahrscheinlichkeit 0.316 bzw. 31.6% in D verspätet ein.

Lösung von Aufgabe 3.18

Alle Würfelergebnisse des zweimaligen Würfelns ergeben die Ergebnismenge

$$\Omega = \{(1, 1), (1, 2), \ldots, (1, 6), (2, 1), (2, 2), \ldots, (6, 6)\},$$

die 36 Ergebnisse umfasst. Alle Ergebnisse sind gleichwahrscheinlich.

Die Wahrscheinlichkeit, dass Pauls Zahlen geworfen werden, beträgt 1/36. Die Wahrscheinlichkeit für Peters Zahlen beträgt 2/36. Damit ist Peters Strategie erfolgreicher.

Das wird anhand eines konkreten Beispiels noch etwas deutlicher. A sei das Ereignis, dass Paul richtig tippt, und B, dass Peter richtig tippt.

Angenommen, Paul tippt, dass zweimal eine 5 geworfen wird, und Peter tippt, dass eine 1 und eine 4 geworfen wird. Dann sind

$$A = \{(5, 5)\} \quad \text{und} \quad B = \{(1, 4), (4, 1)\}$$

und wir erhalten $P(A) = |A|/|\Omega| = 1/36$ und $P(B) = |B|/|\Omega| = 2/36$.

Gesucht ist die Wahrscheinlichkeit, dass Peter gewinnt, wenn das Spiel beendet wird (C). Das Spiel ist beendet, wenn Paul *oder* Peter richtig getippt haben. Also sind $C = A \cup B$ und $B \cap C = B$. Hierbei sind A und B disjunkt, also $P(C) = P(A) + P(B) = 3/36$.

Es gilt dann

$$P(B|C) = \frac{P(B \cap C)}{P(C)} = \frac{P(B)}{P(A) + P(B)} = \frac{2/36}{3/36} = \frac{2}{3} \approx 0.667.$$

Peter gewinnt das Spiel mit Wahrscheinlichkeit 2/3.

Lösung von Aufgabe 3.19

Wir führen folgende Ereignisse ein:

$$A = \text{„Konzern A hebt die Preise an.“}$$
$$B = \text{„Konzern B hebt die Preise an.“}$$
$$C = \text{„Konzern C hebt die Preise an.“}$$

Aus der Aufgabenstellung entnehmen wir dann folgende Werte

$$P(A) = 0.7, \quad P(B|A) = 0.9, \quad P(B|\overline{A}) = 0.1.$$

Konzern C hebt seien Preis unabhängig davon an, was Konzern B macht, wenn Konzern A seinen Preis anhebt, d.h.

$$P(C|A \cap B) = P(C|A \cap \overline{B}) = 0.9.$$

(a) Nach der Multiplikationsregel, Stocker und Steinke [2022], Abschnitt 6.2.2, ist

$$P(A \cap B \cap C) = P(A)P(B|A)P(C|A \cap B)$$
$$= 0.7 \cdot 0.9 \cdot 0.9 = \underline{0.567}.$$

Mit Wahrscheinlichkeit 56.7% heben alle drei Konzerne ihre Preise an.

(b) Wir suchen $P(A \cap C)$. Dabei ist nach den Rechengesetzen für Mengen und der Additivität von Wahrscheinlichkeiten disjunkter Ereignisse:

$$P(A \cap C) = P(A \cap (B \cup \overline{B}) \cap C) = P((A \cap B \cap C) \cup (A \cap \overline{B} \cap C))$$
$$= P(A \cap B \cap C) + P(A \cap \overline{B} \cap C).$$

Die erste Wahrscheinlichkeit wurde schon in (a) berechnet.

$$P(A \cap \overline{B} \cap C) = P(A)P(\overline{B}|A)P(C|A \cap \overline{B})$$
$$= 0.7 \cdot (1 - 0.9) \cdot 0.9 = \underline{0.063}.$$

Damit ist

$$P(A \cap C) = 0.567 + 0.063 = \underline{0.63}.$$

Mit Wahrscheinlichkeit 63% erhöhen mindestens die Konzerne A und C ihre Preise.

Lösung von Aufgabe 3.20

Für einen zufällig ausgewählten Kunden führen wir folgende Ereignisse ein:

$$L = \text{„Kunde besitzt eine Lebensversicherung“},$$

$$H = \text{„Kunde besitzt eine Hausratsversicherung“}.$$

Gegeben sind dann $P(L) = 0.8$, $P(H) = 0.4$, $P(\overline{L} \cap \overline{H}) = 0.2$.

(a) Damit ist unter Verwendung der de Morgan'schen Rechenregeln für Mengen

$$P(L \cup H) = 1 - P(\overline{L \cup H}) = 1 - P(\overline{L} \cap \overline{H}) = 0.8.$$

Aus $P(L \cup H) = P(L) + P(H) - P(L \cap H)$ folgt

$$P(L \cap H) = P(L) + P(H) - P(L \cup H) = 0.8 + 0.4 - 0.8 = \underline{0.4}.$$

40% der Kunden besitzen sowohl eine Lebens- als auch eine Hausratsversicherung.

(b) und (c)

$$P(L|H) = P(L \cap H)/P(H) = 0.4/0.4 = \underline{1},$$

$$P(H|L) = P(L \cap H)/P(L) = 0.4/0.8 = \underline{0.5}.$$

Jeder Kunde, der eine Hausratsversicherung besitzt, besitzt auch eine Lebensversicherung. 50% der Kunden mit einer Lebensversicherung besitzen bei der Bank auch eine Hausratsversicherung.

Lösung von Aufgabe 3.21

Wir bezeichnen mit B_1, B_2 bzw. C die Ereignisse, dass Vorband 1, Vorband 2 bzw. das Endband ohne Defekt während der Schicht arbeiten. Dann gelten

$$P(B_1) = P(B_2) = 1 - 0.005 = 0.995 \quad \text{und} \quad P(C) = 1 - 0.03 = 0.97.$$

Außerdem sind B_1, B_2 und C unabhängig. Es ist wichtig zu beachten, dass z.B. Vorband 1 nicht mehr läuft, wenn das Endband stoppt, obwohl Vorband 1 selbst keinen Defekt aufweist, d.h. $V_1 \subset B_1$ und $B_1 \neq V_1$ etc.

(a) Wenn das Endband einen Defekt aufweist, wird die Produktion und damit auch Vorband 1 gestoppt. Daher gilt: Vorband 1 läuft eine Schicht durch, wenn es selbst nicht defekt wird und das Endband nicht defekt wird, $V_1 = B_1 \cap C$.

$$P(V_1) = P(B_1 \cap C) = P(B_1)P(C) = 0.995 \cdot 0.97 = \underline{0.96515}.$$

Das Vorband 1 läuft mit einer Wahrscheinlichkeit 96.515% eine Schicht durch.

(b) Wenn das Endband läuft, dann muss mindestens eines der Vorbänder laufen, sonst wird die Produktion gestoppt, $E \subseteq V_1 \cup V_2$. Daraus folgt

$$P(V_1 \cup V_2 | E) = \frac{P((V_1 \cup V_2) \cap E)}{P(E)} = \frac{P(E)}{P(E)} = \underline{1}.$$

(c) Das Gesamtsystem läuft, solange mindestens eines der Vorbänder keinen Defekt aufweist und das Endband nicht defekt wird, $S = (B_1 \cup B_2) \cap C$. Das Gesamtsystem läuft auch genau dann, wenn das Endband läuft, $S = E$.

$$P(S) = P((B_1 \cup B_2) \cap C) = P(B_1 \cup B_2)P(C)$$
$$= [P(B_1) + P(B_2) - P(B_1 \cap B_2)] \cdot P(C)$$
$$= [0.995 + 0.995 - 0.995 \cdot 0.995] \cdot 0.97 \approx \underline{0.969976}$$

Die Produktion fällt aus, wenn das Gesamtsystem nicht läuft, also

$$P(\overline{S}) = 1 - P(S) \approx 1 - 0.969976 = \underline{0.030024}.$$

Das Gesamtsystem kommt während einer Schicht mit Wahrscheinlichkeit von ungefähr 3% zum Erliegen.

Lösung von Aufgabe 3.22

Beim Werfen eines idealen Würfels gibt es 6 Ergebnisse, die alle gleich wahrscheinlich sind. Der Ergebnisraum ist $\Omega = \{1, 2, 3, 4, 5, 6\}$ und die Wahrscheinlichkeiten werden gemäß der Formel der klassischen Wahrscheinlichkeit berechnet. Aus den Definitionen für A, B und C folgt:

$$A = \{4, 5, 6\}, \quad B = \{3, 6\} \text{ und } C = \{2, 3, 5\}.$$

Damit sind $A \cap B = \{6\}$ und $A \cap C = \{5\}$. Daraus folgt gemäß der Formel der klassichen Wahrscheinlichkeit, $P(A) = |A|/|\Omega|$:

$$P(A) = \frac{3}{6} = \frac{1}{2}, \quad P(B) = \frac{2}{6} = \frac{1}{3}, \quad P(C) = \frac{3}{6} = \frac{1}{2}.$$

Außerdem ist $P(A \cap B) = P(A \cap C) = 1/6$.

(a) A und B sind unabhängig, da

$$P(A \cap B) = \frac{1}{6} = \frac{1}{2} \cdot \frac{1}{3} = P(A)P(B).$$

(b) A und C sind *nicht* unabhängig, da

$$P(A \cap C) = \frac{1}{6} \neq \frac{1}{2} \cdot \frac{1}{2} = P(A)P(C).$$

Lösung von Aufgabe 3.23

Die vollständige Unabhängigkeit der Ereignisse $A_1, \ldots, A_n$ wird dadurch definiert, dass für jede Auswahl von Ereignissen die „Produktbeziehung"

$$P(A_{i_1} \cap \cdots \cap A_{i_m}) = P(A_{i_1}) \ldots P(A_{i_m})$$

für beliebiges $m \in \{1, 2, \ldots, n\}$ und $1 \le i_1 < i_2 < \cdots < i_m \le n$ gilt. Damit sind $A_2, \ldots, A_n$ auch vollständig unabhängig. Für die vollständige Unabhängigkeit von $\overline{A}_1, A_2, \ldots, A_n$ ist damit nur noch folgendes zu zeigen:

$$P(\overline{A}_1 \cap A_{i_1} \cap \cdots \cap A_{i_m}) = P(\overline{A}_1)P(A_{i_1}) \ldots P(A_{i_m})$$

für jedes $1 \le m \le n - 1$ und $2 \le i_1 < i_2 < \cdots < i_m \le n$. Sei

$$p := P(\overline{A}_1 \cap \underbrace{A_{i_1} \cap \cdots \cap A_{i_m}}_{=B}) = P(B \setminus A_1) = P(B) - P(A_1 \cap B)$$

$$= P(A_{i_1} \cap \cdots \cap A_{i_m}) - P(A_1 \cap A_{i_1} \cap \cdots \cap A_{i_m}).$$

Aus der vollständigen Unabhängigkeit von $A_1, \ldots, A_n$ folgt dann

$$p = P(A_{i_1}) \ldots P(A_{i_m}) - P(A_1)P(A_{i_1}) \ldots P(A_{i_m})$$

$$= (1 - P(A_1))P(A_{i_1}) \ldots P(A_{i_m})$$

$$= P(\overline{A}_1)P(A_{i_1}) \ldots P(A_{i_m}).$$

Das war zu zeigen.

Lösung von Aufgabe 3.24

(a) Richtig. $P(A \cup B) \ge P(A) > 0.5$.

(b) Falsch. Wir betrachten den Spezialfall, dass $B \subseteq A$ und $P(A) = 0.75$ ist. Dann gilt $\overline{A} \subseteq \overline{B}$ und $\overline{A} \cap \overline{B} = \overline{A}$ sowie

$$P(\overline{A} \cap \overline{B}) = P(\overline{A}) = 1 - P(A) = 0.25 \ne 0.$$

(c) Richtig. Gemäß Teil (a) ist $P(A \cup B) > 0.5$. Damit ist

$$P(\overline{A} \cap \overline{B}) \le P(\overline{B}) = 0.5 \le P(A \cup B).$$

Lösung von Aufgabe 3.25

Es werden die folgenden Ereignisse eingeführt:

$$E = \text{„Kunde trinkt eine Probe Saft"},$$

$$A = \text{„Werbestand ist vom Typ A"}.$$

Analog zu A werden B und C definiert. Es sind folgende Wahrscheinlichkeiten gegeben:

$$P(A) = 0.5, \qquad P(B) = 0.25, \qquad P(C) = 0.25,$$

$$P(E|A) = 0.02, \qquad P(E|B) = 0.03, \qquad P(E|C) = 0.08.$$

Die Formeln der totalen Wahrscheinlichkeit und von Bayes finden Sie in Stocker und Steinke [2022], Abschnitt 6.2.3.

(a) Die Gesamterfolgsquote ergibt sich aus der Formel der totalen Wahrscheinlichkeit.

$$P(E) = P(E|A)P(A) + P(E|B)P(B) + P(E|C)P(C)$$
$$= 0.02 \cdot 0.5 + 0.03 \cdot 0.25 + 0.08 \cdot 0.25 = \underline{\underline{0.0375}}.$$

Insgesamt haben 3.75% der vorbeigehenden Kunden den Saft probiert.

(b) Wir berechnen nach der Formel von Bayes:

$$P(A|E) = P(E|A)P(A)/P(E) = 0.02 \cdot 0.5/0.0375 \approx 0.2667,$$
$$P(B|E) = P(E|B)P(B)/P(E) = 0.03 \cdot 0.25/0.0375 = 0.2,$$
$$P(A \cup B|E) = P(A|E) + P(B|E) \approx \underline{\underline{0.4667}}.$$

46.67% der Kunden, die den Fruftsaft probiert haben, haben ihn an einem Stand probiert, an dem mehrere Saftsorten angeboten wurden.

Lösung von Aufgabe 3.26

Gemäß Aufgabenstellung sind folgende Wahrscheinlichkeiten bekannt:

$$P(A^+) = 0.6, \qquad\qquad P(B^+) = 0.5,$$
$$P(C^+|A^+ \cap B^+) = 0.7, \qquad\qquad P(C^+|\overline{A}^+ \cap \overline{B}^+) = 0.5,$$
$$P(C^+|\overline{A}^+ \cap B^+) = 0.5, \qquad\qquad P(C^+|A^+ \cap \overline{B}^+) = 0.5.$$

A^+ und B^+ sind unabhängig.

(a) Nach der Formel der totalen Wahrscheinlichkeit gilt dann

$$P(C^+) = P(C^+|A^+ \cap B^+)P(A^+ \cap B^+) + P(C^+|\overline{A}^+ \cap \overline{B}^+)P(\overline{A}^+ \cap \overline{B}^+)$$
$$+ P(C^+|\overline{A}^+ \cap B^+)P(\overline{A}^+ \cap B^+) + P(C^+|A^+ \cap \overline{B}^+)P(A^+ \cap \overline{B}^+).$$

Aus der Unabhängigkeit von A^+ und B^+ ergibt sich

$$P(C^+) = P(C^+|A^+ \cap B^+)P(A^+)P(B^+) + P(C^+|\overline{A}^+ \cap \overline{B}^+)P(\overline{A}^+)P(\overline{B}^+)$$
$$+ P(C^+|\overline{A}^+ \cap B^+)P(\overline{A}^+)P(B^+) + P(C^+|A^+ \cap \overline{B}^+)P(A^+)P(\overline{B}^+)$$
$$= 0.7 \cdot 0.6 \cdot 0.5 + 0.5 \cdot 0.4 \cdot 0.5 + 0.5 \cdot 0.4 \cdot 0.5 + 0.5 \cdot 0.6 \cdot 0.5$$
$$= \underline{\underline{0.56}}.$$

Mit Wahrscheinlichkeit 56% ist die Tagesrendite von Aktie C positiv. Es gilt

$$P(C^+|A^+) = \frac{P(C^+ \cap A^+)}{P(A^+)} = \frac{P(C^+ \cap A^+ \cap B^+) + P(C^+ \cap A^+ \cap \overline{B}^+)}{P(A^+)}$$
$$= \frac{P(C^+|A^+ \cap B^+)P(A^+)P(B^+)}{P(A^+)} + \frac{P(C^+|A^+ \cap \overline{B}^+)P(A^+)P(\overline{B}^+)}{P(A^+)}$$

$$= \frac{0.7 \cdot 0.6 \cdot 0.5 + 0.5 \cdot 0.6 \cdot 0.5}{0.6} = \underline{\underline{0.6}}.$$

Wenn die Rendite von Aktie A positiv ist, dann ist die Rendite von Aktie C mit 60%iger Wahrscheinlichkeit auch positiv.

(b) A^+ und B^+ sind unabhängig gemäß Aufgabenstellung.

(c) A^+ und C^+ sind nicht unabhängig, da $P(C^+|A^+) \neq P(C^+)$ ist, vgl. Aufgabenteil (a).

Lösung von Aufgabe 3.27

Eine wichtiges Axiom der Wahrscheinlichkeitsrechnung ist

$$P(A \cup B) = P(A) + P(B), \quad \text{wenn } A \cap B = \emptyset. \tag{3.4}$$

Das ist ein Spezialfall von (3.1), da hier $P(A \cap B) = P(\emptyset) = 0$ ist. Die wichtigsten elementaren Rechenregeln der Wahrscheinlichkeitsrechnung finden Sie auch in Stocker und Steinke [2022], Abschnitt 6.1.3.

(a) Es gilt $(A \setminus B) \cap (A \cap B) = \emptyset$ und $(A \setminus B) \cup (A \cap B) = A$. Nach (3.4) gilt:

$$P(A) = P(A \setminus B) + P(A \cap B) \implies P(A \setminus B) = P(A) - P(A \cap B).$$

Es gilt $(A \setminus B) \cap B = \emptyset$ und $(A \setminus B) \cup B = A \cup B$. Nach Axiom (3.4) gilt:

$$P(A \cup B) = P(A \setminus B) + P(B) \implies P(A \setminus B) = P(A \cup B) - P(B).$$

(b) Das ist ein Spezialfall von (a), da $A \cap B = B$, wenn $B \subset A$:

$$P(A \setminus B) = P(A) - P(A \cap B) = P(A) - P(B).$$

(c) Eine mehrfache Anwendung von (3.1) führt zu

$$P(A \cup B \cup C) = P(A \cup \underbrace{(B \cup C)}_{B_*}) = P(A) + P(\underbrace{B \cup C}_{B_*}) - P(A \cap \underbrace{(B \cup C)}_{B_*})$$

mit dem Distributivgesetz der Mengenlehre $A \cap (B \cup C) = (A \cap B) \cup (A \cap C)$, s. Stocker und Steinke [2022], Abschnitt 6.1.2,

$$= P(A) + [P(B) + P(C) - P(B \cap C)] - P(\underbrace{(A \cap B)}_{A_{**}} \cup \underbrace{(A \cap C)}_{B_{**}})$$

$$= P(A) + P(B) + P(C) - P(B \cap C) - [P(\underbrace{A \cap B}_{A_{**}}) + P(\underbrace{A \cap C}_{B_{**}})$$

$$- P(\underbrace{(A \cap B)}_{A_{**}} \cap \underbrace{(A \cap C)}_{B_{**}})].$$

Das ist die Behauptung.

Lösung von Aufgabe 3.28

Wir verwenden das Beweisverfahren der vollständigen Induktion. (3.2) ist wahr für $n = 2$:

$$P(A_1 \cup A_2) = P(A_1) + P(A_2) - P(A_1 \cap A_2) \le P(A_1) + P(A_2).$$

Wir gehen jetzt davon aus, dass (3.2) für $n \le m$ gilt (Induktionsvoraussetzung) und zeigen, dass die Ungleichung auch für $n = m + 1$ richtig ist. Dazu bezeichnen wir $A_1^* = \bigcup_{i=1}^{m} A_i$ und $A_2^* = A_{m+1}$. Dann gilt

$$P\left(\bigcup_{i=1}^{m+1} A_i\right) = P(A_1^* \cup A_2^*) \le P(A_1^*) + P(A_2^*), = P\left(\bigcup_{i=1}^{m} A_i\right) + P(A_{m+1})$$

$$\le \sum_{i=1}^{m} P(A_i) + P(A_{m+1}) = \sum_{i=1}^{m+1} P(A_i)$$

Das ist die Behauptung.

4 Zufallsvariablen und Zufallsvektoren

Aufgabe 4.1

X sei eine diskrete Zufallsgröße, für die folgende Einzelwahrscheinlichkeiten bekannt seien: $P(X = -2) = 0.3$, $P(X = 0) = 0.2$, $P(X = 1) = 0.1$, $P(X = 2) = 0.4$.

(a) Geben Sie den Träger von X an.

(b) Bestimmen Sie $P(-0.5 < X < 2)$.

(c) Bestimmen Sie die Wahrscheinlichkeit, dass X einen Wert kleiner oder gleich -1 annimmt.

(d) Stellt Abbildung 4.1 (a) die Wahrscheinlichkeitsfunktion zu X dar?

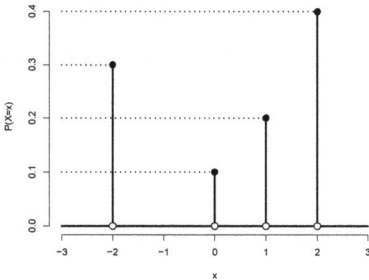
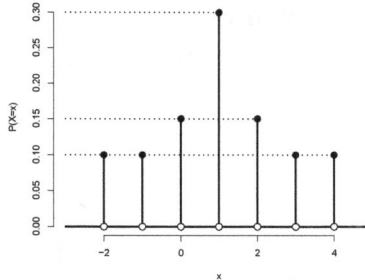

(a) Aufgabe 4.1 **(b)** Aufgabe 4.2

Abb. 4.1: Wahrscheinlichkeitsfunktion

Aufgabe 4.2

In Abbildung 4.1 (b) ist die Wahrscheinlichkeitsfunktion der Zufallsvariable X dargestellt.

(a) Bestimmen Sie $P(X \leq 2)$.

(b) Ist die Verteilung von X

 (A) symmetrisch?   (B) linksschief?   (C) rechtsschief?

Aufgabe 4.3

X gebe an, wie viele Zeitschriften der Wochenzeitschrift „Sternenspiegel" ein kleiner Kiosk in einer Woche verkaufe. Folgende Wahrscheinlichkeiten seien gegeben:

x	0	1	2	3	4	5
$P(X = x)$	0.20	0.10	0.15	0.25	0.10	p

https://doi.org/10.1515/9783110744187-004

(a) Bestimmen Sie p.

Mit welcher Wahrscheinlichkeit werden in einer Woche

(b) höchstens drei „Sternenspiegel" verkauft?

(c) mindestens drei „Sternenspiegel" verkauft?

Aufgabe 4.4

Mit der folgenden Dichtefunktion möge der Tagesumsatz X eines kleinen Imbisses (Angaben in 100 Euro) beschrieben werden.

$$f_X(x) = 0.3x(3 - x)I_{[0,2]}(x).$$

(a) Überprüfen Sie, dass f_X eine Dichtefunktion ist.

(b) Bestimmen Sie den Träger zu f_X.

(c) Mit welcher Wahrscheinlichkeit ist der Tagesumsatz kleiner als 80 Euro.

(d) Mit welcher Wahrscheinlichkeit liegt der Tagesumsatz zwischen 100 und 150 Euro.

Aufgabe 4.5

Die Funktion

$$f(x) = \begin{cases} \frac{3}{8} \cdot x^2, & \text{wenn } 0 \le x \le c, \\ 0, & \text{sonst,} \end{cases}$$

sei für ein $c > 0$ eine Dichtefunktion. Bestimmen Sie c.

Aufgabe 4.6

Die diskrete Zufallsvariable X kann nur ganzzahlige Werte von -2 bis 3 annehmen. Ihre Verteilungsfunktion lautet an diesen Stellen:

x	-2	-1	0	1	2	3
$F(x)$	0.15	0.30	0.40	0.65	0.85	1

(a) Bestimmen Sie $P(X = 1)$ und $P(X = 0.5)$.

(b) Ermitteln Sie $P(-1 < X \le 2)$ und $P(-1 \le X < 2)$.

(c) Ist die Wahrscheinlichkeitsfunktion zu X symmetrisch?

(d) Bestimmen Sie den Träger und die Wahrscheinlichkeitsfunktion von $Y = X^2$.

Aufgabe 4.7

Sei X eine diskrete Zufallsvariable mit Wahrscheinlichkeitsfunktion $f(x)$ und Verteilungsfunktion $F(x)$. Der Träger zu X sei $\{a_1, \ldots, a_n\}$, $n \geq 3$, wobei die a_i geordnet seien: $a_1 < a_2 < \cdots < a_n$.
Entscheiden Sie, ob die folgenden Aussagen stets richtig sind.

(a) $f(a_i)$ kann Null sein für ein $i \in \{1, \ldots, n\}$.

(b) $F(x) = \sum\limits_{i: a_i < x} f(a_i)$ für jedes reelle x.

(c) F ist streng monoton wachsend, d.h. wenn $x < y$, dann ist $F(x) < F(y)$.

(d) $P(X > x) = 1 - F(x)$ für jedes reelle x.

(e) $\sum_{i=1}^{n} F(a_i) = 1$.

(f) Ist $a_i < a_j$, so ist $F(a_i) < F(a_j)$.

(g) $f(a_i) = F(a_i) - F(a_{i-1})$ für $i = 2, \ldots, n$.

(h) $f(a_i) < F(a_i)$ für $i = 1, \ldots, n$.

(i) $f(a_1) = F(a_1)$.

(j) $P(a_2 < X < a_3) = 0$.

Aufgabe 4.8

Die Verteilung der Zufallsgröße Z sei durch folgende Verteilungsfunktion F beschrieben:

$$F(z) = \begin{cases} 0, & \text{wenn } z \leq 0, \\ z^3, & \text{wenn } 0 < z \leq 1, \\ 1, & \text{wenn } z > 1. \end{cases}$$

(a) Bestimmen Sie $P(0.8 < Z \leq 1.1)$.

(b) Ermitteln Sie eine Dichtefunktion zu Z.

Aufgabe 4.9

Sei X eine beliebige stetige Zufallsgröße mit Dichte $f(x)$ und Verteilungsfunktion $F(x)$. Entscheiden Sie, ob die folgenden Aussagen stets richtig sind.

(a) $0 \leq f(x) \leq 1$ für alle x.

(b) $0 \leq F(x) \leq 1$ für alle x.

(c) $\int_x^\infty f(t)dt = 1 - F(x)$.

(d) Ist $x \leq y$, so ist $F(x) \leq F(y)$.

(e) $\int_{-\infty}^\infty f^2(t)dt = 1$.

Aufgabe 4.10

Die Zufallsvariable Y sei diskret verteilt auf den Trägerpunkten 1, 2 und 3 mit

$$P(Y = 1) = 0.8, \quad P(Y = 2) = 0.15 \quad \text{und} \quad P(Y = 3) = 0.05.$$

Die bedingten Einzelwahrscheinlichkeiten $P(X = x \mid Y = y)$ seien gegeben durch folgende Tabelle:

x \ y	1	2	3
1	0.25	0.20	0.40
2	0.50	0.30	0.20
3	0.25	0.50	0.40

(a) Sind X und Y unabhängig?

(b) Ermitteln Sie $P(X = 1, Y = 1)$.

(c) Sind X und Y identisch verteilt?

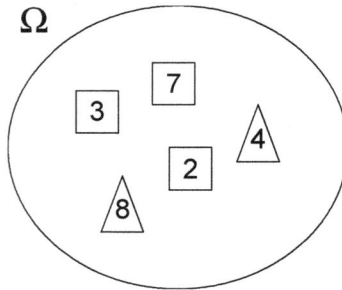

Abb. 4.2: Grundgesamtheit (Aufgabe 4.11)

Aufgabe 4.11

Eine Grundgesamtheit Ω bestehe aus 5 Objekten, siehe Abbildung 4.2. Die Zahl, mit denen die Objekte bezeichnet wurden, sei das Gewicht des entsprechenden Objekts (in kg). X sei das Gewicht und Y die Form (0 = rechteckig, 1 = dreieckig) eines zufällig ausgewählten Objekts.

(a) Bestimmen Sie $P(X \leq 4)$, $P(Y = 1)$ und $P(X \leq 4, Y = 1)$.

(b) Sind X und Y stochastisch unabhängig?

Aufgabe 4.12

Ein Würfel werde zweimal nacheinander geworfen. Ω bezeichne den zugehörigen Ergebnisraum, d.h.

$$\Omega = \{(1, 1), (1, 2), \ldots, (1, 6), (2, 1), \ldots, (6, 6)\}.$$

X bzw. Y bezeichnen die gewürfelten Augenzahlen beim ersten bzw. zweiten Wurf. Geben Sie folgende Ereignisse als Teilmengen von Ω an:

(a) $\{X = 3\}$.

(b) $\{X + Y = 5\}$.

(c) $\{\max(X, Y) = 3\}$.

(d) $\{|X - Y| \geq 4\}$.

Bemerkung: $\max(x, y)$ ist hierbei das Maximum von x und y, d.h. der größere der beiden Zahlenwerte x bzw. y.

Aufgabe 4.13

Die Zufallsvariablen X und Y seien gemeinsam stetig verteilt gemäß Dichtefunktion

$$f(x, y) = \frac{6}{5}(x + y^2)I_{[0,1]}(x)I_{[0,1]}(y).$$

Bestimmen Sie

(a) die Randdichte von X.

(b) $P(X < 2, Y > 0)$.

(c) $P(X < 0.5, Y \leq 0.5)$.

Aufgabe 4.14

Der zweidimensionale Vektor (X, Y) sei stetig verteilt mit folgender Dichtefunktion

$$f(x, y) = \frac{1}{3}(1 + x + y)I_{[-1,1]}(x)I_{[0,1]}(y).$$

(a) Haben X und Y die gleiche Verteilung?

(b) Bestimmen Sie die Dichte von X.

Aufgabe 4.15

Mit den Bernoulli-Variablen X_1, X_2 und X_3 möge die Pünktlichkeit von 3 Fahrzeugen beschrieben werden. Pünktlichkeit werde dabei mit 1 und Verspätung mit 0 kodiert. Das Zusammenspiel der 3 Fahrzeuge lässt sich nun über 3er-Tupel beschreiben, wie z.B. (0, 0, 0) oder (1, 1, 0). In ersterem Fall sind alle Fahrzeuge verspätet, in letzterem Fall nur das letzte Fahrzeug. Eine Ware, die mittels dieser drei Fahrzeuge transportiert wird, treffe genau dann pünktlich ein, wenn alle drei Fahrzeuge pünktlich waren. Es mögen sich folgende Wahrscheinlichkeiten ergeben:

Ergebnis	Wahrsch.	Ergebnis	Wahrsch.
(0,0,0)	0.05	(1,1,0)	0.05
(1,0,0)	0.05	(1,0,1)	0.00
(0,1,0)	0.00	(0,1,1)	0.05
(0,0,1)	0.00	(1,1,1)	0.80

(a) Bestimmen Sie die Wahrscheinlickeiten, dass

   (i)   sich Fahrzeug 1 verspätet.

   (ii) sich Fahrzeug 2 verspätet.

   (iii) sich Fahrzeug 3 verspätet.

   (iv) sich die Fahrzeuge 1 und 2 verspäten.

   (v)   sich die Fahrzeuge 2 und 3 verspäten.

   (vi) sich alle drei Fahrzeuge.

(b) Stellen Sie fest, ob

   (i) X_1 und X_2 unabhängig sind.

   (ii) X_2 und X_3 unabhängig sind.

(c) Bestimmen Sie die Wahrscheinlichkeit dafür, dass die Ware pünktlich eintrifft, sofern das 1. Fahrzeug pünktlich ist.

Aufgabe 4.16
Die diskrete Zufallsvariable X kann nur ganzzahlige Werte von -2 bis 3 annehmen. Ihre Einzelwahrscheinlichkeiten sind gegeben durch:

x	-2	-1	0	1	2	3
$P(X = x)$	0.15	0.15	0.10	0.25	0.20	0.15

Bestimmen Sie den Träger und die Wahrscheinlichkeitsfunktion von $Y = X^2$.

Aufgabe 4.17
Aus einer Urne mit drei Kugeln, die mit den Zahlen 1, 2 und 3 beschriftet sind, werden nacheinander zwei Kugeln ohne Zurücklegen gezogen. Sei X_1 die Zahl, die zuerst gezogen wurde, und X_2 die Zahl, die als zweites gezogen wurde. Weiter definiere $D = \max(X_1, X_2) - \min(X_1, X_2)$. Dabei steht $\max(X_1, X_2)$ für die größere und $\min(X_1, X_2)$ für die kleinere der Zahlen X_1 und X_2.

(a) Bestimmen Sie den Träger und die Einzelwahrscheinlichkeiten von D.

Sind dann

(b) X_1 und X_2 bzw.

(c) X_1 und D

identisch verteilt?

Aufgabe 4.18
$(X_1, Y_1), (X_2, Y_2), (X_3, Y_3)$ seien *unabhängige und identisch verteilte (u.i.v.)* Zufallsvektoren, die gemäß folgender Kontingenztabelle verteilt sind:

x \ y	−1	0	1
-1	0.18	0.12	0.10
1	0.12	0.18	0.30

Entscheiden Sie, ob die nachfolgenden Zufallsvariablen jeweils unabhängig sind.

(a) X_1 und Y_1.

(b) Y_2 und X_3.

(c) X_1 und X_1^2.

(d) $X_1 + 1$, $2 \cdot X_2$ und $3 \cdot Y_3 - 1$.

Aufgabe 4.19
Eine ideale Münze werde drei Mal unabhängig voneinander geworfen und Z_i sei gleich 1, wenn beim i-ten Wurf „Zahl" geworfen wurde, sonst 0. Entscheiden Sie jeweils, ob die Zufallsvariablen X und Y unabhängig sind.

(a) $X = Z_1$, $Y = 2 \cdot Z_2$.

(b) $X = Z_1 + Z_2$, $Y = Z_3$.

(c) $X = Z_1 + Z_2$, $Y = Z_1 - Z_2$.

Aufgabe 4.20
Gegeben sei eine diskrete Zufallsvariable X mit

$$P(X = 2) = 0.4, \quad P(X = 5) = 0.2, \quad P(X = 10) = 0.4.$$

Bestimmen Sie

(a) den Erwartungswert von X.

(b) die Varianz von X.

Aufgabe 4.21

X sei eine diskrete Zufallsvariable mit Wahrscheinlichkeitstabelle

a_i	−2	0	3
$P(X = a_i)$	0.1	0.4	0.5

Bestimmen Sie

(a) den Erwartungswert von X.

(b) die Varianz von X.

(c) die Varianz von X^2.

Aufgabe 4.22

X sei eine Zufallsgröße, für die folgende Einzelwahrscheinlichkeiten bekannt seien:
$P(X = -2) = 0.3$, $P(X = 0) = 0.2$, $P(X = 1) = 0.1$, $P(X = 2) = 0.4$. F bezeichne die Verteilungsfunktion zu X.
Bestimmen Sie $E(X)$ und $E(1 + X^2)$.

Aufgabe 4.23

Gegeben sei eine diskrete Zufallsvariable X mit Träger $\{2, 5, 6, 8\}$ und den Einzelwahrscheinlichkeiten $P(X = 2) = 0.2$, $P(X = 5) = 0.4$, $P(X = 6) = 0.3$.

Bestimmen Sie

(a) $P(X = 7)$ und $P(X = 8)$.

(b) den Erwartungswert zu X.

(c) die Varianz zu X.

Aufgabe 4.24

Im Brettspiel „Legenden von Andor" wird die Kampfstärke der Helden mithilfe von üblichen 6-seitigen Würfeln bestimmt. Der Krieger wirft zwei Würfel und die Grundkampfstärke ist die größere der beiden geworfenen Augenzahlen. Der Bogenschütze wirft einen Würfel bis zu drei Mal. Nach jedem Wurf kann er stoppen und die zuletzt geworfene Augenzahl als Grundkampfstärke verwenden.

(a) Bestimmen Sie den Erwartungswert der Grundkampfstärke des Kriegers.

(b) Bestimmen Sie den Erwartungswert der Grundkampfstärke des Bogenschüzen, wenn er nur dann weiter würfelt, wenn er zuvor eine Augenzahl ≤ 3 geworfen hat.

Aufgabe 4.25

Gegeben sei eine stetige Zufallsvariable X mit Dichtefunktion

$$f(x) = (0.5 + 0.5x)I_{[0,1]}(x) + I_{(1,1.25]}(x).$$

Bestimmen Sie

(a) die dazugehörige Verteilungsfunktion und $P(X < 1)$.

(b) den Erwartungswert von X.

Aufgabe 4.26

Gegeben sei eine stetige Zufallsvariable X mit Dichte

$$f(x) = (-0.75x^2 + 3x - 2.25)I_{[1,3]}(x).$$

(a) Skizzieren Sie f.

(b) Berechnen Sie $P(X > 1)$.

(c) Berechnen Sie $P(X > 2)$.

(d) Berechnen Sie den Erwartungswert $E(X)$.

(e) Welche der folgenden Beziehungen gilt für den Median $q_{0.5}$ zu X?

    (A) $q_{0.5} < 2$.   (B) $q_{0.5} = 2$.   (C) $q_{0.5} > 2$.

Aufgabe 4.27

Gegeben sei eine stetige Zufallsvariable X mit Dichtefunktion

$$f(x) = 0.75\,x^2 \cdot I_{[0,1]}(x) + 0.75 \cdot I_{(1,2]}(x).$$

Bestimmen Sie

(a) $E(X)$.

(b) den Wert der Verteilungsfunktion von X an der Stelle 1.1.

(c) das 0.75-Quantil zu X.

(d) die Varianz von X.

Aufgabe 4.28

Die Funktionen f_i,

$$f_1(x) = \begin{cases} \frac{1}{2}, & \text{wenn } -1 < x < 1, \\ 0, & \text{sonst,} \end{cases} \qquad f_2(x) = \begin{cases} \frac{3}{4}(1 - x^2), & \text{wenn } -1 < x < 1, \\ 0, & \text{sonst,} \end{cases}$$

$$f_3(x) = \begin{cases} 1 - |x|, & \text{wenn } -1 < x < 1, \\ 0, & \text{sonst,} \end{cases} \qquad f_4(x) = \begin{cases} \frac{1}{4}(1 + 3x^2), & \text{wenn } -1 < x < 1, \\ 0, & \text{sonst,} \end{cases}$$

seien Dichtefunktionen zu den Zufallsvariablen X_i, $i = 1, \ldots, 4$.

(a) Skizzieren Sie f_1 bis f_4.

(b) Bestimmen Sie – ohne zu rechnen – die Erwartungswerte der X_i.

(c) Überlegen Sie sich – ohne zu rechnen – welche der Zufallsvariablen die größte, zweitgrößte, drittgrößte bzw. kleinste Varianz besitzt.

(d) Berechnen Sie die Varianzen zu X_i, $i = 1, \ldots, 4$.

Aufgabe 4.29

X sei eine beliebige stetige Zufallsvariable mit Träger $[1, 2]$.
Entscheiden Sie, ob die folgenden Aussagen stets richtig sind.

(a) $E(X) = 3/2$.

(b) $\text{Var}(X) \geq 0$.

(c) $1 \leq \text{Var}(X) \leq 4$.

(d) Wenn $E(X) = 3/2$, dann gilt $\text{Var}(X) \leq 0.25$.

*Aufgabe 4.30

Der zweidimensionale Vektor (X, Y) sei diskret verteilt. X und Y seien unabhängig. Zeigen Sie:

$$E(X \cdot Y) = E(X) \cdot E(Y).$$

Hinweis: Verwenden Sie die Transformationsregel.

Aufgabe 4.31

Gegeben seien zwei unabhängige, stetige Zufallsvariablen X bzw. Y mit Dichtefunktionen

$$f_X(x) = 0.5 I_{[0,2]}(x) \quad \text{bzw.} \quad f_Y(y) = I_{[1,2]}(y).$$

Bestimmen Sie

(a) $E(X)$.

(b) $P(X > 1.5, Y > 1.5)$.

(c) $E(X \cdot Y)$.

Aufgabe 4.32

In einer Urne befinden sich 4 gleichartige Kugeln. Drei Kugeln sind mit „0" beschriftet und eine Kugel ist mit „1" beschriftet. Es werden zufällig $n = 3$ Kugeln *ohne Zurücklegen* gezogen. Seien X_1, X_2 bzw. X_3 die gezogenen Zahlen im 1. Zug, 2. Zug bzw. 3. Zug.

Der *Sample-Midrange* ist definiert als Mittelwert aus kleinster und größter gezogener Zahl, d.h.

$$SMR = \frac{1}{3}(X_{(1)} + X_{(3)}),$$

wobei $X_{(1)}$ bzw. $X_{(3)}$ den kleinsten bzw. größten gezogenen Wert darstellt.

(a) Sind X_1 und X_3 identisch verteilt?

(b) Sind $X_{(1)}$ und $X_{(3)}$ identisch verteilt?

(c) Bestimmen Sie $E(SMR)$.

Aufgabe 4.33

In einer Urne befinden sich 4 gleichartige Kugeln, die mit den Zahlen 1, 2, 4 und 5 beschriftet sind. Es werden zufällig $n = 3$ Kugeln *ohne* Zurücklegen gezogen. Es bezeichne X_i das Ergebnis des i-ten Zuges und $\overline{X}$ das Stichprobenmittel aller drei Zugergebnisse.

(a) Bestimmen Sie $P(X_2 = 4)$.

(b) Bestimmen Sie $Var(X_2)$.

(c) Welches der beiden Schaubilder, s. Abbildung 4.3, zeigt die Wahrscheinlichkeitsfunktion von $\overline{X}$?

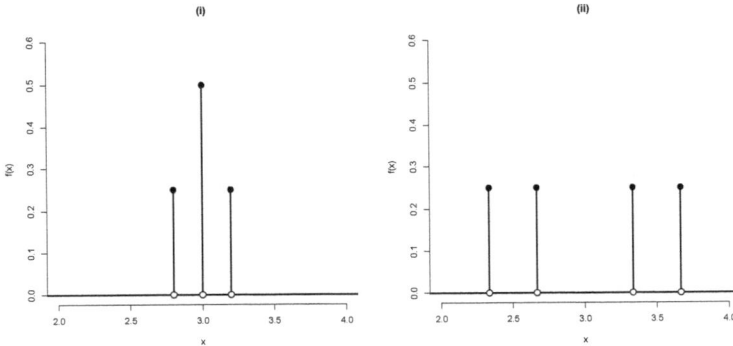

Abb. 4.3: Wahrscheinlichkeitsfunktion von $\overline{X}$ (Aufgabe 4.33)

Aufgabe 4.34

Gegeben sei eine Grundgesamtheit von Wohnungen. Sei X die Wohnfläche (in m^2), Y das Alter des Objekts (0 = jünger als 10 Jahre, 1 = älter als 10 Jahre) und Z die Wohnlage (0 = normal, 1 =gehoben). Folgende Kontingenztabelle zeigt die gemeinsame Verteilung von X, Y und Z:

X \ Y	Z = 0		Z = 1	
	0	1	0	1
30	0.08	0.06	0.02	0.04
50	0.12	0.09	0.03	0.06
70	0.20	0.15	0.05	0.10

Es werde nun eine Stichprobe von unabhängigen und identisch verteilten Zufallsvektoren $(X_1, Y_1, Z_1), \ldots, (X_{10}, Y_{10}, Z_{10})$ aus dieser Grundgesamtheit gezogen.

(a) Ermitteln Sie den Anteil der Wohnungen mit gehobener Wohnlage.

(b) Bestimmen Sie $Var(Z_5)$.

(c) Bestimmen Sie die durchschnittliche Wohnfläche, $E(X)$.

(d) Sind X_3 und Y_7 stochastisch unabhängig?

(e) Sind X_3 und Y_3 stochastisch unabhängig?

Aufgabe 4.35

Im Rahmen einer empirischen Studie wird untersucht, wie viel Geld Eltern für ihre Kinder für Weihnachtsgeschenke ausgeben. Dazu erhebe man das monatliche Haushaltsnettoeinkommen in Euro (X), die Anzahl von Kindern unter 18 Jahren im Haushalt (Y) und die geplanten Ausgaben in Euro (Z). Es werde eine Stichprobe $(X_1, Y_1, Z_1), \ldots, (X_n, Y_n, Z_n)$ gezogen, wobei die (X_i, Y_i, Z_i) unabhängig und identisch verteilt für $i = 1, \ldots, n$ seien.

Entscheiden Sie, ob die folgenden Aussagen stets richtig sind.

(a) $E(X_1) = E(X_n)$.

(b) (X_1, Y_1) und (X_2, Y_2) sind unabhängig und identisch verteilt,

(c) (X_1, Y_2, Z_3) und (X_3, Y_4, Z_5) sind unabhängig.

Aufgabe 4.36

Gegeben sei folgende Kontingenztabelle der Wahrscheinlichkeiten für die gemeinsame Verteilung zweier diskreter Zufallsvariablen X und Y.

X \ Y	1	2
1	0.30	0.20
2	0.05	0.15
3	0.20	0.10

Berechnen Sie

(a) $P(Y = 2)$ und $f_X(2)$.

(b) $P(X > 1.5, Y = 1)$ und $P(X \le 2, Y \le 1)$.

(c) $E(\sqrt{X})$.

(d) $f_{X|Y}(2|1)$ und $f_{Y|X}(1|2)$.

(e) $P(X + Y = 3)$.

(f) den bedingten Erwartungswert von Y gegeben $X = 1$.

(g) die bedingte Varianz von Y gegeben $X = 2$.

(h) Sind X und Y stochastisch unabhängig?

Aufgabe 4.37
Für den Zusammenhang der beiden Merkmale X= Anzahl von Personen im Haushalt und Y= Anzahl der vorhandenen Fernsehgeräte ergibt sich folgende Kontingenztabelle mit Wahrscheinlichkeiten.

X \ Y	0	1	2	3
1	0.05	0.15	0	0
2	0	0.25	0.15	0
3	0.05	0.20	0.10	0.05

Bestimmen Sie

(a) die durchschnittliche Anzahl von Personen pro Haushalt.

(b) die im Mittel zu erwartende Anzahl von Fernsehern in einem Zwei-Personenhaushalt.

(c) $E(X|Y = 2)$.

(d) $Var(X|Y = 3)$.

(e) $Cov(X, Y)$.

Aufgabe 4.38
Petra und Peter sind ein Paar. Wenn sich die beiden Eis am Stil holen, verhält es sich stets so:

(i) Nimmt Petra 1 Kugel, so möchte Peter 2 Kugeln.

(ii) Nimmt Petra 2 Kugeln, so möchte Peter entweder 2 oder 3 Kugeln, wobei beides gleich wahrscheinlich ist.

(iii) Nimmt Petra 3 Kugeln, möchte Peter auch 3 Kugeln.

Andere Fälle kommen nie vor. In 60% aller Fälle nimmt Petra 1 Kugel, in 30% aller Fälle 2 Kugeln und in 10% aller Fälle 3 Kugeln Eis. Sei X die Anzahl der Kugeln von Petra und Y die Anzahl der Kugeln von Peter.

Bestimmen Sie:

(a) $Var(Y)$ und $E(X + Y)$.

(b) $E(X|Y = 2)$.

(c) $Var(Y|X = 1)$.

(d) $Cov(X, Y)$.

(e) $Var(X - Y)$.

Aufgabe 4.39

Die Zufallsvariablen X und Y seien unabhängig und stetig verteilt mit gemeinsamer Dichte

$$f(x, y) = \frac{1}{\sqrt{2\pi}} \exp(-x - y^2/2)I_{[0,\infty)}(x).$$

(a) Sind X und Y unabhängig verteilt?

(b) Bestimmen Sie die Verteilung von X.

(c) Ermitteln Sie $E(X^2|Y = 1)$.

(d) Wie groß ist die Varianz von Y?

Aufgabe 4.40

Die Zufallsvariablen X und Y seien gemeinsam stetig verteilt mit Dichtefunktion

$$f_{XY}(x, y) = 0.2(x + y^3)I_{[0,1]}(x)I_{[0,2]}(y).$$

Bestimmen Sie

(a) ob X und Y identisch verteilt sind.

(b) die Randdichte von X.

(c) $E[E(X|Y)]$.

(d) $E(Y|X = 0.5)$.

Aufgabe 4.41

Die gemeinsame Verteilung dreier Bernoulli-Variablen X_1, X_2 und X_3 werde durch folgende Tabelle mit Wahrscheinlichkeiten $f(x_1, x_2, x_3) = P(X_1 = x_1, X_2 = x_2, X_3 = x_3)$ festgelegt:

(x_1,x_2,x_3)	$f(x_1,x_2,x_3)$	(x_1,x_2,x_3)	$f(x_1,x_2,x_3)$
(0,0,0)	0.125	(1,1,0)	0.250
(1,0,0)	0.125	(1,0,1)	0.000
(0,1,0)	0.000	(0,1,1)	0.125
(0,0,1)	0.250	(1,1,1)	0.125

(a) Sind X_1 und X_2 identisch verteilt?

(b) Stellen Sie fest, ob X_1 und X_2 sind stochastisch unabhängig sind.

(c) Sind $(X_1, X_2)^T$ und X_3 stochastisch unabhängig?

(d) Ermitteln Sie $E(X_3|X_1 = 0, X_2 = 0)$.

Aufgabe 4.42

Die gemeinsame Verteilung dreier Zufallsvariablen X_1, X_2 und X_3 werde durch folgende Tabelle mit Wahrscheinlichkeiten $f(x_1,x_2,x_3) = P(X_1 = x_1, X_2 = x_2, X_3 = x_3)$ festgelegt:

(x_1,x_2,x_3)	$f(x_1,x_2,x_3)$	(x_1,x_2,x_3)	$f(x_1,x_2,x_3)$
(1,1,1)	0.125	(2,1,2)	0.125
(2,2,2)	0.125	(3,1,2)	0.125
(3,3,3)	0.125	(1,2,3)	0.125
(1,2,1)	0.125	(2,3,2)	0.125

(a) Sind X_1, X_2 und X_3 identisch verteilt?

(b) Sind X_1, X_2 und X_3 stochastisch unabhängig?

(c) Ist $Var(X_1) = Var(X_2)$?

(d) Bestimmen Sie $E(X_1|X_2 = 1, X_3 = 2)$.

Aufgabe 4.43

Die Zufallsvariablen X und Y seien gemeinsam diskret verteilt gemäß folgender Kontingenztabelle mit Wahrscheinlichkeiten.

X \ Y	1	2	3	$P(X = x)$
0	0.2	0	0.2	0.4
1	0.2	0.2	0.2	0.6
$P(Y = y)$	0.4	0.2	0.4	1.0

(a) Bestimmen Sie $E(X)$.

(b) Ermitteln Sie $Var(Y|X = 1)$.

(c) Sind X und Y stochastisch unabhängig?

(d) Berechnen Sie $Cov(X, Y)$.

Aufgabe 4.44

Wir betrachten drei diskrete Zufallsvariablen X_1, X_2 und X_3, welche jeweils die Werte 1, 2 oder 3 annehmen können. Folgende Übersicht zeigt die Wahrscheinlichkeit für bestimmte Ergebnisse (x_1, x_2, x_3).

Ergebnis	Wkt.	Ergebnis	Wkt.
(1,1,1)	1/8	(1,2,3)	1/8
(2,2,2)	1/8	(3,2,1)	1/8
(3,3,3)	1/8	(1,2,1)	1/8
(2,1,2)	1/8	(3,1,3)	1/8

Überprüfen Sie die Richtigkeit folgender Aussagen:

(a) X_1 und X_3 sind identisch verteilt.

(b) X_1, X_2 und X_3 sind stochastisch unabhängig.

Ermitteln Sie

(c) $P(X_3 = 3 | X_1 = 3)$.

(d) $E(X_1 + X_3)$.

(e) $Var(X_1 + X_3)$.

Aufgabe 4.45

Seien X und Y gemeinsam diskret verteilt mit

$$P(X = 1, Y = 1) = 0.2, \quad P(X = 1, Y = 2) = 0.3,$$
$$P(X = 2, Y = 1) = 0.3, \quad P(X = 2, Y = 2) = 0.2.$$

Überprüfen Sie die Richtigkeit folgender Aussagen:

(a) X und Y sind stochastisch unabhängig.

(b) X und Y sind negativ korreliert.

Aufgabe 4.46

Gegeben seien zwei Zufallsvariablen X und Y mit endlichen zweiten Momenten. Sind die folgenden Aussagen *stets* richtig?

(a) Sind X und Y stochastisch unabhängig, so folgt $Cov(X, Y) = 0$.

(b) Gilt $Cov(X, Y) \neq 0$, so sind X und Y stochastisch abhängig.

(c) Ist $Cov(X, Y) = 0$, so sind X und Y stochastisch unabhängig.

Aufgabe 4.47

X und Y seien unabhängige, auf $[0, 1]$ stetig gleichverteilte Zufallsgrößen und $Z_1 = 1 + 2X$ und $Z_2 = X + 3Y$. Berechnen Sie

(a) die Erwartungswerte und die Varianzen von Z_1 und Z_2,

(b) die Kovarianz und den Korrelationskoeffizienten von Z_1 und Z_2.

Aufgabe 4.48

Ein Würfel werde dreimal geworfen und man interessiere sich dafür, wie oft als Ergebnis eine 6 erscheint. Die Zufallsvariable X gebe die Anzahl der geworfenen Sechsen an. F_X sei die Verteilungsfunktion von X.

Überprüfen Sie die Richtigkeit folgender Aussagen:

(a) $F_X(1) = 1/6$.

(b) $F_X(3) < 0.5$.

Aufgabe 4.49

In der Bevölkerung seien 20% gegen eine bestimmte Steuerreform. Eine Lokalzeitung befragt 10 zufällig ausgewählte Passanten unabhängig voneinander nach ihrer Meinung.

Wie groß ist die Wahrscheinlichkeit, dass

(a) genau zwei Passanten

(b) höchstens zwei Passanten

(c) mindestens zwei Passanten

gegen die Steuerreform sind?

Aufgabe 4.50

In einer Urne befinden sich 10 Kugeln, die beschriftet sind mit den Zahlen von 1 bis 10. Es werden zufällig 5 Kugeln mit Zurücklegen gezogen. X sei die Anzahl der geraden und Y die Anzahl der ungeraden Zahlen, die gezogen wurden.

(a) Sind X und Y stochastisch unabhängig?

(b) Bestimmen Sie $P(X > 2)$.

(c) Wie groß ist $P(X = 2, Y = 3)$?

(d) Berechnen Sie $Var(X + Y)$.

Aufgabe 4.51

Die Geheimzahlen von Kunden für das Telefon-Banking bei einem Geldinstitut bestehen aus 4 Ziffern. Diese werden von einem Zufallsgenerator bereitgestellt, der unabhängig voneinander jeweils eine der Ziffern 0, 1, ..., 9 mit Wahrscheinlichkeit 0.1 erzeugt. Berechnen Sie die Wahrscheinlichkeit, dass in einer Geheimzahl

(a) genau 2 Mal eine 1 auftritt.

(b) mindestens 2 Mal eine 1 auftritt.

(c) mindestens 3 Mal eine 2 auftritt.

(d) mindestens eine der Ziffern 0 bis 9 mindestens 3 Mal auftritt.

(e) mindestens eine der Ziffern 0 bis 9 mindestens 2 Mal auftritt.

Aufgabe 4.52

Bei einer Multiple-Choice-Klausur werden 10 Fragen gestellt. Ein Student beantwortet 2 Fragen nicht und die restlichen jeweils mit Wahrscheinlichkeit 0.8 richtig. Für eine richtige Antwort gebe es einen Punkt, für eine falsche Antwort einen Punkt Abzug und für keine Antwort keinen Punkt. Berechnen Sie

(a) die im Mittel erwartete Anzahl von Punkten für den Studenten.

(b) die Wahrscheinlichkeit, dass der Student mindestens 5 Punkte erreicht.

Aufgabe 4.53

Die Zufallsvariable X sei binomialverteilt mit den Parametern $n = 50$ und $\pi = 0.02$, kurz $X \sim B(50, 0.02)$.

(a) Durch welche Poisson-Verteilung lässt sich die Verteilung von X approximieren?

(b) Bestimmen Sie $P(X = 2)$ einerseits exakt und andererseits approximativ mithilfe der Approximation durch die Poisson-Verteilung.

Aufgabe 4.54

Eine S-Bahn-Linie in Frankfurt fahre im 10-Minuten-Takt. Für einen Kunden ohne Fahrplankenntnis sei die Wartezeit in Minuten gleichverteilt über dem Intervall [0,10]. Ermitteln Sie

(a) die *durchschnittliche* Wartezeit eines Kunden!

(b) die Wahrscheinlichkeit, dass die Wartezeit eines Kunden mehr als 8 Minuten dauert!

Aufgabe 4.55

X_1 und X_2 seien unabhängig und stetig gleichverteilt über dem Intervall $[0, 1]$, kurz $X_1, X_2 \sim G(0, 1)$ u.i.v. Wir betrachten die Zufallsvariable $Y = \max(X_1, X_2)$.

(a) Ermitteln Sie die Verteilungsfunktion von Y. *Hinweis:* Verwenden Sie, dass $Y \leq y$ genau dann gilt, wenn $X_1 \leq y$ und $X_2 \leq y$ sind.

(b) Bestimmen Sie eine Dichtefunktion zu Y und ermitteln Sie den Erwartungswert und die Varianz von Y.

Aufgabe 4.56

Abbildung 4.4 zeigt die Dichte einer exponentialverteilten Zufallsvariable X. Peter meint, dass $X \sim Exp(0.5)$ gilt, Paul dagegen $X \sim Exp(2)$. Entscheiden Sie, wer recht hat.

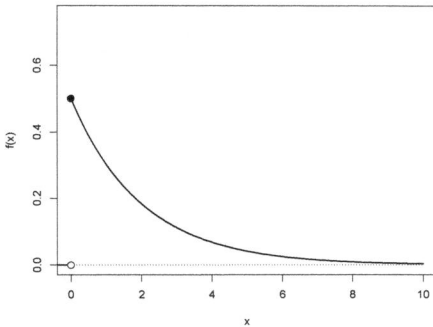

Abb. 4.4: Schaubild einer Dichte (Aufgabe 4.56)

Aufgabe 4.57

Es sei $X \sim Exp(0.5)$. Bestimmen Sie

(a) $P(X > 4)$.

(b) $P(X > 10 \,|\, X > 6)$.

Aufgabe 4.58

Die Zufallsvariablen X und Y seien unabhängig $Exp(2)$-verteilt. Bestimmen Sie

(a) $P(X \leq 2 \,|\, Y > 1)$.

(b) $Var(X - Y)$.

Aufgabe 4.59

Z sei standardnormalverteilt. Bestimmen Sie

(a) $P(Z < 2.5)$.

(b) $P(-1 \leq Z \leq 1)$.

(c) $P(Z = 1)$.

(d) $P(-1.8 < Z < 0.75)$.

(e) $P(Z \geq -1.96)$.

Aufgabe 4.60

Sei X normalverteilt mit Erwartungswert 100 und Standardabweichung 10. Ermitteln Sie

(a) $P(X > 80)$ und $P(50 < X \leq 90)$.

(b) das 0.9-Quantil zu X.

(c) die Verteilung von $-2X + 1$.

Aufgabe 4.61

Es sei $X \sim N(10, 4)$. Bestimmen Sie

(a) $P(X \leq 11)$.

(b) $P(9 \leq X \leq 13)$.

(c) $E(X^2)$.

(d) x_0 so, dass $P(X \leq x_0) = 0.85$ ist.

(e) x_0 so, dass 10% der Werte von X kleiner als x_0 sind.

Aufgabe 4.62

Sei X normalverteilt mit Erwartungswert 4 und Varianz 8. Bestimmen Sie

(a) $P(X > 5)$.

(b) $P(1 \leq X \leq 8)$.

(c) q so, dass $P(X > q) = 0.8$.

Aufgabe 4.63

Milchpulver werde in 400g-Dosen abgefüllt. Die genauen Füllmengen können von Dose zu Dose unterschiedlich groß ausfallen und werden als normalverteilt mit Erwartungswert 400 g und einer Standardabweichung σ von 16 g angenommen.

(a) Wie groß ist die Wahrscheinlichkeit, dass eine Abfüllmenge den Wert 375 g unterschreitet?

(b) Im Rahmen der Qualitätskontrolle werden Dosen aussortiert, deren Abfüllmengen vom Normwert 400 g um mehr als 20 g abweichen. Wie hoch ist der Ausschussanteil?

(c) Durch Eingriffe in den Abfüllprozess kann σ verändert werden. Wie groß darf die Standardabweichung σ höchstens sein, damit der Ausschussanteil unter 10% sinkt?

Aufgabe 4.64

Es seien X exponentialverteilt, Y normalverteilt und Z gleichverteilt mit

$$X \sim Exp(0.5), \ Y \sim N(1, 4) \text{ und } Z \sim G(0, 6).$$

Außerdem seien X, Y und Z stochastisch unabhängig. Bestimmen Sie

(a) $E(X + Y + Z)$.

(b) $Var(X + Y - Z)$.

(c) $Var(X - Y - Z)$.

Aufgabe 4.65

Gegeben seien drei unabhängige Zufallsvariablen mit $X \sim B(1, 0.5)$, $Y \sim B(1, 0.5)$ und $Z \sim B(1, 0.8)$. Berechnen Sie

(a) $E(X)$.

(b) $Var(X)$.

(c) $E(X + Y)$.

(d) $Var(X + Y + Z)$.

Aufgabe 4.66

X und Y seien unabhängige Zufallsvariablen mit $E(X) = 1/2$, $E(Y) = 1/2$, $Var(X) = 1/12$ und $Var(Y) = 1/12$.

(a) Bestimmen Sie $E(3X + 1)$.

(b) Ermitteln Sie $Var(2X + 3Y)$.

Aufgabe 4.67

Zum Transport von Äpfeln werden 30 Äpfel in eine Holzstiege getan. Wir gehen davon aus, dass sich die Verteilung der Gewichte der Äpfel mit einer Normalverteilung mit Erwartungswert 150 g und Standardabweichung 15 g beschreiben lässt. Für die

Holzstiege gehen wir von einem mittleren Gewicht von 500 g bei einer Standardabweichung von 10 g aus. G sei das Gesamtgewicht von Holzstiege und Äpfeln. Wir gehen von unabhängigen Gewichten von Holzstiege und Äpfeln aus. Bestimmen Sie

(a) die Verteilung von G.

(b) die Wahrscheinlichkeit, dass das Gesamtgewicht G zwischen 4.8 kg und 5.2 kg liegt.

Aufgabe 4.68
Sei $X \sim N(0, 1)$ und $Y \sim N(3, 9)$. X und Y seien gemeinsam normalverteilt mit $Cov(X, Y) = 1$.

(a) Bestimmen Sie den Korrelationskoeffizienten zwischen X und Y.

(b) Bestimmen Sie die Verteilung von $X - Y$.

Aufgabe 4.69
In einer Urne befinden sich 5 Kugeln, die mit den Zahlen 2, 3, 4, 7 und 8 beschriftet sind. Es werde 10 Mal mit Zurücklegen aus der Urne gezogen. X_i sei die gezogene Zahl im i-ten Zug. $\overline{X}$ bezeichne das arithmetische Mittel von $X_1, \dots, X_{10}$.

(a) Bestimmen Sie $E(\overline{X})$.

(b) Bestimmen Sie $Var(\overline{X})$.

Aufgabe 4.70
Gegeben sei eine Stichprobe von *unabhängigen und identisch verteilten (u.i.v.)* Zufallsvariablen vom Umfang $n = 10$ aus einer $N(\mu, 4)$-Verteilung. Zur Schätzung von μ betrachten wir das Stichprobenmittel $\overline{X}_n$. Bestimmen Sie

(a) die Verteilung von $\overline{X}_n$.

(b) $P(\overline{X}_n > \mu)$.

(c) $P(|\overline{X}_n - \mu| > 1.5)$.

Aufgabe 4.71
Seien $X_1, \dots, X_n$ u.i.v. mit $E(X_i) = E(X_i^4) = 0.5$ und $Var(X_i) = 0.25$.
Überprüfen Sie die Richtigkeit folgender Aussagen:

(a) $P(-0.25 \leq \frac{1}{n} \sum_{i=1}^{n} X_i^2 < 0.25) \xrightarrow{n \to \infty} 0.5$.

(b) $Var(\frac{1}{n} \sum_{i=1}^{n} X_i^2) \xrightarrow{n \to \infty} 0$.

Aufgabe 4.72

Ein Würfel werde 60 mal geworfen. Berechnen Sie die Wahrscheinlichkeit, dass

(a) genau 10 Sechsen geworfen werden.

(b) höchstens 10 Sechsen geworfen werden.

(c) mindestens 8 und höchstens 13 Sechsen geworfen werden.

Hinweis: Verwenden Sie eine geeignete Näherungsformel.

Aufgabe 4.73

Medienforscher haben festgestellt, dass 5% aller Haushalte kein Fernsehgerät besitzen, 70% verfügen über genau 1 Fernsehgerät, 20% über genau 2 Geräte und 5% über drei Geräte.

(a) Wie viele Geräte besitzt jeder Haushalt *im Durchschnitt*?

Es werden nun 300 zufällig ausgewählte Haushalte nach der Anzahl von vorhandenen Fernsehgeräten befragt.

(b) Mit welcher Wahrscheinlichkeit besitzen mehr als 10 Haushalte keinen Fernseher?

(c) Mit welcher Wahrscheinlichkeit ist die mittlere Anzahl von Geräten größer als 1.2?

Aufgabe 4.74

Eine S-Bahn-Linie in Frankfurt fahre im 10-Minuten-Takt. Für einen Kunden ohne Fahrplankenntnis sei die Wartezeit in Minuten gleichverteilt über dem Intervall $[0, 10]$.

Ermitteln Sie mit einer geeigneten Approximationsformel die Wahrscheinlichkeit, dass die Gesamtwartezeit von 100 zufällig ausgewählten Kunden (Summe aller individuellen Wartezeiten) zwischen 400 und 600 Minuten liegt.

Aufgabe 4.75

Seien $X_1, \dots, X_n$ u.i.v. mit Erwartungswert 0 und Varianz 1.

Überprüfen Sie die Richtigkeit folgender Aussagen:

(a) Es existiert ein Stichprobenumfang n^*, bei dem die Wahrscheinlichkeit dafür, dass die Stichprobensumme von der 0 um mehr als 0.1 abweicht, kleiner als 0.0001 ist.

(b) Es existiert ein Stichprobenumfang n^*, bei dem die Wahrscheinlichkeit dafür, dass die standardisierte Stichprobensumme von der 0 um mehr als 0.1 abweicht, kleiner als 0.0001 ist.

Aufgabe 4.76

Eine Eisdiele bedient in einer Stunde 100 Kunden, die Eis am Stil haben wollen. Erfahrungsgemäß nehmen 30% der Kunden genau 1 Kugel, 60% genau 2 Kugeln und 10% genau 3 Kugeln Eis. Bestimmen Sie die Wahrscheinlichkeit dafür, dass

(a) 100 Kunden zusammen mehr als 190 Kugeln konsumieren.

(b) 100 Kunden im Durchschnitt weniger als 1.6 Kugeln konsumieren.

(c) von 100 Kunden mehr als 15 Kunden 3 Kugeln Eis konsumieren.

Aufgabe 4.77

Ein Cateringservice beliefert eine Hochzeitsfeier mit 100 Gästen. Es werden 90 alkoholhaltige Sektgläser für den Sektempfang vorbereitet. Erfahrungsgemäß geht man davon aus, dass ein Gast mit 80%iger Wahrscheinlichkeit Sekt trinken möchte.

Bestimmen Sie (a priori) die Wahrscheinlichkeit dafür, dass genügend alkoholhaltige Sektgläser zur Verfügung stehen!

Aufgabe 4.78

Seien $X_1, \ldots, X_n$ u.i.v. gemäß Dichtefunkton $f(x) = 0.2 I_{[-2,3]}(x)$. Ermitteln Sie für $n \to \infty$ den Grenzwert

(a) von $P(|\overline{X}_n| > 0.001)$.

(b) in Wahrscheinlichkeit von $\frac{1}{n} \sum_{i=1}^{n} X_i^2$.

(c) in Wahrscheinlichkeit von $(\overline{X}_n)^2$.

Aufgabe 4.79

$X_1, \ldots, X_{30}$ seien u.i.v. mit $X_i \sim N(0, 1)$. Es sei $S = X_1^2 + \cdots + X_{30}^2$.

(a) Berechnen Sie den Erwartungswert und die Varianz von S. *Hinweis:* $E(X_i^3) = 0$ und $E(X_i^4) = 3$.

(b) Berechnen Sie (näherungsweise) die Wahrscheinlichkeit, dass S Werte zwischen 24 und 34 annimmt.

(c) Berechnen Sie (näherungsweise) ein 0.9-Quantil zu S.

Aufgabe 4.80

Gegeben seien drei Bernoulli-verteilte Zufallsvariablen X_1, X_2 und X_3. Dabei gelte: $(X_1, X_2)^T$ und X_3 sind unabhängig, X_1, X_2 und X_3 sind identisch verteilt, $P(X_1 = 1) = 0.5$ und $P(X_1 = 1, X_2 = 1) = 0.20$. Ermitteln Sie

(a) $E(X_1 + X_2 + X_3)$.

(b) $P(X_1 = 1 | X_2 = 0, X_3 = 0)$.

(c) $E(X_1 | X_2 = 0, X_3 = 0)$.

(d) $E(X_3 | X_1 = 0, X_2 = 1)$.

Aufgabe 4.81

Gegeben seien drei unabhängige diskrete Zufallsvariablen X, Y und Z mit

$$P(X = 1) = 0.5, \qquad P(X = 2) = 0.25, \qquad P(X = 3) = 0.25,$$
$$P(Y = 0) = 0.5, \qquad P(Y = 1) = 0.5,$$
$$P(Z = 0) = 0.75, \qquad P(Z = 1) = 0.25.$$

(a) Bestimmen Sie $E(X)$ und $E(X + Y + Z)$.

(b) Ermitteln Sie $Var(Y)$ und $Var(Y - 2Z)$.

(c) Sind Y und Z identisch verteilt?

(d) Wie groß ist $P(X = 1, Y = 1 | Z = 1)$?

Aufgabe 4.82

Die Zufallsvariablen X_1 und X_2 seien gemeinsam normalverteilt mit

$$E(X_1) = E(X_2) = 1, \quad Var(X_1) = 2, \quad Var(X_2) = 3, \quad Cov(X_1, X_2) = 1.$$

Bestimmen Sie $P(X_1 - 3X_2 > 0)$.

Aufgabe 4.83

In einem berühmten botanischen Garten auf Mauritius werden Führungen normalerweise nur in englischer Sprache angeboten. Von den insgesamt 20 Parkführern sind 10 Führer jedoch auch in der Lage, Führungen in Deutsch abzuhalten. Eine deutsche Reisegruppe von 40 Personen werde nun in 4 Kleingruppen zu je 10 Personen eingeteilt. Angenommen, den Führern werden einzelne Gruppen stets zufällig zugeteilt.

Bestimmen Sie dann die Wahrscheinlichkeit dafür, dass wenigstens 3 der 4 Gruppen eine deutsche Führung erhalten.

Aufgabe 4.84

Peter und Paul erstellen Schaubilder zur Wahrscheinlichkeitsfunktion der hypergeometrischen $H(10, 10, 20)$-Verteilung, s. Abbildung 4.5. Nur eines der beiden Bilder ist richtig. Welches?

Hinweis: Für eine $H(n, M, N)$-verteilte Zufallsvariable X kann man zeigen, dass $E(X) = n \cdot M/N$ gilt.

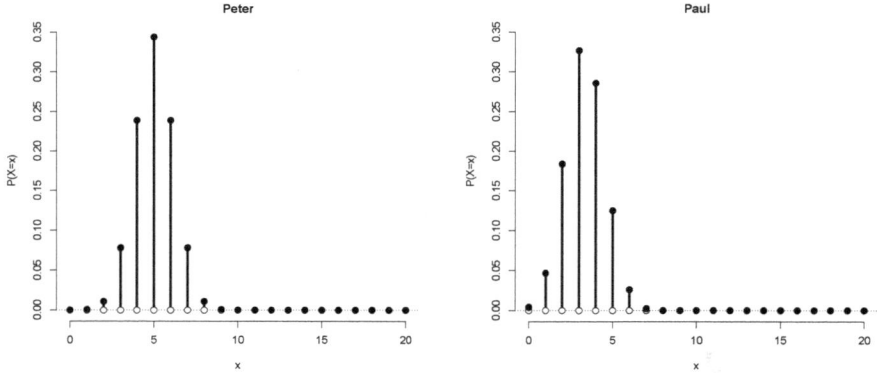

Abb. 4.5: Einzelwahrscheinlichkeiten

Aufgabe 4.85

Ist es zulässig, die hypergeometrische Verteilung $H(5, 50, 500)$ durch eine Binomialverteilung $B(5, 0.1)$ zu approximieren?

Aufgabe 4.86

X sei eine Zufallsvariable mit Verteilungsfunktion

$$F(x) = \begin{cases} 0, & x < 0, \\ 0.3x, & 0 \le x < 1, \\ 0.5x - 0.1, & 1 \le x < 2, \\ 1, & 2 \le x. \end{cases}$$

(a) Ist X stetig? Ist X diskret?

(b) Berechnen Sie $P(0.5 < X \le 1)$, $P(1 \le X \le 1.5)$, $P(0.5 \le X < 1.5)$ und $P(X = 2)$!

*Aufgabe 4.87

$X_1, \ldots, X_n, Y_1, \ldots, Y_m$ seien Zufallsvariablen und $a_1, \ldots, a_n, b_1, \ldots, b_m$ reelle Zahlen. Zeigen Sie, dass dann gilt:

$$Cov\left(\sum_{i=1}^{n} a_i X_i, \sum_{j=1}^{m} b_j Y_j\right) = \sum_{i=1}^{n} \sum_{j=1}^{m} a_i b_j Cov(X_i, Y_j).$$

Lösungen

Lösung von Aufgabe 4.1

(a) Der Träger von X umfasst die Werte, die mit positiver Wahrscheinlichkeit angenommen werde: $T_X = \{-2, 0, 1, 2\}$.

(b) Wir berechnen Intervallwahrscheinlichkeiten von diskreten Zufallsvariablen als Summe von Einzelwahrscheinlichkeiten. Allgemein gilt für eine Menge $A \subset \mathbb{R}$:

$$P(X \in A) = \sum_{j:a_j \in A \cap T_X} P(X = a_j). \qquad (4.1)$$

Damit ist $P(-0.5 < X < 2) = P(X = 0) + P(X = 1) = 0.2 + 0.1 = \underline{0.3}$.

(c) $P(X \leq -1) = P(X = -2) = \underline{0.3}$.

(d) Nein. Nach Abbildung 4.1 (a) ist der Wert der dort dargestellten Wahrscheinlichkeitsfunktion an der Stelle 1 gleich 0.2. Demgegenüber ist nach Aufgabenstellung $P(X = 1) = 0.1 \neq 0.2$.

Lösung von Aufgabe 4.2

(a) Die Zufallsvariable X hat den Träger $\{-2, -1, 0, 1, 2, 3, 4\}$. Die Einzelwahrscheinlichkeiten lassen sich aus der Abbildung bestimmen.

$$P(X \leq 2) = 1 - P(X > 2) = 1 - (P(X = 3) + P(X = 4))$$
$$= 1 - (0.1 + 0.1) = \underline{0.8}.$$

(b) Eine Wahrscheinlichkeitsfunktion ist symmetrisch bzgl. c, wenn

$$f(c + x) = f(c - x) \quad \text{für alle } x \text{ gilt.} \qquad (4.2)$$

Die Wahrscheinlichkeitsfunktion und damit die Verteilung von X ist symmetrisch bzgl. 1; es gilt $f(1 + x) = f(1 - x)$ für alle x. Z.B. ist für $x = 1$: $f(2) = f(1 + 1) = 0.15 = f(1 - 1) = f(0)$.

Lösung von Aufgabe 4.3

(a) Die Summe der Einzelwahrscheinlichkeiten ist gleich 1, d.h.

$$1 = \sum_{x=0}^{5} P(X = x) = 0.2 + 0.1 + 0.15 + 0.25 + 0.1 + p = 0.8 + p.$$

Daraus folgt, dass p gleich $1 - 0.8 = \underline{0.2}$ ist.

(b) Es ist

$$P(X \leq 3) = P(X = 0) + P(X = 1) + P(X = 2) + P(X = 3)$$

$$= 0.2 + 0.1 + 0.15 + 0.25 = \underline{0.7}.$$

Mit Wahrscheinlichkeit 0.7 werden höchstens 3 Zeitschriften verkauft.

(c) Es ist

$$P(X \geq 3) = P(X = 3) + P(X = 4) + P(X = 5)$$
$$= 0.25 + 0.10 + 0.20 = \underline{0.55}.$$

Mit Wahrscheinlichkeit 0.55 werden mindestens 3 Zeitschriften verkauft.

Lösung von Aufgabe 4.4

(a) Offensichtlich nimmt f nur Werte größer oder gleich 0 an. Als zweite Eigenschaft bestimmen wir das Integral über die Dichte.

$$\int_{-\infty}^{\infty} f(x)dx = \int_{-\infty}^{\infty} 0.3x(3-x)I_{[0,2]}(x)dx = 0.3\int_{0}^{2}(3x - x^2)dx$$
$$= 0.3(\frac{3}{2}x^2 - \frac{1}{3}x^3)\Big|_0^2 = 0.3(\frac{3}{2}(2^2 - 0^2) - \frac{1}{3}(2^3 - 0^3)) = 1.0.$$

Damit ist f eine Dichte.

(b) Der Träger zu f ist $T_f = (0, 2]$, da die Dichte für $0 < x \leq 2$ größer als 0 ist.

(c) Es ist

$$P(X < 0.8) = \int_{0}^{0.8} f(x)dx = 0.3(\frac{3}{2}x^2 - \frac{1}{3}x^3)\Big|_0^{0.8}$$
$$= 0.3(\frac{3}{2}(0.8^2 - 0^2) - \frac{1}{3}(0.8^3 - 0^3)) = \underline{0.2368}.$$

Die Wahrscheinlichkeit, einen Tagesumsatz von weniger als 80 Euro zu machen, beträgt 23.68%.

(d) Es ist

$$P(1 < X < 1.5) = \int_{1}^{1.5} f(x)dx = 0.3(\frac{3}{2}x^2 - \frac{1}{3}x^3)\Big|_1^{1.5}$$
$$= 0.3(\frac{3}{2}(1.5^2 - 1^2) - \frac{1}{3}(1.5^3 - 1^3)) = \underline{0.325}.$$

Die Wahrscheinlichkeit, einen Tagesumsatz zwischen 100 und 150 Euro zu machen, beträgt 32.5%.

Lösung von Aufgabe 4.5

Das Integral über eine Dichtefunktion ist gleich 1. Daher machen wir den Ansatz:

$$1 = \int_{-\infty}^{\infty} f(x)dx = \int_{0}^{c} \frac{3}{8}x^2\, dx = \frac{3}{8} \cdot \frac{1}{3} \cdot x^3 \Big|_0^c = \frac{c^3}{8}.$$

Also ist $c^3 = 8$ bzw. $c = \underline{\underline{2}}$.

Lösung von Aufgabe 4.6

X ist diskret verteilt und nimmt nur ganzzahlige Werte von -2 bis 3 an. Der Träger von X ist also $T_X = \{-2, -1, 0, 1, 2, 3\}$.

(a) Wir verwenden die allgemeine Formel zur Berechnung von Intervallwahrscheinlichkeiten mithilfe von Verteilungsfunktionen:

$$P(a < X \le b) = F_X(b) - F_X(a). \tag{4.3}$$

$P(X = 1) = P(0 < X \le 1) = F(1) - F(0) = 0.65 - 0.40 = \underline{\underline{0.25}}$.
0.5 gehört nicht zum Träger von X. Daher ist $P(X = 0.5) = \underline{\underline{0}}$.

(b) Es gelten

$$P(-1 < X \le 2) = F(2) - F(-1) = 0.85 - 0.30 = \underline{\underline{0.55}},$$

$$P(-1 \le X < 2) = P(-2 < X \le 1) = F(1) - F(-2) = \underline{\underline{0.5}}.$$

(c) Nein. In Analogie zu (a) lassen sich die Einzelwahrscheinlichkeiten bzw. die Werte der Wahrscheinlichkeitsfunktion ermitteln:

x	-2	-1	0	1	2	3
$f_X(x) = P(X = x)$	0.15	0.15	0.10	0.25	0.20	0.15

Eine Skizze der Wahrscheinlichkeitsfunktion f_X, siehe Abbildung 4.6, zeigt, dass f_X nicht symmetrisch ist. Wenn f_X symmetrisch wäre, dann hätte die Symmetriestelle in der „Mitte" der Trägermenge an der Stelle 0.5 liegen müssen. Da bspw. $f_X(0) = 0.10 \ne 0.25 = f_X(1)$ ist, kann eine solche Symmetrie aber nicht vorliegen.

(d) Da $Y = X^2$ ist, besteht der Träger von Y aus den quadrierten Werten aus dem Träger von X, d.h. $T_Y = \{0, 1, 4, 9\}$. Zur Berechnung der Einzelwahrscheinlichkeiten von Y kann man ausnutzen, dass $Y = X^2$ genau dann 0 ist, wenn X gleich 0 ist. Außerdem ist $Y = X^2$ genau dann 1, wenn $X = -1$ oder $X = 1$ ist usw. Damit gelten:

$$P(Y = 0) = P(X = 0) = 0.10.$$

$$P(Y = 1) = P(X = -1) + P(X = 1) = 0.15 + 0.25 = 0.40.$$

$$P(Y = 4) = P(X = -2) + P(X = 2) = 0.15 + 0.20 = 0.35.$$

$$P(Y = 9) = P(X = 3) = 0.15.$$

Aufgeschrieben in Form einer Verteilungstabelle ergibt sich:

y	0	1	4	9
$f_Y(y) = P(Y = y)$	0.10	0.40	0.35	0.15

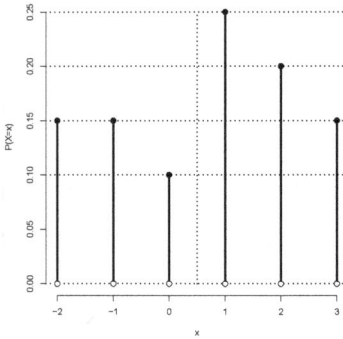

Abb. 4.6: Wahrscheinlichkeitsfunktion zu Aufgabe 4.6

Lösung von Aufgabe 4.7

Beachten Sie, dass die Trägerpunkte geordnet sein sollen, d.h. $a_1 < a_2 < \cdots < a_n$.

(a) Falsch. Für alle a_i aus dem *Träger* von X ist $f(a_i) = P(X = a_i) > 0$.

(b) Falsch. $\sum_{i:a_i<x} f(a_i) = P(X < x)$.
Für $x = a_1$ ist bspw. $P(X < a_1) = 0 < P(X \leq a_1) = F(a_1)$.

(c) Falsch. F ist stückweise konstant, z.B. wenn $a_1 < x < y < a_2$, dann ist $F(a_1) = F(x) = F(y)$.

(d) Richtig. $P(X > x) = 1 - P(X \leq x) = 1 - F(x)$.

(e) Falsch. $F(a_n) = P(X \leq a_n) = 1$ und $F(a_1) = P(X \leq a_1) > 0$. Damit ist

$$\sum_{i=1}^{n} F(a_i) \geq F(a_1) + F(a_n) > 1 \quad \text{für } n \geq 2.$$

(f) Richtig. $F(a_j) - F(a_i) = P(a_i < X \leq a_j) \geq P(X = a_j) > 0$. Daraus folgt $F(a_j) > F(a_i)$.

(g) Richtig. $F(a_i) - F(a_{i-1}) = P(a_{i-1} < X \leq a_i) = P(X = a_i) = f(a_i)$.

(h) Falsch. Siehe nächste Teilaufgabe.

(i) Richtig. $f(a_1) = P(X = a_1) = P(X \leq a_1) = F(a_1)$.

(j) Richtig. Zwischen a_2 und a_3 befindet sich bei der hier verwendeten Notation kein weiterer Trägerpunkt.

Lösung von Aufgabe 4.8

(a) $P(0.8 < Z \leq 1.1) = F(1.1) - F(0.8) = 1 - 0.8^3 = \underline{0.488}.$

(b) Eine Dichte zu Z erhalten wir durch Ableiten der Verteilungsfunktion F und erhalten $f(z) = 3z^2 I_{(0,1)}(z).$

Lösung von Aufgabe 4.9

(a) Falsch. $f(x) = 2I_{[0,0.5]}(x)$ ist die Dichte der stetigen Gleichverteilung auf $[0, 0.5]$ und $f(x) = 2 > 1$ auf dem Intervall $[0, 0.5]$.

(b) Richtig. $F(x) = P(X \leq x) \in [0, 1].$

(c) Richtig. $\int_x^\infty f(t)dt = P(X \geq x) = P(X > x) = 1 - F(x).$

(d) Richtig. Das ist eine der allgemeinen Eigenschaften einer Verteilungsfunktion.

(e) Falsch. Für die Dichtefunktion $f(x) = 2I_{[0,0.5]}(x)$ gilt bspw.

$$\int_{-\infty}^{\infty} f^2(t)dt = \int_0^{0.5} 2^2\, dx = 4 \cdot 0.5 = 2 \neq 1.$$

Lösung von Aufgabe 4.10

(a) X und Y sind nicht unabhängig, weil die bedingten Einzelwahrscheinlichkeiten $P(X = x | Y = y)$ nicht unabhängig von y sind, z.B. ist $P(X = 1 | Y = 1) = 0.25 \neq 0.2 = P(X = 1 | Y = 2).$

(b) Nach dem Produktsatz der Wahrscheinlichkeitsrechnung ist

$$P(X = 1, Y = 1) = P(X = 1 | Y = 1)P(Y = 1) = 0.25 \cdot 0.8 = \underline{0.2}.$$

(c) X und Y sind identisch verteilt, wenn alle Einzelwahrscheinlichkeiten übereinstimmen. Zunächst ermitteln wir wie unter (b)

$$P(X = 1, Y = 2) = P(X = 1 | Y = 2)P(Y = 2) = 0.2 \cdot 0.15 = 0.03,$$
$$P(X = 1, Y = 3) = P(X = 1 | Y = 3)P(Y = 3) = 0.4 \cdot 0.05 = 0.02.$$

Damit ist

$$P(X = 1) = P(X = 1, Y = 1) + P(X = 1, Y = 2) + P(X = 2, Y = 3)$$
$$= 0.2 + 0.03 + 0.02 = 0.25 \neq 0.8 = P(Y = 1).$$

X und Y sind daher nicht identisch verteilt.

Lösung von Aufgabe 4.11

Es gibt 5 Objekte, die wir mit R_2, R_3, D_4, R_7 und D_8 bezeichnen. Dabei steht „R" für Rechteck und „D" für Dreieck. Die Zahl im Index gibt jeweils das Gewicht des Objekts an. Wir setzen den Ergebnisraum Ω dann gleich $\{R_2, R_3, D_4, R_7, D_8\}$. Wir gehen davon aus, dass alle Objekte die gleiche Chance haben, gezogen zu werden. Zur Berechnung der Wahrscheinlichkeiten verwenden wir daher die Formel der klassischen Wahrscheinlichkeit.

(a) Das Ereignis $\{X \leq 4\}$ tritt ein, wenn eines der Objekte mit den Gewichten 2, 3 bzw. 4 gezogen wird.

$$P(X \leq 4) = \frac{|\{X \leq 4\}|}{|\Omega|} = \frac{|\{R_2, R_3, D_4\}|}{|\Omega|} = \frac{3}{5} = \underline{\underline{0.6}}.$$

$\{Y = 1\}$ tritt ein, wenn ein dreieckiges Objekt gezogen wird.

$$P(Y = 1) = \frac{|\{Y = 1\}|}{|\Omega|} = \frac{|\{D_4, D_8\}|}{|\Omega|} = \frac{2}{5} = \underline{\underline{0.4}}.$$

Entsprechend ist

$$P(X \leq 4, Y = 1) = \frac{|\{X \leq 4\} \cap \{Y = 1\}|}{|\Omega|} = \frac{|\{D_4\}|}{|\Omega|} = \frac{1}{5} = \underline{\underline{0.2}}.$$

(b) Wenn X und Y unabhängig wären, dann müsste $P(X \leq 4, Y = 1)$ gleich $P(X \leq 4)P(Y = 1)$ sein. Tatsächlich ist

$$P(X \leq 4, Y = 1) = 0.2 \neq 0.24 = 0.6 \cdot 0.4 = P(X \leq 4)P(Y = 1).$$

Folglich sind X und Y nicht unabhängig.

Lösung von Aufgabe 4.12

Es werden diejenigen Ergebnisse gesucht, die dazu führen, dass die angegebenen Ereignisse eintreten.

(a) X muss den Wert 3 annehmen, Y kann einen beliebigen Wert aus $1, \ldots, 6$ annehmen.

$$\{X = 3\} = \{(3, 1), (3, 2), (3, 3), (3, 4), (3, 5), (3, 6)\}.$$

(b) Wenn X den Wert x annimmt, muss Y den Wert $y = 5 - x$ annehmen. Dabei gilt die Einschränkung, dass $y \geq 1$ sein muss.

$$\{X + Y = 5\} = \{(1, 4), (2, 3), (3, 2), (4, 1)\}.$$

(c) Es muss $Y = 3$ und $X \leq 3$ oder $X = 3$ und $Y < 3$ gelten, damit $\max(X, Y) = 3$ ist.

$$\{\max(X, Y) = 3\} = \{(1, 3), (2, 3), (3, 3), (3, 1), (3, 2)\}.$$

(d) $|x - y| \geq 4$ impliziert, dass $x - y \geq 4$ oder $y - x \geq 4$ ist, d.h. $y \geq x + 4$ oder $y \leq x - 4$. Auch hier gilt die Einschränkung, dass x, y aus $1, \ldots, 6$ kommen müssen. Für $x = 1, \ldots, 6$ werden aus diesen Ungleichungen die zulässigen y-Werte bestimmt.

$$\{|X - Y| \geq 4\} = \{(1, 5), (1, 6), (2, 6), (5, 1), (6, 1), (6, 2)\}.$$

Lösung von Aufgabe 4.13

(a) Die Integration der gemeinsamen Dichte nach y ergibt die Randdichte für X:

$$f_X(x) = \int_0^1 \left(\frac{6}{5}x + \frac{6}{5}y^2\right)I_{[0,1]}(x)dy = \left(\frac{6}{5}xy\Big|_{y=0}^{y=1} + \frac{6}{5}\frac{1}{3}y^3\Big|_{y=0}^{y=1}\right)I_{[0,1]}(x)$$

$$= \left(\frac{6}{5}x(1-0) + \frac{6}{5}\frac{1}{3}(1^3 - 0^3)\right)I_{[0,1]}(x) = \left(\frac{6}{5}x + \frac{2}{5}\right)I_{[0,1]}(x).$$

(b) Ein Träger von X ist [0, 1] und einer zu Y ebenso. Daher ist $P(X < 2, Y > 0) = 1$.

(c) Die Wahrscheinlichkeit wird über ein Doppelintegral ermittelt.

$$P(X < 0.5, Y \le 0.5) = \int_0^{1/2}\int_0^{1/2}\left(\frac{6}{5}x + \frac{6}{5}y^2\right)dy\,dx$$

$$= \int_0^{1/2}\left(\frac{6}{5}xy\Big|_{y=0}^{y=1/2} + \frac{6}{5}\frac{1}{3}y^3\Big|_{y=0}^{y=1/2}\right)dx$$

$$= \int_0^{1/2}\left(\frac{3}{5}x + \frac{1}{20}\right)dx = \frac{3}{5}\frac{1}{2}x^2\Big|_0^{1/2} + \frac{1}{20}x\Big|_0^{1/2}$$

$$= \frac{3}{40} + \frac{1}{40} = \frac{1}{10} = \underline{\underline{0.1}}.$$

Die gesuchte Wahrscheinlichkeit beträgt 0.1.

Lösung von Aufgabe 4.14

(a) Da sich die Träger von X und Y unterscheiden, $T_X = [-1, 1]$, $T_Y = [0, 1]$, sind auch die Verteilungen unterschiedlich.

(b) Für $-1 \le x \le 1$ gilt:

$$f_X(x) = \int_{-\infty}^{\infty} f(x, y)dy = \int_0^1 \frac{1}{3}(1 + x + y)dy = \frac{1}{3}\left(y + xy + \frac{1}{2}y^2\right)\Big|_{y=0}^{y=1}$$

$$= \frac{1}{3}(1 + x + 1/2) = \left(\frac{1}{2} + \frac{1}{3}x\right),$$

also ist $f_X(x) = \left(\frac{1}{2} + \frac{1}{3}x\right)I_{[-1,1]}(x)$.

Lösung von Aufgabe 4.15

(a) Die Wahrscheinlichkeiten berechnen sich als Summe von geeigneten Einzelwahrscheinlichkeiten.

$$P(X_1 = 0) = P((X_1, X_2, X_3) = (0, 0, 0)) + P((X_1, X_2, X_3) = (0, 0, 1))$$

$$+ P((X_1, X_2, X_3) = (0, 1, 0)) + P((X_1, X_2, X_3) = (0, 1, 1))$$

$$= 0.05 + 0 + 0 + 0.05 = \underline{\underline{0.1}}.$$

$$P(X_2 = 0) = P((X_1, X_2, X_3) = (0, 0, 0)) + P((X_1, X_2, X_3) = (0, 0, 1))$$
$$+ P((X_1, X_2, X_3) = (1, 0, 0)) + P((X_1, X_2, X_3) = (1, 0, 1))$$
$$= 0.05 + 0 + 0.05 + 0 = \underline{\underline{0.1}}.$$

$$P(X_3 = 0) = P((X_1, X_2, X_3) = (0, 0, 0)) + P((X_1, X_2, X_3) = (0, 1, 0))$$
$$+ P((X_1, X_2, X_3) = (1, 0, 0)) + P((X_1, X_2, X_3) = (1, 1, 0))$$
$$= 0.05 + 0 + 0.05 + 0.05 = \underline{\underline{0.15}}.$$

Fahrzeug 1 verspätet sich mit Wahrscheinlichkeit 0.1, Fahrzeug 2 mit 0.1 und Fahrzeug 3 mit Wahrscheinlichkeit 0.15. Entsprechend sind

$$P(X_1 = 0, X_2 = 0) = P((X_1, X_2, X_3) = (0, 0, 0)) + P((X_1, X_2, X_3) = (0, 0, 1))$$
$$= 0.05 + 0 = \underline{\underline{0.05}}.$$

$$P(X_2 = 0, X_3 = 0) = P((X_1, X_2, X_3) = (0, 0, 0)) + P((X_1, X_2, X_3) = (1, 0, 0))$$
$$= 0.05 + 0.05 = \underline{\underline{0.1}}.$$

Fahrzeug 1 und 2 verspäten sich mit Wahrscheinlichkeit 0.05 und Fahrzeug 2 und 3 mit Wahrscheinlichkeit 0.10. Schließlich ist

$$P(X_1 = 0, X_2 = 0, X_3 = 0) = \underline{\underline{0.05}}.$$

Alle drei Fahrzeuge verspäten sich mit einer Wahrscheinlichkeit von 0.05.

(b) Wir nutzen die Ergebnisse von Aufgabe (a). Da

$$P(X_1 = 0, X_2 = 0) = 0.05 \neq 0.1 \cdot 0.1 = P(X_1 = 0)P(X_2 = 0)$$

ist, sind X_1 und X_2 nicht unabhängig. Da

$$P(X_2 = 0, X_3 = 0) = 0.1 \neq 0.1 \cdot 0.15 = P(X_2 = 0)P(X_3 = 0)$$

ist, sind X_2 und X_3 ebenfalls nicht unabhängig.

(c) Die Ware ist genau dann pünktlich, wenn alle drei Fahrzeuge pünktlich sind.

$$P(\text{„Ware pünktlich“}|\text{„Fahrzeug 1 pünktlich“})$$

$$= P(X_1 = 1, X_2 = 1, X_3 = 1|X_1 = 1) = \frac{P(X_1 = 1, X_2 = 1, X_3 = 1)}{P(X_1 = 1)}$$

$$= \frac{0.8}{1 - P(X_1 = 0)} = \frac{0.8}{1 - 0.1} = \frac{0.8}{0.9} \approx \underline{\underline{0.889}}.$$

Mit einer Wahrscheinlichkeit von 88.9% ist die Ware pünktlich, sofern das erste Fahrzeug pünktlich war.

Lösung von Aufgabe 4.16

X ist diskret verteilt und nimmt nur ganzzahlige Werte von -2 bis 3 an. Der Träger von X ist also $T_X = \{-2, -1, 0, 1, 2, 3\}$. Das Quadrieren der Werte aus T_X liefert die Werte für $T_Y = \{0, 1, 4, 9\}$, $Y = X^2$. Es gilt:

$$P(Y = 0) = P(X^2 = 0) = P(X = 0) = 0.10,$$

$$P(Y = 1) = P(X^2 = 1) = P(X = -1) + P(X = 1) = 0.15 + 0.25 = 0.40,$$

$$P(Y = 4) = P(X^2 = 4) = P(X = -2) + P(X = 2) = 0.15 + 0.20 = 0.35,$$

$$P(Y = 9) = P(X^2 = 9) = P(X = -3) + P(X = 3) = 0 + 0.15 = 0.15.$$

Damit erhalten wir:

y	0	1	4	9
$f_Y(y) = P(Y = y)$	0.10	0.40	0.35	0.15

Für alle anderen Werte für y ist $f_Y(y) = 0$.

Lösung von Aufgabe 4.17

Ω bezeichne den Ergebnisraum des zweifachen Ziehens aus der Urne ohne Zurücklegen. Dann erhalten wir

$$\Omega = \{(1, 2), (1, 3), (2, 1), (2, 3), (3, 1), (3, 2)\}.$$

Dabei sind alle Ergebnisse gleichwahrscheinlich. Damit haben wir es mit einem klassischen Wahrscheinlichkeitsraum zu tun. X_1, die zuerst gezogene Zahl, nimmt offenbar die Werte 1, 2 und 3 mit Wahrscheinlichkeit 1/3 an. Es bezeichne $A_i = \{X_2 = i\}$. Dann ist bspw. $A_1 = \{(2, 1), (3, 1)\}$. Allgemein gilt für $i = 1, 2, 3$:

$$P(X_2 = i) = \frac{|A_i|}{|\Omega|} = \frac{2}{6} = 1/3. \tag{4.4}$$

(a) Für jedes Ergebnis aus Ω ergibt sich ein Wert für die Zufallsvariable D.

Ω	(1,2)	(1,3)	(2,1)	(2,3)	(3,1)	(3,2)
D	1	2	1	1	2	1

Der Träger von D ist somit $\underline{\{1, 2\}}$. Daraus folgt auch:

$$P(D = 1) = P(\{(1, 2), (2, 1), (2, 3), (3, 2)\}) = 4/6 = \underline{\underline{2/3}}, \tag{4.5}$$

$$P(D = 2) = P(\{(1, 3), (3, 1)\}) = 2/6 = \underline{\underline{1/3}}. \tag{4.6}$$

(b) Ja. Für das erste Ziehen aus der Urne ergibt sich $P(X_1 = i) = 1/3$ für $i = 1, 2, 3$. Da aber auch (4.4) gilt, besitzen X_1 und X_2 die gleichen Einzelwahrscheinlichkeiten und sind somit identisch verteilt.

(c) Nein. Die entsprechenden Einzelwahrscheinlichkeiten von X_1 und D stimmen nicht überein. Es gilt bspw.

$$P(X_1 = 3) = 1/3 \neq 0 = P(D = 3).$$

Damit sind X_1 und D nicht identisch verteilt.

Lösung von Aufgabe 4.18

Zunächst ergänzen wir die Kontingenztabelle:

x $\backslash$ y	−1	0	1	Σ
−1	0.18	0.12	0.10	0.4
1	0.12	0.18	0.30	0.6
Σ	0.30	0.30	0.40	1.0

(a) X_1 und Y_2 (bzw. X_i und Y_i) sind nicht unabhängig, da

$$P(X_1 = -1, Y_1 = -1) = 0.18 \neq 0.12 = 0.4 \cdot 0.3 = P(X_1 = -1)P(Y_1 = -1).$$

(b) Y_2 und X_3 sind unabhängig, weil (X_2, Y_2) und (X_3, Y_3) unabhängig sind. Es folgt die implizierten Unabhängigkeit von $h(X_2, Y_2) = Y_2$ und $g(X_3, Y_3) = X_3$.

(c) X_1 und X_1^2 sind unabhängig, weil X_1^2 stets 1 und damit nicht mehr zufällig ist.

(d) $X_1 + 1 = g_1(X_1, Y_1)$, $2 \cdot X_2 = g(X_2, Y_2)$ und $3Y_3 - 1 = g_3(X_3, Y_3)$ sind aufgrund der implizierten Unabhängigkeit unabhängig.

Lösung von Aufgabe 4.19

$Z_1, Z_2, Z_3 \sim B(1, 0.5)$ sind vollständig stochastisch unabhängig.

(a) Da Z_1 und Z_2 unabhängig sind und $X = g(Z_1) = Z_1$ und $Y = h(Z_2) = 2Z_2$ ist, sind auch X und Y unabhängig.

(b) Da Z_1, Z_2 und Z_2 unabhängig sind und $X = g(Z_1, Z_2) = Z_1 + Z_2$ und $Y = h(Z_3) = Z_3$ ist, sind auch X und Y unabhängig, da X und Y jeweils nur von *unterschiedlichen, unabhängigen* Zufallsvariablen abhängen.

(c) Da X und Y jeweils sowohl von Z_1 als auch Z_2 abhängen, sind sie voraussichtlich nicht unabhängig. Aufgrund der Definition von X und Y gilt

$$\{X = 2\} = \{Z_1 + Z_2 = 2\} = \{Z_1 = 1\} \cap \{Z_2 = 1\},$$
$$\{Y = 1\} = \{Z_1 - Z_2 = 1\} = \{Z_1 = 1\} \cap \{Z_2 = 0\}.$$

Daraus folgt

$$P(X = 2) = P(Z_1 = 1, Z_2 = 1) = P(Z_1 = 1)P(Z_2 = 1) = 0.5 \cdot 0.5 = 0.25,$$
$$P(Y = 1) = P(Z_1 = 1, Z_2 = 0) = P(Z_1 = 1)P(Z_2 = 0) = 0.5 \cdot 0.5 = 0.25.$$

Andererseits können $\{X = 2\}$ und $\{Y = 1\}$ nicht gleichzeitig eintreten. Daraus folgt

$$P(X = 2, Y = 1) = P(\emptyset) = 0 \neq 0.25 \cdot 0.25 = P(X = 2)P(Y = 1);$$

daher sind X und Y nicht unabhängig.

Lösung von Aufgabe 4.20

Für die Zufallsvariable X können wir folgende Verteilungstabelle aufstellen:

a_j	2	5	10
$p_j = P(X = a_j)$	0.4	0.2	0.4

(a) Es gilt nach der Berechnungsformel für Erwartungswerte diskreter Zufallsvariablen

$$E(X) = \sum_j a_j p_j = \sum_j a_j P(X = a_j) \tag{4.7}$$

$$= 2 \cdot 0.4 + 5 \cdot 0.2 + 10 \cdot 0.4 = \underline{\underline{5.8}}.$$

Der Erwartungswert beträgt 5.8.

(b) Wir verwenden die Berechnungsformel für diskrete Zufallsvariablen:

$$E(X^2) = \sum_j a_j^2 p_j = \sum_j a_j^2 P(X = a_j) \tag{4.8}$$

$$= 2^2 \cdot 0.4 + 5^2 \cdot 0.2 + 10^2 \cdot 0.4 = 46.6.$$

Unter Anwendung der *Verschiebungsformel der Varianz* erhalten wir:

$$Var(X) = E(X^2) - (E(X))^2 \tag{4.9}$$

$$= 46.6 - 5.8^2 = \underline{\underline{12.96}}.$$

Die Varianz von X ist gleich 12.96.

Lösung von Aufgabe 4.21

(a) Es gilt:

$$E(X) = \sum_j a_j p_j = (-2) \cdot 0.1 + 0 \cdot 0.4 + 3 \cdot 0.5 = \underline{\underline{1.3}}.$$

Der Erwartungswert von X ist gleich 1.3.

(b) Wir verwenden die Berechnungsformel (4.8) für diskrete Zufallsvariablen und die *Verschiebungsformel* (4.9).

$$E(X^2) = \sum_j a_j^2 p_j = (-2)^2 \cdot 0.1 + 0^2 \cdot 0.4 + 3^2 \cdot 0.5 = 4.9,$$

$$Var(X) = E(X^2) - (E(X))^2 = 4.9 - 1.3^2 = \underline{\underline{3.21}}.$$

Die Varianz von X beträgt 3.21.

(c) Für $Y = X^2$ lassen sich folgende Einzelwahrscheinlichkeiten angeben:

$$P(Y = 0) = P(X = 0) = 0.4,$$
$$P(Y = 4) = P(X = -2) = 0.1,$$
$$P(Y = 9) = P(X = 3) = 0.5.$$

Wir erhalten damit für Y folgende Verteilungstabelle:

b_j	0	4	9
$q_j = P(Y = b_j)$	0.4	0.1	0.5

Die Varianzberechnung von Y läuft jetzt analog zur Varianzberechnung von X ab.

$$E(Y) = \sum_j b_j P(Y = b_j) = 0 \cdot 0.4 + 4 \cdot 0.1 + 9 \cdot 0.5 = 4.9 = E(X^2),$$

s. auch Aufgabenteil (b),

$$E(Y^2) = \sum_j b_j^2 P(Y = b_j) = 0^2 \cdot 0.4 + 4^2 \cdot 0.1 + 9^2 \cdot 0.5 = 42.1,$$
$$Var(X^2) = Var(Y) = E(Y^2) - (E(Y))^2 = 42.1 - 4.9^2 = \underline{\underline{18.09}}.$$

Die Varianz von X^2 beträgt 18.09.

Lösung von Aufgabe 4.22

Wir berechnen

$$E(X) = \sum_j a_j p_j = (-2) \cdot 0.3 + 0 \cdot 0.2 + 1 \cdot 0.1 + 2 \cdot 4 = \underline{\underline{0.3}}.$$
$$E(X^2) = \sum_j a_j^2 p_j = (-2)^2 \cdot 0.3 + 0^2 \cdot 0.2 + 1^2 \cdot 0.1 + 2^2 \cdot 0.4 = 2.9,$$

also ist $E(1 + X^2) = 1 + E(X^2) = \underline{\underline{3.9}}$.

Lösung von Aufgabe 4.23

(a) Da 7 nicht zum Träger von X gehört, ist $P(X = 7) = \underline{\underline{0}}$. Aus

$$1 = P(X = 2) + P(X = 5) + P(X = 6) + P(X = 8)$$
$$= 0.2 + 0.4 + 0.3 + P(X = 8) = 0.9 + P(X = 8)$$

folgt $P(X = 8) = \underline{\underline{0.1}}$. Die Verteilungstabelle von X ist dann:

a_j	2	5	6	8
$P(X = a_j)$	0.2	0.4	0.3	0.1
$F(a_j) = P(X \le a_j)$	0.2	0.6	0.9	1.0

(b) Gemäß Berechnungsformel für Erwartungswerte (4.7) ist

$$E(X) = \sum_j a_j P(X = a_j) = 2 \cdot 0.2 + 5 \cdot 0.4 + 6 \cdot 0.3 + 8 \cdot 0.1 = \underline{\underline{5}}.$$

(c) Unter Verwendung der Verschiebungsformel gilt:

$$E(X^2) = 2^2 \cdot 0.2 + 5^2 \cdot 0.4 + 6^2 \cdot 0.3 + 8^2 \cdot 0.1 = 28,$$
$$Var(X) = E(X^2) - (E(X))^2 = 28 - 5^2 = \underline{\underline{3}}.$$

Die Varianz von X beträgt demnach 3.

Lösung von Aufgabe 4.24

(a) X sei die gewürfelte Grundkampfstärke des Kriegers. Den Wahrscheinlichkeitsbetrachtungen liegt ein zweifacher Würfelwurf zugrunde. Es gilt

$$P(X = 1) = P(\{(1, 1)\}) = 1/36,$$
$$P(X = 2) = P(\{(1, 2), (2, 1), (2, 2)\}) = 3/36,$$
$$P(X = 3) = P(\{(1, 3), (2, 3), (3, 1), (3, 2), (3, 3)\}) = 5/36$$

usw. Insgesamt erhalten wir folgende Verteilungstabelle

a_j	1	2	3	4	5	6
$P(X = a_j)$	1/36	3/36	5/36	7/36	9/36	11/36

Daraus berechnen wir den Erwartungswert

$$E(X) = \sum_j a_j P(X = a_j) = 1 \cdot \frac{1}{36} + 2 \cdot \frac{3}{36} + 3 \cdot \frac{5}{36} + 4 \cdot \frac{7}{36}$$
$$+ 5 \cdot \frac{9}{36} + 6 \cdot \frac{11}{36} = \frac{161}{36} \approx \underline{\underline{4.4722}}.$$

Die Grundkampfstärke des Kriegers beträgt also im Mittel 4.47.

(b) Y sei der gewürfelte Stärkewert des Bogenschützen. Eine der Zahlen 1, 2 bzw. 3 erhalten wir nur dann als Ergebnis, wenn in den ersten beiden Würfen jeweils eine Zahl ≤ 3 geworfen wurde. Für $a_j \in \{1, 2, 3\}$ ist daher

$$P(Y = a_j) = \frac{1}{2} \cdot \frac{1}{2} \cdot \frac{1}{6} = \frac{1}{24}.$$

Eine der Zahlen 4, 5 bzw. 6 kann als Ergebnis entstehen, wenn sie sofort beim ersten Wurf geworfen wurde oder jeweils beim 2-ten bzw. 3-ten Wurf, wenn die vorigen Ergebnisse ≤ 3 waren. Für $a_j \in \{4, 5, 6\}$ ist daher

$$P(Y = a_j) = \frac{1}{6} + \frac{1}{2} \cdot \frac{1}{6} + \frac{1}{2} \cdot \frac{1}{2} \cdot \frac{1}{6} = \frac{7}{24}.$$

Insgesamt erhalten wir folgende Verteilungstabelle:

a_i	1	2	3	4	5	6
$P(Y = a_i)$	1/24	1/24	1/24	7/24	7/24	7/24

Daraus berechnen wir den Erwartungswert

$$E(Y) = \sum_j a_j P(Y = a_j) = 1 \cdot \frac{1}{24} + 2 \cdot \frac{1}{24} + 3 \cdot \frac{1}{24} + 4 \cdot \frac{7}{24}$$

$$+ 5 \cdot \frac{7}{24} + 6 \cdot \frac{7}{24} = \frac{111}{24} \approx \underline{\underline{4.625}}.$$

Im Mittel hat der Bogenschütze bei der betrachteten Vorgehensweise eine größere Grundkampfstärke als der Krieger.

Lösung von Aufgabe 4.25

Der Träger der Dichte ist $[0, 1.25]$. Damit gilt für die stetige Zufallsvariable X auch $P(0 < X < 1.25) = 1$ bzw. $F(0) = P(X \leq 0) = 0$ und $F(1.25) = P(X \leq 1.25) = 1$.

(a) Die Verteilungsfunktion ist 0 für $x < 0$ und 1 für $x > 1.25$. Für $x \in [0, 1]$ gilt:

$$F(x) = \int_{-\infty}^{x} f(t)dt \qquad (4.10)$$

$$= \int_0^x (0.5 + 0.5t)dt = \left. (0.5t + 0.5 \cdot \frac{1}{2}t^2) \right|_0^x$$

$$= 0.5(x - 0) + 0.25(x^2 - 0) = 0.5x + 0.25x^2.$$

Für $x \in (1, 1.25]$ ist

$$F(x) = \int_{-\infty}^{x} f(t)dt = \int_{-\infty}^{1} f(t)dt + \int_1^x f(t)dt$$

$$= F(1) + \int_1^x 1\, dt = 0.75 + (x - 1) = -0.25 + x.$$

Insgesamt ergibt sich folgende Darstellung:

$$F(x) = \begin{cases} 0, & \text{für } x \leq 0, \\ 0.5x + 0.25x^2, & \text{für } 0 < x \leq 1, \\ -0.25 + x, & \text{für } 1 < x \leq 1.25, \\ 1, & \text{für } x > 1.25. \end{cases}$$

Mithilfe der Verteilungsfunktion aus (a) erhalten wir für die stetige Zufallsvariable X:

$$P(X < 1) = P(X \leq 1) = F(1) = \underline{\underline{0.75}}.$$

(b) Es gilt

$$E(X) = \int_{-\infty}^{\infty} xf(x)dx \tag{4.11}$$

$$= \int_{-\infty}^{0} 0\,dx + \int_{0}^{1} x \cdot (0.5 + 0.5x)\,dx + \int_{1}^{1.25} x \cdot 1\,dx + \int_{1.25}^{\infty} 0\,dx$$

$$= 0 + \int_{0}^{1} (0.5x + 0.5x^2)\,dx + \int_{1}^{1.25} x\,dx + 0$$

$$= \left(0.5 \cdot \frac{1}{2}x^2 + 0.5 \cdot \frac{1}{3}x^3\right)\Big|_{0}^{1} + \frac{1}{2}x^2\Big|_{1}^{1.25}$$

$$= \left(0.5 \cdot \frac{1}{2}(1^2 - 0^2) + 0.5 \cdot \frac{1}{3}(1^3 - 0^3)\right) + \frac{1}{2}(1.25^2 - 1^2)$$

$$= \left(\frac{1}{4} + \frac{1}{6}\right) + \frac{9}{32} = \frac{67}{96} \approx \underline{\underline{0.6979}}.$$

Der Erwartungswert beträgt 0.6979.

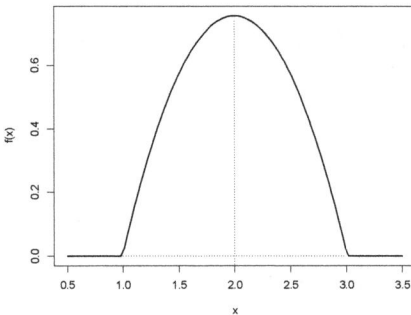

Abb. 4.7: Dichtefunktion

Lösung von Aufgabe 4.26

Die angegebene Dichte ist im Interall $(1, 3)$ positiv; damit ist $(1, 3)$ der Träger zu X.

(a) Eine grafische Darstellung der Dichte findet sich in Abbildung 4.7. An dieser Darstellung ist erkennbar, dass f symmetrisch bzgl. 2 ist. Daraus folgt sofort, dass der Erwartungswert und der Median jeweils 2 sind. Damit erhält man die Lösungen der Aufgabenteile (b) bis (d) auch ohne Rechnung. Wir lösen die Teilaufgaben jetzt trotzdem noch einmal rechnerisch.

(b) $P(X > 1) = \underline{\underline{1}}$ weil $(1, 3)$ der Träger zu X ist.

(c) $P(X > 2)$ berechnet sich als

$$P(X > 2) = \int_2^\infty f(x)dx = \int_2^3 (-\frac{3}{4}x^2 + 3x - \frac{9}{4})dx$$

$$= \left(-\frac{3}{4} \cdot \frac{1}{3}x^3 + \frac{3}{2}x^2 - \frac{9}{4}x\right)\Big|_2^3$$

$$= \left(-\frac{1}{4}(3^3 - 2^3) + \frac{3}{2}(3^2 - 2^2) - \frac{9}{4}(3 - 2)\right) = \underline{\underline{0.5}}.$$

Die Wahrscheinlichkeit $P(X > 2)$ beträgt also 0.5.

(d) $E(X)$ berechnet sich folgendermaßen:

$$E(X) = \int_1^3 x \cdot f(x)dx = \int_1^3 x \cdot (-\frac{3}{4}x^2 + 3x - \frac{9}{4})dx$$

$$= \int_1^3 (-\frac{3}{4}x^3 + 3x^2 - \frac{9}{4}x)dx$$

$$= \left(-\frac{3}{4} \cdot \frac{1}{4}x^4 + \frac{3}{3}x^3 - \frac{9}{4} \cdot \frac{1}{2}x^2\right)\Big|_1^3$$

$$= \left(-\frac{3}{16}(3^4 - 1^4) + (3^3 - 1^3) - \frac{9}{8}(3^2 - 1^2)\right) = \underline{\underline{2}}.$$

Der Erwartungswert von X beträgt 2.

(e) Aus (b) wissen wir, dass $F(2) = P(X \le 2) = 1 - P(X > 2) = 1 - 0.5 = 0.5$ ist. Damit ist 2 auch ein 0.5-Quantil zu X, d.h. $q_{0.5} = 2$.

Lösung von Aufgabe 4.27

(a) Es gilt

$$E(X) = \int_{-\infty}^\infty xf(x)dx = \int_0^1 0.75x^3 dx + \int_1^2 0.75x dx$$

$$= 0.75 \cdot \frac{1}{4}x^4\Big|_0^1 + 0.75 \cdot \frac{1}{2}x^2\Big|_1^2$$

$$= 0.75 \cdot \frac{1}{4}(1^4 - 0^4) + 0.75 \cdot \frac{1}{2}(2^2 - 1^2) = \frac{21}{16} = \underline{\underline{1.3125}}.$$

Der Erwartungswert beträgt 1.3125.

(b) Da wir die Verteilungsfunktion in Aufgabenteil (c) noch einmal verwenden wollen, berechnen wir sie zunächst allgemein. Da der Träger der Dichte $(0, 2]$ ist, ist die Verteilungsfunktion 0 für $x \leq 0$ und 1 für $x \geq 2$. Für $x \in (0, 1]$ ist

$$F(x) = P(X \leq x) = \int_{-\infty}^{x} f(t)dt = \int_{0}^{1} 0.75t^2 dt = 0.75 \cdot \frac{1}{3}t^3 \Big|_{0}^{x} = \frac{1}{4}x^3.$$

Für $x \in (1, 2]$ gilt:

$$F(x) = \int_{-\infty}^{x} f(t)dt = \int_{-\infty}^{1} f(t)dt + \int_{1}^{x} f(t)dt = F(1) + \int_{1}^{x} 0.75 dt$$

$$= \frac{1}{4} + 0.75 \cdot t \Big|_{1}^{x} = \frac{1}{4} + \frac{3}{4}(x - 1) = \frac{3}{4}x - \frac{1}{2}.$$

Damit erhalten wir insgesamt

$$F(x) = \frac{1}{4}x^3 I_{[0,1)}(x) + \left(\frac{3}{4}x - \frac{1}{2}\right)I_{[1,2)}(x) + I_{[2,\infty)}(x).$$

Insbesondere ist

$$F(1.1) = \frac{3}{4} \cdot 1.1 - \frac{1}{2} = \frac{13}{40} = \underline{0.325}.$$

(c) Zur Bestimmung des 0.75-Quantils müssen wir die Gleichung $F(x) = 0.75$ lösen. Da $F(1.1) = 0.325 < 0.75$ ist, muss das 0.75-Quantil im Intervall $(1.1, 2)$ liegen und wir lösen für $x \in (1, 2)$

$$0.75 = F(x) = \frac{3}{4}x - \frac{1}{2} \implies x = 5/3 \approx \underline{1.667}.$$

Das 0.75-Quantil beträgt 1.667.

(d) Es wird die *Verschiebungsformel* der Varianz verwendet. Dazu berechnen wir zunächst

$$E(X^2) = \int_{-\infty}^{\infty} x^2 f(x)dx = \int_{0}^{1} 0.75x^4 dx + \int_{1}^{2} 0.75x^2 dx$$

$$= 0.75 \cdot \frac{1}{5}x^5 \Big|_{0}^{1} + 0.75 \cdot \frac{1}{3}x^3 \Big|_{1}^{2}$$

$$= \frac{3}{4} \cdot \frac{1}{5}(1^5 - 0^5) + \frac{3}{4} \cdot \frac{1}{3}(2^3 - 1^3) = \underline{1.9}.$$

Die Varianz ergibt sich dann als

$$Var(X) = E(X^2) - (E(X))^2 = 1.9 - 1.3125^2 \approx \underline{0.1773}.$$

Die Varianz der Zufallsvariable X beträgt 0.1773.

Lösung von Aufgabe 4.28

(a) Die Darstellungen der Dichten finden Sie in Abbildung 4.8.

(b) Alle Erwartungswerte sind gleich Null, da die Dichten symmetrisch bzgl. 0 sind.

(c) Alle Zufallsvariablen haben den gleichen Träger, $(-1, 1)$. Diejenigen Verteilungen „streuen" am meisten, die „am häufigsten" extreme Werte annehmen, d.h. die Dichte ist bei den extremen Werten am größten und bei den Werten nahe des Erwartungswertes eher klein. Damit ist voraussichtlich die Varianz von X_4 am größten, dann kommt X_1 und danach X_2. X_3 hat voraussichtlich die kleinste Varianz, da ihre Dichte nahe bei Null am größten ist.

(d) Gemäß (b) sind $E(X_i) = 0$. Damit sind:

$$Var(X_1) = E(X_1^2) = \int_{-1}^{1} \frac{1}{2}x^2\,dx = \frac{1}{6}x^3 \Big|_{-1}^{1} = \frac{1}{3} \approx \underline{\underline{0.333}},$$

$$Var(X_2) = E(X_2^2) = \int_{-1}^{1} (\frac{3}{4}x^2 - \frac{3}{4}x^4)\,dx = (\frac{1}{4}x^3 - \frac{3}{20}x^5)\Big|_{-1}^{1} = \frac{1}{5} \approx \underline{\underline{0.2}},$$

$$Var(X_3) = E(X_3^2) = 2\int_{0}^{1} (x^2 - x^3)\,dx = 2(\frac{1}{3}x^3 - \frac{1}{4}x^4)\Big|_{0}^{1} = \frac{1}{6} \approx \underline{\underline{0.167}},$$

$$Var(X_4) = E(X_4^2) = \int_{-1}^{1} (\frac{1}{4}x^2 + \frac{3}{4}x^4)\,dx = (\frac{1}{12}x^3 + \frac{3}{20}x^5)\Big|_{-1}^{1} = \frac{7}{15} \approx \underline{\underline{0.467}}.$$

Die Überlegungen aus (c) können damit bestätigt werden.

Lösung von Aufgabe 4.29

(a) Falsch. Der Erwartungswert muss in $[1, 2]$, aber nicht in der Mitte liegen. Wenn die Dichte bspw. $f(x) = (x - 1/2)I_{[1,2]}(x)$ ist, dann gilt:

$$E(X) = \int_{-\infty}^{\infty} xf(x)\,dx = \int_{1}^{2} x(x - \frac{1}{2})\,dx = (\frac{1}{3}x^3 - \frac{1}{4}x^2)\Big|_{1}^{2} = \frac{19}{12} \neq \frac{3}{2}.$$

(b) Richtig. $Var(X) = E((X - E(X))^2) \geq 0$ gilt stets.

(c) Falsch. Falls $X \sim G(1, 2)$, d.h. X habe die Dichte $f(x) = I_{[1,2]}(x)$, dann ist $Var(X) = 1/12 < 1$.

(d) Richtig. Es gilt $0 \leq |X - E(X)| \leq 1/2$. Wegen der Monotonieeigenschaft des Erwartungswertes gilt dann auch $Var(X) = E((X - E(X))^2) \leq 1/4$.

Lösung von Aufgabe 4.30

X sei diskret und nehme die Werte $a_1, a_2, \ldots$ an. Y sei diskret und nehme die Werte $b_1, b_2, \ldots$ an. Wegen der Unabhängigkeit von X und Y gilt für die gemeinsame Wahrscheinlichkeitsfunktion f:

$$f(a_i, b_j) = P(X = a_i, Y = b_j) = P(X = a_i)P(Y = b_j) = f_X(a_i)f_Y(b_j)$$

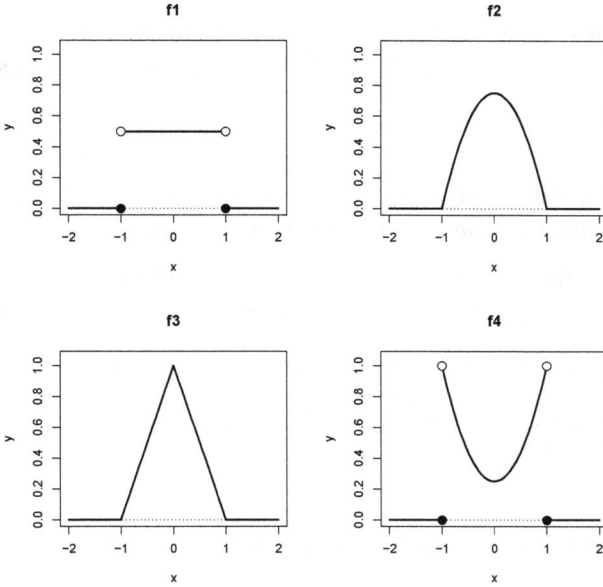

Abb. 4.8: Dichten zu Aufgabe 4.28

für $i = 1, 2, \ldots$ und $j = 1, 2, \ldots$.

Wir verwenden die Rechenregeln für Summen. Zunächst ist:

$$E(X \cdot Y) = \sum_i \sum_j a_i b_j P(X = a_i, Y = b_j),$$

Verwendung der Unabhängigkeit,

$$= \sum_i \sum_j a_i b_j P(X = a_i) P(Y = b_j),$$

Ausklammern von Ausdrücken, die nicht von j abhängen,

$$= \sum_i a_i P(X = a_i) \underbrace{[\sum_j b_j P(Y = b_j)]}_{=E(Y)},$$

Ausklammern von $E(Y)$,

$$= E(Y) \cdot \underbrace{[\sum_i a_i P(X = a_i)]}_{=E(X)} = E(Y)E(X).$$

Das ist die Behauptung.

Lösung von Aufgabe 4.31

X und Y sind unabhängig und es gilt $X \sim G(0, 2)$ und $Y \sim G(1, 2)$. Zur Berechnung der Erwartungswerte und Verteilungsfunktionen verwenden wir die Formeln aus (4.17), s. Lösung von Aufgabe 4.54.

(a) $E(X) = (0 + 2)/2 = \underline{1}.$

(b) Wir verwenden die Unabhängigkeit von X und Y und die Formel zur Bestimmung der Verteilungsfunktion von stetig gleichverteilten Zufallsvariablen.

$$P(X > 1.5, Y > 1.5) = P(X > 1.5)P(Y > 1.5) = (1 - F_X(1.5))(1 - F_Y(1.5))$$
$$= (1 - 1.5/2)(1 - 0.5/1) = \underline{0.125}.$$

(c) Nach dem *Produktsatz* für unabhängige Zufallsvariablen gilt:

$$E(X \cdot Y) = E(X)E(Y) = \frac{0 + 2}{2} \cdot \frac{1 + 2}{2} = \underline{\underline{1.5}}.$$

Lösung von Aufgabe 4.32

X_1, X_2, X_3 können nur die Werte annehmen, die auf den Kugeln stehen, also 0 und 1.

(a) Ja. Offenbar ist $P(X_1 = 1) = 1/4$, da es unter den 4 Kugeln nur eine Kugel mit einer 1 gibt, und damit $P(X_1 = 0) = 3/4$. Es folgt aus dem Multiplikationssatz der Wahrscheinlichkeitsrechnung:

$$P(X_3 = 1) = P(X_1 = 0, X_2 = 0, X_3 = 1)$$
$$= P(X_1 = 0)P(X_2 = 0|X_1 = 0)P(X_3 = 1|X_2 = 0, X_1 = 0)$$
$$= \frac{3}{4} \cdot \frac{2}{3} \cdot \frac{1}{2} = \underline{\frac{1}{4}},$$

also auch $P(X_3 = 0) = 3/4$. Da X_1 und X_3 die gleichen Einzelwahrscheinlichkeiten haben, sind sie identisch verteilt.

(b) Nein. Ohne Beachtung der Reihenfolgen der gezogenen Kugeln gibt es $\binom{4}{3} = 4$ verschiedene Fälle, die alle gleichwahrscheinlich sind. Umgekehrt: Wenn aus den 4 Kugeln drei Kugeln gezogen werden, dann wird eine der vier Kugeln jeweils nicht gezogen. Daraus ergibt sich, dass mit Wahrscheinlichkeit 1/4 die Zahlen 0,0,0 und mit Wahrscheinlichkeit 3/4 die Zahlen 0,0,1 gezogen werden. Damit ist

$$P(X_{(1)} = 0) = 1 \neq \frac{1}{4} = P(X_{(3)} = 0)$$

und $X_{(1)}$ und $X_{(3)}$ sind nicht identisch verteilt.

(c) Da die Zahlen 0,0,0 mit Wahrscheinlichkeit 1/4 und 0,0,1 mit Wahrscheinlichkeit 3/4 gezogen werden, nimmt SMR den Wert $(0 + 0)/2 = 0$ mit Wahrscheinlichkeit 1/4 und den Wert $(0 + 1)/2 = 1/2$ mit Wahrscheinlichkeit 3/4 an.

$$E(SMR) = \sum_j a_j p_j = 0 \cdot \frac{1}{4} + \frac{1}{2} \cdot \frac{3}{4} = \frac{3}{8} = \underline{\underline{0.375}}.$$

Lösung von Aufgabe 4.33

Zur Bestimmung der Verteilung von X_2 betrachten wir das Ziehen ohne Zurücklegen bis zur 2. Kugel. Es gibt dann bei 4 verschiedenen Kugeln $|\Omega| = 4 \cdot 3$ mögliche Zugergebnisse:

$$\Omega = \{(1,2), (1,4), (1,5), (2,1), (2,4), (2,5),$$
$$(4,1), (4,2), (4,5), (5,1), (5,2), (5,4)\}.$$

Für das Ereignis $\{X_2 = j\}$ und $j \in \{1,2,4,5\}$ gibt es $3 \cdot 1$ günstige Ergebnisse. Z.B. für $j = 1$ ist

$$\{X_2 = 1\} = \{(2,1), (4,1), (5,1)\}.$$

Daher ist für jedes $j \in \{1,2,4,5\}$:

$$P(X_2 = j) = \frac{|\{X_2 = j\}|}{|\Omega|} = \frac{3 \cdot 1}{4 \cdot 3} = 1/4.$$

(a) $P(X_2 = 4) = \underline{\underline{1/4}}$.

(b) Es gilt:

$$E(X_2) = \sum_j a_j P(X_2 = a_j) = 1 \cdot \frac{1}{4} + 2 \cdot \frac{1}{4} + 4 \cdot \frac{1}{4} + 5 \cdot \frac{1}{4} = 3,$$

$$E(X_2^2) = \sum_j a_j^2 P(X_2 = a_j) = 1^2 \cdot \frac{1}{4} + 2^2 \cdot \frac{1}{4} + 4^2 \cdot \frac{1}{4} + 5^2 \cdot \frac{1}{4} = 11.5,$$

$$Var(X_2) = E(X_2^2) - (E(X_2))^2 = 11.5 - 3^2 = \underline{\underline{2.5}}.$$

(c) Das arithmetische Mittel ist $\overline{X} = (X_1 + X_2 + X_3)/3$. Die Wahrscheinlichkeit, dass nach dem Ziehen dreier Kugeln die Kugel 1, 2, 4 bzw. 5 übrig bleibt, ist jeweils 1/4. Daher nimmt $S = X_1 + X_2 + X_3$ die Werte 11, 10, 8 bzw. 7 jeweils mit Wahrscheinlichkeit 1/4 an. Die Verteilungstabelle für $\overline{X}$ ist daher

x	7/3	8/3	10/3	11/3
$P(\overline{X} = x)$	0.25	0.25	0.25	0.25

Das rechte Schaubild von Abbildung 4.3 passt zu dieser Wahrscheinlichkeitsfunktion.

Lösung von Aufgabe 4.34

(a) Eine Wohnung wird einer gehobenen Wohnlage zugeordnet, wenn $Z = 1$ ist.

$$P(Z = 1) = P(X = 30, Y = 0, Z = 1) + P(X = 50, Y = 0, Z = 0)$$
$$+ P(X = 70, Y = 0, Z = 1) + P(X = 30, Y = 1, Z = 1)$$
$$+ P(X = 50, Y = 1, Z = 1) + P(X = 70, Y = 1, Z = 1)$$
$$= 0.02 + 0.03 + 0.05 + 0.04 + 0.06 + 0.10 = 0.30 =: \pi_Z.$$

30% der Wohnungen liegen in einer gehobenen Wohnlage.

(b) Z bzw. Z_i nehmen nur die Werte 0 und 1 an, sind also Bernoulli-verteilt. Damit ist

$$Var(Z_i) = \pi_Z(1 - \pi_Z) = 0.3 \cdot 0.7 = \underline{0.21}.$$

(c) X nimmt die Werte 30, 50 und 70 an.

$$P(X = 30) = P(X = 30, Y = 0, Z = 0) + P(X = 30, Y = 1, Z = 0)$$
$$+ P(X = 30, Y = 0, Z = 1) + P(X = 30, Y = 1, Z = 1)$$
$$= 0.08 + 0.06 + 0.02 + 0.04 = 0.20,$$
$$P(X = 50) = P(X = 50, Y = 0, Z = 0) + P(X = 50, Y = 1, Z = 0)$$
$$+ P(X = 50, Y = 0, Z = 1) + P(X = 50, Y = 1, Z = 1)$$
$$= 0.12 + 0.09 + 0.03 + 0.06 = 0.30,$$

also $P(X = 70) = 0.5$. Damit ist

$$E(X) = \sum_{j=1}^{3} x_j P(X_i = x_j) = 30 \cdot 0.2 + 50 \cdot 0.3 + 70 \cdot 0.5 = \underline{\underline{56}}.$$

Die durchschnittliche Wohnfläche beträgt 56 (m^2).

(d) Ja. X_3 und Y_7 sind stochastisch unabhängig, weil (X_3, Y_3, Z_3) und (X_7, Y_7, Z_7) stochastisch unabhängig sind.

(e) Ja. Y bzw. Y_3 nehmen nur die Werte 0 und 1 an und sind daher Bernoulli-verteilt. Es gilt für $x_1 = 30$, $x_2 = 50$ und $x_3 = 70$:

$$P(Y = 1) = \sum_{z=0}^{1} \sum_{j=1}^{3} P(X = x_j, Y = 1, Z = z)$$
$$= (0.06 + 0.09 + 0.15) + (0.04 + 0.06 + 0.10) = 0.5.$$

Außerdem sind

$$P(X_3 = 30, Y_3 = 1) = P(X_3 = 30, Y_3 = 1, Z_3 = 0)$$
$$+ P(X_3 = 30, Y_3 = 1, Z_3 = 1)$$
$$= 0.06 + 0.04 = 0.10$$

und

$$P(X_3 = 50, Y_3 = 1) = P(X_3 = 50, Y_3 = 1, Z_3 = 0)$$
$$+ P(X_3 = 50, Y_3 = 1, Z_3 = 1)$$
$$= 0.09 + 0.06 = 0.15.$$

Damit erhalten wir erste Einträge für die folgende Kontingenztabelle:

Y \ X	30	50	70	Σ
0				0.5
1	0.1	0.15		0.5
Σ	0.2	0.3	0.5	1

Das Ergänzen der Tabelle liefert:

Y \ X	30	50	70	Σ
0	0.1	0.15	0.25	0.5
1	0.1	0.15	0.25	0.5
Σ	0.2	0.3	0.5	1

Man kann jetzt leicht überprüfen, dass X und Y tatsächlich unabhängig sind, also $P(X = x, Y = y) = P(X = x)P(Y = y)$ für alle $x \in T_X = \{30, 50, 70\}$ und $y \in T_Y = \{0, 1\}$ gilt.

Lösung von Aufgabe 4.35

(a) Richtig. X_1 und X_n sind identisch verteilt und haben damit auch den gleichen Erwartungswert.

(b) Richtig. Da (X_1, Y_1, Z_1) und (X_2, Y_2, Z_2) unabhängig und identisch verteilt sind, gilt das auch für (X_1, Y_1) und (X_2, Y_2).

(c) Falsch. Z_3 und X_3 sind im Allgemeinen nicht unabhängig.

Lösung von Aufgabe 4.36

Zunächst wird die Kontingenztabelle um die Zeilen- und Spaltensummen ergänzt.

X \ Y	1	2	Summe
1	0.30	0.20	0.50
2	0.05	0.15	0.20
3	0.20	0.10	0.30
Summe	0.55	0.45	1.00

Wahrscheinlichkeitsaussagen zu (X, Y) werden als Summe von Einzelwahrscheinlichkeiten bestimmt.

(a) Die Spaltensumme zur Spalte $Y=2$ ist:

$$P(Y = 2) = 0.20 + 0.15 + 0.10 = \underline{0.45}.$$

Die Zeilensumme zur Zeile $X{=}2$ ist: $f_X(2) = P(X = 2) = 0.05 + 0.15 = \underline{0.20}$.

(b) Es gelten:

$$P(X > 1.5, Y = 1) = P(X = 2, Y = 1) + P(X = 3, Y = 1)$$
$$= 0.05 + 0.20 = \underline{0.25}.$$
$$P(X \leq 2, Y \leq 1) = P(X = 1, Y = 1) + P(X = 2, Y = 1)$$
$$= 0.30 + 0.05 = \underline{0.35}.$$

(c) Nach den Berechnungsformeln für Erwartungswerte ist

$$E(\sqrt{X}) = \sum_i \sqrt{a_i} \cdot P(X = a_i)$$
$$= \sqrt{1} \cdot 0.5 + \sqrt{2} \cdot 0.2 + \sqrt{3} \cdot 0.3 \approx \underline{1.3025}.$$

(d) Nach Definition sind

$$f_{X|Y}(2|1) = P(X = 2|Y = 1) = \frac{P(X = 2, Y = 1)}{P(Y = 1)} = \frac{0.05}{0.55} = \frac{1}{11} \approx \underline{0.0909},$$
$$f_{Y|X}(1|2) = P(Y = 1|X = 2) = \frac{P(X = 2, Y = 1)}{P(X = 2)} = \frac{0.05}{0.20} = \frac{1}{4} = \underline{0.25}.$$

(e) $X + Y = 3$ tritt unter Berücksichtigung des Wertebereichs von X und Y genau dann ein, wenn $X = 1$ und $Y = 2$ ist oder $X = 2$ und $Y = 1$ ist.

$$P(X + Y = 3) = P(X = 1, Y = 2) + P(X = 2, Y = 1) = 0.20 + 0.05 = \underline{0.25}.$$

(f) Zunächst werden die bedingten Einzelwahrscheinlichkeiten bestimmt.

j	1	2	Summe
$P(Y = j|X = 1)$	3/5	2/5	1
$P(Y = j|X = 2)$	1/4	3/4	1
$P(Y = j|X = 3)$	2/3	1/3	1
$P(Y = j)$	11/20	9/20	1

Damit ist

$$E(Y|X = 1) = \sum_j b_j P(Y = b_j|X = 1) = 1 \cdot 3/5 + 2 \cdot 2/5 = 7/5 = \underline{1.4}.$$

(g) Die bedingte Varianz wird mithilfe der bedingten Version der Verschiebungsformel bestimmt.

$$E(Y|X = 2) = \sum_j b_j P(Y = b_j|X = 2) = 1 \cdot 1/4 + 2 \cdot 3/4 = 7/4,$$
$$E(Y^2|X = 2) = \sum_j b_j^2 P(Y = b_j|X = 2) = 1^2 \cdot 1/4 + 2^2 \cdot 3/4 = 13/4,$$
$$Var(Y|X = 2) = E(Y^2|X = 2) - (E(Y|X = 2))$$

$$= 13/4 - (7/4)^2 = 3/16 = \underline{0.1875}.$$

(h) Nein. $P(X = 1, Y = 1) = 0.3 \neq 0.275 = 0.5 \cdot 0.55 = P(X = 1)P(Y = 1)$. Damit sind X und Y nicht unabhängig.

Lösung von Aufgabe 4.37

Zunächst ergänzen wir in der Kontingenztabelle die Zeilen- und Spaltensummen.

X \ Y	0	1	2	3	Σ
1	0.05	0.15	0	0	0.2
2	0	0.25	0.15	0	0.4
3	0.05	0.20	0.10	0.05	0.4
Σ	0.10	0.60	0.25	0.05	1

(a) Es gilt

$$E(X) = \sum_i a_i P(X = a_i) = 1 \cdot 0.2 + 2 \cdot 0.4 + 3 \cdot 0.4 = \underline{2.2}.$$

In einem Haushalt befinden sich damit *im Durchschnitt* 2.2 Fernsehgeräte.

(b) Die bedingte Wahrscheinlichkeitstabelle für Zwei-Personenhaushalte ist

y	0	1	2	3
$P(Y = y \mid X = 2)$	0	0.625	0.375	0

Damit ist

$$E(Y \mid X = 2) = 0 \cdot 0 + 1 \cdot 0.625 + 2 \cdot 0.375 + 3 \cdot 0 = \underline{1.375}.$$

In einem Zwei-Personenhaushalt befinden sich *im Mittel* 1.375 Fernseher.

(c) Die bedingte Wahrscheinlichkeitstabelle für $Y = 2$ ist

x	1	2	3
$P(X = x \mid Y = 2)$	0	0.6	0.4

Damit ist

$$E(X \mid Y = 2) = 1 \cdot 0 + 2 \cdot 0.6 + 3 \cdot 0.4 = \underline{2.4}.$$

(d) Es gilt $P(X = 3 \mid Y = 3) = 1$, also ist $Var(X \mid Y = 3) = Var(3 \mid Y = 3) = 0$.

(e) Wir berechnen zunächst:

$$E(Y) = 0 \cdot 0.1 + 1 \cdot 0.6 + 2 \cdot 0.25 + 3 \cdot 0.05 = 1.25,$$
$$E(X \cdot Y) = \sum_i \sum_j a_i \cdot b_j \cdot P(X = a_i, Y = b_j)$$

$$= 1 \cdot 1 \cdot 0.15 + 2 \cdot 1 \cdot 0.25 + 2 \cdot 2 \cdot 0.15$$

$$+ 1 \cdot 3 \cdot 0.2 + 3 \cdot 2 \cdot 0.1 + 3 \cdot 3 \cdot 0.05 = 2.9.$$

Gemäß Verschiebungsformel für die Kovarianz und $E(X) = 2.2$ aus (a) folgt dann

$$Cov(X, Y) = E(X \cdot Y) - E(X)E(Y) = 2.9 - 2.2 \cdot 1.25 = \underline{\underline{0.15}}.$$

Lösung von Aufgabe 4.38

Die Informationen der Aufgabenstellung sind folgendermaßen zu interpretieren:

y	2	3	Σ
$P(Y = y\|X = 1)$	1	0	1.0
$P(Y = y\|X = 2)$	0.5	0.5	1.0
$P(Y = y\|X = 3)$	0	1	1.0

Außerdem sind $P(X = 1) = 0.6$, $P(X = 2) = 0.3$ und $P(X = 3) = 0.1$. Die gemeinsamen Einzelwahrscheinlichkeiten können dann mithilfe des Produktsatzes ermittelt werden:

$$P(X = x, Y = y) = P(Y = y|X = x)P(X = x),$$

z.B.

$$P(X = 1, Y = 2) = P(Y = 2|X = 1)P(X = 1) = 1 \cdot 0.6 = 0.6.$$

Auf diese Weise erhält man die Kontingenztabelle für (X, Y):

X \\ Y	2	3	Σ
1	0.6	0	0.6
2	0.15	0.15	0.3
3	0	0.1	0.1
Σ	0.75	0.25	1

(a) Es sind $E(Y) = 2 \cdot 0.75 + 3 \cdot 0.25 = 2.25$,

$$E(Y^2) = 2^2 \cdot 0.75 + 3^2 \cdot 0.25 = 5.25,$$

$$Var(Y) = 5.25 - 2.25^2 = \underline{\underline{0.1875}}.$$

Es ist $E(X) = 1.5$,

$$E(X + Y) = E(X) + E(Y) = 1.5 + 2.25 = \underline{\underline{3.75}}.$$

(b) $P(X = 1|Y = 2) = 4/5$, $P(X = 2|Y = 2) = 1/5$, also

$$E(X|Y = 2) = 1 \cdot (4/5) + 2 \cdot (1/5) = \underline{\underline{1.2}}.$$

(c) Mit $P(Y = 2|X = 1) = 1$ sind $E(Y|X = 1) = 2$ und $E(Y^2|X = 1) = 2^2 = 4$ und damit

$$Var(Y|X = 1) = E(Y^2|X = 1) - (E(Y|X = 1))^2 = 4 - 2^2 = \underline{\underline{0}}.$$

(d) Wir wenden die Berechnungsformeln für Erwartungswerte an,

$$E(X \cdot Y) = \sum_i \sum_j a_i b_j P(X = a_i, Y = b_j)$$

$$= 1 \cdot 2 \cdot 0.6 + 2 \cdot 2 \cdot 0.15 + 2 \cdot 3 \cdot 0.15 + 3 \cdot 3 \cdot 0.1 = 3.6,$$

und die *Verschiebungsregel der Kovarianz*,

$$Cov(X, Y) = E(X \cdot Y) - E(X)E(Y) = 3.6 - 1.5 \cdot 2.25 = \underline{\underline{0.225}}.$$

(e) Es ist $E(X^2) = 2.7$, $Var(X) = 0.45$,

$$Var(X - Y) = Var(X) + Var(Y) - 2 \cdot Cov(X, Y)$$

$$= 0.45 + 0.1875 - 2 \cdot 0.225 = \underline{\underline{0.1875}}.$$

Lösung von Aufgabe 4.39

Man beachte, dass

$$f(x, y) = \underbrace{\exp(-x)I_{[0,\infty)}(x)}_{f_1(x)} \cdot \underbrace{\frac{1}{\sqrt{2\pi}} \exp(-y^2/2)}_{f_2(y)} = f_1(x)f_2(y).$$

(a) Da sich die gemeinsame Dichte als als Produkt zweier (Rand-)Dichten schreiben lässt, sind X und Y unabhängig.

(b) Da $f_1(x)$ die Dichte einer Exponentialverteilung mit Parameter $\lambda = 1$ ist, gilt $X \sim Exp(1)$. Daraus folgt insbesondere $E(X) = 1$ und $Var(X) = 1$, s. (4.20), Lösung von Aufgabe 4.58.

(c) Da X und Y unabhängig sind, gilt mit den Ergebnissen von (b):

$$E(X^2|Y = 1) = E(X^2) = Var(X) + (E(X))^2 = 1 + 1^2 = \underline{\underline{2}}.$$

(d) f_2 ist die Dichte der Standardnormalverteilung, also $Y \sim N(0, 1)$. Daher ist $Var(Y) = 1$.

Lösung von Aufgabe 4.40

Wichtige Berechnungsformeln zu Berechnungen mit stetigen Zufallsvektoren finden sich in Stocker und Steinke [2022], Abschnitt 7.1.2.

(a) X und Y haben unterschiedliche Träger, $[0, 1]$ bzw. $[0, 2]$, und sind damit nicht identisch verteilt.

(b) Es gilt für $x \in [0, 1]$:

$$f_X(x) = \int_{-\infty}^{\infty} f_{XY}(x, y)dy = \int_0^2 0.2 \cdot (x + y^3)dy$$

$$= 0.2(xy + \frac{1}{4}y^4)\Big|_0^2 = 0.2(x(2 - 0) + \frac{1}{4}(2^4 - 0)) = \underline{\underline{0.4(x + 2)}}.$$

Für $x \notin [0, 1]$ ist $f_X(x) = 0$.

(c) Da $E[E(X|Y)] = E(X)$ ist, s. Stocker und Steinke [2022], Abschnitt 7.2.2, braucht nur $E(X)$ ermittelt werden.

$$E(X) = \int_{-\infty}^{\infty} xf_X(x)dx = 0.4 \int_0^1 (x^2 + 2x)dx = 0.4(\frac{1}{3}x^3 + x^2)\Big|_0^1$$

$$= 0.4(\frac{1}{3} + 1) = \underline{\underline{\frac{8}{15}}} \approx 0.5333.$$

(d) Nach der Definition der bedingten Dichte ist $f_{Y|X}(y|x) = f(x, y)/f_X(x)$, d.h.

$$f_{Y|X}(y|0.5) = \frac{f(0.5, y)}{f_X(0.5)} = \frac{0.2(0.5 + y^3)}{0.4(0.5 + 2)} = \frac{1}{5}(0.5 + y^3)I_{[0,2]}(y).$$

Die bedingte Dichte wird zur Berechnung des bedingten Erwartungswertes verwendet.

$$E(Y|X = x) = \int_{-\infty}^{\infty} y \cdot f_{Y|X}(y|x)dy,$$

$$E(Y|X = 0.5) = \int_{-\infty}^{\infty} y \cdot f_{Y|X}(y|0.5)dy = \frac{1}{5} \int_0^2 (0.5y + y^4)dy$$

$$= \frac{1}{5}(\frac{1}{2} \cdot \frac{1}{2}y^2 + \frac{1}{5}y^5)\Big|_0^2 = \frac{1}{5}(\frac{1}{4}(2^2 - 0) + \frac{1}{5}(2^5 - 0))$$

$$= \underline{\underline{1.48}}.$$

Der bedingte Erwartungswert von Y gegeben $X = 0.5$ beträgt 1.48.

Lösung von Aufgabe 4.41

(a) Ja. Es gilt:

$$P(X_1 = 1) = P(X_1 = 1, X_2 = 0, X_3 = 0) + P(X_1 = 1, X_2 = 0, X_3 = 1)$$
$$+ P(X_1 = 1, X_2 = 1, X_3 = 0) + P(X_1 = 1, X_2 = 1, X_3 = 1)$$
$$= 0.125 + 0 + 0.25 + 0.125 = 0.5,$$
$$P(X_2 = 1) = P(X_1 = 0, X_2 = 1, X_3 = 0) + P(X_1 = 0, X_2 = 1, X_3 = 1)$$
$$+ P(X_1 = 1, X_2 = 1, X_3 = 0) + P(X_1 = 1, X_2 = 1, X_3 = 1)$$
$$= 0 + 0.125 + 0.25 + 0.125 = 0.5.$$

X_1 und X_2 sind beide $B(1, 0.5)$-verteilt.

(b) Es gilt

$$P(X_1 = 1, X_2 = 1) = P(X_1 = 1, X_2 = 1, X_3 = 0) + P(X_1 = 1, X_2 = 1, X_3 = 1)$$
$$= 0.25 + 0.125 = 0.375.$$

Folglich ist

$$P(X_1 = 1, X_2 = 1) = 0.375 \neq 0.5 \cdot 0.5 = P(X_1 = 1)P(X_2 = 1).$$

Damit sind X_1 und X_2 *nicht* stochastisch unabhängig.

(c) Nein. Zunächst gelten

$$P(X_3 = 1) = P(X_1 = 0, X_2 = 0, X_3 = 1) + P(X_1 = 0, X_2 = 1, X_3 = 1)$$
$$+ P(X_1 = 1, X_2 = 0, X_3 = 1) + P(X_1 = 1, X_2 = 1, X_3 = 1)$$
$$= 0.25 + 0.125 + 0 + 0.125 = 0.5,$$
$$P(X_1 = 0, X_2 = 1) = P(X_1 = 0, X_2 = 1, X_3 = 0) + P(X_1 = 0, X_2 = 1, X_3 = 1)$$
$$= 0 + 0.125 = 0.125.$$

Damit gilt:

$$P(X_1 = 0, X_2 = 1, X_3 = 0) = 0 \neq 0.125 \cdot 0.5 = P(X_1 = 0, X_2 = 1)P(X_3 = 0).$$

Daher sind $(X_1, X_2)^T$ und X_3 nicht unabhängig.

(d) Es gelten

$$P(X_1 = 0, X_2 = 0) = P(X_1 = 0, X_2 = 0, X_3 = 0)$$
$$+ P(X_1 = 0, X_2 = 0, X_3 = 1)$$
$$= 0.125 + 0.25 = 0.375,$$
$$P(X_3 = 1 | X_1 = 0, X_2 = 0) = \frac{P(X_1 = 0, X_2 = 0, X_3 = 1)}{P(X_1 = 0, X_2 = 0)} = \frac{0.25}{0.375} = 2/3.$$

Da X_3 nur die Werte 0 und 1 annimmt und damit Bernoulli-verteilt ist, ist $X_3 | X_1 = 0, X_2 = 0 \sim B(1, 2/3)$. Es folgt $E(X_3 | X_1 = 0, X_2 = 0) = \underline{\underline{2/3}}$.

Lösung von Aufgabe 4.42

X_1, X_2, X_3 nehmen jeweils die Werte 1, 2 und 3 an. Es gelten:

$$P(X_1 = 1) = P(X_1 = 1, X_2 = 1, X_3 = 1) + P(X_1 = 1, X_2 = 2, X_3 = 1)$$
$$+ P(X_1 = 1, X_2 = 2, X_3 = 3) = 0.125 + 0.125 + 0.125 = 0.375.$$
$$P(X_2 = 1) = P(X_1 = 1, X_2 = 1, X_3 = 1) + P(X_1 = 2, X_2 = 1, X_3 = 2)$$
$$+ P(X_1 = 3, X_2 = 1, X_3 = 2) = 0.125 + 0.125 + 0.125 = 0.375.$$
$$P(X_3 = 1) = P(X_1 = 1, X_2 = 1, X_3 = 1) + P(X_1 = 1, X_2 = 2, X_3 = 1)$$
$$= 0.125 + 0.125 = 0.25.$$

(a) Nein. Da $P(X_1 = 1) \neq P(X_3 = 1)$ ist, sind zumindest X_1 und X_3 nicht identisch verteilt.

(b) Nein. X_1, X_2 und X_3 sind nicht unabhängig, da

$$P(X_1 = 1, X_2 = 1, X_3 = 1) = 0.125 \neq 0.375 \cdot 0.375 \cdot 0.25$$
$$= P(X_1 = 1)P(X_2 = 1)P(X_3 = 1).$$

(c) Ja. Es gilt

$$P(X_1 = 2) = P(X_1 = 2, X_2 = 2, X_3 = 2) + P(X_1 = 2, X_2 = 1, X_3 = 2)$$
$$+ P(X_1 = 2, X_2 = 3, X_3 = 2) = 0.125 + 0.125 + 0.125 = 0.375.$$
$$P(X_2 = 2) = P(X_1 = 2, X_2 = 2, X_3 = 2) + P(X_1 = 1, X_2 = 2, X_3 = 1)$$
$$+ P(X_1 = 1, X_2 = 2, X_3 = 3) = 0.125 + 0.125 + 0.125 = 0.375.$$

Alle Einzelwahrscheinlichkeiten von X_1 und X_2 stimmen überein, also sind sie identisch verteilt und es gilt $Var(X_1) = Var(X_2)$.

(d) Es ist

$$P(X_2 = 1, X_3 = 2) = P(X_1 = 2, X_2 = 1, X_3 = 2) + P(X_1 = 3, X_2 = 1, X_3 = 2)$$
$$= 0.125 + 0.125 = 0.25.$$

Damit ergibt sich folgende bedingte Verteilungstabelle

x	1	2	3
$P(X_1 = x \mid X_2 = 1, X_3 = 2)$	0	0.5	0.5

Aus dieser bedingten Verteilungstabelle erhält man

$$E(X_1 \mid X_2 = 1, X_3 = 2) = \sum_i a_i P(X_1 = a_i \mid X_2 = 1, X_3 = 2)$$
$$= 0 + 2 \cdot 0.5 + 3 \cdot 0.5 = \underline{\underline{2.5}}.$$

Lösung von Aufgabe 4.43

(a) Es ist

$$E(X) = \sum_i a_i P(X = a_i) = 0 \cdot 0.4 + 1 \cdot 0.6 = \underline{\underline{0.6}}.$$

(b) Wir berechnen zunächst die bedingten Wahrscheinlichkeiten für Y unter den Bedingungen $X = x$ gemäß

$$P(Y = y | X = x) = \frac{P(X = x, Y = y)}{P(X = x)}, \quad x \in T_X, y \in T_Y, \tag{4.12}$$

mithilfe der Einträge aus der Kontingenztabelle.

y	1	2	3	Σ
$P(Y = y | X = 0)$	0.5	0	0.5	1.0
$P(Y = y | X = 1)$	1/3	1/3	1/3	1.0
$P(Y = y)$	0.4	0.2	0.4	1.0

Es folgt die Berechnung der bedingten Varianz mithilfe der bedingten Version der Verschiebungsformel der Varianz.

$$Var(Y | X = x) = E(Y^2 | X = x) - (E(Y | X = x))^2. \tag{4.13}$$

Es ergeben sich:

$$E(Y | X = 1) = \sum_j b_j P(Y = b_j | X = 1)$$

$$= 1 \cdot (1/3) + 2 \cdot (1/3) + 3 \cdot (1/3) = 2,$$

$$E(Y^2 | X = 1) = \sum_j b_j^2 \cdot P(Y = b_j | X = 1)$$

$$= 1^2 \cdot (1/3) + 2^2 \cdot (1/3) + 3^2 \cdot (1/3) = 14/3,$$

$$Var(Y | X = 1) = E(Y^2 | X = 1) - (E(Y | X = 1))^2 = 14/3 - 4 = \underline{\underline{2/3}}.$$

(c) X und Y sind nicht unabhängig, weil die bedingten Einzelwahrscheinlichkeiten von Y gegeben $X = x$ von x abhängen. Es gilt bspw.

$$P(Y = 2 | X = 0) = 0 \neq 1/3 = P(Y = 2 | X = 1).$$

(d) Wir verwenden für die Berechnung die Verschiebungsformel für die Kovarianz:

$$Cov(X, Y) = E(X \cdot Y) - E(X)E(Y). \tag{4.14}$$

Wir erhalten:

$$E(Y) = \sum_j b_j P(Y = b_j) = 1 \cdot 0.4 + 2 \cdot 0.2 + 3 \cdot 0.4 = 2,$$

$$E(X \cdot Y) = \sum_i \sum_j a_i b_j P(X = a_i, Y = b_j) = 0 \cdot 1 \cdot 0.2 + 1 \cdot 1 \cdot 0.2$$

$$+ 0 \cdot 2 \cdot 0 + 1 \cdot 2 \cdot 0.2 + 0 \cdot 3 \cdot 0.2 + 1 \cdot 3 \cdot 0.2 = 1.2,$$
$$Cov(X, Y) = E(X \cdot Y) - E(X)E(Y) = 1.2 - 0.6 \cdot 2 = \underline{0}.$$

Die Kovarianz von X und Y beträgt 0. Das ist ein Beispiel dafür, dass die Unkorreliertheit von Zufallsvariablen nicht die Unabhängigkeit impliziert.

Lösung von Aufgabe 4.44

(a) Richtig. Um zu bestimmen, ob X_1 und X_3 identisch verteilt sind, müssen wir die Einzelwahrscheinlichkeiten von X_1 bzw. X_3 bestimmen und vergleichen. Es gelten:

$$P(X_1 = 1) = P(X_1 = 1, X_2 = 1, X_3 = 1) + P(X_1 = 1, X_2 = 2, X_3 = 3)$$
$$+ P(X_1 = 1, X_2 = 2, X_3 = 1) = 3/8,$$
$$P(X_1 = 2) = P(X_1 = 2, X_2 = 2, X_3 = 2) + P(X_1 = 2, X_2 = 1, X_3 = 2) = 1/4$$

und $P(X_1 = 3) = 3/8$ sowie

$$P(X_3 = 1) = P(X_1 = 1, X_2 = 1, X_3 = 1) + P(X_1 = 3, X_2 = 2, X_3 = 1)$$
$$+ P(X_1 = 1, X_2 = 2, X_3 = 1) = 3/8,$$
$$P(X_3 = 2) = P(X_1 = 2, X_2 = 2, X_3 = 2) + P(X_1 = 2, X_2 = 1, X_3 = 2) = 1/4,$$

$P(X_3 = 3) = 3/8$. X_1 und X_3 besitzen die gleichen Einzelwahrscheinlichkeiten und sind daher identisch verteilt.

(b) Falsch. Man erhält $P(X_2 = 1) = 3/8$ wie in Aufgabenstellung (a). Damit ist

$$P(X_1 = 1, X_2 = 1, X_3 = 1) = 1/8 \neq (3/8) \cdot (3/8) \cdot (3/8)$$
$$= P(X_1 = 1)P(X_2 = 1)P(X_3 = 1).$$

Also sind X_1, X_2 und X_3 nicht stochastisch unabhängig.

(c) Es gilt

$$P(X_1 = 3, X_3 = 3) = P(X_1 = 3, X_2 = 3, X_3 = 3)$$
$$+ P(X_1 = 3, X_2 = 1, X_3 = 3) = 1/4.$$

Daher ist nach der Definition der bedingten Wahrscheinlichkeit

$$P(X_3 = 3 | X_1 = 3) = \frac{P(X_1 = 3, X_3 = 3)}{P(X_1 = 3)} = \frac{2/8}{3/8} = \underline{\underline{2/3}}.$$

(d) Es ist mit $a_j = j$ für $j = 1, 2, 3$:

$$E(X_1) = \sum_{j=1}^{3} a_j \cdot P(X_1 = a_j)$$
$$= 1 \cdot P(X_1 = 1) + 2 \cdot P(X_1 = 2) + 3 \cdot P(X_1 = 3)$$
$$= 1 \cdot (3/8) + 2 \cdot (2/8) + 3 \cdot (3/8) = \underline{2}.$$

Da X_1 und X_3 identisch verteilt sind, gilt

$$E(X_1 + X_3) = E(X_1) + E(X_3) = 2 + 2 = \underline{\underline{4}}.$$

(e) Es ist

$$E(X_1^2) = 1^2 \cdot P(X_1 = 1) + 2^2 \cdot P(X_1 = 2) + 3^2 \cdot P(X_1 = 3)$$
$$= 1^2 \cdot (3/8) + 2^2 \cdot (2/8) + 3^2 \cdot (3/8) = 38/8 = \underline{4.75},$$
$$Var(X_1) = E(X_1^2) - (E(X_1))^2 = \underline{0.75}.$$

Für die Berechnung der Kovarianz stellen wir die gemeinsame Verteilungstabelle von X_1 und X_3 auf:

$X_1 \quad {}^{X_3}$	1	2	3	Σ
1	1/4	0	1/8	3/8
2	0	1/4	0	1/4
3	1/8	0	1/4	3/8
Σ	3/8	1/4	3/8	1

Damit gilt:

$$E(X_1 X_3) = 1 \cdot 1 \cdot (2/8) + 1 \cdot 3 \cdot (1/8) + 2 \cdot 2 \cdot (2/8)$$
$$+ 3 \cdot 1 \cdot (1/8) + 3 \cdot 3 \cdot (2/8) = 34/8 = 4.25,$$
$$Cov(X_1, X_2) = E(X_1 \cdot X_3) - E(X_1)E(X_3) = \underline{0.25}.$$

Daraus folgt:

$$Var(X_1 + X_3) = Var(X_1) + Var(X_3) + 2 \cdot Cov(X_1, X_3)$$
$$= 0.75 + 0.75 + 2 \cdot 0.25 = \underline{\underline{2}}.$$

Lösung von Aufgabe 4.45

Wir schreiben die gemeinsame Kontingenztabelle von X und Y auf und ergänzen die Zeilen- und Spaltensummen:

$X \quad {}^{Y}$	1	2	Σ
1	0.2	0.3	0.5
2	0.3	0.2	0.5
Σ	0.5	0.5	1

(a) Falsch. Mithilfe der Kontingenztabelle kann man leicht nachrechnen, dass X und Y *nicht unabhängig* sind:

$$P(X = 1, Y = 1) = 0.2 \neq 0.25 = 0.5 \cdot 0.5 = P(X = 1)P(Y = 1).$$

(b) Richtig. Es gilt $E(X) = E(Y) = 1.5$ und

$$E(X \cdot Y) = \sum_i \sum_j a_i b_j P(X = a_i, Y = b_j)$$

$$= 1 \cdot 1 \cdot 0.2 + 1 \cdot 2 \cdot 0.3 + 2 \cdot 1 \cdot 0.3 + 2 \cdot 2 \cdot 0.2 = 2.2.$$

Folglich ist

$$Cov(X, Y) = E(X \cdot Y) - E(X)E(Y) = 2.2 - 1.5 \cdot 1.5 = -0.05 < 0,$$

d.h. X und Y sind negativ korreliert.

Lösung von Aufgabe 4.46

(a) Richtig. Aus der Unabhängigkeit von zwei Zufallsvariablen folgt auch stets deren Unkorreliertheit aus dem Produktsatz für Erwartungswerte und der Verschiebungsformel der Kovarianz: Wenn X und Y unabhängig sind, dann ist

$$Cov(X, Y) = E(XY) - E(X)E(Y) = E(X)E(Y) - E(X)E(Y) = 0.$$

(b) Richtig. Es sei $Cov(X, Y) \neq 0$. Wenn X und Y unabhängig *wären*, dann würde nach (a) $Cov(X, Y) = 0$ sein, ein Widerspruch. Also können X und Y nicht unabhängig sein.

(c) Falsch. Aufgabe 4.43 ist ein Beispiel dafür, dass X und Y unkorreliert sind können, aber trotzdem nicht unabhängig sind.

Lösung von Aufgabe 4.47

Aus $X, Y \sim G(0, 1)$ folgt $E(X) = E(Y) = 0.5$ und $Var(X) = Var(Y) = 1/12$, s. Formeln (4.17) in der Lösung von Aufgabe 4.54.

(a) Es werden die Rechenregeln für Erwartungswert und Varianz verwendet.

$$E(Z_1) = E(1 + 2X) = 1 + 2E(X) = 1 + 2 \cdot \frac{1}{2} = \underline{\underline{2}},$$

$$Var(Z_1) = Var(1 + 2X) = 4Var(X) = 4 \cdot \frac{1}{12} = \underline{\underline{1/3}},$$

$$E(Z_2) = E(X + 3Y) = E(X) + 3E(Y) = \frac{1}{2} + 3 \cdot \frac{1}{2} = \underline{\underline{2}},$$

$$Var(Z_2) = Var(X + 3Y) = Var(X) + 3^2 Var(Y) = \frac{1}{12} + 9 \cdot \frac{1}{12} = \underline{\underline{5/6}}.$$

(b) Es kommen die Rechenregeln zur Kovarianz zum Einsatz. Insbesondere ist $Cov(X, Y) = 0$, da X und Y unabhängig sind.

$$Cov(Z_1, Z_2) = Cov(1 + 2X, X + 3Y) = 2 \cdot Cov(X, X) + 2 \cdot 3 \cdot Cov(X, Y)$$

$$= 2 \cdot Var(X) + 6 \cdot 0 = \underline{\underline{1/6}},$$

$$\varrho(Z_1, Z_2) = \frac{Cov(Z_1, Z_2)}{\sqrt{Var(Z_1)Var(Z_2)}} = \frac{(1/6)}{\sqrt{(1/3) \cdot (5/6)}} = \frac{1}{\sqrt{10}} \approx \underline{\underline{0.3162}}.$$

Der Korrelationskoeffizient beträgt ca. 0.3162.

Lösung von Aufgabe 4.48

Es wird drei Mal unabhängig voneinander das gleiche Zufallsexperiment („Werfen eines Würfels") durchgeführt und mittels X gezählt, wie häufig ein Ereignis (z.B. 6) eintritt. Damit gilt $X \sim B(3, 1/6)$, d.h. X ist binomialverteilt mit den Parametern $n = 3$ und $\pi = 1/6$. Allgemein gilt für $X \sim B(n, \pi)$:

$$P(X = x) = \binom{n}{x} \pi^x \cdot (1 - \pi)^{n-x}, \quad x = 0, 1, \ldots, n, \tag{4.15}$$

$$E(X) = n\pi, \qquad Var(X) = n\pi(1 - \pi). \tag{4.16}$$

Insbesondere ist der Träger von X in der Aufgabenstellung gleich $\{0, 1, 2, 3\}$.

(a) Falsch.

$$F_X(1) = P(X \le 1) = P(X = 0) + P(X = 1)$$

$$= \left(\frac{5}{6}\right)^3 + \binom{3}{1}\left(\frac{1}{6}\right)\left(\frac{5}{6}\right)^2 \approx \underline{0.9259} \ne 1/6.$$

(b) Falsch. $F_X(3) = P(X \le 3) = 1 \not< 0.5$.

Lösung von Aufgabe 4.49

X sei die zufällige Anzahl der befragten Passanten, die gegen die Steuerreform sind. Es werden $n = 10$ Passanten bzgl. der Ablehnung der Steuerreform befragt. Dann ist $X \sim B(10, 0.2)$ eine sinnvolle Verteilungsannahme. Wir bestimmen mit Formel (4.15) die ersten drei Einzelwahrscheinlichkeiten:

$$P(X = 0) = \binom{10}{0} 0.2^0 \cdot 0.8^{10-0} = 0.8^{10} \approx \underline{0.1074},$$

$$P(X = 1) = \binom{10}{1} 0.2^1 \cdot 0.8^{10-1} = 10 \cdot 0.2 \cdot 0.8^9 \approx \underline{0.2684},$$

$$P(X = 2) = \binom{10}{2} 0.2^2 \cdot 0.8^{10-2} \approx \underline{0.3020}.$$

Die Wahrscheinlichkeit, dass

(a) genau zwei Passanten gegen die Steuerreform sind, ist $P(X = 2) \approx \underline{0.3020}$.

(b) höchstens zwei Passanten gegen die Steuerreform sind, berechnet sich als

$$P(X \le 2) = P(X = 0) + P(X = 1) + P(X = 2)$$

$$\approx 0.1074 + 0.2684 + 0.3020 = \underline{0.6778}.$$

Mit Wahrscheinlichkeit 67.78% sind höchstens 2 der 10 befragten Passanten gegen die Steuerreform.

(c) mindestens zwei Passanten gegen die Steuerreform sind, ergibt sich aus

$$P(X \ge 2) = 1 - P(X < 2) = 1 - P(X \le 1)$$

$$= 1 - P(X = 0) - P(X = 1)$$

$$\approx 1 - 0.1074 - 0.2684 = \underline{0.6242}.$$

Mit Wahrscheinlichkeit 62.42% sind mindestens 2 Passanten gegen die Steuerreform.

Lösung von Aufgabe 4.50

(a) Da $X + Y = 5$ bzw. $Y = 5 - X$ ist, sind X und Y nicht unabhängig.

(b) Es gibt 5 gerade Zahlen in der Urne. Die Wahrscheinlichkeit, eine gerade Zahl zu ziehen, ist daher $5/10 = 0.5$. Da mit Zurücklegen gezogen wird, ist $X \sim B(5, 0.5)$.

$$P(X > 2) = P(X = 3) + P(X = 4) + P(X = 5) = \sum_{k=3}^{5} \binom{5}{k} 0.5^k 0.5^{5-k}$$

$$= \left(\binom{5}{3} + \binom{5}{4} + \binom{5}{5} \right) \cdot 0.5^5 = \underline{0.5}.$$

(c) $X = 2$ gilt genau dann, wenn $Y = 3$ ist. Also ist

$$P(X = 2, Y = 3) = P(X = 2) = \binom{5}{2} 0.5^2 0.5^3 = \underline{0.3125}.$$

(d) Da $X + Y = 5$ konstant ist, gilt $Var(X + Y) = Var(5) = 0$.

Lösung von Aufgabe 4.51

X_i sei die (absolute) Häufigkeit des Vorkommens der Ziffer i in der Geheimzahl. Dann ist $X_i \sim B(4, 0.1)$ für $i = 0, 1, \dots, 9$ und wir verwenden Formel (4.15).

(a) $P(X_1 = 2) = \binom{4}{2} 0.1^2 \cdot 0.9^2 = \underline{0.0486}$.

(b) Eine 1 tritt genau dann mindestens 2 Mal auf, wenn $X_1 \geq 2$.

$$P(X_1 \geq 2) = 1 - P(X_1 < 2) = 1 - P(X_1 = 0) - P(X_1 = 1)$$

$$= 1 - \binom{4}{0} 0.1^0 \cdot 0.9^4 - \binom{4}{1} 0.1^1 \cdot 0.9^3 = \underline{0.0523}.$$

(c) $P(X_2 \geq 3) = P(X_2 \geq 2) - P(X_2 = 2) = 0.0523 - 0.0486 = \underline{0.0037}$ unter Verwendung der Ergebnisse von (a) und (b), da X_1 und X_2 identisch verteilt sind.

(d) Es sei $A_i =$ „Ziffer i tritt mindestens drei Mal auf", d.h. $A_i = \{X_i \geq 3\}$. Da die X_i identisch verteilt sind, ist $P(A_i) = 0.0037$, s. (c). Außerdem kann nur eine Ziffer mindestens 3 Mal auftreten, also $A_i \cap A_j = \emptyset$ für $i \neq j$. D.h. die A_i sind paarweise disjunkt. Das Ereignis, dass mindestens eine der Ziffern 0 bis 9 mindestens 3 Mal vorkommt, bezeichnen wir mit D. Dann ist

$$P(D) = P(\bigcup_{i=0}^{9} A_i) = \sum_{i=0}^{9} P(A_i) = 10 \cdot P(X_i \geq 3) \approx \underline{0.037}.$$

(e) *Lösung 1:* Es sei E=„mindestens eine Ziffer tritt zweimal auf". Das Komplementärereignis ist dann $\overline{E}$ = „alle Ziffern sind unterschiedlich". Die Wahrscheinlichkeit von $\overline{E}$ berechnen wir mithilfe der Formel der klassischen Wahrscheinlichkeit. Es lassen sich $|\Omega| = 10^4$ verschiedene Geheimzahlen bilden und $|\overline{E}| = 10 \cdot 9 \cdot 8 \cdot 7$ dieser Geheimzahlen bestehen aus unterschiedlichen Ziffern.

$$P(E) = 1 - P(\overline{E}) = 1 - \frac{10 \cdot 9 \cdot 8 \cdot 7}{10^4} \approx \underline{\underline{0.496}}.$$

Lösung 2: Es seien E_i =„Ziffer i tritt mindestens zweimal auf". Dann ist

$$P(E_i) = P(X_i \geq 2) = 0.0523,$$

s. (b) und für $i \neq j$

$$P(E_i \cap E_j) = P(\text{„}i \text{ und } j \text{ genau zweimal"}) = \frac{\binom{4}{2}}{10^4} = 0.0006.$$

Da eine Geheimzahl nur aus 4 Ziffern besteht, können nicht drei verschiedene E_j eintreten. Daher ist

$$P(E) = P(\bigcup_{i=0}^{9} E_i) = \sum_{i=0}^{9} P(E_i) - \sum_{0 \leq i < j \leq 9} P(E_i \cap E_j)$$

$$= 10 \cdot P(E_1) - \binom{10}{2} P(E_1 \cap E_2) \approx \underline{\underline{0.496}}.$$

mit $E_i \cap E_j \cap E_k = \emptyset$ für $i < j < k$.

Lösung von Aufgabe 4.52

X sei die Anzahl der richtigen Antworten bei den Aufgaben, die der Student bearbeitet hat. Dann ist $X \sim B(8, 0.8)$. Für falsche Antworten erhält der Student negative Punkte. Die erzielten Punkte Y lassen sich demnach folgendermaßen ausdrücken:

$$Y = X - (8 - X) = 2X - 8.$$

(a) Wir berechnen den Erwartungswert mithilfe der Rechenregeln und (4.16).

$$E(Y) = 2E(X) - 8 = 2 \cdot 8 \cdot 0.8 - 8 = \underline{\underline{4.8}}.$$

Im Mittel erreicht der Student 4.8 Punkte.

(b) Wir verwenden zur Berechnung (4.15).

$$P(Y \geq 5) = (2X - 8 \geq 5) = P(X \geq 6.5) = P(X = 7) + P(X = 8)$$

$$= \binom{8}{7} 0.8^7 \cdot 0.2 + \binom{8}{8} 0.8^8 \approx \underline{\underline{0.5033}}.$$

Mit Wahrscheinlichkeit 50.33% erhält der Student mindestens 5 Punkte.

Lösung von Aufgabe 4.53

(a) Eine Binomialverteilung $B(n, \pi)$ lässt sich durch eine Poisson-Verteilung $Po(\lambda)$ approximieren, wenn $\lambda = n\pi$ und $n \geq 30$ und $\pi < 0.05$ ist. $n = 50$ ist damit groß genug und $\pi = 0.02$ klein genug für eine solche Approximation. Den geeigneten λ-Parameter erhalten wir aus $\lambda = n\pi = 50 \cdot 0.02 = 1$. Die Verteilung von X lässt sich somit mit einer Poisson-Verteilung mit Parameter $\lambda = 1$ approximieren.

(b) Es gilt

$$P(X = 2) = \binom{n}{2}\pi^2 \cdot (1 - \pi)^{n-2} = \binom{50}{2}0.02^2 \cdot 0.98^{48} \approx \underline{\underline{0.1858}}.$$

Unter Verwendung der Poisson-Approximation ergibt sich für $\lambda = 1$:

$$P(X = 2) \approx e^{-\lambda}\frac{\lambda^2}{2!} = \frac{e^{-1}}{2} \approx \underline{\underline{0.1839}}.$$

Beide Ergebnisse unterscheiden sich in der dritten Nachkommastelle.

Lösung von Aufgabe 4.54

Für eine auf dem Intervall (a, b) gleichverteilte Zufallsvariable Z gelten

$$E(Z) = \frac{a + b}{2}, \quad Var(Z) = \frac{(b - a)^2}{12}, \quad F_Z(z) = \frac{z - a}{b - a}, \tag{4.17}$$

wenn $a \leq z \leq b$, s. Stocker und Steinke [2022], Abschnitt 7.3.2. X_i sei die zufällige Wartezeit eines Kunden in Minuten. Nach Aufgabenstellung ist $X_i \sim G(0, 10)$, also $a = 0$ und $b = 10$.

(a) Es gilt

$$E(X_i) = \frac{a + b}{2} = \frac{0 + 10}{2} = \underline{\underline{5}}.$$

Die *durchschnittliche* Wartezeit eines Kunden beträgt 5 Minuten.

(b) Es ist mit (4.17) und $X_i \sim G(0, 10)$:

$$P(X_i > 8) = 1 - P(X_i \leq 8) = 1 - F_X(8) = 1 - \frac{8 - 0}{10} = \underline{\underline{0.2}}.$$

Die Wahrscheinlichkeit, dass ein Kunde länger als 8 Minuten warten muss, beträgt 0.2.

Lösung von Aufgabe 4.55

(a) Da X_1 und X_2 unabhängig sind, gilt

$$F_Y(y) = P(Y \leq y) = P(\max(X_1, X_2) \leq y) = P(X_1 \leq y, X_2 \leq y)$$
$$= P(X_1 \leq y)P(X_2 \leq y) = F_{X_1}(y)F_{X_2}(y) = y^2 I_{[0,1]}(y) + I_{(1,\infty)}(y).$$

Im letzten Schritt haben wir die Verteilungsfunktionen von X_1 und X_2, $F_{X_i}(y) = yI_{[0,1]}(y) + I_{(1,\infty)}(y)$, eingesetzt.

(b) Durch Ableiten der Verteilungsfunktion von Y erhalten wir

$$f_Y(y) = 2yI_{(0,1)}(y).$$

Daraus folgt

$$E(Y) = \int_{-\infty}^{\infty} yf_Y(y)dy = \int_0^1 2y^2\,dy = \frac{2}{3}y^3\big|_0^1 = \underline{\underline{\frac{2}{3}}}.$$

$$E(Y^2) = \int_{-\infty}^{\infty} y^2f_Y(y)dy = \int_0^1 2y^3\,dy = \frac{2}{4}y^4\big|_0^1 = \frac{1}{2}.$$

$$Var(Y) = E(Y^2) - (E(Y))^2 = \frac{1}{2} - \frac{2^2}{3^2} = \frac{9-8}{18} = \underline{\underline{\frac{1}{18}}}.$$

Lösung von Aufgabe 4.56

Die Dichte einer Exponentialverteilung hat folgende Gestalt:

$$f(x) = \lambda e^{-\lambda x}I_{[0,\infty)}, \tag{4.18}$$

s. Stocker und Steinke [2022], Abschnitt 7.3.2. Insbesondere ist $f(0) = \lambda$. Aus Abbildung 4.4 erkennt man, dass $f(0)$ gleich 0.5 und nicht 2 ist. Damit hat Peter recht.

Lösung von Aufgabe 4.57

Die Verteilungsfunktion F_X einer exponentialverteilten Zufallsvariable X mit Parameter λ berechnet sich für $x > 0$ folgendermaßen:

$$F_X(x) = 1 - e^{-\lambda \cdot x}. \tag{4.19}$$

Im Folgenden ist $\lambda = 0.5$.

(a) Es gilt

$$P(X > 4) = 1 - P(X \le 4) = 1 - F_X(4) = 1 - (1 - e^{-0.5 \cdot 4})$$
$$= e^{-2} \approx \underline{\underline{0.1353}}.$$

(b) Es gilt

$$P(X > 10 | X > 6) = \frac{P(X > 10, X > 6)}{P(X > 6)} = \frac{P(X > 10)}{P(X > 6)}$$
$$= \frac{1 - F_X(10)}{1 - F_X(6)} = \frac{1 - (1 - e^{-0.5 \cdot 10})}{1 - (1 - e^{-0.5 \cdot 6})}$$
$$= \frac{e^{-5}}{e^{-3}} = e^{-2} \approx \underline{\underline{0.1353}}.$$

Die Gleichheit der Ergebnisse von (a) und (b) ist kein Zufall, sondern eine Konsequenz der sogenannten „Nichtalterungseigenschft" der Exponentialverteilung, gemäß der für beliebige positive x und t gilt:

$$P(X \leq x + t | X > t) = P(X \leq x) \quad \text{bzw.} \quad P(X > x + t | X > t) = P(X > x).$$

Lösung von Aufgabe 4.58

(a) Wir verwenden (4.19) mit $\lambda = 2$. Aufgrund der Unabhängigkeit von X und Y gilt:

$$P(X \leq 2 | Y > 1) = P(X \leq 2) = F_X(2) = 1 - e^{-2 \cdot 2} \approx \underline{0.9817}.$$

Die gesuchte Wahrscheinlichkeit beträgt 0.9817.

(b) Für $X \sim Exp(\lambda)$ ist

$$E(X) = \frac{1}{\lambda}, \qquad Var(X) = \frac{1}{\lambda^2}, \tag{4.20}$$

s. Stocker und Steinke [2022], Abschnitt 7.3.2. Wir benutzen die Rechenregeln der Varianz für Summen unabhängiger Zufallsvariablen.

$$Var(X - Y) = Var(1 \cdot X + (-1) \cdot Y) = 1^2 \cdot Var(X) + (-1)^2 \cdot Var(Y)$$
$$= \frac{1}{2^2} + \frac{1}{2^2} = \underline{0.5}.$$

Die Varianz von $X - Y$ ist gleich 0.5.

Lösung von Aufgabe 4.59

Z ist standardnormalverteilt. Zur Bestimmung der Werte von Φ verwenden wir die Wertetabelle A.1 im Anhang.

(a) $P(Z < 2.5) = \Phi(2.5) \approx \underline{0.9938}$.

(b) Es gilt:

$$P(-1 \leq Z \leq 1) = \Phi(1) - \Phi(-1) = \Phi(1) - (1 - \Phi(1)) = 2\Phi(1) - 1$$
$$\approx 2 \cdot 0.8413 - 1 = \underline{0.6826}.$$

(c) $P(Z = 1) = 0$, weil Z stetig (verteilt) ist.

(d) $P(-1.8 < Z < 0.75) = \Phi(0.75) - (1 - \Phi(1.8)) \approx 0.7734 - (1 - 0.9641) = \underline{0.7375}$.

(e) $P(Z \geq -1.96) = 1 - \Phi(-1.96) = 1 - (1 - \Phi(1.96)) = \underline{0.975}$.

Lösung von Aufgabe 4.60

Wenn $X \sim N(\mu, \sigma^2)$, dann ist die Verteilungsfunktion F_X zu X

$$F_X(x) = \Phi\left(\frac{x - \mu}{\sigma}\right), \tag{4.21}$$

wobei Φ die Verteilungsfunktion der Standardnormalverteilung bezeichnet. Zu weiteren Aussagen zur Normalverteilung siehe auch Stocker und Steinke [2022], Abschnitt 7.3.2. Das α-Quantil q_α zu X ist

$$q_\alpha = \mu + \sigma z_\alpha, \tag{4.22}$$

wobei z_α das α-Quantil der Standardnormalverteilung ist. Näherungswerte von Φ bzw. z_α kann man den Wertetabellen von Φ entnehmen, s. Anhang Tabelle A.1. Nützlich bei der Berechnung von Φ bzw. z_α sind häufig folgende Formeln:

$$\Phi(-x) = 1 - \Phi(x), \qquad z_{1-\alpha} = -z_\alpha. \tag{4.23}$$

Im Folgenden ist $X \sim N(100, 10^2)$, also $\mu = 100$ und $\sigma = 10$.

(a) Es gilt unter Verwendung von (4.21):

$$P(X > 80) = 1 - P(X \leq 80) = 1 - F_X(80) = 1 - \Phi\left(\frac{80 - 100}{10}\right)$$

$$= 1 - \Phi(-2) \overset{(4.23)}{=} 1 - (1 - \Phi(2)) = \Phi(2) \approx \underline{0.9772},$$

$$P(50 < X \leq 90) = \Phi\left(\frac{90 - 100}{10}\right) - \Phi\left(\frac{50 - 100}{10}\right) = \Phi(-1) - \Phi(-5)$$

$$= (1 - \Phi(1)) - (1 - \Phi(5)) = \Phi(5) - \Phi(1)$$

$$\approx 1.0000 - 0.8413 = \underline{0.1586}$$

(b) Das 0.9-Quantil der Standardnormalverteilung beträgt, gerundet auf zwei Nachkommastellen, 1.28. Aus (4.22) folgt dann

$$q_{0.9} = \mu + \sigma \cdot z_{0.9} \approx 100 + 10 \cdot 1.28 = \underline{112.8}.$$

(c) Nach den Rechenregeln für Erwartungswert und Varianz gilt für $Y = -2X + 1$

$$E(Y) = (-2) \cdot E(X) + 1 = -2 \cdot 100 + 1 = -199,$$

$$Var(Y) = (-2)^2 \cdot Var(X) = (-2)^2 \cdot 10^2 = 400.$$

Da Y als lineare Transformierte einer normalverteilten Zufallsvariablen auch normalverteilt ist, folgt $Y = -2X + 1 \sim \underline{\underline{N(-199, 400)}}$.

Lösung von Aufgabe 4.61

Für $X \sim N(10, 4)$ ist $\sigma = \sqrt{4} = 2$.

(a) $P(X \leq 11) = \Phi((11 - 10)/2) = \Phi(0.5) \approx \underline{0.6915}$

(b) Es gilt:

$$P(9 \leq X \leq 13) = \Phi((13 - 10)/2) - \Phi((9 - 10)/2) = \Phi(1.5) - \Phi(-0.5)$$

$$= \Phi(1.5) - (1 - \Phi(0.5)) \approx 0.9332 + (1 - 0.6915) = \underline{0.6247}.$$

(c) $E(X^2) = Var(X) + (E(X))^2 = 4 + 10^2 = \underline{104}.$

(d) x_0 ist das 0.85-Quantil von X, also $\alpha = 0.85$ und

$$x_0 = q_{0.85} = \mu + \sigma \cdot z_{0.85} \approx 10 + 2 \cdot 1.04 = \underline{12.08}.$$

z_α wird dabei der Wertetabelle von Φ aus dem Anhang entnommen.

(e) x_0 ist das 0.1-Quantil von X, also $\alpha = 0.1$, $z_{0.1} = -z_{1-0.1} \approx -1.28$ und

$$x_0 = q_\alpha = \mu + \sigma z_\alpha \approx 10 + 2 \cdot (-1.28) = \underline{7.44}.$$

Lösung von Aufgabe 4.62

(a) Es gilt, s. (4.21),

$$P(X > 5) = 1 - P(X \le 5) = 1 - \Phi\left(\frac{5-4}{\sqrt{8}}\right) \approx 1 - \Phi(0.35)$$

$$\approx 1 - 0.6368 = \underline{0.3632}.$$

(b) Intervallwahrscheinlichkeiten berechnen wir mit der Verteilungsfunktion.

$$P(1 \le X \le 8) = \Phi\left(\frac{8-4}{\sqrt{8}}\right) - \Phi\left(\frac{1-4}{\sqrt{8}}\right) \approx \Phi(1.41) - \Phi(-1.06)$$

$$= \Phi(1.41) - 1 + \Phi(1.06) \approx 0.9207 - 1 + 0.8554$$

$$= \underline{0.7761}.$$

(c) Da $P(X \le q) = 0.2$, ist q ein 0.2-Quantil von X, also unter Verwendung von (4.22):

$$q = q_{0.2} = \mu + \sigma \cdot z_{0.2} = 4 - \sqrt{8} \cdot z_{0.8} \approx \underline{1.62}.$$

Lösung von Aufgabe 4.63

X stehe für die Abfüllmenge einer zufällig ausgewählten Dose mit Milchpulver. Dann ist nach Aufgabenstellung $X \sim N(400, 16^2)$ (in g).

(a) Wir verwenden (4.21).

$$P(X < 375) = \Phi((375 - 400)/16) = \Phi(-1.5625) \approx \Phi(-1.56)$$

$$= 1 - \Phi(1.56) \approx 1 - 0.9406 = \underline{0.0594}.$$

Rund 5.9% der Abfüllmengen unterschreiten 375 g.

(b) Wir berechnen zunächst

$$P(|X - 400| \le 20) = P(-20 \le X - 400 \le 20) = P(380 \le X \le 420)$$

$$= \Phi\left(\frac{420 - 400}{16}\right) - \Phi\left(\frac{380 - 400}{16}\right) = \Phi(1.25) - (1 - \Phi(1.25))$$

$$= 2\Phi(1.25) - 1 \approx 2 \cdot 0.8944 - 1 \approx 0.7888.$$

Damit ist

$$P(|X - 400| > 20) = 1 - P(|X - 400| \le 20) \approx 1 - 0.7888 = \underline{0.2112}.$$

Ca. 21.1% der Abfüllungen weichen um mehr als 20 g vom Sollwert ab und werden aussortiert.

(c) Wir rechnen in Analogie zu (b).

$$P(|X - 400| \leq 20) = P(380 \leq X \leq 420) = \Phi\left(\frac{20}{\sigma}\right) - \Phi\left(-\frac{20}{\sigma}\right)$$

$$= \Phi\left(\frac{20}{\sigma}\right) - \left(1 - \Phi\left(\frac{20}{\sigma}\right)\right) = 2\Phi\left(\frac{20}{\sigma}\right) - 1,$$

also

$$0.1 = P(|X - 400| > 20) = 1 - P(|X - 400| \leq 20) = 2 - 2\Phi\left(\frac{20}{\sigma}\right).$$

Dieses Ergebnis stellen wir schrittweise nach σ um. Zunächst ist $\Phi(20/\sigma) = 0.95$, also $20/\sigma = \Phi^{-1}(0.95) \approx 1.64$. Daraus erhalten wir $\sigma \approx 20/1.64 \approx \underline{12.2}$. Um den Ausschussanteil auf unter 10% zu senken, müsste man die Standardabweichung des Abfüllprozesses auf unter 12.2 g senken.

Lösung von Aufgabe 4.64

Wir ermitteln zunächst die Erwartungswerte und Varianzen zu den Zufallsvariablen X, Y und Z, siehe z.B. (4.17) und (4.20):

$$E(X) = \frac{1}{\lambda} = \frac{1}{0.5} = 2, \qquad Var(X) = \frac{1}{\lambda^2} = \frac{1}{0.5^2} = 4,$$

$$E(Y) = \mu = 1, \qquad Var(Y) = \sigma^2 = 4,$$

$$E(Z) = \frac{a+b}{2} = \frac{0+6}{2} = 3, \qquad Var(Z) = \frac{(b-a)^2}{12} = \frac{(6-0)^2}{12} = 3.$$

(a) Nach den Rechenregeln für Erwartungswerte gilt:

$$E(X + Y + Z) = E(X) + E(Y) + E(Z) = 2 + 1 + 3 = \underline{\underline{6}}.$$

(b) Nach den Rechenregeln für Summen von Varianzen unabhängiger Zufallsvariablen gilt:

$$Var(X + Y - Z) = Var(1 \cdot X + 1 \cdot Y + (-1) \cdot Z)$$

$$= 1^2 \cdot Var(X) + 1^2 \cdot Var(Y) + (-1)^2 \cdot Var(Z)$$

$$= 4 + 4 + 3 = \underline{\underline{11}}.$$

(c) In Analogie zu (b) ist

$$Var(X - Y - Z) = Var(1 \cdot X + (-1) \cdot Y + (-1) \cdot Z)$$

$$= 1^2 \cdot Var(X) + (-1)^2 \cdot Var(Y) + (-1)^2 \cdot Var(Z)$$

$$= 4 + 4 + 3 = \underline{\underline{11}}.$$

Beachten Sie, dass Sie trotz der unterschiedlichen Vorzeichen der Variable Y in (b) und (c) dasselbe Ergebnis erhalten.

Lösung von Aufgabe 4.65

Für eine Bernoulli-verteilte Zufallsvariable $B \sim B(1, \pi)$ sind, s. auch (4.16),

$$E(B) = \pi \quad \text{und} \quad Var(B) = \pi(1 - \pi).$$

(a) $E(X) = \underline{0.5}$.

(b) $Var(X) = 0.5 \cdot 0.5 = \underline{0.25}$.

(c) $E(X + Y) = E(X) + E(Y) = 0.5 + 0.5 = \underline{1}$.

(d) Da X, Y und Z unabhängig sind, gilt

$$Var(X + Y + Z) = Var(X) + Var(Y) + Var(Z)$$
$$= 0.5 \cdot 0.5 + 0.5 \cdot 0.5 + 0.8 \cdot 0.2 = \underline{0.66}.$$

Lösung von Aufgabe 4.66

Es werden die Rechenregeln für den Erwartungswert und die Varianz unabhängiger Zufallsvariablen angewandt.

(a) $E(3X + 1) = 3E(X) + 1 = 3 \cdot 0.5 + 1 = \underline{2.5}$.

(b) Es gilt:

$$Var(2X + 3Y) = 2^2 Var(X) + 3^2 Var(Y) = 4 \cdot \frac{1}{12} + 9 \cdot \frac{1}{12} = \frac{13}{12} \approx \underline{1.0833}.$$

Lösung von Aufgabe 4.67

Mit A_i bezeichnen wir die Gewichte der Äpfel (in g), $i = 1, \ldots, 30$, und mit H das Gewicht der Holzstiege (in g). Nach Aufgabenstellung sind die A_i und H unabhängig und $A_i \sim N(150, 15^2)$ bzw. $H \sim N(500, 10^2)$. Das Gesamtgewicht ist dann

$$G = A_1 + A_2 + \cdots + A_{30} + H.$$

Nach den Rechenregeln für Erwartungswert und Varianz sind

$$E(G) = E(A_1 + A_2 + \cdots + A_{30} + H) = E(A_1) + \cdots + E(A_{30}) + E(H)$$
$$= 30 \cdot 150 + 500 = 5000,$$
$$Var(G) = Var(A_1 + A_2 + \cdots + A_{30} + H) = Var(A_1) + \cdots + Var(A_{30}) + Var(H)$$
$$= 30 \cdot 15^2 + 10^2 = 6850.$$

Man beachte, dass der Ansatz $G = 30 \cdot A_1 + H$ falsch ist und auch im Folgenden zu falschen Ergebnissen führen würde. Das liegt daran, dass 30 unterschiedliche Äpfel $(A_1, \ldots, A_{30})$ und nicht 30 Mal genau der gleiche Apfel $(30 \cdot A_1)$ in einer Holzstiege platziert werden.

(a) Als Summe unabhängiger, normalverteilter Zufallsvariablen ist G auch normalverteilt, s. Stocker und Steinke [2022], Abschnitt 7.4.1. Damit ist G ~ $N(5000, 6850)$.

(b) Wir berechnen

$$P(4800 \leq G \leq 5200) = \Phi\left(\frac{5200 - 5000}{\sqrt{6850}}\right) - \Phi\left(\frac{4800 - 5000}{\sqrt{6850}}\right)$$

$$\approx \Phi(2.42) - \Phi(-2.42) = 2\Phi(2.42) - 1 \approx 2 \cdot 0.9922 - 1 = \underline{0.9844}.$$

Mit einer Wahrscheinlichkeit von rund 98.4% liegt das Gesamtgewicht zwischen 4.8 und 5.2 kg.

Lösung von Aufgabe 4.68

(a) Der Korrelationskoeffizient berechnet sich nach der Formel:

$$\varrho(X, Y) = \frac{Cov(X, Y)}{\sqrt{Var(X)Var(Y)}} = \frac{1}{\sqrt{1 \cdot 9}} = 1/3 \approx \underline{0.333}.$$

(b) Die Differenz zweier gemeinsam normalverteilter Zufallsvariablen ist normalverteilt, also gilt $Z = X - Y \sim N(\mu, \sigma^2)$. Wir berechnen μ und σ^2 nach den Rechenregeln für den Erwartungswert und die Varianz.

$$\mu = E(Z) = E(X - Y) = E(X) - E(Y) = 0 - 3 = \underline{\underline{-3}},$$

$$\sigma^2 = Var(Z) = Var(X - Y) = Var(X) + Var(Y) - 2Cov(X, Y)$$

$$= 1 + 9 - 2 \cdot 1 = \underline{\underline{8}}.$$

Damit ist $X - Y$ normalverteilt mit den Parametern $\mu = -3$ und $\sigma^2 = 8$.

Lösung von Aufgabe 4.69

(a) X_i ist diskret und nimmt die Werte 2, 3, 4, 7 und 8 mit Wahrscheinlichkeit 1/5 an. Es gilt

$$E(\overline{X}) = E(X_i) = 2 \cdot \frac{1}{5} + 3 \cdot \frac{1}{5} + 4 \cdot \frac{1}{5} + 7 \cdot \frac{1}{5} + 8 \cdot \frac{1}{5} = \underline{4.8}.$$

Der Erwartungswert von $\overline{X}$ beträgt 4.8.

(b) Zunächst ist für die $m = 5$ Werte, die X_i annehmen kann:

$$Var(X) = Var(X_i) = E(X_i^2) - (E(X_i))^2$$

$$= \frac{1}{5}(2^2 + 3^2 + 4^2 + 7^2 + 8^2) - 4.8^2 = \underline{5.36}.$$

Da die X_i u.i.v. sind, folgt

$$Var(\overline{X}) = Var(X_i)/n = 5.36/10 = \underline{0.536},$$

s. Stocker und Steinke [2022], Abschnitt 7.4.1. Die Varianz von $\overline{X}$ ist gleich 0.536.

Lösung von Aufgabe 4.70

(a) Die X_i sind normalverteilt, also ist $\overline{X}_n$ auch normalverteilt und zwar mit $E(\overline{X}_n) = \mu$ und $Var(\overline{X}_n) = \sigma^2/n = 4/10 = 0.4$, vgl. Stocker und Steinke [2022], Abschnitt 7.4.1. Also gilt $\overline{X}_n \sim \underline{N(\mu, 0.4)}$.

(b) Es gilt mit $\overline{X}_n \sim N(\mu, 0.4)$: $P(\overline{X}_n > \mu) = \underline{0.5}$ wegen der Symmetrie der Normalverteilungsdichte bzgl. μ.

(c) Es gilt

$$P(|\overline{X}_n - \mu| > 1.5) = 1 - P(-1.5 \le \overline{X}_n - \mu \le 1.5)$$

$$= 1 - P\left(-\frac{1.5}{\sqrt{0.4}} \le \frac{\overline{X}_n - \mu}{\sqrt{0.4}} \le \frac{1.5}{\sqrt{0.4}}\right)$$

$$\approx 1 - (\Phi(2.37) - \Phi(-2.37)) = 2(1 - \Phi(2.37)) \approx \underline{0.0178}.$$

Die gesuchte Wahrscheinlichkeit beträgt 0.0178.

Lösung von Aufgabe 4.71

(a) Falsch. Zunächst gilt nach Umstellung der Verschiebungsformel der Varianz

$$E(X_i^2) = Var(X_i) + (E(X_i))^2 = 0.25 + 0.5^2 = 0.5.$$

Da $X_1, \ldots, X_n$ unabhängig und identisch verteilt sind, sind auch die $X_1^2, \ldots, X_n^2$ unabhängig und identisch verteilt. Nach dem *Gesetz der Großen Zahlen*, Stocker und Steinke [2022], Abschnitt 7.4.2, gilt daher

$$\frac{1}{n}\sum_{i=1}^{n} X_i^2 \xrightarrow{p} E(X_i^2) = 0.5.$$

Der Grenzwert 0.5 liegt nicht im Intervall $[-0.25, 0.25]$. Dementsprechend gilt für $n \to \infty$:

$$P\left(-0.25 \le \frac{1}{n}\sum_{i=1}^{n} X_i^2 < 0.25\right) \to 0 \ne 0.5.$$

(b) Richtig. Da die X_i unabhängig sind, sind auch die X_i^2 unabhängig.

$$Var\left(\frac{1}{n}\sum_{i=1}^{n} X_i^2\right) = \frac{Var(X_i^2)}{n} \to 0$$

für $n \to \infty$ mit $Var(X_i^2) = E(X_i^4) - (E(X_i^2))^2 = 0.5 - 0.5^2 = 0.25$.

Lösung von Aufgabe 4.72

Für (b) und (c) verwenden wir Approximationsformeln für die Werte der Verteilungsfunktion der Binomialverteilung, die auf dem Zentralen Grenzwertsatz beruhen, s. dazu auch Stocker und Steinke [2022], Abschnitt 7.4.2. Es sei $X \sim B(n, \pi)$. Aus dem Zentralen Grenzwertsatz folgt für beliebige $a < b$:

$$P(a \le X \le b) \approx \Phi\left(\frac{b - n\pi}{\sqrt{n\pi(1 - \pi)}}\right) - \Phi\left(\frac{a - n\pi}{\sqrt{n\pi(1 - \pi)}}\right). \tag{4.24}$$

Dabei darf man auch $a = -\infty$ setzen, womit der 2. Ausdruck auf der rechten Seite verschwindet. Durch Einführung einer „Stetigkeitskorrektur" erhält man

$$P(X \le x) \approx \Phi\left(\frac{x + 0.5 - n\pi}{\sqrt{n\pi(1 - \pi)}}\right) \quad \text{für } x = 0, 1, \ldots, n \tag{4.25}$$

und

$$P(a \le X \le b) \approx \Phi\left(\frac{b + 0.5 - n\pi}{\sqrt{n\pi(1 - \pi)}}\right) - \Phi\left(\frac{a - 0.5 - n\pi}{\sqrt{n\pi(1 - \pi)}}\right) \tag{4.26}$$

für $a \le b$ und $a, b \in \{1, \ldots, n - 1\}$.

Es sei X die Anzahl der geworfenen Sechsen. Dann ist $X \sim B(60, 1/6)$.

(a) $P(X = 10)$ berechnen wir mithilfe der Formel der Einzelwahrscheinlichkeiten der Binomialverteilung, s. (4.15).

$$P(X = 10) = \binom{60}{10}(1/6)^{10}(5/6)^{50} \approx \underline{0.137}.$$

(b) Aus (4.24) ergibt sich

$$P(X \le 10) \approx \Phi((10 - 10)/\sqrt{10 \cdot 5/6}) \approx \Phi(0) = \underline{0.50}.$$

Mit Stetigkeitskorrektur erhält man:

$$P(X \le 10) \approx \Phi((10.5 - 10)/\sqrt{10 \cdot 5/6}) \approx \Phi(0.17) = \underline{0.5675}.$$

Eine genaue Rechnung von $P(X \le 10)$ liefert:

$$P(X \le 10) = \sum_{k=0}^{10} P(X = k) = \sum_{k=0}^{10} \binom{60}{k}(1/6)^k(5/6)^{60-k} \approx \underline{0.5834}.$$

Die Approximation mit Stetigkeitskorrektur ist also genauer.

(c) Wir ermitteln zunächst die Wahrscheinlichkeit nach (4.24).

$$P(8 \le X \le 13) \approx \Phi\left(\frac{13 - 10}{\sqrt{10 \cdot 5/6}}\right) - \Phi\left(\frac{8 - 10}{\sqrt{10 \cdot 5/6}}\right)$$

$$\approx \Phi(1.04) - \Phi(-0.69) \approx 0.8508 - (1 - 0.7549) = \underline{0.6057}.$$

Mit Stetigkeitskorrektur ergibt sich

$$P(8 \le X \le 13) \approx \Phi\left(\frac{13.5 - 10}{\sqrt{10 \cdot 5/6}}\right) - \Phi\left(\frac{7.5 - 10}{\sqrt{10 \cdot 5/6}}\right)$$

$$\approx \Phi(1.21) - \Phi(-0.87) \approx 0.8869 + 0.8078 - 1 = \underline{0.6947}.$$

Die exakte, auf 4 Nachkommastellen gerundete Wahrscheinlichkeit ist 0.6890.

Lösung von Aufgabe 4.73

Approximative Verteilungsaussagen zu stochastischen Mitteln von unabhängigen Zufallsvariablen finden sich in Stocker und Steinke [2022], Abschnitt 7.4.2. Es bezeichne X die Anzahl der Fernsehgeräte in einem zufällig ausgewählten Haushalt. Gemäß Aufgabenstellung können wir dann folgende Wahrscheinlichkeiten zuordnen:

$$P(X = 0) = 0.05, \qquad P(X = 1) = 0.7,$$
$$P(X = 2) = 0.2, \qquad P(X = 3) = 0.05.$$

(a) Unter der Anzahl der Fernsehgeräte *im Durchschnitt* versteht man in diesem Zusammenhang den Erwartungswert von X.

$$E(X) = \sum_j a_j p_j = 0 \cdot 0.05 + 1 \cdot 0.7 + 2 \cdot 0.2 + 3 \cdot 0.05 = \underline{\underline{1.25}}.$$

Im Mittel besitzt jeder Haushalt 1.25 Fernsehgeräte.

(b) X_i sei die Anzahl der Fernsehgeräte, die im i-ten befragten Haushalt vorhanden sind. $X_1, \ldots, X_n$, $n = 300$, sind dann Zufallsvariablen, die wie X verteilt sind. Wir gehen davon aus, dass sie auch unabhängig sind. Es bezeichne Y die Anzahl der befragten Haushalte ohne Fernsehgerät, d.h. Y ist gleich der Anzahl der X_i, für die $X_i = 0$ ist. Damit ist $Y \sim B(300, \pi)$ mit $\pi = P(X_i = 0) = 0.05$. Zur Berechnung der interessierenden Wahrscheinlichkeit benutzen wir eine Formel zur Approximation der Werte der Verteilungsfunktion (4.25). Damit ergibt sich

$$P(Y \geq 10) = 1 - P(Y < 10) = 1 - P(Y \leq 9) \approx 1 - \Phi\left(\frac{9.5 - 300 \cdot 0.05}{\sqrt{300 \cdot 0.05 \cdot 0.95}}\right)$$
$$\approx 1 - \Phi(-1.46) = \Phi(1.46) \approx \underline{\underline{0.9279}}.$$

Mit Wahrscheinlichkeit 92.8% haben mindestens 10 der befragten Haushalte keinen Fernseher. *Anmerkung:* Eine exakte Berechnung dieser Wahrscheinlichkeit liefert 93.5%.

(c) Nach dem Gesetz der Großen Zahl gilt $plim(\overline{X}_n) = E(X_i) = 1.25 > 1.2$. Für großes n erwarten wir also, dass $\overline{X}_n$ größer als 1.2 ist bzw. die Wahrscheinlichkeit dafür, dass $\overline{X}_n$ größer als 1.2 ist, nahezu 1 ist.

Wir überprüfen das mit dem Zentralen Grenzwertsatz. Für die Varianz von X_i gilt

$$E(X_i^2) = \sum_j a_j^2 p_j = 0^2 \cdot 0.05 + 1^2 \cdot 0.7 + 2^2 \cdot 0.2 + 3^2 \cdot 0.05 = 1.95,$$

$$Var(X_i) = E(X^2) - (E(X))^2 = 1.95 - 1.25^2 = 0.3875.$$

Gesucht ist die Wahrscheinlichkeit dafür, dass $\overline{X}_n$ größer als 1.2 ist. Wir approximieren diese Wahrscheinlichkeit nun mithilfe des Zentralen Grenzwertsatzes. Hierbei sind $\mu = E(X_i) = 1.25$ und $\sigma^2 = Var(X_i) = 0.3875$.

$$P(\overline{X}_n > 1.2) = P\left(\sqrt{n}\frac{(\overline{X}_n - \mu)}{\sigma} > \sqrt{n}\frac{(1.2 - \mu)}{\sigma}\right)$$

$$= P\Big(Z_n > \sqrt{300}\frac{(1.2 - 1.25)}{\sqrt{0.3875}}\Big) \approx 1 - \Phi(-1.49) \approx 0.9177.$$

Hierbei wurde verwendet, dass $Z_n = \sqrt{n}(\overline{X}_n - \mu)/\sigma \overset{a}{\sim} N(0, 1)$. Die Wahrscheinlichkeit, dass $\overline{X}_n$ größer als 1.2 ist, ist also beträgt ca. 91.8%.

Lösung von Aufgabe 4.74

Für die individuellen Wartezeiten der Kunden gilt $X_i \sim G(0, 10)$ (in Minuten). Mit $S_{100} = X_1 + X_2 + \cdots + X_{100}$ bezeichnen wird die (zufällige) Gesamtwartezeit von 100 Kunden und gehen dabei von der Unabhängigkeit der individuellen Wartezeiten X_i aus. Wir verwenden (4.17), d.h.

$$\mu = E(X_i) = (a + b)/2 = (0 + 10)/2 = 5 \text{ und}$$
$$\sigma^2 = Var(X_i) = (b - a)^2/12 = (10 - 0)^2/12 \approx 8.3333,$$

also $\sigma \approx 2.8868$. Mithilfe des Zentralen Grenzwertsatzes ergibt sich dann

$$P(400 \le S_n \le 600) \approx P\Big(\frac{400 - 100\cdot 5}{\sqrt{100\cdot 8.3333}} \le \frac{S_n - n\mu}{\sqrt{n\cdot \sigma^2}} \le \frac{600 - 100\cdot 5}{\sqrt{100\cdot 8.3333}}\Big)$$
$$\approx \Phi(3.46) - \Phi(-3.46) = 2\Phi(3.46) - 1 \approx 2\cdot 0.9997 - 1$$
$$= \underline{\underline{0.9994}}.$$

Die Gesamtwartezeit von 100 Kunden liegt mit Wahrscheinlichkeit 0.9994 zwischen 400 und 600 Minuten.

Lösung von Aufgabe 4.75

In beiden Aufgabenteilen geht es um die Gültigkeit der Beziehung

$$P(|Y_n| > 0.1) < 0.0001 \tag{4.27}$$

für geeignetes n, wobei in (a) $Y_n = S_n = X_1 + \cdots + X_n$ und in (b)

$$Y_n = Z_n = (X_1 + \cdots + X_n)/\sqrt{n}$$

zu setzen ist. Nach der Definition der Konvergenz in Wahrscheinlichkeit und dem Gesetz der Großen Zahlen ist (4.27) wahr für $Y_n = \overline{X}_n$. S_n bzw. Z_n konvergieren nicht in Wahrscheinlichkeit gegen Null: Die Aussagen in (a) und (b) sind falsch. Um das im Detail zu zeigen, kann man z.B. $X_i \sim N(0, 1)$ wählen und $P(|Y_n| > 0.1)$ berechnen.

Lösung von Aufgabe 4.76

X_i sei die zufällige Anzahl von Kugeln Eis, die Kunde i konsumiert. Dann ist X_i diskret verteilt entsprechend folgender Verteilungstabelle:

x	1	2	3
$P(X_i = x)$	0.3	0.6	0.1

Damit sind

$$E(X) = 1 \cdot 0.3 + 2 \cdot 0.6 + 3 \cdot 0.1 = 1.8,$$
$$E(X^2) = 1^2 \cdot 0.3 + 2^2 \cdot 0.6 + 3^2 \cdot 0.1 = 3.6,$$
$$Var(X) = E(X^2) - (E(X))^2 = 3.6 - 1.8^2 = 0.36.$$

Sei S_n die Anzahl von Kugeln Eis, die $n = 100$ Kunden konsumieren. Dann ist $S_n = X_1 + X_2 \cdots + X_n$, $n = 100$.

(a) Wir verwenden den Zentralen Grenzwertsatz, vgl. Stocker und Steinke [2022], Abschnitt 7.4.2.

$$P(S_n > 190) = P\left(\frac{S_n - 100 \cdot 1.8}{\sqrt{100 \cdot 0.36}} > \frac{190 - 100 \cdot 1.8}{\sqrt{100 \cdot 0.36}}\right) \approx P(Z_n > 1.667)$$
$$= 1 - P(Z_n \le 1.667) \approx 1 - \Phi(1.67) \approx 1 - 0.9525 = \underline{0.0475}.$$

Die Wahrscheinlichkeit, dass 100 Kunden mehr als 190 Kugeln Eis konsumieren wollen, beträgt etwa 4.75%.

(b) Es gilt

$$P(\overline{X}_n < 1.6) = P\left(\frac{\overline{X}_n - 1.8}{\sqrt{0.36/100}} < \frac{1.6 - 1.8}{\sqrt{0.36/100}}\right) = P(Z_n < -3.333)$$
$$\approx \Phi(-3.33) = 1 - \Phi(3.33) \approx 1 - 0.9996 = \underline{0.0004}.$$

Die Wahrscheinlichkeit, dass 100 Kunden im Durchschnitt weniger als 1.6 Kugeln Eis essen wollen, beträgt 0.04%.

(c) Y bezeichne die Anzahl der Kunden, die 3 Kugeln Eis möchten. Da $P(X_i = 3) = 0.1$, ist $Y \sim B(n, \pi)$ für $n = 100$ und $\pi = 0.1$. Wir verwenden die Approximationsformel (4.25).

$$P(Y > 15) = 1 - P(Y \le 15) = 1 - \Phi\left(\frac{15.5 - 100 \cdot 0.1}{\sqrt{100 \cdot 0.1 \cdot 0.9}}\right)$$
$$\approx 1 - \Phi(1.83) = 1 - 0.9664 \approx \underline{0.0336}.$$

Die Wahrscheinlichkeit, dass mehr als 15 Kunden 3 Kugeln Eis wollen, beträgt ca. 3.4%.

Lösung von Aufgabe 4.77

X sei die Anzahl der Gäste, die Sekt trinken möchten. Als Verteilungsannahme schreiben wir dann $X \sim B(n, \pi)$, $n = 100$, $\pi = 0.8$. Es sind genügend Sektgläser vorhanden, wenn $X \le 90$ gilt. Wir verwenden (4.25).

$$P(X \le 90) \approx \Phi\left(\frac{90.5 - 100 \cdot 0.8}{\sqrt{100 \cdot 0.8 \cdot 0.2}}\right) \approx \Phi(2.63) \approx \underline{0.9957}.$$

Mit Wahrscheinlichkeit 99.6% reichen die vorbereiteten Sektgläser für die Gäste.

Lösung von Aufgabe 4.78

Gemäß Dichte sind $X_i \sim G(a, b)$ mit $a = -2$ und $b = 3$, d.h., vgl. (4.17),

$$E(X_i) = \frac{a + b}{2} = 0.5, \qquad Var(X_i) = \frac{(b - a)^2}{12} = \frac{25}{12} \approx 2.0833,$$

$$E(X_i^2) = Var(X_i) + (E(X_i))^2 = \frac{25}{12} + \frac{1}{4} = \frac{7}{3} \approx 2.3333.$$

(a) Damit gilt nach dem Gesetz der Großen Zahlen

$$\lim_{n \to \infty} P(|\overline{X}_n| > 0.001) = \lim_{n \to \infty} P(\overline{X}_n \in (-\infty, -0.001) \cup (0.001, \infty)) = \underline{\underline{1}},$$

da $E(X_i) = 0.5$ im Intervall $(0.001, \infty)$ liegt.

(b) Nach dem Gesetz der Großen Zahlen, angewandt auf $Y_i = X_i^2$, ist

$$\frac{1}{n} \sum_{i=1}^{n} X_i^2 = \overline{Y}_n \xrightarrow{p} E(Y_i) = E(X_i^2) = \frac{7}{3} \approx \underline{\underline{2.3333}}.$$

(c) Aus dem Gesetz der Großen und dem Stetigkeitssatz für die Konvergenz in Wahrscheinlichkeit folgt aus $\overline{X}_n \xrightarrow{p} E(X_i)$:

$$\overline{X}_n^2 \xrightarrow{p} (E(X_i))^2 = \underline{\underline{0.25}}.$$

Lösung von Aufgabe 4.79

Aus der Verschiebungsformel der Varianz folgt:

$$E(X_i^2) = Var(X_i) + (E(X_i))^2 = 1.$$

(a) Wir erhalten:

$$E(S) = E(X_1^2) + \cdots + E(X_{30}^2) = 30E(X_1^2) = \underline{\underline{30}}.$$

$$Var(S) = 30 \cdot Var(X_1^2) = 30[E(X_1^4) - (E(X_1^2))^2] = 30[3 - 1] = \underline{\underline{60}}.$$

(b) Wir verwenden den Zentralen Grenzwertsatz zur approximativen Berechnung der interessierenden Intervallwahrscheinlichkeit.

$$P(24 \leq S \leq 34) = P(\frac{24 - 30}{\sqrt{60}} \leq \frac{S - 30}{\sqrt{60}} \leq \frac{34 - 30}{\sqrt{60}}) \approx \Phi(\frac{34 - 30}{\sqrt{60}}) - \Phi(\frac{24 - 30}{\sqrt{60}})$$

$$\approx \Phi(0.52) - \Phi(-0.77) = \underline{\underline{0.4779}}.$$

Anmerkung: Die exakte Intervallwahrscheinlichkeit, gerundet auf drei Nachkommastellen, beträgt 0.491.

(c) Als Summe von 30 unabhängigen Zufallsvariablen ist S nach dem Zentralen Grenzwertsatz näherungsweise $N(30, 60)$-verteilt. Also kann man das 0.9-Quantil $q_{0.9}$ von S näherungsweise wie eines einer entsprechend normalverteilten Zufallsvariable berechnen, s. (4.22):

$$q_{0.9} \approx 30 + \sqrt{60} \cdot z_{0.9} \approx \underline{\underline{39.91}}.$$

Anmerkung: Das exakte Quantil beträgt 40.256.

Lösung von Aufgabe 4.80

Da die X_i identisch verteilt sind und $P(X_1 = 1) = 0.5$ ist, folgt $X_1, X_2, X_3 \sim B(1, 0.5)$.

(a) Wenn $Z \sim B(1, \pi)$, dann ist $E(Z) = \pi$.

$$E(X_1 + X_2 + X_3) = E(X_1) + E(X_2) + E(X_3) = 0.5 + 0.5 + 0.5 = \underline{1.5}.$$

(b) Es gilt:

$$P(X_1 = 1) = P(X_1 = 1, X_2 = 0) + P(X_1 = 1, X_2 = 1),$$

also $P(X_1 = 1, X_2 = 0) = P(X_1 = 1) - P(X_1 = 1, X_2 = 1) = 0.5 - 0.2 = \underline{0.3}$.
X_2 und X_3 sind unabhängig, weil $(X_1, X_2)^T$ und X_3 unabhängig sind.

$$P(X_1 = 1 | X_2 = 0, X_3 = 0) = \frac{P(X_1 = 1, X_2 = 0, X_3 = 0)}{P(X_2 = 0, X_3 = 0)}$$

$$= \frac{P(X_1 = 1, X_2 = 0)P(X_3 = 0)}{P(X_2 = 0)P(X_3 = 0)} = \frac{0.3 \cdot 0.5}{0.5 \cdot 0.5} = \underline{\underline{0.6}}.$$

(c) Aus dem vorherigen Aufgabenteil folgt $X_1 | X_2 = 0, X_3 = 0 \sim B(1, 0.6)$. Damit gilt auch

$$E(X_1 | X_2 = 0, X_3 = 0) = \underline{\underline{0.6}}.$$

(d) Da $(X_1, X_2)^T$ und X_3 unabhängig sind, hängt die Verteilung von X_3 nicht von $(X_1, X_2)^T$ ab.

$$E(X_3 | X_1 = 0, X_2 = 1) = E(X_3) = \underline{\underline{0.5}}.$$

Lösung von Aufgabe 4.81

(a) Wir bestimmen die Erwartungswerte der diskreten Zufallsvariablen.

$$E(X) = \sum_{i=1}^{3} i \cdot P(X = i) = 1 \cdot 0.5 + 2 \cdot 0.25 + 3 \cdot 0.25 = \underline{1.75},$$

$$E(Y) = \sum_{i=0}^{1} i \cdot P(Y = i) = 0 \cdot 0.5 + 1 \cdot 0.5 = 0.5,$$

$$E(Z) = \sum_{i=0}^{1} i \cdot P(Z = i) = 0 \cdot 0.75 + 1 \cdot 0.25 = 0.25.$$

Nach den Rechenregeln für den Erwartungswert gilt dann

$$E(X + Y + Z) = E(X) + E(Y) + E(Z) = 1.75 + 0.5 + 0.25 = \underline{\underline{2.5}}.$$

(b) Wir berechnen zunächst die Varianzen zu Y und Z:

$$E(Y^2) = \sum_{i=0}^{1} i^2 \cdot P(Y = i) = 0^2 \cdot 0.5 + 1^2 \cdot 0.5 = 0.5,$$

$$E(Z^2) = \sum_{i=0}^{1} i^2 \cdot P(Y = i) = 0^2 \cdot 0.75 + 1^2 \cdot 0.25 = 0.25.$$

Damit sind

$$Var(Y) = E(Y^2) - (E(Y))^2 = 0.5 - 0.5^2 = \underline{0.25}.$$

$$Var(Z) = E(Z^2) - (E(Z))^2 = 0.25 - 0.25^2 = \underline{0.1875}.$$

Anmerkung: Da Y und Z auch Bernoulli-verteilt sind, hätte man die Varianzen auch mithilfe der bekannten Varianzformeln der Bernoulli-Verteilung ermitteln können.

Jetzt wenden wir die Rechenregln für Linearkombinationen unabhängiger Zufallsvariablen an:

$$Var(Y - 2Z) = Var(Y) + (-2)^2 Var(Z) = 0.25 + 4 \cdot 0.1875 = \underline{1.0}.$$

(c) Nein. Y und Z sind nicht identisch verteilt, da

$$P(Y = 0) = 0.5 \neq 0.75 = P(Z = 0)$$

gilt.

(d) Da X, Y, Z unabhängig sind, gilt

$$P(X = 1, Y = 1 | Z = 1) = P(X = 1, Y = 1) = P(X = 1)P(Y = 1)$$
$$= 0.5 \cdot 0.5 = \underline{0.25}.$$

Lösung von Aufgabe 4.82

Zunächst bestimmen wir die Verteilung von $Z = X_1 - 3X_2$. Als Linearkombination normalverteilter Zufallsvariablen ist Z auch normalverteilt. Es gelten:

$$\mu = E(Z) = E(X_1) - 3E(X_2) = 1 - 3 \cdot 1 = -2,$$
$$\sigma^2 = Var(Z) = 1^2 \cdot Var(X_1) + 9 \cdot Var(X_2) - 2 \cdot 3 \cdot Cov(X_1, X_2)$$
$$= 1 \cdot 2 + 9 \cdot 3 - 2 \cdot 3 \cdot 1 = 23.$$

Folglich ist $Z = X_1 - 3X_2 \sim N(-2, 23)$. Damit sind

$$F_Z(0) = \Phi\left(\frac{0 - \mu}{\sigma}\right) = \Phi\left(\frac{2}{\sqrt{23}}\right) \approx \Phi(0.42) \approx 0.6628,$$

$$P(Z > 0) = 1 - P(Z \leq 0) = 1 - F_Z(0) \approx 1 - 0.6628 = \underline{0.3372}.$$

Die gesuchte Wahrscheinlichkeit beträgt 0.3372.

Lösung von Aufgabe 4.83

Von den $N = 20$ Parkführern sind $M = 10$ deutschsprachig und es müssen für die 4 Kleingruppen 4 Parkführer („ohne Zurücklegen") ausgewählt werden. Es sei X die Anzahl der Reisegruppen mit deutschsprachigem Reiseführer. Dann ist X hypergeometrisch verteilt, $X \sim H(4, 10, 20)$. Allgemein gilt für hypergeometrisch verteilte Zufallsvariablen $X \sim H(n, M, N)$ und x aus dem Träger von X:

$$P(X = x) = \frac{\binom{M}{x}\binom{N-M}{n-x}}{\binom{N}{n}}, \quad E(X) = n \cdot \frac{M}{N}. \tag{4.28}$$

Damit ist

$$P(X \geq 3) = P(X = 3) + P(X = 4) = \frac{\binom{10}{3}\binom{10}{1} + \binom{10}{4}\binom{10}{0}}{\binom{20}{4}}$$

$$= \frac{120 \cdot 10 + 210 \cdot 1}{4845} \approx \underline{\underline{0.291}}.$$

Mit Wahrscheinlichkeit 0.291 erhalten mindestens 3 der 4 Gruppen eine deutschsprachige Führung.

Lösung von Aufgabe 4.84

Der Erwartungswert der $H(10, 10, 20)$-Verteilung ist mit $n = 10$, $M = 10$ und $N = 20$ gleich $n \cdot M/N = 10 \cdot 10/20 = 5$, vgl. (4.28). Die Wahrscheinlichkeitsfunktion des linken Schaubildes ist symmetrisch bzgl. 5. Damit ist 5 der Erwartungswert der dargestellten Verteilung. Für das rechte Schaubild ist der Erwartungswert erkennbar kleiner als 5, da mehr und größere Wahrscheinlichkeiten links von der 5 liegen. Damit kann nur die linke Abbildung zur $H(10, 10, 20)$-Verteilung gehören.

Lösung von Aufgabe 4.85

Eine hypergeometrische Verteilung $H(n, M, N)$ lässt sich durch eine Binomialverteilung $B(n, \pi)$ approximieren, wenn $\pi = M/N$ und n viel kleiner als N ist; insbesondere $n/N < 0.05$. In unserer Aufgabenstellung sind $n = 5$, $M = 50$, $N = 500$ und $\pi = 0.1$. Also ist $\pi = 0.1 = 50/500 = M/N$ und $n/N = 5/500 = 0.01 < 0.05$. Eine Approximation der hypergeometrischen Verteilung durch die angegebene Binomialverteilung ist daher zulässig.

Lösung von Aufgabe 4.86

(a) F ist in Abbildung 4.9 dargestellt. F ist weder stückweise konstant noch stetig. Daher ist X weder diskret noch stetig verteilt.

(b) F weist an den Stellen $x = 1$ und $x = 2$ Sprünge auf.

$$P(X = 1) = P(X \leq 1) - P(X < 1) = F(1) - F(1-)$$
$$= (0.5 \cdot 1 - 0.1) - 0.3 \cdot 1 = 0.4 - 0.3 = 0.1,$$
$$P(X = 2) = P(X \leq 2) - P(X < 2) = F(2) - F(2-)$$
$$= 1 - (0.5 \cdot 2 - 0.1) = 1 - 0.9 = \underline{\underline{0.1}}.$$

Für die weiteren Berechnungen verwenden wir (4.3). Damit ist

$$P(0.5 < X \leq 1) = F(1) - F(0.5) = 0.4 - 0.3 \cdot 0.5 = \underline{\underline{0.25}}.$$

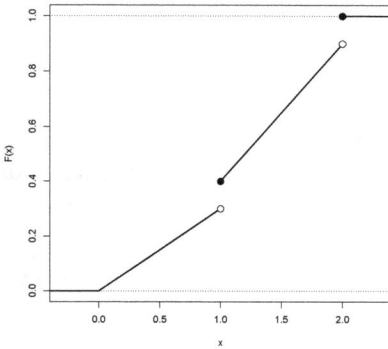

Abb. 4.9: Verteilungsfunktion zu Aufgabe 4.86

$$P(1 \leq X \leq 1.5) = P(X = 1) + P(1 < X \leq 1.5) = 0.1 + (F(1.5) - F(1))$$
$$= 0.1 + 0.65 - 0.4 = \underline{\underline{0.35}}.$$

Für die letzte Wahrscheinlichkeit gilt entsprechend

$$P(0.5 \leq X < 1.5) = P(0.5 < X \leq 1.5) - P(X = 1.5) + P(X = 0.5)$$
$$= F(1.5) - F(0.5) - 0 + 0 = 0.65 - 0.15 = \underline{\underline{0.50}}.$$

Lösung von Aufgabe 4.87

Es bezeichne $X = \sum_{i=1}^{n} a_i X_i$ und $Y = \sum_{j=1}^{m} b_j Y_j$. μ_{X_i} seien die Erwartungswerte von X_i und μ_{Y_j} von Y_j. Dann gilt:

$$\mu_X = E(\sum_{i=1}^{n} a_i X_i) = \sum_{i=1}^{n} a_i E(X_i), \text{ also } X - \mu_X = \sum_{i=1}^{n} a_i (X_i - \mu_{X_i}).$$

Gleichermaßen ist $Y - \mu_Y = \sum_{j=1}^{n} b_j (Y_j - E(Y_j))$. Nach Anwendung der Definition der Kovarianz erhalten wir

$$Cov(X, Y) = E((X - \mu_X)(Y - \mu_Y)) = E\Big[(\sum_{i=1}^{n} a_i (X_i - \mu_{X_i}))(\sum_{j=1}^{m} b_j (Y_j - \mu_{Y_j}))\Big].$$

Aus den Rechenregeln für Erwartungswerte folgt

$$Cov(X, Y) = E\Big[\sum_{i=1}^{n} \sum_{j=1}^{m} a_i b_j (X_i - \mu_{X_i})(Y_j - \mu_{Y_j})\Big]$$
$$= \sum_{i=1}^{n} \sum_{j=1}^{m} a_i b_j E[(X_i - \mu_{X_i})(Y_j - \mu_{Y_j})] = \sum_{i=1}^{n} \sum_{j=1}^{m} a_i b_j Cov(X_i, Y_j),$$

d.h. die Behauptung.

5 Schätzen von Parametern

Anmerkung zur Notation

In der Literatur gibt es unterschiedliche Bezeichnungen und Sprechweisen für die üblichen Schätzer für Varianzen und Standardabweichungen. Die in den folgenden Kapiteln verwendeten Bezeichnungsweisen sollen hier noch einmal kurz zusammengefasst werden.

$x_1, \ldots, x_n$ seien Realisierungen der Zufallsvariablen $X_1, \ldots, X_n$. Dann bezeichnen wir

$$S_n^2 = \frac{1}{n-1} \sum_{i=1}^{n} (X_i - \overline{X}_n)^2 \quad \text{bzw.} \quad s^2 = s_X^2 = \frac{1}{n-1} \sum_{i=1}^{n} (x_i - \overline{x})^2 \qquad (5.1)$$

als (korrigierte) ***Stichprobenvarianz*** und

$$\widetilde{S}_n^2 = \frac{1}{n-1} \sum_{i=1}^{n} (X_i - \overline{X}_n)^2 \quad \text{bzw.} \quad \widetilde{s}^2 = \frac{1}{n} \sum_{i=1}^{n} (x_i - \overline{x})^2 \qquad (5.2)$$

als ***nichtkorrigierte Stichprobenvarianz***. Zwischen den stochastischen Größen (S_n^2) und den entsprechenden empirischen Größen (s^2) wird dabei zunächst sprachlich nicht unterschieden. Um welche Art von Größe es sich handelt, kann man aus dem Kontext erschließen, je nachdem, ob Eigenschaften von Schätzern behandelt werden oder ein Ausdruck mithilfe von Schätzwerten berechnet werden muss. Dementsprechend bezeichnen wir

$$S_n = \sqrt{S_n^2} \text{ und } s = \sqrt{s^2} \quad \text{bzw.} \quad \widetilde{S}_n = \sqrt{\widetilde{S}_n^2} \text{ und } \widetilde{s} = \sqrt{\widetilde{s}^2} \qquad (5.3)$$

als (korrigierte) ***Stichprobenstandardabweichung*** bzw. ***nichtkorrigierte Stichprobenstandardabweichung*** und

$$S_{XY} = \frac{1}{n-1} \sum_{i=1}^{n} (X_i - \overline{X}_n)(Y_i - \overline{Y}_n) \qquad (5.4)$$

als (korrigierte) ***Stichprobenkovarianz*** für Zufallsvektoren $(X_1, Y_1), \ldots, (X_n, Y_n)$.

https://doi.org/10.1515/9783110744187-005

Aufgabe 5.1

(a) $X_1, \ldots, X_n$ seien u.i.v. mit Erwartungswert μ. Um μ zu schätzen, verwende man die Schätzer

$$S_1 = \frac{1}{2}(3X_2 - X_1), \quad S_2 = X_{n-1} \quad \text{und} \quad S_3 = \frac{1}{n-1}\sum_{i=1}^{n} X_i.$$

Stellen Sie fest, welche dieser Schätzer erwartungstreu für μ sind.

(b) $X_1, \ldots, X_n \sim B(1, \pi)$ seien u.i.v. Gegeben seien folgende Schätzer:

$$T_1 = \frac{1}{3}(X_1 + 2X_2 + X_n) \quad \text{und} \quad T_2 = \frac{1}{3}(X_1^2 + 2X_2^2).$$

Stellen Sie fest, welche dieser Schätzer erwartungstreu für π sind.

Aufgabe 5.2

X_1, X_2, X_3 seien u.i.v. Zufallsvariablen mit Erwartungswert μ und Varianz 2. Um μ zu schätzen, verwendet man die Schätzer

$$U = (X_2 + 2X_3)/3, \quad V = (X_1 + X_2)/2 \quad \text{und} \quad W = (2X_1 + X_2 + 2X_3)/4.$$

(a) Berechnen Sie den Bias (die Verzerrung) für die Schätzer und stellen Sie fest, welche Schätzer erwartungstreu sind.

(b) Berechnen Sie die Varianzen der Schätzer.

(c) Unter mehreren *erwartungstreuen* Schätzern fasst man denjenigen als den besten auf, der die kleinste Varianz aufweist. Welcher der drei Schätzer ist in diesem Sinne der *beste erwartungstreue* Schätzer für μ?

Aufgabe 5.3

$X_1, \ldots, X_n$ seien u.i.v. mit $\mu = E(X_i)$ und $\sigma^2 = Var(X_i)$.

Bekanntlich ist die Stichprobenvarianz S_n^2, s. (5.1), ein erwartungstreuer Schätzer für σ^2, s. z.B. Stocker und Steinke [2022], Kapitel 10. Bestimmen Sie den Bias der nicht-korrigierten Stichprobenvarianz $\widetilde{S}_n^2$ für das Schätzen von σ^2 und zeigen Sie, dass $\widetilde{S}_n^2$ asymptotisch erwartungstreu ist.

Aufgabe 5.4

Die Zufallsvariablen $X_1, \ldots, X_n$ seien u.i.v. mit unbekanntem Erwartungswert μ und unbekannter Varianz σ^2.

(a) Um $\mu_2 = E(X_i^2)$ zu schätzen, verwende man die Schätzer

$$S_1 = X_1^2, \quad S_2 = \frac{1}{n}\sum_{i=1}^{n} X_i^2 \quad \text{und} \quad S_3 = (\overline{X}_n)^2.$$

Stellen Sie fest, welche dieser Schätzer erwartungstreu für μ_2 sind.

(b) Gegeben seien folgende Schätzer:

$$T_1 = \frac{1}{n-1} \sum_{i=1}^{n} (X_i - \overline{X}_n)^2, \qquad T_2 = (X_1 - \overline{X}_n)^2,$$

$$T_3 = X_1^2 - X_2 X_3, \qquad T_4 = \frac{1}{2}(X_1 - X_2)^2.$$

Welche dieser Schätzer sind erwartungstreu für σ^2?

Aufgabe 5.5

Es seien $X_1, X_2 \sim G(0, \theta)$ u.i.v. für einen Parameter $\theta > 0$. Es sei $Y = \max(X_1, X_2)$.

(a) Bestimmen Sie Erwartungswert und Varianz von $S_2 = X_1 + X_2$.

(b) Ermitteln Sie die Dichte von Y.
   Hinweis: Gehen Sie dabei wie in Aufgabe 4.55 vor.

(c) Ermitteln Sie den Erwartungswert und die Varianz von Y.

(d) Machen Sie den Ansatz $T = c \cdot Y$ und bestimmen Sie c so, dass T erwartungstreu für θ ist.

(e) Bestimmen Sie die Varianz von T.

(f) Entscheiden Sie, welcher der beiden Schätzer S_2 bzw. T der bessere Schätzer für das Schätzen von θ ist.

Aufgabe 5.6

Zeigen Sie, dass für beliebige reelle Zahlen $x_1, \dots, x_n, y_1, \dots, y_n$ gilt:

$$\sum_{i=1}^{n} (x_i - \overline{x})(y_i - \overline{y}) = \sum_{i=1}^{n} x_i(y_i - \overline{y}) = \sum_{i=1}^{n} x_i y_i - n\overline{x}\overline{y}. \tag{5.5}$$

*Aufgabe 5.7

Es seien $(X_1, Y_1), \dots, (X_n, Y_n)$ u.i.v. Zeigen Sie, dass die (korrigierte) Stichprobenkovarianz

$$S_{XY} = \frac{1}{n-1} \sum_{i=1}^{n} (X_i - \overline{X}_n)(Y_i - \overline{Y}_n) \tag{5.6}$$

ein erwartungstreuer Schätzer für $\sigma_{XY} = Cov(X_i, Y_i)$ ist.

Aufgabe 5.8

Mit einer u.i.v.-Stichprobe $X_1, \dots, X_n$ soll der Erwartungswert μ und die Varianz σ^2 einer Verteilung geschätzt werden. Welche der folgenden Schreibweisen sind jeweils korrekt, wenn eine konventionelle Bezeichnungsweise unterstellt wird?

(a) $Var(\overline{X}_n) = S_n^2/n.$

(b) $\sigma_{\hat{\mu}_n}^2 = S_n^2/n.$

(c) $\hat{\sigma}_{\hat{\mu}_n}^2 = S_n^2/n.$

(d) $Var(S_n^2) = \frac{1}{n-1} \sum_{i=1}^{n}(X_i - \overline{X}_n)^2.$

(e) $E(\hat{\sigma}_n^2) = \sigma^2.$

*Aufgabe 5.9

In einer Urne befinden sich M Kugeln, die mit den Zahlen $x_1, \ldots, x_M$ beschriftet sind. Dabei dürfen auch Zahlenwerte mehrfach auftreten. Es werde eine Kugel aus der Urne zufällig entnommen, d.h. dass jede Kugel die gleiche Chance hat, gezogen zu werden. X sei dann der Zahlenwert, der auf der gezogenen Kugel steht. Zeigen Sie, dass dann

$$E(X) = \overline{x} = \frac{1}{M} \sum_{i=1}^{M} x_i \quad \text{und} \quad Var(X) = \tilde{s}_X^2 = \frac{1}{M} \sum_{i=1}^{M}(x_i - \overline{x})^2$$

gelten.

Aufgabe 5.10

In einer Urne befinden sich 5 gleichartige Kugeln, die mit den Zahlen $z_1, \ldots, z_5$ beschriftet sind. Für das arithmetisches Mittel bzw. den Wert der (korrigierten) Stichprobenvarianz von $z_1, \ldots, z_5$ ergeben sich

$$\overline{z} = 3.2 \quad \text{bzw.} \quad s_Z^2 = 7.5.$$

Es werden $n = 3$ Kugeln *mit Zurücklegen* gezogen. Es sei X_i das Ergebnis im i-ten Zug, d.h. die Zahl, die im i-ten Zug gezogen wird. $\overline{X}$ bezeichne das Stichprobenmittel und S^2 die (korrigierte) Stichprobenvarianz von X_1, X_2 und X_3.

Bestimmen Sie

(a) $E(X_3).$

(b) $Var(\overline{X}).$

(c) $E(S^2).$

Aufgabe 5.11

Eine Stadt bestehe aus zwei Stadtteilen. Insgesamt leben 70% aller Einwohner in Stadtteil A und 30% in Stadtteil B. Zur Schätzung der mittleren Pkw-Anzahl je Haushalt in der Stadt werde eine größenproportionale geschichtete Zufallsstichprobe vom Umfang $n = 100$ gezogen. Dazu verwendet man den Schätzer

$$\overline{X}_S = \frac{1}{100}(S_{1,1} + S_{1,2} + \cdots + S_{1,70} + S_{2,1} + S_{2,2} + \cdots + S_{2,30}),$$

wobei die Ziehungen $S_{1,j}$ in Stadtteil A und die Ziehungen $S_{2,j}$ in Stadtteil B vorgenommen wurden. Der Einfachheit halber unterstellen wir, dass *mit Zurücklegen* gezogen wird. Angenommen, in Stadtteil A besitzt jeder Haushalt im Durchschnitt 0.8 Pkw bei einer nichtkorrigierten Stichprobenstandardabweichung von 0.5 und in Stadtteil B besitzt jeder Haushalt im Durchschnitt 1.2 Pkw bei einer nichtkorrigierten Stichprobenstandardabweichung von 0.6.

(a) Ermitteln Sie $E(\overline{X}_S)$.

(b) Gilt $Var(S_{1,2}) = Var(S_{2,18})$?

(c) Bestimmen Sie $Var(\overline{X}_S)$.

Alternativ hätte man hier auch eine normale, nicht größenproportionale Zufallsstichprobe verwenden können. Dazu werde 100 Mal *mit Zurücklegen* aus Stadteil A *und* B gezogen und

$$\overline{X} = \frac{1}{100}(X_1 + X_2 + \cdots + X_{100})$$

als Schätzer verwendet, wobei X_i die Pkw-Anzahl des i-ten gezogenen Haushalts darstellt.

(d) Bestimmen Sie die durchschnittliche Pkw-Anzahl und die nichtkorriergierte Stichprobenvarianz aller Daten von Stadtteil A und B zusammen. *Hinweis:* Verwenden Sie Formel (1.7) aus der Lösung von Aufgabe 1.14.

(e) Bestimmen Sie Erwartungswert und Varianz von $\overline{X}$.

(f) Welcher der Schätzer $\overline{X}_S$ bzw. $\overline{X}$ ist besser?

Aufgabe 5.12
Die **erwartete quadratische Abweichung** (MSE, engl. **Mean Squared Error**) eines Schätzers für das Schätzen eines Parameters θ ist definiert als $MSE_\theta(T) = E((T - \theta)^2)$. Zeigen Sie:

$$MSE_\theta(T) = Var(T) + (Bias_\theta(T))^2, \tag{5.7}$$

wobei $Bias_\theta(T) = E(T) - \theta$ den Bias bezeichnet.
Hinweis: Verwenden Sie die Verschiebungsformel der Varianz.

Aufgabe 5.13
T_1 und T_2 seien Schätzer für den Parameter θ. Dann bezeichne man T_1 als **MSE-besser** als T_2, wenn

$$MSE_\theta(T_1) \le MSE_\theta(T_2) \tag{5.8}$$

für alle zulässigen θ und „<" für mindestens ein θ gilt.

Seien $X_1, X_2, \ldots, X_{10}$ u.i.v. mit $E(X_i) = \mu$ und $Var(X_i) = \sigma^2$ mit $\sigma^2 > 0$. Zur Schätzung von μ betrachten wir die beiden Schätzer

$$\widehat{\mu}_1 = \frac{1}{5} \sum_{i=1}^{5} X_i \quad \text{und} \quad \widehat{\mu}_2 = 0.5 X_1 + 0.5 X_{10}.$$

(a) Überprüfen Sie, ob $\widehat{\mu}_1$ bzw. $\widehat{\mu}_2$ erwartungstreu für μ sind.

(b) Bestimmen Sie $MSE_\mu(\widehat{\mu}_2)$.

(c) Stellen Sie fest, welcher der Schätzer MSE-besser als der andere ist.

Aufgabe 5.14

Seien X_1, X_2, X_3 unabhängig $B(1, \pi)$-verteilt. Zur Schätzung von π betrachten wir die beiden Schätzer

$$T_1 = \frac{1}{3}(X_1 - 2X_2 + 4X_3) \quad \text{und} \quad T_2 = \frac{1}{3}(X_1^2 + 2X_2^2).$$

(a) Zeigen Sie, dass T_1 bzw. T_2 erwartungstreu für π sind.

(b) Zeigen Sie, dass der Schätzer T_2 MSE-besser als T_1 ist, vgl. Aufgabe 5.13.

Aufgabe 5.15

$X_1, X_2, \ldots, X_{10}$ seien unabhängig $N(\mu, \sigma^2)$-verteilt und $\sigma^2 > 0$. Zur Schätzung von μ betrachten wir die beiden Schätzer

$$\widehat{\mu}_1 = \frac{1}{10}\left(\sum_{i=1}^{5} X_i - \sum_{i=6}^{10} X_i\right) \quad \text{und} \quad \widehat{\mu}_2 = \overline{X} = \frac{1}{10} \sum_{i=1}^{10} X_i.$$

(a) Sind $\widehat{\mu}_1$ bzw. $\widehat{\mu}_2$ normalverteilt?

(b) Sind die Schätzer $\widehat{\mu}_1$ bzw. $\widehat{\mu}_2$ erwartungstreu?

(c) Überprüfen Sie, ob $\widehat{\mu}_1$ MSE-besser als $\widehat{\mu}_2$ ist.

(d) Bestimmen Sie $P(|\widehat{\mu}_2 - \mu| \le \sigma)$.

Aufgabe 5.16

$(X_1, Y_1), \ldots, (X_n, Y_n)$ seien u.i.v. und verteilt wie (X, Y).

(a) $T_n = \frac{1}{n} \sum_{i=1}^{n} X_i^2$ ist ein konsistenter Schätzer für

    (A) $E(X^2)$.   (B) $(E(X))^2$.   (C) $Var(X)$.

(b) Für $E(X \cdot Y)$ ist ein konsistenter Schätzer gegeben durch

    (A) $\overline{X}_n \overline{Y}_n$.   (B) $X_n \cdot Y_n$.   (C) $\frac{1}{n} \sum_{i=1}^{n} X_i \cdot Y_i$.

*Aufgabe 5.17

Aus dem *multivariaten Stetigkeitssatz* für die Konvergenz in Wahrscheinlichkeit (s. z.B. Stocker und Steinke [2022], Abschnitt 8.3) folgt: (a_n) und (b_n) seien Zahlenfolgen und (U_n) und (V_n) Folgen von Zufallsvariablen und a, b, u, v reelle Zahlen. Wenn

$$a_n \xrightarrow{n\to\infty} a, \quad b_n \xrightarrow{n\to\infty} b, \quad U_n \xrightarrow{p} u \quad \text{und} \quad V_n \xrightarrow{p} v.$$

gilt, dann gelten auch

$$a_n \cdot U_n + b_n \cdot V_n \xrightarrow{p} a \cdot u + b \cdot v. \quad \text{und} \quad U_n \cdot V_n \xrightarrow{p} u \cdot v. \quad (5.9)$$

Es seien $X_1, \ldots, X_n$ u.i.v. mit $E(X_i^2) < \infty$. Zeigen Sie mit (5.9) und dem *Gesetz der Großen Zahlen*, dass die Stichprobenvarianz S_n^2 ein konsistenter Schätzer für $\sigma^2 = Var(X_i)$ ist.

Aufgabe 5.18

Gegeben seien zwei Schätzer T_n und S_n für einen Parameter θ. Dabei gelte

$$Var(T_n) = 3\theta^2/n, \quad MSE_\theta(T_n) = 3\theta^2/n + 1/n^2 \quad \text{und} \quad MSE_\theta(S_n) = \theta^2/n.$$

n gebe dabei wie üblich den Stichprobenumfang der Stichprobenvariablen an, auf deren Grundlage T_n und S_n bestimmt wurden.

(a) Ist T_n schwach konsistent?

(b) Ist S_n MSE-konsistent?

(c) Welcher der beiden Schätzer ist MSE-besser?

(d) Stellen Sie fest, ob T_n erwartungstreu ist.

Aufgabe 5.19

Seien $X_1, \ldots, X_n$ unabhängig $Exp(\lambda)$-verteilt. Es soll das 2. Moment der Verteilung der X_i geschätzt werden, also $E(X_i^2)$. Dazu betrachten wir den Schätzer

$$T_n = \frac{2}{n} \sum_{i=1}^{n} (X_i - \overline{X}_n)^2.$$

Stellen Sie fest, ob T_n

(a) erwartungstreu ist.

(b) schwach konsistent ist.

Aufgabe 5.20

Seien $X_1, \ldots, X_n$ unabhängig $B(1, \pi)$-verteilt. Zur Schätzung des Parameters π betrachten wir (für $n \geq 3$) die beiden Schätzer

$$T_n = \frac{1}{3}(X_1 + X_2 + X_3) \quad \text{und} \quad S_n = \frac{1}{2}(\overline{X}_n + 0.5).$$

(a) Stellen Sie fest, ob T_n bzw. S_n erwartungstreu sind.

(b) Bestimmen Sie $MSE_\pi(T_n)$.

(c) Ist S_n ein schwach konsistenter Schätzer?

Aufgabe 5.21

Seien $X_1, \ldots, X_n$ unabhängige, über dem Intervall $[\theta - 1, \theta]$ stetig gleichverteilte Zufallsvariablen, wobei $\theta \in \mathbb{R}$ ist. Zur Schätzung des Parameters θ verwenden wir das Maximum der Stichprobenvariablen, d.h. $\widehat{\theta}_n = X_{(n)} = \max(X_1, \ldots, X_n)$.

Überprüfen Sie die Richtigkeit der folgenden Aussagen:

(a) $P(|\widehat{\theta}_n - \theta| < \varepsilon) = (1 - \varepsilon)^n$ für jedes $0 < \varepsilon < 1$ und jedes natürliche $n \geq 1$.

(b) $E(\widehat{\theta}_n - \theta) < 0$.

Aufgabe 5.22

Seien $X_1, \ldots, X_n$ unabhängige, über dem Intervall $[\theta, 0]$ stetig gleichverteilte Zufallsvariablen, wobei $\theta < 0$ ist. Als Schätzer für θ verwenden wir das Minimum, d.h. $\widehat{\theta}_n = X_{(1)} = \min(X_1, \ldots, X_n)$.

(a) Gilt $E(\widehat{\theta}_n) > \theta$?

(b) Gilt $P(|\widehat{\theta}_n - \theta| < \varepsilon) \to 0$ für $n \to \infty$ und jedes $\varepsilon > 0$?

(c) Ist $0.5 \cdot \widehat{\theta}_n$ ein schwach konsistenter Schätzer für den Erwartungswert der X_i?

Hinweis: Sie dürfen bei Ihrer Argumentation benutzen, dass $\widehat{\theta}_n$ ein konsistenter Schätzer für θ ist.

Aufgabe 5.23

Seien $X_1, \ldots, X_n$ unabhängig und identisch verteilt mit $E(X_i) = \theta$ und $Var(X_i) = \theta$, wobei $n \geq 2$. Zur Schätzung von θ betrachte man die Schätzer

$$T_n = \frac{1}{n} \sum_{i=1}^{n} X_i, \quad T_n^* = \frac{1}{n-1} \sum_{i=1}^{n} (X_i - \overline{X}_n)^2, \quad \widetilde{T}_n = \frac{1}{n} \sum_{i=1}^{n} X_i^2.$$

(a) Dann ist $MSE(T_n) =$

    (A) θ^2/n.   (B) θ/n.   (C) $(\theta + \theta^2)/n$.

(b) Welche Schätzer sind erwartungstreu für θ?

(c) Welche Schätzer sind konsistent für θ?

Aufgabe 5.24

Gegeben seien die folgenden 6 Beobachtungswerte aus einer normalverteilten Stichprobe (u.i.v.) mit unbekanntem Erwartungswert μ und unbekannter Varianz σ^2:

$$7, \quad -1, \quad 14, \quad 9, \quad 8, \quad 2.$$

(a) Bestimmen Sie ein 95%-Konfidenzintervall für μ.

(b) Angenommen, die Varianz sei bekannt und es gelte $\sigma^2 = 50$. Bestimmen Sie erneut ein 95%-Konfidenzintervall für μ!

Aufgabe 5.25

Das Geburtsgewicht eines in der 40. Schwangerschaftswoche geborenen Jungen kann (näherungsweise) als $N(\mu, \sigma^2)$-verteilt angenommen werden.

(a) Angenommen, es liegen folgende Gewichte (in Gramm) einer Stichprobe (u.i.v.) vor:

$$3225, \quad 2996, \quad 3581, \quad 3401, \quad 3709.$$

Bestimmen Sie das 0.95-Konfidenzintervall für μ.

(b) Angenommen, eine andere Stichprobe vom Umfang $n = 50$ ergibt ein mittleres Gewicht von 3400 g bei einer Stichprobenstandardabweichung von 300 g. Bestimmen Sie für diese Stichprobe das 0.95-Konfidenzintervall für μ für diese Stichprobe.

Aufgabe 5.26

Man interessiere sich für die *durchschnittlichen* Ausgaben μ, die Einwohner in Mannheim für Weihnachtsgeschenke ausgeben.

Die Befragung von 36 zufällig ausgewählten Passanten in der Mannheimer Innenstadt nach den bisherigen Ausgaben für Weihnachtsgeschenke ergab das arithmetische Mittel 410 Euro und die (korrigierte) Stichprobenstandardabweichung 444 Euro. Wir unterstellen, dass eine repräsentative Stichprobe vorliegt.

(a) Bestimmen Sie ein geeignetes 95%-Konfidenzintervall für μ.

(b) Beurteilen Sie, ob es angemessen wäre, davon auszugehen, dass die Ausgaben für die Geschenke normalverteilt sind.

*Aufgabe 5.27

$X_1, \ldots, X_n \sim N(\mu, \sigma^2)$ seien u.i.v. Man kann zeigen, dass dann

$$\frac{(n-1)S_n^2}{\sigma^2} \sim \chi^2(n-1) \tag{5.10}$$

gilt. Zeigen Sie mithilfe von (5.10), dass

$$\left[\frac{(n-1)S_n^2}{\chi^2_{n-1,1-\alpha/2}}, \frac{(n-1)S_n^2}{\chi^2_{n-1,\alpha/2}}\right] \tag{5.11}$$

ein $(1-\alpha)$-Konfidenzintervall für den Parameter σ^2 ist. Hierbei bezeichnet $\chi^2_{n,\alpha}$ ein Quantil der χ^2-Verteilung mit n Freiheitsgraden zum Niveau α.

Aufgabe 5.28

Wir setzen Aufgabe 5.25 (a) fort. Verwenden Sie dazu die entsprechenden Ergebnisse.

(a) Bestimmen Sie das 0.95-Konfidenzintervall für σ^2. *Hinweis:* Verwenden Sie (5.11).

(b) Es bezeichne G_n die Verteilungsfunktion einer χ^2-verteilten Zufallsvariable mit n Freiheitsgraden. Welcher der folgenden Ausdrücke ist hilfreich bei der Berechnung des Konfidenzintervalls für σ^2?

   (A) $G_4(0.975)$.   (B) $G_4^{-1}(0.025)$.   (C) $G_5(0.025)$.   (D) $G_5^{-1}(0.975)$.

Aufgabe 5.29

Mittels einer Stichprobe (u.i.v.) sollen Studierende aus Deutschland nach ihrer Haltung zu Studiengebühren befragt werden. Dabei sei π der Anteil der Studierenden, welche Gebühren befürworten.

(a) Wie viele Studierende müssen mindestens befragt werden, um eine $\pm 2\%$ genaue Intervallschätzung für π zum Niveau 99% zu erhalten?

(b) Angenommen, von 240 befragten Studierenden einer Stichprobe (u.i.v.) waren 42 Studierende für Studiengebühren. Bestimmen Sie ein 99%-Konfidenzintervall für π.

Aufgabe 5.30

Für eine Münze soll untersucht werden, ob sie „ideal" ist. Dazu soll die Münze geworfen und bestimmt werden, wie häufig „Zahl" geworfen wurde. Die Wahrscheinlichkeit dafür, „Zahl" zu werfen, sei π. Zur Beurteilung der Güte des Schätzwertes für π sollen 0.99-Konfidenzintervalle bestimmt werden. Vor Durchführung des Experiments werden folgende Fragen untersucht:

(a) Die Münze werde 100 mal geworfen. Geben Sie einen Näherungswert für die Länge des Konfidenzintervalls für π an, wenn die Münze ideal ist.

(b) Wie oft müssen Sie die Münze mindestens werfen, wenn das Konfidenzintervall, dass Sie anschließend für π berechnen, eine Länge von höchstens 0.1 haben soll.

Die Münze wurde 200 mal geworfen und es wurde 110 mal „Zahl" geworfen.

(c) Berechnen Sie das approximative 99%-Konfidenzintervall für π!

Aufgabe 5.31

Ein Meinungsforschungsinstitut gebe als Ergebnis einer Umfrage ein (approximatives) 95%-Konfidenzintervall für den Stimmenanteil einer Partei an, den die Partei erzielen könnte, wenn am nächsten Sonntag eine Wahl wäre: $[0.227, 0.273]$.

Bestimmen Sie (näherungsweise) die Anzahl der Personen, die an der Umfrage teilgenommen haben.

Aufgabe 5.32

Der Ertrag von Weizen soll untersucht werden. Dazu wurde auf n_0 Parzellen Weizen angebaut, nachdem dort im Vorjahr auch Weizen angebaut wurde, und die Erträge, y_{0i} in t/ha (Tonnen je Hektar), erfasst. Auf n_1 Parzellen wurde der Weizen angebaut, nachdem dort im Vorjahr Erbsen angebaut wurden. Die Erträge (in t/ha) bezeichnen wir in diesem Fall mit y_{1j}. Folgende Ergebnisse mögen wir erhalten haben:

$$\overline{y}_0 = 8.4, \quad \overline{y}_1 = 9.3, \quad s_0 = 1.2, \quad s_1 = 0.9.$$

s_j bezeichnen dabei die Stichprobenstandardabweichungen der y_{ji}-Werte.

Gehen Sie von unabhängigen und normalverteilten Beobachtungen mit gleicher Varianz aus.

(a) Schätzen Sie die im Mittel zu erwartende Ertragsdifferenz δ der Erträge, wenn zuvor Erbsen angebaut wurden, im Vergleich zu den Erträgen, wenn zuvor Weizen angebaut wurde.

(b) Bestimmen Sie ein 0.95-Konfidenzintervall für δ und deren Länge für $n_0 = 10$ und $n_1 = 10$.

(c) Die Anzahl der Messungen werde auf insgesamt 50 erhöht. Bestimmen Sie 0.95-Konfidenzintervalle für δ und deren Längen für

   (i) $n_0 = 25$ und $n_1 = 25$ bzw.

   (ii) $n_0 = 45$ und $n_1 = 5$.

(d) Interpretieren Sie die Ergebnisse.

*Aufgabe 5.33

$[G_u, G_o]$ sei ein $(1 - \alpha)$-Konfidenzintervall für den Parameter θ und $\theta \mapsto g(\theta)$ eine

(a) streng monoton steigende Funktion

(b) streng monoton fallende Funktion

auf dem für θ zulässigen Wertebereich Θ. Es seien $G_u \in \Theta$ und $G_o \in \Theta$. Zeigen Sie, dass dann

(a) $[g(G_u), g(G_o)]$

(b) $[g(G_o), g(G_u)]$

ein $(1 - \alpha)$-Konfidenzintervall für den Parameter $\tau = g(\theta)$ ist.

Anmerkung: Wenn $[G_u, G_o]$ nur ein approximatives $(1-\alpha)$-Konfidenzintervall für θ ist, dann sind im Fall (a) $[g(G_u), g(G_o)]$ bzw. im Fall (b) $[g(G_o), g(G_u)]$ auch nur approximative $(1 - \alpha)$-Konfidenzintervalle für τ.

Aufgabe 5.34

Aus einer Lieferung von Apfelsinen wurden 100 zufällig ausgewählt und gewogen. Dabei wurden für das Stückgewicht aus der Stichprobe der Mittelwert 300 g und die Stichprobenstandardabweichung 20 g ermittelt.

(a) Bestimmen Sie ein 0.9918-Konfidenzintervall für das mittlere Gewicht einer Apfelsine.

(b) Bestimmen Sie ein 0.9918-Konfidenzintervall für das mittlere Gesamtgewicht von 10 Apfelsinen.

Aufgabe 5.35

Wir setzen Aufgabe 5.28 (a) fort. Bestimmen Sie ein 0.95-Konfidenzintervall für σ.

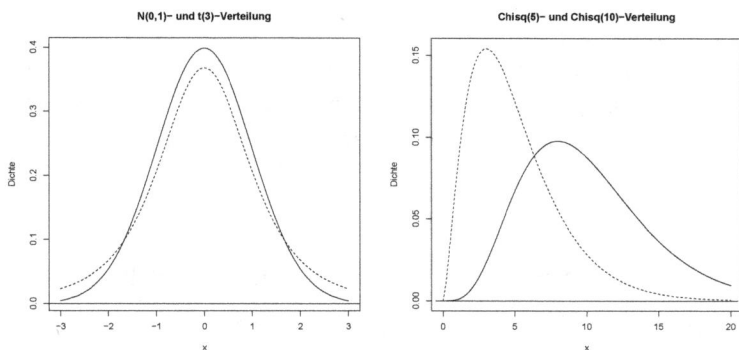

Abb. 5.1: Dichtefunktionen zu Aufgabe 5.36

Aufgabe 5.36

Das linke Schaubild in Abbildung 5.1 zeigt die Dichtefunktionen der $N(0, 1)$- und der $t(3)$-Verteilung. Das rechte Schaubild zeigt die Dichtefunktionen der $\chi^2(5)$- und der $\chi^2(10)$-Verteilung.

Ordnen Sie zu, welche Funktionsdarstellung (die durchgehende oder die gestrichelte) zu welcher Dichte gehört.

Aufgabe 5.37

Seien $X_1, \ldots, X_5$ unabhängig $N(0, 1)$-verteilt. Peter und Paul streiten sich über die Verteilung der Statistik

$$T = \sum_{i=1}^{5} X_i^2.$$

Peter meint: $T \sim \chi^2(4)$, Paul meint: $T \sim \chi^2(5)$. Wer hat recht?

Aufgabe 5.38

$X_1, \ldots, X_n$ seien unabhängig $N(2, 4)$-verteilt und

$$T = 0.25 \cdot \sum_{i=1}^{n} (X_i - 2)^2.$$

Welche der folgenden Verteilungsaussagen ist richtig:

(A) $T \overset{a}{\sim} N(0, 1)$. (B) $T \sim \chi^2(n)$. (C) $T \sim \chi^2(n-1)$. (D) (A)–(C) sind falsch.

Aufgabe 5.39

$X_1, \ldots, X_n$ seien u.i.v. mit $X_i \sim N(\mu, \sigma^2)$ und $Y_i = X_i - \overline{X}_n$, $i = 1, \ldots, n$.

(a) Zeigen Sie, dass Y_i und $\overline{X}_n$ für $i = 1, \ldots, n$ unkorreliert sind.

(b) Zeigen Sie, dass Y_i und Y_j nicht unabhängig sind.

Hinweis: Berechnen Sie die Kovarianzen.

Anmerkung: Aus (a) und der Normalverteilungsannahme kann man schließen, dass $Y_1, \ldots, Y_n$ von $\overline{X}_n$ unabhängig sind und damit auch $S_n^2 = g(Y_1, \ldots, Y_n)$ von $\overline{X}_n$ unabhängig ist. Diese Unabhängigkeit benötigt man u.a. um zu zeigen, dass $T = \sqrt{n}(\overline{X}_n - \mu)/S_n$ t-verteilt ist.

Aufgabe 5.40

Bei einer ML-Schätzung wird folgende Log-Likelihood-Funktion aufgestellt:

$$l(\mu) = (2\pi)^{-1.5} - 0.5[\mu^2 + (2 - \mu)^2 + (4 - \mu)^2].$$

Bestimmen Sie den ML-Schätzwert für den Parameter μ.

Aufgabe 5.41

Gegeben sei eine u.i.v.-Stichprobe vom Umfang $n = 5$ aus einer Exponentialverteilung mit folgenden Realisationen: 0.5, 1.0, 1.4, 3.0, 4.1. Der Parameter λ der Exponentialverteilung soll mittels ML-Methode geschätzt werden. Dazu stellen Peter und Paul jeweils die Log-Likelihood-Funktion grafisch dar. Die entsprechenden Darstellungen finden Sie in Abbildung 5.2.

(a) Entscheiden Sie, welche der beiden Darstellungen korrekt ist.

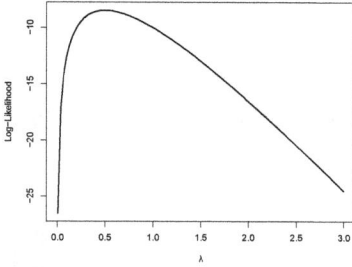 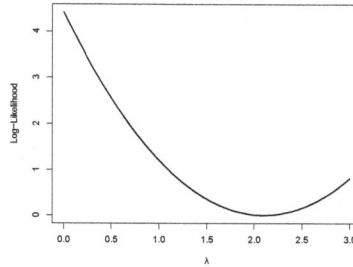

(a) Peter **(b)** Paul

Abb. 5.2: Log-Likelihood-Funktionen (Aufgabe 5.41)

(b) Bestimmen Sie die Log-Likelihood-Funktion und berechnen Sie sie für $\lambda = 1$.

Aufgabe 5.42

Gegeben sei eine Stichprobe vom Umfang $n = 2$ bestehend aus zwei Stichprobenvariablen X_1 und X_2 mit gemeinsamer Dichte

$$f(x_1, x_2) = \frac{\theta_1}{\sqrt{2\pi}} \exp(-\theta_1 x_1 - 0.5(x_2 - \theta_2)^2) I_{[0,\infty)}(x_1)$$

und unbekannten Parametern $\theta_1 > 0$ und $\theta_2 \in \mathbb{R}$.

(a) Sind X_1 und X_2 identisch verteilt?

(b) Bestimmen Sie die ML-Schätzer für θ_1 und θ_2.

Aufgabe 5.43

Seien $X_1, \ldots, X_n$ u.i.v. mit $E(X_i) = \theta_1 + \theta_2$, $E(X_i^2) = \theta_2 - \theta_1$.
Bestimmen Sie Momentenschätzer für θ_1 und θ_2.

Aufgabe 5.44

Im Rahmen einer Maximum-Likelihood-Schätzung für zwei unbekannte Parameter θ_1 und θ_2 mit $\theta_2 > 0$ und gegebene Beobachtungswerte $x_1, \ldots, x_n$ ergeben die beiden partiellen Ableitungen der Log-Likelihood-Funktion:

$$\frac{\partial l}{\partial \theta_1} = \frac{1}{\theta_2} \sum_{i=1}^{n} x_i - \frac{n\theta_1}{\theta_2},$$

$$\frac{\partial l}{\partial \theta_2} = -\frac{n}{2\theta_2} + \frac{n\tilde{s}}{2\theta_2^2}.$$

Dabei bezeichnet $\tilde{s}^2$ die nichtkorrigierte Stichprobenvarianz der x-Werte.

Bestimmen Sie die ML-Schätzer für θ_1 und θ_2.

Aufgabe 5.45

Seien X_1 und X_2 u.i.v. mit Dichte

$$f(x) = \lambda^2 x \exp(-\lambda x) I_{[0,\infty)}(x), \quad \text{wobei } \lambda > 0.$$

Der Parameter λ soll mittels Maximum-Likelihood-Methode geschätzt werden. Peter und Paul streiten sich über die Gestalt der Likelihood-Funktion.

Peter meint: $L(\lambda) = \lambda^2 (x_1 \exp(-\lambda x_1) I_{[0,\infty)}(x_1) + x_2 \exp(-\lambda x_2) I_{[0,\infty)}(x_2))$.

Paul meint: $L(\lambda) = \lambda^4 (x_1 x_2 \exp(-\lambda x_1) \exp(-\lambda x_2) I_{[0,\infty)}(x_1) I_{[0,\infty)}(x_2))$.

(a) (A) Paul hat recht.   (B) Peter hat recht.

(b) Angenommen, es liegen die beiden Beobachtungswerte $x_1 = x_2 = 1$ vor. Bestimmen Sie dann den ML-Schätzwert für λ.

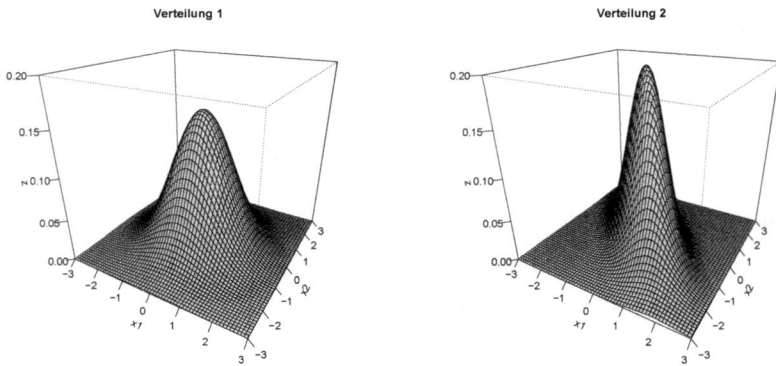

Abb. 5.3: Dichtefunktionen zu Aufgabe 5.46

Aufgabe 5.46

Abbildung 5.3 stelle zwei Dichten einer bivariaten Normalverteilung, jeweils mit $\mu_1 = \mu_2 = 0$, dar.

Es liegen die beiden Beobachtungswerte $x_1 = 0$ und $x_2 = 0$ vor. Aus welcher der beiden Verteilungen entstammen diese Werte gemäß Maximum-Likelihood-Prinzip eher?

Aufgabe 5.47

$X_1, \ldots, X_n$ seien u.i.v. und stetig verteilt gemäß folgender Dichtefunktion

$$f_\theta(x) = \frac{1}{2} I_{[-1,0]}(x) + \frac{1}{2} I_{[\theta, \theta+1]}(x)$$

für ein unbekanntes $\theta > 0$. Es wurden folgende Realisierungen zu den X_i beobachtet:
$-0.51, 1.0, 0.68, -0.31, -0.79, 1.25$.

(a) Ist X_i auf $[-1, \theta + 1]$ stetig gleichverteilt?

(b) Berechnen Sie den Momentenschätzer $\widehat{\theta}_n$ für θ.

(c) Ist der Momentenschätzer konsistent?

(d) Berechnen Sie den Schätzwert zu θ.

(*e) Zeigen Sie, dass $P(\widehat{\theta}_n < 0) > 0$.

*Aufgabe 5.48

Es seien $X_1, X_2 \sim G(0, \theta)$ u.i.v. für eine $\theta > 0$. Bestimmen Sie den Maximum-Likelihood-Schätzer für θ.

Lösungen

Lösung von Aufgabe 5.1

Zur Überprüfung der Erwartungstreue bestimmen wir die Erwartungswerte der Schätzer, s. Stocker und Steinke [2022], Abschnitt 10.1.2.

(a) Es gelten:

$$E(S_1) = \frac{1}{2}(3E(X_2) - E(X_1)) = \frac{1}{2}(3\mu - \mu) = \mu,$$

$$E(S_2) = E(X_{n-1}) = \mu,$$

$$E(S_3) = \frac{1}{n-1}\sum_{i=1}^{n}E(X_i) = \frac{n}{n-1}\mu \neq \mu.$$

Damit sind S_1 und S_2 erwartungstreu für μ. S_3 ist nicht erwartungstreu für μ.

(b) Beachten Sie, dass für Bernoulli-verteilte Zufallsvariablen $X_i^2 = X_i$ ist, da die X_i nur die Werte 0 und 1 annehmen.

$$E(T_1) = \frac{1}{3}(E(X_1) + 2E(X_2) + E(X_n)) = \frac{1}{3}(4\pi) \neq \pi,$$

$$E(T_2) = \frac{1}{3}(E(X_1) + 2E(X_2)) = \frac{1}{3}(\pi + 2\pi) = \pi.$$

Damit ist T_2 erwartungstreu für π und T_1 ist nicht erwartungstreu für π.

Lösung von Aufgabe 5.2

(a) Nach den Rechenregeln für Erwartungswerte von Linearkombinationen von Zufallsvariablen sind

$$E(U) = \frac{1}{3}(E(X_2) + 2E(X_3)) = \frac{1}{3} \cdot 3\mu = \mu,$$

$$E(V) = \frac{1}{2}(E(X_1) + E(X_2)) = \frac{1}{2} \cdot 2\mu = \mu,$$

$$E(W) = \frac{1}{4}(2E(X_1) + E(X_2) + 2E(X_3)) = \frac{1}{4} \cdot 5\mu = (5/4)\mu \neq \mu.$$

Folglich sind $Bias_\mu(U) = E(U) - \mu = 0$, $Bias_\mu(V) = E(V) - \mu = 0$ und

$$Bias_\mu(W) = E(W) - \mu = \mu/4.$$

U und V sind erwartungstreu für μ, W ist nicht erwartungstreu für μ.

(b) Nach den Rechenregeln für Varianzen sind

$$Var(U) = \frac{1}{9}(Var(X_2) + 4Var(X_3)) = \frac{1}{9} \cdot 5\sigma^2 = \frac{5}{9}\sigma^2 = \frac{10}{9},$$

$$Var(V) = \frac{1}{4}(Var(X_1) + Var(X_2)) = \frac{1}{4} \cdot 2\sigma^2 = \frac{1}{2}\sigma^2 = 1 \text{ und}$$

$$Var(W) = \frac{1}{16}(4Var(X_1) + Var(X_2) + 4Var(X_3)) = \frac{1}{16} \cdot 9\sigma^2 = \frac{9}{8}.$$

(c) Von den beiden erwartungstreuen Schätzern U und V hat V die kleinere Varianz. Damit ist V hier der beste erwartungstreue Schätzer.

Lösung von Aufgabe 5.3

Wir verwenden die Erwartungstreue von S_n^2, s. Stocker und Steinke [2022], Abschnitt 10.1.2, und

$$\overline{S}_n^2 = \frac{1}{n} \sum_{i=1}^{n} (X_i - \overline{X}_n)^2 = \frac{n-1}{n} \cdot \frac{1}{n-1} \sum_{i=1}^{n} (X_i - \overline{X}_n)^2 = \frac{n-1}{n} \cdot S_n^2.$$

Daraus folgt

$$Bias_{\sigma^2}(\overline{S}_n^2) = E(\overline{S}_n^2) - \sigma^2 = \frac{n-1}{n} \cdot E(S_n^2) - \sigma^2 = \frac{n-1}{n} \cdot \sigma^2 - \sigma^2$$
$$= \sigma^2\left(\frac{(n-1) - n}{n}\right) = \underline{\underline{-\frac{\sigma^2}{n}}}.$$

Der Bias von $\overline{S}_n^2$ beträgt $-\sigma^2/n$. Er strebt gegen 0 für $n \to \infty$; damit ist $\overline{S}_n^2$ asymptotisch erwartungstreu für σ^2.

Lösung von Aufgabe 5.4

Wir prüfen die Erwartungstreue der Schätzer, indem wir ihre Erwartungswerte berechnen.

(a) Es gelten $E(S_1) = E(X_1^2) = \mu_2$ und

$$E(S_2) = \frac{1}{n} \sum_{i=1}^{n} E(X_i^2) = \frac{1}{n} n\mu_2 = \mu_2.$$

Für S_3 verwenden wir die umgestellte Verschiebungsformel, $E(X^2) = Var(X) + (E(X))^2$, und erhalten

$$E(S_3) = E(\overline{X}_n^2) = Var(\overline{X}_n) + (E(\overline{X}_n))^2 = \frac{\sigma^2}{n} + \mu^2 \neq \mu_2 = \sigma^2 + \mu^2.$$

S_1 und S_2 sind erwartungstreu für μ_2, S_3 ist nicht erwartungstreu für μ_2.

(b) T_1 ist die (korrigierte) Stichprobenvarianz und damit erwartungstreu für σ^2. $(X_1-\overline{X}_n)^2, \ldots, (X_n-\overline{X}_n)^2$ werden auf analoge Art und Weise aus $X_1, \ldots, X_n$ konstruiert und sind daher identisch verteilt. Es bezeichne $\tilde{\sigma}^2 = E[(X_i - \overline{X}_n)^2]$. Wir verwenden die Erwartungstreue von T_1 bzw. der Stichprobenvarianz.

$$\sigma^2 = E(T_1) = E\left(\frac{1}{n-1} \sum_{i=1}^{n} (X_i - \overline{X}_n)^2\right) = \frac{1}{n-1} \sum_{i=1}^{n} E[(X_i - \overline{X}_n)^2]$$
$$= \frac{1}{n-1} \cdot n \cdot \tilde{\sigma}^2.$$

Daraus folgt

$$E(T_2) = E[(X_1 - \overline{X}_n)^2] = \widetilde{\sigma}^2 = \frac{n-1}{n}\sigma^2 \neq \sigma^2.$$

Es gilt wegen der Unabhängigkeit der X_i:

$$E(T_3) = E(X_1^2 - X_2 X_3) = E(X_1^2) - E(X_2)E(X_3) = E(X_i^2) - \mu^2 = \sigma^2,$$

nach der Verschiebungsformel. Mit $D = X_1 - X_2$ ist $E(D) = E(X_1) - E(X_2) = 0$ und $Var(D) = Var(X_1) + (-1)^2 Var(X_2) = 2\sigma^2$, also

$$E(T_4) = \frac{1}{2}E(D^2) = \frac{1}{2}(Var(D) + (E(D))^2) = \frac{1}{2}(2\sigma^2 + 0) = \sigma^2.$$

Damit sind T_1, T_3 und T_4, aber nicht T_2 erwartungstreu für σ^2.

Lösung von Aufgabe 5.5

(a) S_2 ist ein erwartungstreuer Schätzer für θ, da

$$E(S_2) = E(X_1 + X_2) = E(X_1) + E(X_2) = \frac{\theta}{2} + \frac{\theta}{2} = \theta.$$

Die Varianz von S_2 ist

$$Var(S_2) = Var(X_1 + X_2) = Var(X_1) + Var(X_2) = \frac{\theta^2}{12} + \frac{\theta^2}{12} = \frac{\theta^2}{6}.$$

(b) Wir gehen vor wie in Aufgabe 4.55.

$$F_Y(y) = P(Y \leq y) = P(\max(X_1, X_2) \leq y) = P(X_1 \leq y, X_2 \leq y)$$

$$= P(X_1 \leq y)P(X_2 \leq y) = F_{X_1}(y)F_{X_2}(y) = \frac{1}{\theta^2}y^2 I_{[0,\theta]}(y) + I_{(\theta,\infty)}(y).$$

Im letzten Schritt haben wir die Verteilungsfunktionen von X_1 und X_2,

$$F_{X_i}(y) = (y/\theta)I_{[0,\theta]}(y) + I_{(\theta,\infty)}(y),$$

eingesetzt. Durch Ableiten der Verteilungsfunktion erhalten wir

$$f_Y(y) = \frac{2y}{\theta^2}I_{(0,\theta)}(y).$$

(c) Mithilfe der Dichte berechnen wir den Erwartungswert und die Varianz von Y.

$$E(Y) = \int_{-\infty}^{\infty} y f_Y(y)dy = \frac{2}{\theta^2}\int_0^\theta y^2\,dy = \frac{2}{\theta^2}\cdot\frac{1}{3}y^3\Big|_0^\theta = \underline{\underline{\frac{2}{3}\theta}},$$

$$E(Y^2) = \int_{-\infty}^{\infty} y^2 f_Y(y)dy = \frac{2}{\theta^2}\int_0^\theta y^3\,dy = \frac{2}{\theta^2}\cdot\frac{1}{4}y^4\Big|_0^\theta = \frac{1}{2}\theta^2$$

und

$$Var(Y) = E(Y^2) - (E(Y))^2 = \frac{1}{2}\theta^2 - \frac{2^2}{3^2}\theta^2 = \frac{9-8}{18}\theta^2 = \underline{\underline{\frac{1}{18}\theta^2}}.$$

(d) Wir wählen c so, dass

$$\theta = E(T) = E(cY) = cE(Y) = c\frac{2}{3}\theta$$

ist. Folglich ist $c = \underline{\underline{3/2}}$.

(e) Mit den Ergebnissen von (c) und (d) ergibt sich

$$Var(T) = Var(cZ) = c^2 Var(Z) = \frac{9}{4} \cdot \frac{1}{18}\theta^2 = \underline{\underline{\frac{1}{8}\theta^2}}.$$

(f) Beide Schätzer, S_2 und T, sind erwartungstreu, aber T hat die kleinere Varianz und ist damit S_2 gegenüber vorzuziehen.

Lösung von Aufgabe 5.6

Es gilt:

$$\sum_{i=1}^{n}(x_i - \overline{x}) = \sum_{i=1}^{n} x_i - n\overline{x} = 0.$$

Daraus folgt

$$\sum_{i=1}^{n}(x_i - \overline{x})(y_i - \overline{y}) = \sum_{i=1}^{n}\left[x_i(y_i - \overline{y}) - \overline{x}(y_i - \overline{y})\right] = \sum_{i=1}^{n} x_i(y_i - \overline{y}) - \overline{x}\underbrace{\sum_{i=1}^{n}(y_i - \overline{y})}_{=0}$$

$$= \sum_{i=1}^{n}\left[x_i y_i - x_i \overline{y}\right] = \sum_{i=1}^{n} x_i y_i - \overline{y}\sum_{i=1}^{n} x_i = \sum_{i=1}^{n} x_i y_i - n\overline{x}\overline{y}.$$

Damit erhalten wir die angegebenen Formeln.

Lösung von Aufgabe 5.7

Wir verwenden Formel (5.5) aus Aufgabe 5.6 und setzen $x_i = (X_i - \mu_X)$ und $y_i = (Y_i - \mu_Y)$. Damit sind $(X_i - \overline{X}_n) = x_i - \overline{x}$ und $(Y_i - \overline{Y}_n) = y_i - \overline{y}$ und es gilt:

$$(n-1)S_{XY} = \sum_{i=1}^{n}(X_i - \overline{X}_n)(Y_i - \overline{Y}_n) = \sum_{i=1}^{n}(x_i - \overline{x})(y_i - \overline{y})$$

$$= \sum_{i=1}^{n} x_i y_i - n\overline{x}\overline{y} = \sum_{i=1}^{n}(X_i - \mu_X)(Y_i - \mu_Y) - n(\overline{X}_n - \mu_X)(\overline{Y}_n - \mu_Y).$$

In einer Nebenrechnung bestimmen wir unter Verwendung der Rechenregeln der Kovarianz, s. z.B. Aufgabe 4.87,

$$E((\overline{X}_n - \mu_X)(\overline{Y}_n - \mu_Y)) = Cov(\overline{X}_n, \overline{Y}_n) = \sum_{i=1}^{n}\sum_{j=1}^{n}\frac{1}{n^2} Cov(X_i, Y_j)$$

$$= \frac{1}{n^2}\sum_{i=1}^{n} Cov(X_i, Y_i) = \frac{1}{n}\sigma_{XY}.$$

Dabei ist $Cov(X_i, Y_j) = 0$ für $i \neq j$, da X_i und Y_j unabhängig sind. Daraus folgt:

$$E(S_{XY}) = \frac{1}{n-1} \left[\sum_{i=1}^{n} E((X_i - \mu_X)(Y_i - \mu_Y)) - nE((\overline{X}_n - \mu_X)(\overline{Y}_n - \mu_Y)) \right]$$

$$= \frac{1}{n-1} \left[n\sigma_{XY} - n\frac{1}{n}\sigma_{XY} \right] = \sigma_{XY}.$$

Das ist die Erwartungstreue.

Lösung von Aufgabe 5.8

(a) Falsch. Die Schreibweise ist nicht korrekt. Auf der linken Seite steht eine Varianz, aber auf der rechten Seite ein *Schätzer* für eine Varianz.

(b) Falsch. Die Schreibweise ist nicht korrekt, vgl. (a).

(c) Richtig. Mit $\hat{\mu}_n = \overline{X}_n$ ist $Var(\hat{\mu}_n) = \sigma^2/n$ und S_n^2/n ist der Standardschätzer für die Varianz von $\hat{\mu}_n$.

(d) Falsch. Nach konventioneller Notation ist $\frac{1}{n-1}\sum_{i=1}^{n}(X_i - \overline{X}_n)^2$ gleich S_n^2 und nicht gleich $Var(S_n^2)$.

(e) Richtig. $\hat{\sigma}_n^2$ kann als andere Schreibweise für die korrigierte Stichprobenvarianz S_n^2 verwendet werden, da S_n^2 der übliche Schätzer für die Varianz σ^2 ist. Da S_n^2 erwartungstreu für σ^2 ist, gilt $E(\hat{\sigma}_n^2) = \sigma^2$.

Lösung von Aufgabe 5.9

$a_1, \ldots, a_k$ mögen die *verschiedenen* Zahlenwerte sein, die innerhalb der Zahlen $x_1, \ldots, x_M$ auftreten, und $n_1, \ldots, n_k$ deren (absolute) Häufigkeit. Falls alle x_i verschieden sind, dann sind alle $n_j = 1$. Insbesondere gilt

$$\sum_{i=1}^{M} g(x_i) = \sum_{j=1}^{k} g(a_j)n_j \qquad (\star)$$

für jede beliebige Funktion g. Es sei $p_j = n_j/M$. Das ist gerade die Wahrscheinlichkeit, mit der eine zufällig ausgewählte Kugel den Zahlenwert a_j trägt. Damit können wir die Verteilungstabelle von X aufstellen:

x	a_1	a_2	$\ldots$	a_k
$P(X = x)$	p_1	p_2	$\ldots$	p_k

Für den Erwartungswert gilt dann, $g(x) = x$,

$$\mu = E(X) = \sum_{j=1}^{k} a_j p_j = \frac{1}{M} \sum_{j=1}^{k} a_j n_j \overset{(*)}{=} \frac{1}{M} \sum_{i=1}^{M} x_i = \overline{x}.$$

Wir berechnen die Varianz von X und verwenden dabei $g(x) = (x - \mu)^2$ in (*).

$$Var(X) = \sum_{j=1}^{k}(a_j - \mu)^2 p_j = \frac{1}{M}\sum_{j=1}^{k}(a_j - \mu)^2 n_j \overset{(*)}{=} \frac{1}{M}\sum_{i=1}^{M}(x_i - \mu)^2$$

$$= \frac{1}{M}\sum_{i=1}^{M}(x_i - \overline{x})^2 = \tilde{s}_X^2.$$

Damit erhalten wir die Ergebnisse der Aufgabenstellung.

Lösung von Aufgabe 5.10

Die nichtkorrigierte Stichprobenvarianz $\tilde{s}_Z^2$ der z-Werte ist

$$\tilde{s}_Z^2 = \frac{n-1}{n}\cdot s_Z^2 = \frac{4}{5}\cdot 7.5 = 6.$$

Durch das unabhängige Ziehen aus der Urne mit den 5 Kugeln sind die X_1, X_2, X_3 u.i.v. und diskret verteilt und nehmen die Werte $z_1, \ldots, z_5$ an. Nach Aufgabe 5.9 sind $\mu = E(X_i) = \overline{z} = 3.2$ und $\sigma^2 = Var(X_i) = \tilde{s}_Z^2 = 6$.

(a) $E(X_3) = \mu = \underline{3.2}$.

(b) $Var(\overline{X}) = Var(X_i)/3 = \sigma^2/3 = 6/3 = \underline{2}$.

(c) $E(S^2) = \sigma^2 = \underline{6}$, da die (korrigierte) Stichprobenvarianz ein erwartungstreuer Schätzer für σ^2 ist.

Lösung von Aufgabe 5.11

Für die beiden Teilstichproben stimmen (beim Ziehen mit Zurücklegen) die Erwartungswerte der $S_{i,j}$ mit den Mittelwerten überein und die Varianzen von $S_{i,j}$ mit den nichtkorrigierten Stichprobenvarianzen der entsprechenden Ausprägungen, s. Aufgabe 5.9. Daher sind $E(S_{1,i}) = 0.8$, $E(S_{2,i}) = 1.2$, $Var(S_{1,i}) = 0.5^2$, $Var(S_{2,i}) = 0.6^2$.

(a) Wir bestimmen den Erwartungswert von $\overline{X}_S$ durch Anwendung der entsprechenden Rechenregeln.

$$E(\overline{X}_S) = \frac{1}{100}(E(S_{1,1}) + E(S_{1,2}) + \cdots + E(S_{1,70}) + E(S_{2,1}) + \cdots + E(S_{2,30}))$$

$$= \frac{1}{100}(70\cdot E(S_{1,i}) + 30\cdot E(S_{2,i})) = \frac{1}{100}(70\cdot 0.8 + 30\cdot 1.2) = \underline{0.92}.$$

(b) Nein. Gemäß Aufgabenstellung und Vorbemerkung sind

$$Var(S_{1,2}) = 0.5^2 = 0.25 \neq 0.36 = 0.6^2 = Var(S_{2,18}).$$

(c) Zur Berechnung der Varianz von X_S verwenden wir die Rechenregeln der Varianz.

$$Var(\overline{X}_S) = \frac{1}{100^2}(Var(S_{1,1}) + \cdots + Var(S_{1,70}) + Var(S_{2,1}) + \cdots + Var(S_{2,30}))$$

$$= \frac{1}{100^2}(70\cdot Var(S_{1,i}) + 30\cdot Var(S_{2,i})) = \frac{1}{100^2}(70\cdot 0.25 + 30\cdot 0.36)$$

$$= \underline{0.00283}.$$

Die gesuchte Varianz beträgt 0.00283.

(d) Mit $\tilde{f}_1 = 0.7$ und $\tilde{f}_2 = 0.3$ sowie $\overline{x}_1 = 0.8$ und $\overline{x}_1 = 1.2$ ist

$$\overline{x} = \tilde{f}_1 \overline{x}_1 + \tilde{f}_2 \overline{x}_2 = 0.7 \cdot 1.2 = \underline{0.92}.$$

Mit $\tilde{s}_1^2 = 0.25$ und $\tilde{s}_2^2 = 0.36$ ergibt sich aus der *Streungszerlegungsformel* (1.7)

$$\tilde{s}^2 = [\tilde{f}_1 \tilde{s}_1^2 + \tilde{f}_2 \tilde{s}_2^2] + [\tilde{f}_1 (\overline{x}_1 - \overline{x})^2 + \tilde{f}_2 (\overline{x}_2 - \overline{x})^2]$$
$$= [0.7 \cdot 0.25 + 0.3 \cdot 0.36] + [0.7 \cdot (0.8 - 0.92)^2 + 0.3 \cdot (1.2 - 0.92)^2]$$
$$= 0.283 + 0.0336 = \underline{0.3166}.$$

(e) Für die Gesamtstichprobe aus Stadtteil A und B gilt nach Aufgabe 5.9:

$$E(X_i) = \overline{x} = 0.92 \quad \text{und} \quad Var(X_i) = \tilde{s}^2 = 0.3166.$$

Daraus folgt für den Schätzer $\overline{X}$:

$$E(\overline{X}) = E(X_i) = \overline{x} = \underline{0.92} \quad \text{und} \quad Var(\overline{X}) = Var(X_i)/100 \approx \underline{0.00317}.$$

(f) Beide Schätzer, $\overline{X}_S$ und $\overline{X}$, sind erwartungstreu, aber $\overline{X}_S$ hat die kleinere Varianz und ist damit der bessere Schätzer.
Anmerkung: Das Ergebnis ist durchaus plausibel, da $\overline{X}_S$ die Zusatzinformation der Größe der Bevölkerungsanteile in Stadtteil A bzw. B verwendet, während $\overline{X}$ das nicht tut. Diese Zusatzinformation erlaubt die Konstruktion eines besseren Schätzers.

Lösung von Aufgabe 5.12

Wir verwenden die umgestellte Verschiebungsformel $E(X^2) = Var(X) + (E(X))^2$. Hierbei setzen wir $X = T - \theta$.

$$MSE_\theta(T) = E((T - \theta)^2) = Var(T - \theta) + (E(T) - \theta)^2$$
$$= Var(T) + (Bias_\theta(T))^2.$$

Das ist die Behauptung. Siehe dazu auch Stocker und Steinke [2022], Abschnitt 10.1.3.

Lösung von Aufgabe 5.13

(a) Es gelten

$$E(\hat{\mu}_1) = E\Big(\frac{1}{5} \sum_{i=1}^{5} X_i\Big) = \frac{1}{5} \sum_{i=1}^{5} E(X_i) = \frac{1}{5} \sum_{i=1}^{5} \mu = \mu$$

und

$$E(\hat{\mu}_2) = E(0.5 X_1 + 0.5 X_{10}) = 0.5 E(X_1) + 0.5 E(X_{10})$$

$$= 0.5\mu + 0.5\mu = \mu.$$

$\widehat{\mu}_1$ und $\widehat{\mu}_2$ sind erwartungstreu für μ.

(b) Es ist

$$Var(\widehat{\mu}_2) = Var(0.5X_1 + 0.5X_{10}) = 0.5^2 Var(X_1) + 0.5^2 Var(X_{10})$$
$$= 0.25\sigma^2 + 0.25\sigma^2 = 0.5\sigma^2.$$

Wegen der Erwartungstreue von $\widehat{\mu}_2$ ist damit, s. auch (5.7),

$$MSE_\mu(\widehat{\mu}_2) = Var(\widehat{\mu}_2) + (Bias_\mu(\widehat{\mu}_2))^2 = \frac{\sigma^2}{2} + 0^2 = \underline{\underline{\sigma^2/2}}.$$

(c) Es ist

$$Var(\widehat{\mu}_1) = Var\left(\frac{1}{5}\sum_{i=1}^{5} X_i\right) = \frac{1}{5^2}\sum_{i=1}^{5} Var(X_i) = \frac{1}{5}\sigma^2.$$

Zusammen mit der Erwertungstreue von $\widehat{\mu}_1$ (s. (a)) ist dann

$$MSE_\mu(\widehat{\mu}_1) = Var(\widehat{\mu}_1) + (Bias_\mu(\widehat{\mu}_1))^2 = \sigma^2/5.$$

Verwenden wir das Ergebnis aus (b), dann erhalten wir im direkten Vergleich

$$MSE_\mu(\widehat{\mu}_1) = \frac{1}{5}\sigma^2 < \frac{1}{2}\sigma^2 = MSE_\mu(\widehat{\mu}_2),$$

d.h. $\widehat{\mu}_1$ ist MSE-besser als $\widehat{\mu}_2$.

Bemerkung: Das Ergebnis ist nicht überraschend. $\widehat{\mu}_1$ ist ein arithmetisches Mittel von 5 Stichprobenvariablen, während $\widehat{\mu}_2$ nur ein arithmetisches Mittel von 2 Stichprobenvariablen ist.

Lösung von Aufgabe 5.14

Da $X_i \sim B(1, \pi)$ ist, gilt $E(X_i) = \pi$, $Var(X_i) = \pi(1 - \pi)$. Da X_i nur die Werte 0 und 1 annimmt, gilt auch $X_i^2 = X_i$ und damit $E(X_i^2) = \pi$.

Wir berechnen einige Kennwerte, die wir dann zur Beantwortung der Fragen benötigen.

$$E(T_1) = E\left(\frac{1}{3}(X_1 - 2X_2 + 4X_3)\right) = \frac{1}{3}(E(X_1) - 2E(X_2) + 4E(X_3))$$
$$= \frac{1}{3}(\pi - 2\pi + 4\pi) = \pi,$$
$$E(T_2) = E\left(\frac{1}{3}(X_1^2 + 2X_2^2)\right) = \frac{1}{3}(E(X_1^2) + 2E(X_2^2)) = \frac{1}{3}(\pi + 2\pi) = \pi.$$

Als nächstes berechnen wir die Varianzen von T_1 und T_2.

$$Var(T_1) = \frac{1}{9}(Var(X_1) + 4Var(X_2) + 16Var(X_3))$$
$$= \frac{1 + 4 + 16}{9} \cdot \pi(1 - \pi) = \frac{21}{9}\pi(1 - \pi).$$

Wegen $X_i^2 = X_i$ ist auch $Var(X_i^2) = Var(X_i) = \pi(1 - \pi)$.

$$Var(T_2) = \frac{1}{9}(Var(X_1^2) + 4Var(X_2^2)) = \frac{5}{9}\pi(1 - \pi).$$

(a) T_1 und T_2 sind erwartungstreu für π, weil $E(T_1) = \pi$ und $E(T_2) = \pi$ gelten.

(b) Da T_1 und T_2 erwartungstreu sind, ist $MSE_\pi(T_i) = Var(T_i)$ für $i = 1, 2$, vgl. (5.8). Es gilt

$$MSE_\pi(T_2) = \frac{5}{9}\pi(1 - \pi) \le \frac{21}{9}\pi(1 - \pi) = MSE_\pi(T_1)$$

und „<" für jedes $\pi \in (0, 1)$. Also ist T_2 MSE-besser als T_1 und stellt insgesamt den besseren Schätzer für π dar.

Lösung von Aufgabe 5.15

(a) Beide Schätzer sind Linearkombinationen normalverteilter Zufallsvariablen und damit normalverteilt, vgl. Stocker und Steinke [2022], Abschnitt 7.4.1.

(b) Da $E(\overline{X}) = E(X_i) = \mu$, ist $\widehat{\mu}_2 = \overline{X}_n$ erwartungstreu.

$$E(\widehat{\mu}_1) = \frac{1}{10}\Big(\sum_{i=1}^{5} E(X_i) - \sum_{i=6}^{10} E(X_i)\Big) = 0 \neq \mu.$$

Damit ist $\widehat{\mu}_1$ nicht erwartungstreu für μ.

(c) Es gilt

$$Var(\widehat{\mu}_2) = Var(\overline{X}) = Var(X_i)/10 = \sigma^2/10.$$

Andererseits ist

$$Var(\widehat{\mu}_1) = \frac{1}{10^2}\Big(\sum_{i=1}^{5} Var(X_i) + \sum_{i=6}^{10}(-1)^2 Var(X_i)\Big) = \frac{1}{10^2} \cdot 10\sigma^2 = \frac{\sigma^2}{10}.$$

Damit gelten

$$MSE_\mu(\widehat{\mu}_1) = Var(\widehat{\mu}_1) + (Bias_\mu(\widehat{\mu}_1))^2 = \frac{\sigma^2}{10} + \mu^2 \ge \frac{\sigma^2}{10} = MSE_\mu(\widehat{\mu}_2)$$

und „>" für $\mu \neq 0$. Damit ist $\widehat{\mu}_2$ MSE-besser als $\widehat{\mu}_1$.
Bemerkung: Die Varianzen von $\widehat{\mu}_1$ und $\widehat{\mu}_2$ sind identisch. Für Schätzer, die nicht erwartungstreu sind, reicht die Varianz als Gütekriterium offensichtlich nicht aus.

(d) Nach (a) ist $\widehat{\mu}_2$ normalverteilt. Der Erwartungswert und die Varianz von $\widehat{\mu}_2$ wurden in (b) und (c) bestimmt. Damit ist $\widehat{\mu}_2 \sim N(\mu, \sigma^2/10)$. Es folgt:

$$P(|\widehat{\mu}_2 - \mu| \le \sigma) = P(-\sigma \le \widehat{\mu}_2 - \mu \le \sigma) = P(\mu - \sigma \le \widehat{\mu}_2 \le \mu + \sigma)$$

$$= F_{\widehat{\mu}_2}(\mu + \sigma) - F_{\widehat{\mu}_2}(\mu - \sigma) = \Phi\Big(\frac{\sigma}{\sigma/\sqrt{10}}\Big) - \Phi\Big(-\frac{\sigma}{\sigma/\sqrt{10}}\Big)$$

$$= 2\Phi(\sqrt{10}) - 1 \approx 2 \cdot 0.9992 - 1 = \underline{0.9984},$$

mit $\Phi(-x) = 1 - \Phi(x)$. Die gesuchte Wahrscheinlichkeit beträgt 0.9984.

Lösung von Aufgabe 5.16

(a) (A). Es sei $Z_i = X_i^2$. Nach dem Gesetz der großen Zahlen ist dann

$$\frac{1}{n} \sum_{i=1}^{n} X_i^2 = \overline{Z}_n \xrightarrow{p} E(Z_i) = E(X_i^2),$$

d.h. T_n ist ein konsistenter Schätzer für $E(X^2)$.

(b) (C). Es sei $V_i = X_i Y_i$. Nach dem Gesetz der großen Zahlen ist

$$\frac{1}{n} \sum_{i=1}^{n} X_i Y_i = \overline{V}_n \xrightarrow{p} E(V_i) = E(X_i Y_i)$$

und damit ein konsistenter Schätzer für $E(X \cdot Y)$.

Lösung von Aufgabe 5.17

Wir schreiben S_n^2 so auf, dass eine geeignete Zuordnung gemäß (5.9) vorgenommen werden kann.

$$S_n^2 = \frac{1}{n-1} \Big(\sum_{i=1}^{n} X_i^2 - n\overline{X}_n^2 \Big) = \underbrace{\frac{n}{n-1}}_{=a_n} \underbrace{\frac{1}{n} \sum_{i=1}^{n} X_i^2}_{=U_n} + \underbrace{(-\frac{n}{n-1})}_{=b_n} \underbrace{\overline{X}_n^2}_{=V_n}.$$

Wir setzen $Z_i = X_i^2$. Da $X_1, \ldots, X_n$ u.i.v. sind, sind die $Z_1, \ldots, Z_n$ auch u.i.v. Nach dem *Gesetz der Großen Zahlen* und dem *Stetigkeitssatz* für die Konvergenz in Wahrscheinlichkeit, vgl. Stocker und Steinke [2022], Abschnitt 8.2.2, gelten

$$U_n = \frac{1}{n} \sum_{i=1}^{n} X_i^2 = \overline{Z}_n \xrightarrow{p} E(Z_i) = E(X_i^2) =: u$$

und $\overline{X}_n \xrightarrow{p} E(X_i) =: \mu$. Aus der zweiten Beziehung aus (5.9) oder direkt aus dem *Stetigkeitssatz* folgt

$$V_n = (\overline{X}_n)^2 = \overline{X}_n \cdot \overline{X}_n \to \mu \cdot \mu = \mu^2 =: v.$$

Für die Koeffizienten a_n und b_n gilt schließlich:

$$a_n = \frac{n}{n-1} = \frac{1}{1 - \frac{1}{n}} \xrightarrow{n \to \infty} \frac{1}{1-0} = 1 =: a$$

und $b_n = -a_n \xrightarrow{n \to \infty} -1 =: b$. Damit können wir (5.9) anwenden:

$$S_n^2 = a_n \cdot U_n + b_n \cdot V_n \xrightarrow{p} 1 \cdot E(X_i^2) + (-1) \cdot (E(X_i))^2 = Var(X_i)$$

nach der Verschiebungsformel der Varianz. Das ist die Behauptung.

Lösung von Aufgabe 5.18

Die MSE-Konsistenz impliziert bekanntermaßen die schwache Konsistenz von Schätzern, vgl. Stocker und Steinke [2022], Abschnitt 10.1.4.

(a) Wenn n gegen ∞ strebt, dann folgt $MSE_\theta(T_n) \to 0$. Daher ist T_n MSE- und damit auch schwach konsistent.

(b) Aus $n \to \infty$ folgt $MSE(S_n) \to 0$. Daher ist S_n MSE-konsistent.

(c) Offenbar ist für beliebiges θ

$$MSE(S_n) = 3\theta^2/n < 3\theta^2/n + 1/n^2 = MSE(T_n);$$

damit ist S_n (für jedes n) MSE-besser als T_n.

(d) Wir verwenden die Formel (5.7), siehe Aufgabe 5.12,

$$MSE_\theta(T_n) = Var(T_n) + (Bias_\theta(T_n))^2.$$

Daraus folgt

$$(Bias_\theta(T_n))^2 = MSE(T_n) - Var(T_n) = 1/n^2 \neq 0.$$

Damit ist T_n nicht erwartungstreu.

Lösung von Aufgabe 5.19

Es bezeichne $\theta = E(X_i^2)$. Da $X_i \sim Exp(\lambda)$ sind $\mu = E(X_i) = 1/\lambda$, $\sigma^2 = Var(X_i) = 1/\lambda^2$, s. z.B. Stocker und Steinke [2022], Abschnitt 7.3.2, und

$$\theta = E(X_i^2) = Var(X_i) + (E(X_i))^2 = 2/\lambda^2.$$

Man beachte, dass

$$T_n = \frac{2(n-1)}{n} \cdot \frac{1}{n-1} \sum_{i=1}^{n} (X_i - \overline{X}_n)^2 = 2\left(1 - \frac{1}{n}\right) \cdot S_n^2$$

gilt, wobei S_n^2 die Stichprobenvarianz ist; insbesondere ist $E(S_n^2) = \sigma^2$.

(a) Es ist

$$E(T_n) = E\left(2\left(1 - \frac{1}{n}\right) \cdot S_n^2\right) = 2\left(1 - \frac{1}{n}\right) \cdot E(S_n^2) = 2\left(1 - \frac{1}{n}\right) \cdot \frac{1}{\lambda^2}$$

$$= \left(1 - \frac{1}{n}\right) \cdot \theta \neq \theta,$$

also ist T_n nicht erwartungstreu.

(b) Wir nutzen die Konsistenz von S_n^2, $S_n^2 \xrightarrow{p} \sigma^2 = 1/\lambda^2$, und erhalten

$$T_n = 2\left(1 - \frac{1}{n}\right) \cdot S_n^2 \xrightarrow{p} 2(1 - 0) \cdot (1/\lambda^2) = \theta,$$

d.h. T_n ist konsistent für θ. Um den letzten Konvergenzschritt zu begründen, kann man die Rechenregeln der Konvergenz in Wahrscheinlichkeit, s. z.B. (5.9) in Aufgabe 5.17, verwenden.

Lösung von Aufgabe 5.20

(a) Es gelten

$$E(T_n) = \frac{1}{3}(E(X_1) + E(X_2) + E(X_3)) = \frac{1}{3}(3\pi) = \pi,$$

$$E(S_n) = \frac{1}{2}(E(\overline{X}_n) + 0.5) = \frac{1}{2}(\pi + 0.5) \neq \pi.$$

Daher ist T_n erwartungstreu für π, S_n aber nicht.

(b) Da die X_i unabhängig und identisch verteilt sind, ist

$$Var(T_n) = [Var(X_1) + Var(X_2) + Var(X_3)]/9 = 3\,Var(X_i)/9$$
$$= \pi(1 - \pi)/3.$$

Damit ist, s. (5.7),

$$MSE_\pi(T_n) = (E(T_n) - \pi)^2 + Var(T_n) = \frac{\pi(1 - \pi)}{3}.$$

(c) Nach dem Gesetz der Großen Zahlen gelten $\overline{X}_n \xrightarrow{p} E(X_i) = \pi$ und

$$S_n = 0.5(\overline{X}_n + 0.5) \xrightarrow{p} 0.5(\pi + 0.5) \neq \pi$$

(für $\pi \neq 0.5$). Daher ist S_n nicht konsistent für π.

Lösung von Aufgabe 5.21

(a) Falsch. Wir betrachten speziell $n = 1$. Hier ist

$$P(|X_1 - \theta| < \varepsilon) = P(\theta - \varepsilon < X_1 < \theta + \varepsilon) = F_{X_1}(\theta + \varepsilon) - F_{X_1}(\theta - \varepsilon)$$
$$= 1 - \frac{(\theta - \varepsilon) - (\theta - 1)}{\theta - (\theta - 1)} = 1 - (1 - \varepsilon) = \varepsilon \neq 1 - \varepsilon,$$

vgl. (4.17), Lösung von Aufgabe 4.54. Damit ist die angegebene Beziehung falsch.

(b) Richtig. Es ist $P(\widehat{\theta}_n < \theta) = 1$, also auch $E(\widehat{\theta}_n) < \theta$ bzw. $E(\widehat{\theta}_n - \theta) < 0$.

Lösung von Aufgabe 5.22

(a) Ja. $X_1, \ldots, X_n$ sind stetig verteilt. Sie nehmen nur Werte in $[\theta, 0]$ an. $X_{(1)}$ ist dann auch stetig verteilt und nimmt Werte in $[\theta, 0]$ an. Damit liegt der Erwartungswert im Intervall $(\theta, 0)$, ist aber nicht gleich θ.

(b) Nein. $\widehat{\theta}_n$ ist ein konsistenter Schätzer für den Parameter θ; damit gilt $P(|\widehat{\theta}_n - \theta| < \varepsilon) \to 1$ für $n \to \infty$.

(c) Ja. Der Erwartungswert von X_i ist $\mu = \theta/2$. Da $\hat{\theta}_n$ ein konsistenter Schätzer für θ ist, gilt auch $0.5 \cdot \hat{\theta}_n \xrightarrow{p} 0.5 \cdot \theta = \mu$.

Lösung von Aufgabe 5.23

Mit $T_n = \overline{X}_n$ sind $E(T_n) = E(X_i) = \theta$ und $Var(T_n) = Var(X_i)/n = \theta/n$. $T_n^* = S_n^2$ ist die korrigierte Stichprobenvarianz und damit $E(T_n^*) = Var(X_i) = \theta$.

(a) (B): Nach (5.7), Aufgabe 5.12, ist

$$MSE_\theta(T_n) = Var(T_n) + (E(T_n) - \theta)^2 = \theta/n.$$

(b) T_n und T_n^* sind erwartungstreu für θ, da $E(T_n) = E(T_n^*) = \theta$ gilt.

$$E(\tilde{T}_n) = \frac{1}{n}\sum_{i=1}^{n} E(X_i^2) = E(X_i^2) = Var(X_i) + (E(X_i))^2 = \theta + \theta^2 \neq \theta.$$

$\tilde{T}_n$ ist nicht erwartungstreu für θ.

(c) $T_n = \overline{X}_n$ und $T_n^* = S_n^2$ sind konsistent für θ, da $\overline{X}_n$ konsistent ist für $\mu = E(X_i) = \sigma^2$ und die korrigierte Stichprobenvarianz konsistent ist für $\sigma^2 = Var(X_i) = \theta$. $\tilde{T}_n$ konvergiert nach dem Gesetz der Großen Zahlen gegen $E(X_i^2) = \theta + \theta^2 \neq \theta$, vgl. (b).

Lösung von Aufgabe 5.24

Aus der Stichprobe berechnen wir den Mittelwert

$$\overline{x} = \frac{1}{n}\sum_{i=1}^{n} x_i = \frac{1}{6}(7 - 1 + 14 + 9 + 8 + 2) = 6.5,$$

$$\sum_{i=1}^{n} x_i^2 = 7^2 + (-1)^2 + 14^2 + 9^2 + 8^2 + 2^2 = 395$$

und die (korrigierte) Stichprobenvarianz

$$s^2 = \frac{1}{n-1}\sum_{i=1}^{n}(x_i - \overline{x})^2 = \frac{1}{n-1}\left(\sum_{i=1}^{n} x_i^2 - n\overline{x}^2\right) \tag{5.12}$$

$$= \frac{1}{5}(395 - 6 \cdot 6.5^2) = 28.3, \quad s \approx 5.320.$$

(a) Wir verwenden die Formel, s. Stocker und Steinke [2022], Abschnitt 10.2.2,

$$\overline{x} \pm t_{n-1,1-\alpha/2} \cdot \frac{s}{\sqrt{n}} \tag{5.13}$$

zur Bestimmung der Intervallgrenzen des Konfidenzintervalls. Hierbei ist $t_{n-1,1-\alpha/2} = t_{5,0.975} \approx 2.5706$, s. Tabelle A.2 im Anhang. Es folgt

$$KI \approx \left[6.5 - 2.5706 \cdot \frac{5.32}{\sqrt{6}}, 6.5 + 2.5706 \cdot \frac{5.32}{\sqrt{6}}\right]$$

$$\approx \underline{\underline{[0.917, 12.083]}}.$$

Das 0.95-Konfidenzintervall beträgt [0.917, 12.083].

(b) Bei bekannter Varianz bestimmen wir das Konfidenzintervall zu μ mit folgender Formel:

$$\overline{x} \pm z_{1-\alpha/2} \cdot \frac{\sigma}{\sqrt{n}}. \tag{5.14}$$

Wir erhalten mit $z_{1-\alpha/2} = z_{0.975} \approx 1.96$, s. Tabelle A.1 im Anhang,

$$KI \approx \left[6.5 - 1.96 \cdot \frac{\sqrt{50}}{\sqrt{6}}, 6.5 + 1.96 \cdot \frac{\sqrt{50}}{\sqrt{6}} \right]$$

$$\approx [0.842, 12.158].$$

Das 0.95-Konfidenzintervall beträgt in diesem Fall [0.842, 12.158].

Lösung von Aufgabe 5.25

Wir ermitteln Mittelwert und Stichprobenvarianz der x_i-Werte:

$$\overline{x} = (3225 + 2996 + 3581 + 3401 + 3709)/5 = 3\,382.4,$$

$$\sum_{i=1}^{n} x_i^2 = 3225^2 + 2996^2 + 3581^2 + 3401^2 + 3709^2 = 57\,523\,684$$

und

$$s^2 = \frac{1}{n-1} \left(\sum_{i=1}^{n} x_i^2 - n\overline{x}^2 \right) = 80\,133.8$$

und damit $s = \sqrt{s^2} \approx 283.079$.

(a) Für $\alpha = 0.05$ und $n = 5$ ist $t_{n-1,1-\alpha/2} = t_{4,0.975} \approx 2.7764$. Wir gehen von normalverteilten Beobachtungen und einer unbekannten Varianz aus und berechnen das Konfidenzintervall dementsprechend mit der Formel

$$\overline{x} \pm t_{n-1,1-\alpha/2} \frac{s}{\sqrt{n}} \approx 3382.4 \pm 2.7764 \cdot \frac{283.079}{\sqrt{5}} \approx 3382.4 \pm 351.5.$$

Für das 0.95-Konfidenzinterall für μ erhalten wir somit [3030.9, 3733.9].

(b) Wir verwenden die gleiche Formel wie in (a). Das benötigte Quantil approximieren wir mithilfe des entsprechenden Normalverteilungsquantils: $t_{n-1,1-\alpha/2} = t_{49,0.975} \approx z_{0.975} \approx 1.96$.

$$\overline{x} \pm t_{n-1,1-\alpha/2} \frac{s}{\sqrt{n}} \approx 3400 \pm 1.96 \cdot \frac{300}{\sqrt{50}} \approx 3400 \pm 83.2.$$

Für das 0.95-Konfidenzinterall für μ erhalten wir somit [3316.8, 3483.2].

Lösung von Aufgabe 5.26

(a) Da nur wenige Mannheimer Bürger befragt wurden und die Stichprobe repräsentativ sein soll, gehen wir von einer u.i.v. Stichprobe $X_1, \ldots, X_n$ als Grundlage der Modellierung aus. Wir interessieren uns für $\mu = E(X_i)$. Dass die X_i normalverteilt sein sollen, wurde nicht vorausgesetzt. Daher berechnen wir ein approximatives 0.95-Konfidenzintervall für μ mit $z_{1-\alpha/2} = z_{0.975} \approx 1.96$, vgl. Stocker und Steinke [2022], Abschnitt 10.2.2.

$$\bar{x} \pm z_{1-\alpha/2} \cdot \frac{s}{\sqrt{n}} \approx 410 \pm 1.96 \cdot \frac{444}{\sqrt{36}} = 410 \pm 145.04.$$

Wir erhalten das Konfidenzintervall $[265.0, 555.0]$.

(b) $\bar{x}$ ist ein Schätzwert für $\mu = E(X_i)$ und 444 für $\sigma = \sqrt{Var(X_i)}$. Wenn die X_i normalverteilt wären, dann wäre ihre Verteilung symmetrisch bzgl. μ und in die Schwankungsintervalle $[\mu - \sigma, \mu + \sigma]$ bzw. $[\mu - 2\sigma, \mu + 2\sigma]$ würden im Mittel 68.3% bzw. 95.5% der Realisierungen der X_i fallen. $\bar{x} - s = 410 - 444 = -34$ bzw. $\bar{x} - 2s = 410 - 2 \cdot 444 = -478$ sind dann Schätzwerte für $\mu - \sigma$ bzw. $\mu - 2\sigma$, die suggerieren, dass die X_i mit relativ großer Wahrscheinlichkeit auch negative Werte annehmen müssten. Das steht im Widerspruch dazu, dass die X_i als Ausgaben nur Werte ≥ 0 annehmen können. Die Daten sind voraussichtlich (rechts)schief und eine Normalverteilungsannahme erscheint nicht angemessen.

Lösung von Aufgabe 5.27

Es sei $Y = (n-1)S_n^2/\sigma^2$. Aus (5.10) folgt

$$P(\chi^2_{n-1,\alpha/2} \leq Y \leq \chi^2_{n-1,1-\alpha/2}) = F_Y(\chi^2_{n-1,1-\alpha/2}) - F_Y(\chi^2_{n-1,\alpha/2})$$
$$= (1 - \alpha/2) - \alpha/2 = 1 - \alpha \qquad (\star)$$

und – nach einfachen Umformungen –

$$\chi^2_{n-1,\alpha/2} \leq \frac{(n-1)S_n^2}{\sigma^2} \leq \chi^2_{n-1,1-\alpha/2}$$

genau dann, wenn (g.d.w.) $\quad \sigma^2 \leq \dfrac{(n-1)S_n^2}{\chi^2_{n-1,\alpha/2}} \quad$ und $\quad \dfrac{(n-1)S_n^2}{\chi^2_{n-1,1-\alpha/2}} \leq \sigma^2$

g.d.w. $\quad \sigma^2 \in \left[\dfrac{(n-1)S_n^2}{\chi^2_{n-1,1-\alpha/2}}, \dfrac{(n-1)S_n^2}{\chi^2_{n-1,\alpha/2}} \right].$

Zusammen mit $(\star)$ folgt:

$$P\left(\sigma^2 \in \left[\frac{(n-1)S_n^2}{\chi^2_{n-1,1-\alpha/2}}, \frac{(n-1)S_n^2}{\chi^2_{n-1,\alpha/2}} \right] \right) = 1 - \alpha$$

Das ist die die Behauptung.

Lösung von Aufgabe 5.28

Wir verwenden die Ergebnisse von Aufgabe 5.25 (a).

(a) Wir bestimmen die Quantile der χ^2-Verteilung mithilfe von Tabelle A.3 im Anhang, $\chi^2_{n-1,\alpha/2} = \chi^2_{4,0.025} \approx 0.4844$ und $\chi^2_{n-1,1-\alpha/2} = \chi^2_{4,0.975} \approx 11.143$, und setzen in (5.11) ein:

$$\left[\frac{(n-1)s^2}{\chi^2_{n-1,1-\alpha/2}}, \frac{(n-1)s^2}{\chi^2_{n-1,\alpha/2}}\right] \approx \left[\frac{(5-1)\cdot 80\,133.8}{11.143}, \frac{(5-1)\cdot 80\,133.8}{0.4844}\right]$$

$$\approx [28\,766, 661\,716].$$

(b) (B). Zur Berechnung der Konfidenzintervalle für σ^2 werden die Quantile der χ^2-Verteilung mit $n-1=4$ Freiheitsgraden benötigt, insbesondere das $\alpha/2 = 0.025$-Quantil, das man auch in der Form $G_4^{-1}(0.025)$ schreiben kann.

Lösung von Aufgabe 5.29

(a) Wir verwenden die Formel zur Stichprobenumfangsplanung für Binomialverteilungen. Hierbei sei die Länge, die das Intervall maximal haben soll, $L_{\hat{\pi}}^{\max} = 2\cdot 0.02 = 0.04$ und $\alpha = 0.01$, d.h. $z_{1-\alpha/2} = z_{0.995} \approx 2.57$.

$$n \geq (z_{1-\alpha/2}/L_{\hat{\pi}}^{\max})^2 \tag{5.15}$$

$$\approx (2.57/0.04)^2 \approx \underline{4128.1}.$$

Um die gewünschte Genauigkeit zu erreichen, muss man mindestens 4129 Personen befragen. Siehe dazu auch Stocker und Steinke [2022], Abschnitt 10.2.4.

(b) Mit $x = 42$ und $n = 240$ berechnen wir das approximiative 0.99-Konfidenzintervall mit $\hat{\pi} = x/n = 0.175$:

$$KI = \left[\hat{\pi} - z_{1-\alpha/2}\sqrt{\frac{\hat{\pi}(1-\hat{\pi})}{n}}, \hat{\pi} + z_{1-\alpha/2}\sqrt{\frac{\hat{\pi}(1-\hat{\pi})}{n}}\right] \tag{5.16}$$

$$= \left[0.175 - 2.57\cdot\sqrt{\frac{0.175\cdot 0.825}{240}}, 0.175 + 2.57\cdot\sqrt{\frac{0.175\cdot 0.825}{240}}\right]$$

$$\approx [0.175 - 0.063, 0.175 + 0.063] = \underline{[0.112, 0.238]}$$

Das gesuchte Konfidenzintervall ist $[0.112, 0.238]$.

Lösung von Aufgabe 5.30

(a) Für eine ideale Münze ist $\pi = 0.5$. Für die Anzahl der bei n Würfen geworfenen „Zahl"-Ergebnisse X gilt dann $X \sim B(n,\pi)$, $n = 100$. Die Länge des (approximativen) $(1-\alpha)$-Konfidenzintervalls berechnet sich als

$$L_{\hat{\pi}} = 2z_{1-\alpha/2}\sqrt{\hat{\pi}(1-\hat{\pi})/n},$$

vgl. (5.16). Die Länge kann ohne Daten nicht bestimmt werden. Allerdings ist für großes n: $\hat{\pi} \approx 1/2$. Damit ergibt sich als Näherung, $1 - \alpha = 0.99$, also $z_{1-\alpha/2} = z_{0.995} \approx 2.57$,

$$L_{\hat{\pi}} \approx 2z_{1-\alpha/2} \sqrt{\frac{0.5(1-0.5)}{n}} \approx 2 \cdot 2.57 \sqrt{\frac{0.5(1-0.5)}{100}} \approx \underline{0.257}.$$

Als approximative Länge des Konfidenzintervalls erhalten wir 0.257.

(b) Stellen wir $L_{\hat{\pi}} = 2z_{1-\alpha/2}\sqrt{\hat{\pi}(1-\hat{\pi})/n}$ nach n um, gilt

$$n = (4\hat{\pi}(1-\hat{\pi})) \cdot (z_{1-\alpha/2}/L_{\hat{\pi}})^2. \tag{5.17}$$

Als Mindeststichprobenumfang bekommen wir so als Näherung

$$n_{\min} \approx (4 \cdot 0.5(1-0.5))(z_{1-\alpha/2}/L_{\hat{\pi}})^2$$
$$= 4 \cdot 0.25 \cdot (2.57/0.1)^2 \approx \underline{660.49},$$

vgl. auch (5.15). Die Münze muss mindestens 661 Mal geworfen werden.

(c) Es gilt $\hat{\pi} = 110/200 = 0.55$. Das approximative 0.99-Konfidenzintervall berechnet sich dann folgendermaßen:

$$\hat{\pi} \pm z_{1-\alpha/2} \cdot \sqrt{\frac{\hat{\pi}(1-\hat{\pi})}{n}} = 0.55 \pm 2.57 \cdot \sqrt{\frac{0.55 \cdot 0.45}{200}} \approx 0.55 \pm 0.09.$$

Das Konfidenzintervall ist damit $\underline{[0.46, 0.64]}$.

Lösung von Aufgabe 5.31

Die Formel zur Berechnung eines approximativen 0.95-Konfidenzintervalls für den Stimmenanteil π lautet, s. Stocker und Steinke [2022], Abschnitt 10.2.4:

$$[0.227, 0.273] = [g_u, g_o] = \left[\hat{\pi} - z_{1-\alpha/2}\sqrt{\frac{\hat{\pi}(1-\hat{\pi})}{n}}, \hat{\pi} + z_{1-\alpha/2}\sqrt{\frac{\hat{\pi}(1-\hat{\pi})}{n}}\right].$$

Daraus folgt $\hat{\pi} = (g_u + g_o)/2 = 0.25$ und die Länge des Intervalls ist

$$L_{\hat{\pi}} = g_o - g_u = 2z_{1-\alpha/2}\sqrt{\frac{\hat{\pi}(1-\hat{\pi})}{n}}.$$

Das Einsetzen der gegebenen Werte liefert

$$0.273 - 0.227 = 0.046 = 2 \cdot 1.96 \cdot \sqrt{\frac{0.25 \cdot 0.75}{n}}.$$

Umgestellt nach n ergibt sich:

$$n = (2 \cdot 1.96/0.046)^2 \cdot 0.25 \cdot 0.75 \approx \underline{1361.6}.$$

Es wurden also ca. 1361 Personen befragt. Die Ungenauigkeit des Ergebnisses resultiert aus der Ungenauigkeit der Ausgangsinformationen.

Lösung von Aufgabe 5.32

Gemäß Aufgabenstellung sollen wir von normalverteilten Beobachtungen mit gleicher Varianz ausgehen. Unsere Modellannahmen sind daher: $Y_{0i} \sim N(\mu_0, \sigma^2)$, $i = 1, \ldots, n_0$, u.i.v. und $Y_{1j} \sim N(\mu_1, \sigma^2)$, $j = 1, \ldots, n_1$, u.i.v. Es soll $\delta = \mu_1 - \mu_0$ geschätzt bzw. Konfidenzintervalle für δ konstruiert werden.

(a) Wir schätzen δ mittels

$$\widehat{\delta} = \widehat{\mu}_1 - \widehat{\mu}_0 = \overline{y}_1 - \overline{y}_0 = 9.3 - 8.4 = \underline{\underline{0.9}}.$$

Wenn zuvor Erbsen angebaut wurden, sind die Erträge (geschätzt) im Mittel um 0.9 t/ha höher.

(b) Wir verwenden die Formel zur Berechnung eines Konfidenzintervalls für Erwartungswertdifferenzen für normalverteilte Beobachtungen mit gleicher Varianz:

$$\overline{y}_1 - \overline{y}_0 \pm t_{n_0+n_1-2, 1-\alpha/2} \sqrt{s_p^2 \left(\frac{1}{n_0} + \frac{1}{n_1} \right)} \qquad (5.18)$$

mit

$$s_p^2 = \frac{1}{n_0 + n_1 - 2} ((n_0 - 1)s_0^2 + (n_1 - 1)s_1^2).$$

Daraus ergibt sich für $n_0 = n_1 = 10$, $t_{18,0.975} \approx 2.101$ und

$$s_p^2 = (9 \cdot 1.2^2 + 9 \cdot 0.9^2)/18 = 1.125$$

durch Einsetzen:

$$0.9 \pm 2.101 \cdot \sqrt{1.125 \cdot \left(\frac{1}{10} + \frac{1}{10} \right)} \approx 0.9 \pm 0.997.$$

Für das Intervall erhalten wir somit $\underline{[-0.097, 1.897]}$. Die Länge des Intervalls beträgt $1.897 - (-0.097) = 1.994$.

(c) Mit den gleichen Formeln berechnen wir die Konfidenzintervalle für die neuen Stichprobenumfänge.

(i) Für $n_0 = n_1 = 25$, $t_{48,0.975} \approx 2.011$ und $s_p^2 = (24 \cdot 1.2^2 + 24 \cdot 0.9^2)/48 = 1.125$ erhalten wir

$$0.9 \pm 2.011 \cdot \sqrt{1.125 \cdot \left(\frac{1}{25} + \frac{1}{25} \right)} \approx 0.9 \pm 0.603,$$

also KI=$\underline{[0.297, 1.503]}$. Die Länge des Intervalls ist $1.503 - 0.297 = 1.206$.

(ii) Für $n_0 = 45$ und $n_1 = 5$ sind $t_{48,0.975} \approx 2.011$ und $s_p^2 = (44 \cdot 1.2^2 + 4 \cdot 0.9^2)/48 \approx 1.387$:

$$0.9 \pm 2.011 \cdot \sqrt{1.387 \cdot \left(\frac{1}{45} + \frac{1}{5} \right)} \approx 0.9 \pm 1.116.$$

Das Konfidenzintervall ist damit $[-0.216, 2.016]$ und die Länge des Intervalls ist $2.016 - (-0.216) = 2.232$.

(d) Aus (a) erhalten wir um 0.9 t/ha höhere Erträge, wenn zuvor Erbsen anstelle von Weizen angebaut worden sind. Ein Blick auf das Konfidenzintervall aus (b) zeigt, dass auch der Wert 0 im Intervall liegt und damit nicht ausgeschlossen werden kann, dass die Erträge tatsächlich *im Mittel* gleich hoch ausfallen. Die Erhöhung der Stichprobenumfänge in (c), Teil (i), erhöht die Genauigkeit unserer Differenzenschätzung; das Konfidenzintervall ist hier deutlich kürzer. Der Wert Null liegt auch nicht mehr im Intervall. Man könnte daher relativ sicher sein, dass das Anbauen von Erbsen den nachfolgenden Ertrag von Weizen im Mittel verbessert. In (c), Teil (ii), wurden auch 50 Messungen durchgeführt, diese aber sehr ungleichmäßig aufgeteilt. In deren Folge konnte zwar die Genauigkeit des Schätzens von μ_0 verbessert werden. μ_1 wird dafür sogar noch ungenauer als in (b) geschätzt, da hier nur $n_1 = 5$ anstelle von $n_1 = 10$ Messungen durchgeführt wurden. Die Schätzgenauigkeit für δ ist hier sogar geringer als in (b); das Konfidenzintervall ist hier größer.

Lösung von Aufgabe 5.33

(a) Da g streng monoton steigend ist, folgt für beliebige $t, \theta, s \in \Theta$:

$$t \leq \theta \leq s \quad \text{g.d.w. (genau dann, wenn)} \quad g(t) \leq g(\theta) \leq g(s).$$

Daraus folgt

$$\{G_u \leq \theta \leq G_o\} = \{g(G_u) \leq g(\theta) \leq g(G_o)\}$$

bzw.

$$P(g(G_u) \leq \tau \leq g(G_o)) = P(G_u \leq \theta \leq G_o) = 1 - \alpha.$$

Damit ist $[g(G_u), g(G_o)]$ ein $(1 - \alpha)$-Konfidenzintervall für τ.

(b) Da g in diesem Fall streng mononton fallend ist, folgt für beliebige $t, \theta, s \in \Theta$:

$$t \leq \theta \leq s \quad \text{g.d.w.} \quad g(t) \geq g(\theta) \geq g(s).$$

Daraus folgt

$$\{G_u \leq \theta \leq G_o\} = \{g(G_u) \geq g(\theta) \geq g(G_o)\} \quad \text{bzw.}$$
$$P(g(G_o) \leq \tau \leq g(G_u)) = P(G_u \leq \theta \leq G_0) = 1 - \alpha.$$

Das ist die Behauptung.

Lösung von Aufgabe 5.34

X_i bezeichne das Gewicht der i-ten-Apfelsine. $X_1, \ldots, X_n$ seien u.i.v. Das *mittlere* Apfelsinen-Gewicht ist in dem Fall μ, der Erwartungswert der X_i. Mit $\alpha = 1 - 0.9918 = 0.0082$ ist $z_{1-\alpha/2} = z_{0.9959} \approx 2.64$.

(a) Wir verwenden die Formel zur Berechnung eines approximativen Konfidenzintervalls für μ:

$$\bar{x} \pm s \cdot z_{1-\alpha/2}/\sqrt{n} = 300 \pm 20 \cdot 2.64/\sqrt{100} = 300 \pm 5.28.$$

Das (approximative) 0.9918-Konfidenzintervall für μ beträgt dann $[294.72, 305.28]$.

(b) Es sei τ das *mittlere* Gewicht von 10 Apfelsinen, d.h. $\tau = 10\mu$. Ein Konfidenzintervall für τ erhalten wird dann, indem wir das entsprechende Konfidenzintervall für μ mit 10 multiplizieren: $[2947.2, 3052.8]$, s. auch Aufgabe 5.33 mit $\theta = \mu$ und $g(\mu) = 10 \cdot \mu$.

Lösung von Aufgabe 5.35

In Aufgabe 5.28 haben wir ein 0.95-Konfidenzintervall für σ^2 bestimmt:

$$[g_u, g_o] = [28\,764.84, 661\,715.94].$$

Wir setzen $\theta = \sigma^2$ und $\tau = g(\theta) = \sqrt{\theta} = \sigma$. g ist dann für $\theta \geq 0$ eine streng monoton steigende Funktion und wir erhalten gemäß Aufgabe 5.33 als 0.95-Konfidenzintervall für $\tau = \sigma$:

$$[g(g_u), g(g_o)] \approx [\sqrt{28\,764.84}, \sqrt{661\,715.94}] \approx [169.6, 813.5].$$

Das gesuchte 0.95-Konfidenzintervall ist $[169.6, 813.5]$.

Lösung von Aufgabe 5.36

In der linken Abbildung ist die durchgehende Linie die Dichte der Standardnormalverteilung. Die Dichte der t-Verteilung ist breiter, klingt langsamer für großes $|x|$ ab und hat ein kleineres Maximum, vgl. Stocker und Steinke [2022], Abschnitt 8.1.2.

In der rechten Abbildung gehört die durchgehende Linie zur $\chi^2(10)$-Verteilung. Diese hat einen größeren Erwartungswert, 10, als die $\chi^2(3)$-Verteilung, 3, und auch ihre Maximumstelle (Modus) ist entsprechend nach rechts verschoben.

Lösung von Aufgabe 5.37

Eine $\chi^2(n)$-Verteilung ergibt sich als Summe von n unabhängigen, quadrierten N(0,1)-verteilten Zufallsvariablen, s. Stocker und Steinke [2022], Abschnitt 8.1.2. Damit hat Paul recht.

Lösung von Aufgabe 5.38

(B). Standardisieren wir die X_i und setzen wir $Z_i = (X_i - 2)/2$, dann sind die $Z_i \sim$ $N(0, 1)$ u.i.v. Damit ist

$$T = \sum_{i=1}^{n} \left(\frac{X_i - 2}{2}\right)^2 = \sum_{i=1}^{n} Z_i^2$$

und T ist nach der Definition der χ^2-Verteiliung $\chi^2(n)$-verteilt.

Lösung von Aufgabe 5.39

Wir wenden die Rechenregeln für Kovarianzen an, s. z.B. Aufgabe 4.87.

(a) Es gilt

$$Cov(Y_i, \overline{X}_n) = Cov(X_i - \overline{X}_n, \overline{X}_n) = Cov(X_i, \overline{X}_n) - Cov(\overline{X}_n, \overline{X}_n)$$

$$= Cov\left(X_i, \sum_{j=1}^{n} \frac{1}{n} X_j\right) - Var(\overline{X}_n) = \sum_{j=1}^{n} \frac{1}{n} Cov(X_i, X_j) - Var(\overline{X}_n)$$

$$= \frac{1}{n} \sigma^2 - \frac{1}{n} \sigma^2 = 0$$

wegen $Cov(X_i, X_j) = 0$ für $i \neq j$ und $Cov(X_i, X_i) = Var(X_i) = \sigma^2$.

(b) Es gilt für $i \neq j$:

$$Cov(X_i - \overline{X}_n, X_j - \overline{X}_n) = Cov(X_i, X_j - \overline{X}_n) - Cov(\overline{X}_n, X_j - \overline{X}_n)$$

$$= Cov(X_i, X_j) - Cov(X_i, \overline{X}_n) - 0 = -\sigma^2/n;$$

vgl. (a). Da Y_i und Y_j korreliert sind, sind sie nicht unabhängig.

Lösung von Aufgabe 5.40

Zur Bestimmung des Schätzwertes ermitteln wir die Ableitung der Log-Likelihood-Funktion nach μ, vgl. Stocker und Steinke [2022], Abschnitt 10.3.2.,

$$l'(\mu) = -\frac{1}{2}\Big(2\mu + 2(2 - \mu)(-1) + 2(4 - \mu)(-1)\Big) = -3\mu + 6,$$

und setzen sie gleich Null: $-3\mu + 6 = 0$. Wir erhalten $\widehat{\mu} = 2$ als ML-Schätzwert für μ. Da $l''(\mu) = -3 < 0$ ist, liegt tatsächlich ein Maximum vor.

Lösung von Aufgabe 5.41

(a) Der Maximum-Likelihood-Schätzwert wird so gewählt, dass die Likelihood- bzw. die Log-Likelihood-Funktion maximiert wird. Die Abbildung von Paul weist eine globale Minimum-, aber keine globale Maxiumstelle auf. Daher ist Peters Abbildung die richtige.

(b) Wir berechnen die Log-Likelihood-Funktion.

$$L(\lambda|x) = \prod_{i=1}^{n} f_\lambda(x_i) = \prod_{i=1}^{n} (\lambda e^{-\lambda x_i}) = \lambda^n \exp\Big(-\lambda \sum_{i=1}^{n} x_i\Big),$$

$$l(\lambda|x) = \ln L(\lambda|x) = n \ln \lambda - \lambda \sum_{i=1}^{n} x_i.$$

Für die konkreten Daten heißt das mit $n = 5$ und $\sum_{i=1}^{5} x_i = 10$:

$$l(\lambda|x) = 5 \ln \lambda - 10 \cdot \lambda.$$

Speziell für $\lambda = 1$ ist $l(\lambda|x) = -10$ in Übereinstimmung mit der Darstellung von Peter.

Lösung von Aufgabe 5.42

Die gemeinsame Dichte kann man schreiben als $f(x_1, x_2) = f_{X_1}(x_1)f_{X_2}(x_2)$,

$$f_{X_1}(x_1) = \theta_1 \exp(-\theta_1 x_1)I_{[0,\infty)}(x_1),$$

$$f_{X_2}(x_2) = \frac{1}{\sqrt{2\pi}} \exp\left(-\frac{(x_2 - \theta_2)^2}{2}\right).$$

Damit sind X_1 und X_2 unabhängig und $X_1 \sim Exp(\theta_1)$ bzw. $X_2 \sim N(\theta_2, 1)$.

(a) X_1 und X_2 haben folglich unterschiedliche Verteilungen.

(b) Wegen der Unabhängigkeit von X_1 und X_2 kann man die ML-Schätzer für die x_1-Daten und x_2-Daten auch separat bestimmen und man erhält, vgl. Stocker und Steinke [2022], Abschnitt 10.3.2, mit Stichprobenumfang 1, $\widehat{\theta}_1 = 1/X_1$ und $\widehat{\theta}_2 = X_2$. Der Vollständigkeit halber führen wir die benötigten Rechnungen durch. Die Log-Likelihood-Funktion ist

$$l(\theta_1, \theta_2|x_1, \dots, x_n) = \ln \theta_1 - \theta_1 x_1 - 0.5(x_2 - \theta_2)^2 - \frac{1}{2}\ln(2\pi).$$

Wir bilden die partiellen Ableitungen nach θ_1 bzw. θ_2 und setzen sie gleich 0.

$$\frac{\partial}{\partial \theta_1}l: \qquad \frac{1}{\theta_1} - x_1 \overset{!}{=} 0 \qquad \Longrightarrow x_1 = 1/\theta_1,$$

$$\frac{\partial}{\partial \theta_2}l: \qquad -0.5(x_2 - \theta_2) \cdot 2 \cdot (-1) \overset{!}{=} 0 \qquad \Longrightarrow x_2 = \theta_2.$$

Damit erhalten wir $\widehat{\theta}_1 = 1/X_1$ und $\widehat{\theta}_2 = X_2$ als ML-Schätzer.

Lösung von Aufgabe 5.43

Es sei $\mu_1 = E(X_i)$ und $\mu_2 = E(X_i^2)$. Dann gilt

$$\mu_1 = \theta_1 + \theta_2 \quad \text{und} \quad \mu_2 = \theta_2 - \theta_1.$$

Wir stellen die beiden Gleichungen nach θ_1 und θ_2 um. Indem wir beide Gleichungen summieren und durch 2 teilen, erhalten wir

$$\theta_2 = \frac{\mu_1 + \mu_2}{2}.$$

Einsetzen dieses Ergebnisses in eine der obigen Gleichungen liefert

$$\theta_1 = \frac{\mu_1 - \mu_2}{2}.$$

Ersetzen wir die theoretischen Größen μ_1 bzw. μ_2 durch ihre entsprechenden stochastischen Größen, $\overline{X}_n$ bzw. $(1/n)\sum_{i=1}^{n} X_i^2$, erhalten wir die Momentenschätzer:

$$\widehat{\theta}_1 = \frac{1}{2n}\sum_{i=1}^{n} X_i - \frac{1}{2n}\sum_{i=1}^{n} X_i^2, \quad \widehat{\theta}_2 = \frac{1}{2n}\sum_{i=1}^{n} X_i + \frac{1}{2n}\sum_{i=1}^{n} X_i^2.$$

Siehe auch Stocker und Steinke [2022], Abschnitt 10.3.1.

Lösung von Aufgabe 5.44

Wir bestimmen $\widehat{\theta}_1$ und $\widehat{\theta}_2$ so, dass die partiellen Ableitungen gleich Null werden.

$$\frac{1}{\widehat{\theta}_2}\sum_{i=1}^{n} x_i - \frac{n\widehat{\theta}_1}{\widehat{\theta}_2} = 0 \implies \overline{x} - \widehat{\theta}_1 = 0,$$

$$-\frac{n}{2\widehat{\theta}_2} + \frac{n\widetilde{s}}{2\widehat{\theta}_2^2} = 0 \implies -\widehat{\theta}_2 + \widetilde{s} = 0.$$

Daraus ergeben sich die Maximum-Likelihood-Schätzer $\widehat{\theta}_1 = \overline{X}_n$ und $\widehat{\theta}_2 = \widetilde{S}_n$.

Lösung von Aufgabe 5.45

(a) (A): $L(\lambda) = f(x_1) \cdot f(x_2)$. Das führt auf die Funktion, die Paul vorgeschlagen hat.

(b) Die Likelihood-Funktion vereinfacht sich zu $L(\lambda) = \lambda^4 e^{-2\lambda}$. Die Log-Likelihood-Funktion ist dann $l(\lambda) = \log L(\lambda) = 4\log\lambda - 2\lambda$. Wir berechnen die ersten beiden Ableitungen von l:

$$l'(\lambda) = \frac{4}{\lambda} - 2, \quad l''(\lambda) = -\frac{4}{\lambda^2}.$$

Zur Bestimmung des ML-Schätzwertes setzen wir $l'(\widehat{\lambda}) = 0$ und erhalten $\widehat{\lambda} = 2$. Da $l''(\widehat{\lambda}) < 0$ ist, nimmt die Log-Likelihoodfunktion an der Stelle $\widehat{\lambda} = 2$ ein Maximum an, d.h. $\widehat{\lambda} = 2$ ist der Maximum-Likelihood-Schätzwert zu λ.

Lösung von Aufgabe 5.46

Die Dichte der Verteilung der rechten Abbildung ist an der Stelle (0,0) größer als die Dichte der linken Abbildung. Daher würde man sich nach dem Maximum-Likelihood-Prinzip für die rechte Verteilung, Verteilung 2, entscheiden.

Lösung von Aufgabe 5.47

(a) Nein. Der Träger zu X_i ist $[-1, 0] \cup [\theta, \theta + 1]$ und damit nicht gleich dem Träger einer $G(-1, \theta + 1)$ verteilten Zufallsvariable, $[-1, \theta + 1]$.

(b) Es gilt: $\mu = E(X_i) =$

$$\int_{-\infty}^{\infty} x f_\theta(x)dx = \frac{1}{2}\int_{-1}^{0} x\,dx + \frac{1}{2}\int_{\theta}^{1+\theta} x\,dx = \frac{1}{4}x^2\Big|_{-1}^{0} + \frac{1}{4}x^2\Big|_{\theta}^{1+\theta}$$

$$= -\frac{1}{4} + \frac{1}{4}((1 + \theta)^2 - \theta^2) = -\frac{1}{4} + \frac{1}{4}(1 + 2\theta + \theta^2 - \theta^2) = \frac{1}{2}\theta.$$

Wir stellen $\mu = \theta/2$ nach θ um: $\theta = 2\mu$. Schließlich wird μ durch seinen Schätzer $\overline{X}_n$ ersetzt. Damit ist $\hat{\theta}_n = 2\overline{X}_n$ der Momentschätzer zu θ.

(c) Ja. $\hat{\theta}_n = 2\overline{X}_n \xrightarrow{p} 2\mu = \theta$ nach dem Gesetz der Großen Zahlen.

(d) Mit $\overline{x} = 0.22$ ergib sich $\hat{\theta} = 2\overline{x} = 0.44$ als Schätzwert für θ.

(e) $P(X_i < 0) = 0.5$. Wenn alle X_i negativ sind, ist auch $\overline{X}_n < 0$ und somit $\hat{\theta}_n < 0$.

$$P(\hat{\theta}_n < 0) = P(\overline{X}_n < 0) \geq P(X_1 < 0, \ldots, X_n < 0)$$
$$= P(X_1 < 0) \cdots P(X_n < 0) = 0.5^n > 0.$$

Anmerkung: Da $\theta > 0$ ist, zeigt (e), dass $\hat{\theta}_n$ mit positiver Wahrscheinlichkeit auch für θ nicht zulässige Werte liefert. Dies kann man bspw. dadurch umgehen, in dem man den Maximum-Likelihood-Schätzer verwendet, der aber in seiner Herleitung deutlich aufwendiger ist.

Lösung von Aufgabe 5.48

Zunächst notieren wir die gemeinsame Dichtefunktion von X_1 und X_2:

$$L(\theta|x_1, x_2) = f_{X_1 X_2}(x_1, x_2) = f_{X_1}(x_1)f_{X_2}(x_2) = \frac{1}{\theta}I_{[0,\theta]}(x_1)\frac{1}{\theta}I_{[0,\theta]}(x_2).$$

Wir gehen davon aus, dass $x_1, x_2 \geq 0$ sind, und schreiben $f_{X_1 X_2}$ als Funktion in θ unter Verwendung der Bezeichnung $y = \max(x_1, x_2)$ um:

$$L(\theta|x_1, x_2) = \frac{1}{\theta^2}I_{[x_1,\infty)}(\theta)I_{[x_2,\infty)}(\theta) = \frac{1}{\theta^2}I_{[y,\infty)}(\theta).$$

Beachten Sie, dass $I_{[x_1,\infty)}(\theta)$ genau dann 1 wird, wenn $\theta \geq x_1$ ist. Außerdem wird $I_{[x_1,\infty)}(\theta)I_{[x_2,\infty)}(\theta)$ genau dann 1, wenn $\theta \geq x_1$ und $\theta \geq x_2$ ist, d.h. wenn $\theta \geq \max(x_1, x_2) = y$ ist. Die Likelihoodfunktion ist damit 0 für $\theta < y$, $1/y^2$ an der Stelle $\theta = y$ und für $\theta > y$ monoton fallend. Also nimmt sie ihren maximalen Wert an der Stelle $\theta = y = \max(x_1, x_2)$ an. Damit ist $\max(X_1, X_2)$ der Maximum-Likelihood-Schätzer für θ, vgl. auch Aufgabe 5.5.

6 Statistisches Testen

Aufgabe 6.1

In der Rechtsprechung gilt bekanntlich der Leitsatz „Im Zweifel für den Angeklagten".
Wir interpretieren die Situation eines Strafprozesses als (nichtstatistisches) Entscheidungsproblem, wobei die Verurteilung eines Unschuldigen einem Fehler 1. Art und das Freisprechen eines Schuldigen einem Fehler 2. Art entspricht.

Angenommen, bei insgesamt 30 Strafprozessen wurden 25 Personen bestraft und 5 Personen freigesprochen. Zwei Personen wurden zu Unrecht freigesprochen, eine Person wurde zu Unrecht bestraft.

Bestimmen Sie gemäß dieser Datenlage nach üblicher Fachterminologie Schätzwerte für

(a) die Fehlerwahrscheinlichkeit 1. Art.

(b) die Fehlerwahrscheinlichkeit 2. Art.

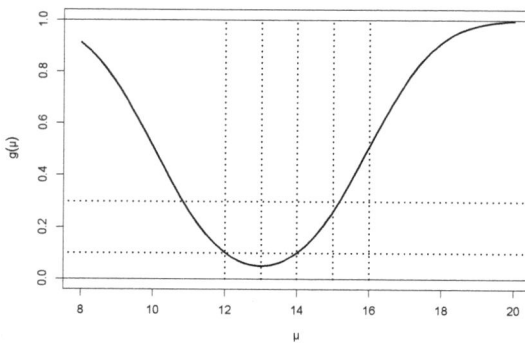

Abb. 6.1: Gütefunktion eines Gauß-Tests (Aufgabe 6.2)

Aufgabe 6.2

Das Schaubild aus Abbildung 6.1 zeigt die Gütefunktion eines zweiseitigen Gauß-Tests zum Testproblem $H_0 : \mu = 13$ gegen $H_1 : \mu \neq 13$.

Überprüfen Sie die Richtigkeit folgender Aussagen:

(a) Die Wahrscheinlichkeit für einen Fehler 1. Art ist kleiner als 0.1.

(b) Für $\mu = 15$ wird H_0 mit einer Wahrscheinlichkeit von weniger als 0.3 beibehalten.

(c) Die Wahrscheinlichkeit eines Fehlers 2. Art ist für $\mu = 16$ geringer als für $\mu = 12$.

https://doi.org/10.1515/9783110744187-006

Aufgabe 6.3

Seien $X_1, \ldots, X_n$ unabhängig $N(\mu, \sigma^2)$-verteilt. Wir betrachten die drei Gütefunktionen des Einstichproben-Gauß-Tests zum Niveau α bezüglich eines hypothetischen Wertes μ_0.

(i) Zweiseitiger Gauß-Test $H_0 : \mu = \mu_0$: $g_1(\mu)$.

(ii) Einseitiger Gauß-Test für $H_0 : \mu \leq \mu_0$: $g_2(\mu)$.

(iii) Einseitiger Gauß-Test für $H_0 : \mu \geq \mu_0$: $g_3(\mu)$.

μ_0, α, n und σ seien fest vorgegeben.

(a) Dann gilt für alle $\mu \geq \mu_0$:

    (A) $g_1(\mu) \geq g_3(\mu)$.   (B) $g_1(\mu) = g_3(\mu)$.   (C) $g_1(\mu) \leq g_3(\mu)$.

(b) Die Wahrscheinlichkeit, H_0 beizubehalten, ist für alle $\mu \geq \mu_0$ in (ii)

    (A) kleiner oder gleich der in (iii).   (B) größer oder gleich der in (iii).

Aufgabe 6.4

Seien $X_1, \ldots, X_{10}$ unabhängig $N(\mu, 4)$-verteilt. Wir betrachten den Gauß-Test bezüglich $H_0 : \mu \geq 2$ vs. $H_1 : \mu < 2$ zum Niveau 5%.

Bestimmen Sie

(a) die Verteilung der Teststatistik des Gauß-Tests für $\mu = 1$ und für $\mu = 3$.

(b) die Fehlerwahrscheinlichkeit 2. Art, falls $\mu = 1$.

(c) die Fehlerwahrscheinlichkeit 1. Art, falls $\mu = 3$.

Aufgabe 6.5

π sei ein Parameter, der nur Werte in [0,1] annimmt. Testproblem 1 (TP1) sei

$$H_0 : \pi \leq 0.6 \quad \text{gegen} \quad H_1 : \pi > 0.6$$

und Testproblem 2 (TP2) sei

$$H_0 : \pi \geq 0.6 \quad \text{gegen} \quad H_1 : \pi < 0.6.$$

Mit $g(\pi) = P_\pi(\text{„Test lehnt } H_0 \text{ ab"})$ bezeichnen wir die Gütefunktion eines Tests. Abbildung 6.2 bzw. 6.3 stellen die Gütefunktionen für zwei Tests grafisch dar.

(a) Der Test mit Gütefunktion aus Abbildung 6.2 ist ein 0.2-Niveau-Test für

    (A) TP1 und TP2.   (B) TP1, aber nicht TP2.   (C) TP2, aber nicht TP1.
    (D) weder TP1 noch TP2.

(b) Der Test mit Gütefunktion aus Abbildung 6.3 ist ein 0.2-Niveau-Test für

(A) TP1 und TP2.   (B) TP1, aber nicht TP2.   (C) TP2, aber nicht TP1.
(D) weder TP1 noch TP2.

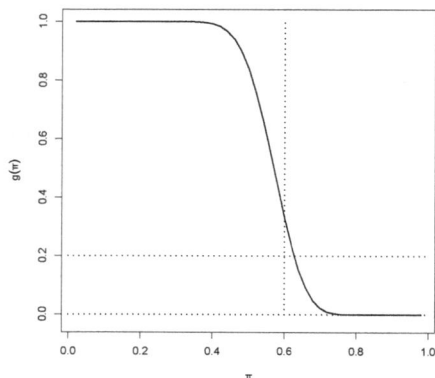

Abb. 6.2: Aufgabe 6.5 (a)

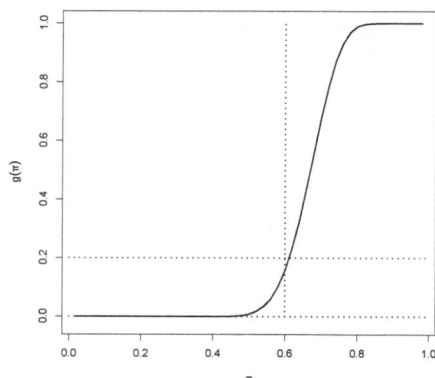

Abb. 6.3: Aufgabe 6.5 (b)

*Aufgabe 6.6

Es seien $X_1, \ldots, X_n \sim N(\mu, \sigma^2)$ u.i.v. mit bekanntem σ^2. Die Gütefunktion des zweiseitigen Gauß-Tests für das Testproblem $H_0 : \mu = \mu_0$ gegen $H_1 : \mu \neq \mu_0$ berechnet sich dann als

$$g(\mu) = \Phi\left(-z_{1-\frac{\alpha}{2}} - \frac{\sqrt{n}}{\sigma}(\mu - \mu_0)\right) + \Phi\left(-z_{1-\frac{\alpha}{2}} + \frac{\sqrt{n}}{\sigma}(\mu - \mu_0)\right). \qquad (6.1)$$

(a) Leiten Sie Formel (6.1) her.

(b) Zeichnen Sie die Funktion g für $\alpha = 0.05$, $\mu = 0$, $\sigma^2 = 1$ und $n = 5$ im Intervall von -2 bis 2.

(c) Zeigen Sie analytisch anhand der Gütefunktion, dass der Gauß-Test ein unverfälschter α-Niveau-Test ist, d.h. dass $g(\mu) \leq \alpha$ unter der Nullhypothese und $g(\mu) \geq \alpha$ unter der Alternativen gelten. *Hinweis:* Bestimmen Sie die ersten beiden Ableitungen von g und zeigen Sie, dass g an der Stelle μ_0 ein Minimum besitzt.

Aufgabe 6.7

Kritiker des statistischen Hypothesen-Testens argumentieren häufig, dass die inhaltliche Relevanz signifikanter Testresultate zu wenig hinterfragt wird. Schließlich könne man selbst bei kleinen Abweichungen von der Nullhypothese relativ schnell signifikante Ergebnisse bekommen, wenn die Stichprobe nur groß genug ist. Dazu betrachten wir als Beispiel den Gauß-Test zum Testproblem:

$$H_0 : \mu = \mu_0 \quad \text{vs.} \quad H_1 : \mu \neq \mu_0.$$

Der Test werde zum Niveau 5% durchgeführt. Es gelte $\sigma^2 = 1$. Bestimmen Sie die Wahrscheinlichkeit, sich für H_1 zu entscheiden, wenn

(a) $\mu - \mu_0 = 0.1$ und $n = 10$ ist.

(b) $\mu - \mu_0 = 0.1$ und $n = 1000$ ist.

Hinweis: Verwenden Sie (6.1).

Aufgabe 6.8

$X_1, \ldots, X_n \sim N(\mu, \sigma^2)$ seien u.i.v. mit bekannter Varianz σ^2. Auf Grundlage der Beobachtungen $x_1, \ldots, x_n$ berechnet man für die Durchführung des Gauß-Tests den Wert der Teststatistik

$$ t = \sqrt{n} \cdot \frac{\overline{x} - \mu_0}{\sigma}. $$

Die p-Werte p für den Gauß-Test berechnen sich dann mit folgenden Formeln für die nachfolgenden Testprobleme, vgl. z.B. Stocker und Steinke [2022], Abschnitt 11.2.3:

(i) $H_0 : \mu \geq \mu_0$ vs. $H_1 : \mu < \mu_0$: $p = \Phi(t)$.

(ii) $H_0 : \mu \leq \mu_0$ vs. $H_1 : \mu > \mu_0$: $p = 1 - \Phi(t)$.

(iii) $H_0 : \mu = \mu_0$ vs. $H_1 : \mu \neq \mu_0$: $p = 2(1 - \Phi(|t|))$.

Die Zufallsvariable T sei verteilt wie die Teststatistik des Gauß-Tests unter der Nullhypothese $\mu = \mu_0$, d.h. $T \sim N(0, 1)$. Zeigen Sie für Testproblem (ii):

(a) $p = P(T \geq t)$.

(b) $1 - \Phi(t) \leq \alpha$ gilt genau dann, wenn $t \geq z_{1-\alpha}$.

Zeigen Sie für Testproblem (iii):

(c) $p = P(|T| \geq |t|)$.

(d) $p = 2(1 - \Phi(|t|)) \leq \alpha$ gilt genau dann, wenn $|t| \geq z_{1-\alpha/2}$.

Hinweis: Wie üblich bezeichnen z_α bzw. Φ das α-Quantil bzw. die Verteilungsfunktoin der Standardnormalverteilung.

Aufgabe 6.9

Für normalverteilte Daten mit bekannter Varianz $\sigma^2 = 6.25$ soll folgendes Testproblem für den Erwartungswert μ untersucht werden: $H_0 : \mu = 10$ gegen $H_1 : \mu \neq 10$. Aus einer Stichprobe vom Umfang 30 wurde der Mittelwert $\overline{x} = 10.8$ ermittelt.

(a) Bestimmen Sie den p-Wert zum Test.

(b) Ist die Nullhypothese zum Signifikanzniveau $\alpha = 0.10$ abzulehnen?

Aufgabe 6.10

In einem ökonomischen Experiment werden Zeiten gemessen, die verschiedene Probanden benötigen, um sich in bestimmten Situationen für eine bestimmte Handlungsoption zu entscheiden. Diese Zeiten können (näherungsweise) als normalverteilt angenommen werden. Es werden nun die folgenden 8 Zeiten in Sekunden (u.i.v.-Stichprobe) gemessen:

$$115, \quad 108, \quad 117, \quad 118, \quad 101, \quad 159, \quad 144, \quad 125.$$

(a) Überprüfen Sie mit einem geeigneten Test, ob der Erwartungswert zum Niveau 5% signifikant von 110 Sekunden verschieden ist.

(b) Geben Sie die Testverteilung an, d.h. die Verteilung der Teststatistik unter der Nullhypothese $\mu = 110$.

(c) Liegt der korrespondierende p-Wert zwischen 5% und 10%?

Aufgabe 6.11

$-5, 3, 4, 0, 1$ seien Realisierungen einer u.i.v. Stichprobe $X_1, \ldots, X_5$ mit $X_i \sim N(\mu, \sigma^2)$. Man betrachte das Testproblem $H_0 : \mu = 5$ vs. $H_1 : \mu \neq 5$.

(a) Entscheiden Sie das Testproblem zum Signifikanzniveau 1%.
Hinweis: Verwenden Sie Tabelle 6.1.

(b) Entscheiden Sie das Testproblem zum Signifikanzniveau 0.1%.

(c) Stellen Sie mithilfe von Tabelle 6.1 fest, ob der p-Wert zum Testproblem kleiner als 0.04 ist.

n	1	2	3	4	5
$t_{n,0.995}$	63.6567	9.9248	5.8409	4.6041	4.0321

Quantile der t-Verteilung mit n FG zum Niveau 0.995

x	2.7	2.8	2.9	3.0	3.1	3.2
$F(x)$	0.9730	0.9756	0.9779	0.9800	0.9819	0.9835

Werte der Verteilungsfunktion der t-Verteilung mit 4 FG an der Stelle x

Tab. 6.1: Werte der Verteilungsfunktion und Quantile der t-Verteilung

Aufgabe 6.12

Ein Verbraucher-Magazin misst anhand von 20 zufällig ausgewählten Anrufen die Wartezeiten (in Minuten) einer Telefon-Service-Hotline eines Unternehmens zu einer bestimmten Tageszeit. Aus den Beobachtungswerten wurde der Mittelwert und die Stichprobenstandardabweichung bestimmt:

$$\bar{x} = 10.355, \quad s = 1.9392.$$

Angenommen, die Wartezeiten können als normalverteilt angesehen werden. Das Unternehmen behauptet, dass die im Mittel zu erwartende Wartezeit nicht mehr als 9 Minuten beträgt.

(a) Prüfen Sie die Behauptung (als Nullhypothese) mit einem geeigneten Test zum Niveaus 1%. Wie lautet die Testentscheidung?

(b) Der p-Wert für den Test liegt im Intervall

(A) $[0, 0.001)$.   (B) $[0.001, 0.005)$.   (C) $[0.005, 0.01)$.   (D) $[0.01, 1]$.

Aufgabe 6.13

Anhand einer Stichprobe (u.i.v.) werden eine Reihe zweiseitiger t-Tests zum Niveau 5% durchgeführt (stets anhand der gleichen Daten). Konkret werden die Nullhypothesen

(i) $H_0 : \mu = 3$,   (ii) $H_0 : \mu = 4$,   (iii) $H_0 : \mu = 6$

getestet. Die Nullhypothese wird in (i) und (ii) beibehalten und in (iii) verworfen.

Anhand der gleichen Daten werde ein 0.95-Konfidenzintervall konstruiert. Entscheiden Sie, welches der folgenden Intervalle das ist.

(A) $[2.5, 3.5]$.   (B) $[1.5, 6.5]$.   (C) $[1.5, 5.5]$.   (D) $[3.5, 5.5]$.

Hinweis: 3 der 4 Intervalle können als Konfidenzintervall ausgeschlossen werden.

Aufgabe 6.14

Eine empirische Untersuchung soll Aufschluss darüber geben, ob die Beschäftigtenzahl von Unternehmen einer bestimmten Branche im Vergleich zum Vorjahr gestiegen ist oder nicht. Dazu werden zufällig $n = 100$ Unternehmen ausgewählt. Im Vorjahr beschäftigten diese insgesamt 1200 Mitarbeiter, aktuell sind 1260 Mitarbeiter bei diesen beschäftigt. Die Beschäftigtenzahl stieg damit um durchschnittlich 0.6 Mitarbeiter pro Unternehmen. Als *nichtkorrigierte* Stichprobenstandardabweichung für den Zuwachs an Mitarbeitern wurde 2.0 ermittelt.

(a) Überprüfen Sie, ob die Beschäftigtenzahl in dieser Branche bei einem Niveau von 5% signifikant gestiegen.

(b) Bestimmen Sie approximativ den p-Wert des korrespondierenden Tests.

Aufgabe 6.15

In einer Studie wurde die Zufriedenheit von Angestellten einer bestimmten Branche untersucht. Dazu wurden 1000 Angestellte zufällig ausgewählt (u.i.v.-Stichprobe) und nach ihrer Zufriedenheit hinsichtlich Bezahlung und Betriebsklima (Skala von −2 = sehr unzufrieden bis +2 = sehr zufrieden) befragt. Dabei ergab sich, dass die Angestellten ihre Zufriedenheit mit dem Betriebsklima im Durchschnitt um 0.33 Punkte höher werteten als ihre Zufriedenheit mit der Bezahlung. Die Stichprobenstandardabweichung der Differenzen beider Wertungen betrug 0.53. Konkret ergab sich für die Bezahlung ein durchschnittlicher Zufriedenheitswert von 0.51 bei einer Stichprobenstandardabweichung von 0.34 und für das Betriebsklima ein durchschnittlicher Zufriedenheitswert von 0.84 bei einer Stichprobenstandardabweichung von 0.45.

Überprüfen Sie mit geeigneten statistischen Tests zum Niveau 5%, ob die Zufriedenheit mit dem Betriebsklima

(a) signifikant höher als 0.5 ist.

(b) signifikant um mehr als 0.3 Punkte höher als die Zufriedenheit mit der Bezahlung ist.

Wir beschreiben die Zufriedenheitswerte der Angestellten über die Zufallsvariablen $B_1, \ldots, B_{1000}$ (Bezahlung) und $K_1, \ldots, K_{1000}$ (Betriebsklima) und machen die üblichen Modellannahmen.

(c) Sind dann (B_1, K_1) und (B_2, K_2) unabhängig?

(d) Sind dann $B_1 + B_2$ und $K_1 + K_2$ unabhängig?

Aufgabe 6.16

Seien $X_1, \ldots, X_{10}$ unabhängig $N(\mu_1, \sigma_1^2)$-verteilt und $Y_1, \ldots, Y_6$ unabhängig $N(\mu_2, \sigma_2^2)$-verteilt. Weiter seien $X_1, \ldots, X_{10}, Y_1, \ldots, Y_6$ unabhängig. Gegeben sei das Testproblem

$$H_0 : \mu_1 = \mu_2 \quad \text{vs.} \quad H_1 : \mu_1 \neq \mu_2.$$

(a) Die Verteilung von $\overline{X}$ ist dann

(A) $N(\mu_1, \sigma_1^2/\sqrt{10})$.   (B) $N(\mu_1, \sigma_1^2/10)$.   (C) $N(\mu_1, \sigma_1^2)$.

(b) Unter der Nullhypothese ist $\overline{X} - \overline{Y}$ verteilt gemäß

(A) $N(0, \frac{\sigma_1^2}{10} + \frac{\sigma_2^2}{6})$.   (B) $N(0, \sqrt{\frac{\sigma_1^2}{10} + \frac{\sigma_2^2}{6}})$.   (C) $N(0, \frac{\sigma_1^2}{10} - \frac{\sigma_2^2}{6})$.

Aufgabe 6.17

In der Backabteilung eines Supermarktes werden 200 g-Packungen mit gemahlenen Haselnüssen von zwei verschiedenen Herstellern angeboten. Für 10 zufällig ausgewählte Packungen von Hersteller A ergab sich eine durchschnittliche Füllmenge von

204 g bei einer Stichprobenstandardabweichung von 5 g. Für 8 zufällig ausgewählte Packungen von Hersteller B ergab sich eine durchschnittliche Füllmenge von 200 g bei einer Stichprobenstandardabweichung von 3 g. Zur Vereinfachung nehmen wir an, dass die Füllmengen normalverteilt sind und bei beiden Herstellern mit der gleichen Varianz schwanken. Man teste, ob und inwiefern sich die Füllmengen der beiden Hersteller im Mittel unterscheiden.

(a) Bestimmen Sie den gemeinsamen Schätzwert der Varianz der Füllmengen der beiden Hersteller.

(b) Entscheiden Sie, ob zum Niveau 5% die Füllmengen signifikant verschieden sind.

(c) Entscheiden Sie, ob zum Niveau 5% Hersteller A signifikant mehr als Hersteller B abfüllt.

Aufgabe 6.18

Bei der Befragung von Studenten hinsichtlich der durchschnittlichen Schlafdauer ergab sich für 119 Männer ein Mittelwert von 7.4 Stunden bei einer nichtkorrigierten Stichprobenstandardabweichung von 1.3 Stunden. Für die 47 Frauen ergab sich ein Mittelwert von 7.6 Stunden bei einer nichtkorrigierten Stichprobenstandardabweichung von 0.9 Stunden.

(a) Stellen Sie zu einem Niveau von 10% fest, ob die Schlafgewohnheiten von Männern und Frauen signifikant verschieden sind!

(b) Welche Konstellation begünstigt die Feststellung signifikanter Unterschiede? Peter meint: Große Unterschiede in den Mittelwerten und große Standardabweichungen. Paul meint: Große Unterschiede in den Mittelwerten und kleine Standardabweichungen. Wer hat recht?

(c) Angenommen, es gelten die gleichen Mittelwerte und Standardabweichungen. Allerdings wurden 1190 Männer und 470 Frauen befragt. Stellen Sie fest, ob dann bei einem Niveau von 5% Frauen signifikant mehr als 6 Minuten länger schlafen als Männer!

Aufgabe 6.19

In einer mehrjährigen Studie wurde die Entwicklung der jährlichen Bruttoeinkommen von 100 zufällig ausgewählten Angestellten (u.i.v.) einer bestimmten Branche untersucht. Für das Jahr 2009 ergab sich ein durchschnittliches Jahreseinkommen von 40 500 Euro bei einer Stichprobenstandardabweichung von 500 Euro. Im Jahr 2010 verdienten dieselben Angestellten 40 700 Euro bei einer Stichprobenstandardabweichung von 600 Euro. Der durchschnittliche Einkommenszuwachs betrug 200 Euro bei einer Stichprobenstandardabweichung von 200 Euro.

(a) Prüfen Sie mit einem geeigneten Test zum Niveau 5%, ob die Einkommen von 2010 auf 2011 signifikant gestiegen sind.

(b) Ist der p-Wert des korrespondierenden Tests kleiner als 0.001?

(c) Die korrespondierende Testverteilung ist eine

(A) Normalverteilung.   (B) t-Verteilung.   (C) (A) und (B) sind falsch.

(d) Bestimmen Sie den empirischen Korrelationskoeffizienten der Einkommen von 2010 und 2011 aus der Stichprobe.

Aufgabe 6.20

Die Befragung von 171 männlichen und 71 weiblichen Studierenden ergab einen wöchentlichen Facebook-Konsum von durchschnittlich 5.8 Stunden bei den Männern und 3.8 Stunden bei den Frauen. Die nichtkorrigierte Stichprobenstandardabweichung betrug 7.1 Stunden bei den Männern und 3.2 Stunden bei den Frauen.

(a) Stellen Sie zum Niveau 1% fest, ob Männer signifikant mehr Zeit bei Facebook verbrachten als Frauen.

(b) Bestimmen Sie den p-Wert des korrespondierenden Tests.

(c) Stimmen Sie folgender Aussage zu? Homoskedastizität wäre im vorliegenden Fall eine berechtigte Annahme, falls in etwa gleich viele Männer wie Frauen befragt worden wären.

Aufgabe 6.21

Peter und Paul nutzen den χ^2-Anpassungstest um zu prüfen, ob ihre Daten normalverteilt sind. Sie schätzen dazu zunächst Erwartungswert und Varianz anhand des Stichprobenmittels bzw. anhand der Stichprobenvarianz. Für die daraus implizierte Verteilung legen sie dann 5 Größenklassen für ihre Beobachtungswerte fest. Sie berechnen die Teststatistik und möchten nun auch den kritischen Wert bestimmen. Da erinnern sie sich, dass die Schätzung der Verteilungsparameter berücksichtigt werden sollte.

(a) Peter glaubt, dass der kritische Wert erhöht werden sollte. Paul glaubt dagegen, dass ein kleinerer kritischer Wert nun gewählt werden müsse. Wer hat recht?

(b) Peter meint, dass sowohl die Nullhypothese als auch die Alternative zusammengesetzte Hypothesen sind. Paul meint dagegen, dass die Nullhypothese einfach und nur die Alternative zusammengesetzt ist. Wer hat recht?

Aufgabe 6.22

In einem Fachgeschäft für Unterhaltungselektronik wird von Montag bis Freitag die tägliche Anzahl eingereichter Reklamationen statistisch erhoben. Dabei ergibt sich folgendes Ergebnis:

Anzahl	Mo	Di	Mi	Do	Fr
Häufigkeit	40	29	16	15	20

(i) Man teste zum Niveau 1%, ob sich die Anzahl von Reklamationen gleichmäßig auf die Wochentage verteilt.

(a) Bestimmen Sie den diesem Testproblem zugrunde liegenden kritischen Wert.

(b) Stellen Sie fest, ob die Anzahl von Reklamationen signifikant ungleichmäßig verteilt ist.

(ii) Petra überprüft eine alternative Verteilungshypothese. Demnach werden am Montag 25% der Reklamationen, am Dienstag 20%, am Mittwoch 10%, am Dienstag 20% und am Freitag 25% der Reklamationen eingereicht.

(c) Sind die Approximationsregeln zur Durchführung des Tests erfüllt?

(d) Bestimmen Sie unter der Nullhypothese die im Mittel für Mittwoch zu erwartende Anzahl von Reklamationen.

(e) Ist der p-Wert für dieses Testproblem kleiner als 0.01?

Aufgabe 6.23

Man interessiere sich für die Anzahl von gemeldeten Stürmen (Windstärke ≥ 9) in einer Region während eines Jahres. Für einen Zeitraum von 40 Jahren ergebe sich dabei folgende empirische Verteilung:

Anzahl	0	1	2	mehr als 2
Häufigkeit	10	15	12	3

Wetterforscher haben mittels eines Klimamodells errechnet, dass die Anzahl von Stürmen einer Po(1.5)-Verteilung genügen sollte. Es soll mit einem geeigneten statistischen Test geprüft werden, ob die Verteilungsannahme richtig ist.

(a) Bestimmen Sie nach diesem Modell die Wahrscheinlichkeit für genau 3 Stürme pro Jahr.

(b) Bestimmen Sie den kritischen Wert des entsprechenden Tests zum Niveau 10%.

(c) Lässt sich zum Niveau 10% mit den Daten das Klimamodell widerlegen?

(d) Der p-Wert des entsprechenden Tests liegt in

(A) $(0, 0.05)$. (B) $[0.05, 0.1)$. (C) $[0.1, 0.5)$. (D) $[0.5, 1.0)$.

Aufgabe 6.24

Für den Statistikunterricht wirft Mats 10 Minuten lang einen Würfel und notiert sich die Ergebnisse. Es ergibt sich folgende Häufigkeitstabelle für die Wurfergebnisse.

Wert	1	2	3	4	5	6
Häufigkeit	18	17	17	12	23	20

Mats ist überrascht, dass die Häufigkeiten der verschiedenen Würfelergebnisse nicht stärker übereinstimmen und beschließt, die Annahme, dass der Würfel ein „idealer" Würfel ist, mit einem χ^2-Anpassungstest zu prüfen.

(a) Bestimmen die relativen Häufigkeiten für das Auftreten der verschiedenen Augenzahlen.

(b) Bestimmen Sie ein approximatives 0.95-Konfidenzintervall für die Wahrscheinlichkeit, mit dem von Mats verwendeten Würfel eine 6 zu werfen.

(c) Überprüfen Sie mit einem geeigneten Test, ob die Wahrscheinlichkeit, mit dem von Mats verwendeten Würfel eine 6 zu werfen, gleich 1/6 ist.

(d) Führen Sie einen χ^2-Verteilungstest durch, um zu prüfen, ob sich der Würfel wie ein „idealer" Würfel verhält, d.h. alle Wurfergebnisse mit gleicher Wahrscheinlichkeit erscheinen.

Aufgabe 6.25

Zur Analyse des Zusammenhangs zwischen den verwendeten Informationsquellen (I) und Geschlecht (G) von Personen ergab eine Umfrage folgende Häufigkeitstabelle:

G	I 0	1	2	3	4	5
0	5	20	12	2	66	13
1	1	9	7	3	13	14

Bei Geschlecht steht 0 für männlich und 1 für weiblich. Die Informationsquellen, bezeichnet mit I, sind dabei folgendermaßen kodiert:

- 0 = Ich informiere mich nicht gezielt.
- 1 = Zeitung.
- 2 = Fernsehen (Nachrichten)
- 3 = Radio.

- 4 = Internet.

- 5 = gemischt.

Folgende Zwischenergebnisse der Analyse der Abhängigkeit von Geschlecht und Information mit einem χ^2-Unabhängigkeitstest seien bekannt: Unter der Annahme der Unabhängigkeit kann man die *erwartete Anzahl von Beobachtungen* in den einzelnen Zellen schätzen. Auf drei Nachkommastellen gerundet erhält man:

G \ I	0	1	2	3	4	5
0	4.291	20.739	13.588	3.576	56.497	19.309
1	1.709	8.261	xxx	1.424	22.503	7.691

Der Wert der χ^2-Statistik betrage 16.442.

(a) Bestimmen Sie den korrigierten Kontingenzkoeffizienten C^*.

(b) Stellen Sie fest, ob sich zum Niveaus 1% ein signifikanter Zusammenhang zwischen Geschlecht und Information nachweisen lässt.

(c) Sind die Approximationsregeln zur Durchführung des Unabhängigkeitstests erfüllt?

(d) Durch welchen Wert ist der Platzhalter xxx zu ersetzen?

Bewerten Sie die folgenden Aussagen: Unterschiede zwischen Männern und Frauen treten beispielsweise deshalb auf,

(e) weil Frauen eine gemischte Information deutlich stärker präferieren.

(f) weil Männer das Internet deutlich stärker präferieren.

Aufgabe 6.26
Gegeben sei eine ähnliche Situation wie in Aufgabe 6.15, d.h. eine Umfrage zur Zufriedenheit von Angestellten mit dem Gehalt bzw. Betriebsklima, wobei allerdings nur 400 Personen befragt wurden. Weiter umfasste die Bewertung nur die Kategorien −1 (unzufrieden), 0 (neutral) und +1 (zufrieden). Das Ergebnis der Befragung ist in folgender Kontingenztabelle zusammengefasst.

Gehalt \ Klima	-1	0	+1
-1	40	60	40
0	20	100	60
+1	0	40	40

(a) Stellen Sie fest, ob bei einem Niveau von 5% ein signifikanter Zusammenhang zwischen der Zufriedenheit mit dem Gehalt und der Zufriedenheit mit dem Betriebsklima bestand.

Nehmen Sie Stellung zu folgenden Aussagen: Bestünde zwischen den beiden Zufriedenheitsbewertungen keinerlei *empirischer* Zusammenhang, so

(b) wäre die durchschnittliche Zufriedenheit für beide Kategorien gleich.

(c) müssten bei den gleichen Randverteilungen wie oben genau 40 Befragte ihr Gehalt mit +1 und das Klima mit 0 bewertet haben.

Aufgabe 6.27

An einer Hochschule soll im Rahmen einer Umfrage u.a. der Zusammenhang zwischen Parteipräferenz und Haltung zum Karneval untersucht werden. Dazu wurden 172 Studierende befragt. Wir gehen davon aus, dass sie eine repräsentative Stichprobe aller Studierenden der Hochschule bilden. Das Ergebnis der Umfrage ist in folgender Tabelle zusammengefasst:

Partei \ Haltung	sehr negativ	negativ	neutral	positiv	sehr positiv
CDU	21	16	13	7	10
SPD	17	18	9	10	6
Grüne	12	16	5	6	6

Es soll die Unabhängigkeit zwischen Parteipräferenz und Karnevalshaltung überprüft werden. Dazu wurde ein χ^2-Unabhängigkeitstest durchgeführt und als Wert der Teststatistik 4.247 ermittelt.

(a) Geben Sie die korrespondierende Testverteilung an.

(b) Überprüfen Sie die Nullhypothese der Unabhängigkeit zum Niveau 5%.

(c) Der p-Wert des Test liegt im Intervall

    (A) $[0, 0.05)$.   (B) $[0.05, 0.1)$.   (C) $[0.1, 0.5)$.   (D) $[0.5, 1]$.

Wir gehen jetzt davon aus, dass Parteipräferenz und Karnevalshaltung unabhängig sind und dass ansonsten die gleichen Randverteilungen (gleiche Zeilen- und Spaltensummen) vorliegen.

(d) Geben Sie auf Grundlage der Stichprobe einen geeigneten Schätzwert für die im Mittel zu erwartende Anzahl von CDU-Wählern an, die eine negativen Haltung zum Karneval haben.

(e) Geben Sie einen geeigneten Schätzwert für den Anteil der SPD-Wähler an, die eine neutrale Haltung zum Karneval einnehmen.

Aufgabe 6.28

Eine Befragung von 14 zufällig ausgewählten Passanten in der Mannheimer Innenstadt eine Woche vor Heiligabend ergab, dass 12 von diesen bereits alle Weihnachtsgeschenke besorgt haben. Sei π der Anteil unter *allen* Passanten, die bereits alle Einkäufe erledigt haben. Es soll getestet werden, ob zum Niveau 5% signifikant mehr als 70% aller Passanten bereits alle Einkäufe erledigt haben.

Sie dürfen folgende Informationen benutzen:
Wenn $Y \sim B(14, 0.7)$, dann sind $P(Y = 12) \approx 0.1134$ und $P(Y \leq 12) \approx 0.9525$.

(a) Geben Sie die Nullhypothese und Alternative an.

(b) Bestimmen Sie den p-Wert zum Testproblem.

(c) Welche Entscheidung wird gefällt?

Angenommen, im korrekt spezifizierten Testproblem werde H_0 nur dann verworfen, wenn alle befragten Passanten alle Einkäufe erledigt haben.

(d) Bestimmen Sie die Fehlerwahrscheinlichkeit 2. Art für $\pi = 0.9$.

Aufgabe 6.29

Eine zufällige Befragung von 10 Studierenden an der Universität Mannheim zur Karnevalszeit ergab, dass nur $x = 3$ von ihnen richtige Karnevalskostüme besitzen. Angenommen, es soll zum Niveau 5% gezeigt werden, dass signifikant mehr als die Hälfte der Studierenden ein Karnevalskostüm besitzen. Es sei π der Anteil der Studierenden, welche ein solches besitzen.

(a) Die Nullhypothese zum zugehörigen Testproblem ist dann

(A) $H_0 : \pi \leq 0.5$.   (B) $H_0 : \pi \geq 0.5$.   (C) $H_0 : \pi = 0.5$.   (D) $H_0 : \pi \neq 0.5$.

Im korrekt spezifizierten Testproblem

(b) ist der p-Wert

(A) kleiner als 0.05.   (B) im Intervall [0.05,0.5].   (C) größer als 0.5.

(c) wird H_0

(A) beibehalten.   (B) verworfen.

(d) kann man den Test auch mithilfe eines kritischen Wertes c durchführen. H_0 wird dann abgelehnt, wenn $x > c$ ist. c wird dabei als kleinster ganzzahliger Wert gewählt, sodass für $X \sim B(n, \pi_0)$, $n = 10$, $\pi_0 = 0.5$, gilt: $P(X > c) \leq 0.05$. Der kritische Wert c ist dann gleich

(A) 6.   (B) 7.   (C) 8.   (D) 9.

Aufgabe 6.30

Seien $X_1, \ldots, X_{100}$ unabhängig $B(1, \pi)$-verteilt. Basierend auf der Teststatistik

$$S = \sum_{i=1}^{100} X_i$$

werde ein exakter Binomialtest zum Testproblem $H_0 : \pi \leq 0.8$ vs. $H_1 : \pi > 0.8$ durchgeführt. Der Wert der Teststatistik betrage $s = 90$.

Es sei $Y \sim B(100, 0.8)$ und F_Y die Verteilungsfunktion von Y. *Hinweis:* Verwenden Sie Tabelle 6.2.

(a) Bestimmen Sie den p-Wert des Tests.

(b) Bestimmen Sie den p-Wert zum Testproblem $H_0 : \pi \geq 0.8$ vs. $H_1 : \pi < 0.8$.

(c) Die Entscheidungsregel für das Testproblem $H_0 : \pi \leq 0.9$ vs. $H_1 : \pi > 0.9$ sei jetzt: H_0 wird verworfen, wenn $S > 95$ ist, sonst nicht. Bestimmen Sie die Fehlerwahrscheinlichkeit 2. Art, falls $\pi = 0.9$ ist.

Tab. 6.2: Werte der Verteilungsfunktion F_Y zu $Y \sim B(100, \pi)$

y	89	90	91	92	93	94	95	96
$\pi = 0.8$	0.9943	0.9977	0.9991	0.9997	0.9999	1.0000	1.0000	1.0000
$\pi = 0.9$	0.4168	0.5487	0.6791	0.7939	0.8828	0.9424	0.9763	0.9922

Aufgabe 6.31

Laut einer Boulevard-Zeitung ist jeder zehnte Deutsche für die Wiedereinführung der D-Mark. Peter und Paul wollen diese Behauptung zum Niveau 10% widerlegen, indem sie zeigen, dass dieser Bevölkerungsteil kleiner als 10% ist. Sei π der tatsächliche Anteil der deutschen Bevölkerung, die sich die alte D-Mark zurückwünschen.

(a) Formulieren Sie die Hypothesen des Testproblems.

Die beiden Hobby-Statistiker möchten nun 25 Passanten in der Innenstadt zufällig befragen. Peter meint, dass niemand für die Wiedereinführung sein dürfte, um die Behauptung widerlegen zu können. Paul meint dagegen, auch mit höchstens einem Befürworter der D-Mark wäre die Behauptung widerlegt.

(b) Wer hat recht?

Angenommen, Peter und Paul verwerfen die Nullhypothese nur dann, falls niemand für die Wiedereinführung der D-Mark ist.

(c) Bestimmen Sie die Wahrscheinlichkeit eines Fehlers 2. Art, falls der wahre Anteil $\pi = 0.05$ ist.

(d) Ermitteln Sie den p-Wert, wenn 2 der 25 Passanten für eine Wiedereinführung der D-Mark waren.

Aufgabe 6.32

Ein Verbraucher-Magazin misst anhand von 20 zufällig ausgewählten Anrufen die Wartezeiten (in Minuten) einer Telefon-Service-Hotline eines Unternehmens zu einer bestimmten Tageszeit. Es ergeben sich folgende Daten:

$$9.9, \quad 12.2, \quad 12.2, \quad 9.2, \quad 7.7, \quad 6.7, \quad 12.0, \quad 11.4, \quad 9.7, \quad 12.8,$$
$$8.8, \quad 11.9, \quad 13.1, \quad 7.0, \quad 11.0, \quad 10.9, \quad 11.2, \quad 9.6, \quad 11.7, \quad 8.1.$$

Entscheiden Sie, ob zum Niveau 1% signifikant mehr als die Hälfte der Kunden

(a) länger als 8 Minuten

(b) länger als 9 Minuten

warten müssen.

Aufgabe 6.33

In einem ökonomischen Experiment werden Zeiten gemessen, die verschiedene Probanden benötigen, um sich in bestimmten Situationen für eine bestimmte Handlungsoption zu entscheiden:

$$115, \quad 108, \quad 117, \quad 118, \quad 101, \quad 159, \quad 144, \quad 125.$$

Die Verteilung der Zeiten wird als stetig angenommen (u.i.v.-Stichprobe). Eine Forschungshypothese sei, dass der Median der Zeiten größer als 105 Sekunden sein müsse.

(a) Überprüfen Sie mit einem geeigneten Test die Forschungshypothese zum Niveau $\alpha = 5\%$.

(b) Geben Sie die Testverteilung an, d.h. die Verteilung der Teststatistik unter der Nullhypothese, dass der Median gleich 105 beträgt.

(c) Liegt der korrespondierende p-Wert zwischen 2% und 3%?

Aufgabe 6.34

Bei einer Autobahnkontrolle wurden 200 Pkw hinsichtlich der Winterbereifung kontrolliert. Dabei ergaben sich 40 Beanstandungen. π möge angeben, wie groß der Anteil der Beanstandungen an der Winterbereifung wäre, wenn man alle Pkw kontrollieren würde. Die 200 geprüften Pkw mögen als Zufallsstichprobe aus der Grundgesamtheit aller Pkw interpretiert werden.

(a) Überprüfen Sie zum Niveau von 5%, ob der Anteil der Beanstandungen signifikant höher als 25% ist.

(b) Überprüfen Sie zum Niveau von 1%, ob der Anteil der Beanstandungen signifikant geringer als 40% ist.

Aufgabe 6.35
Eine Befragung von 140 zufällig ausgewählten Passanten in der Mannheimer Innenstadt eine Woche vor Heiligabend ergab, dass 120 von diesen bereits alle Weihnachtsgeschenke besorgt haben. Entscheiden Sie zu einem Signifikanzniveau von 5%, ob damit

(a) signifikant mehr als 70% aller Passanten die Einkäufe bereits getätigt haben.

(b) signifikant weniger als 90% aller Passanten die Einkäufe bereits getätigt haben.

Aufgabe 6.36
Das Ordnungsamt einer Stadt geht in einer internen Kalkulation davon aus, dass mehr als 10% aller in der Innenstadt gebührenpflichtig geparkten Fahrzeuge die Parkgebühr nicht oder nicht korrekt entrichten. Die Annahme des Ordnungsamt soll mit einem Signifikanztest zum Niveau α statistisch belegt werden.

(i) Ein Mitarbeiter der Stadt führt eine eigene zufällige Erhebung durch und zählt bei 20 Fahrzeugen insgesamt 3 Beanstandungen. Führen Sie einen exakten Binomialtest durch.

(a) Was ist die Testverteilung des durchzuführenden Tests?

(b) Bestimmen Sie den p-Wert zum Test.

(c) Stellen Sie fest, ob der Mitarbeiter die Annahme des Ordnungsamtes zum Niveau $\alpha = 0.10$ zeigen kann.

(ii) Eine Politesse stellt fest, dass bei 200 von ihr kontrollierten Fahrzeugen insgesamt 30 Fahrzeughalter keine ausreichende Parkgebühr entrichtet haben. Führen Sie einen approximativen Binomialtest durch.

(d) Was ist die Testverteilung des durchzuführenden Tests?

(e) Bestimmen Sie den p-Wert zum approximativen Test.

(f) Stellen Sie fest, ob die Politesse die Annahme des Ordnungsamtes zum Niveau $\alpha = 0.05$ zeigen kann.

Aufgabe 6.37
Gegeben sei eine ähnliche Situation wie in Aufgabe 6.29. Allerdings wurden 150 Studierende befragt, von denen 38 Studierende Fastnachtskostüme besitzen.

(a) Prüfen Sie mit einem approximativen Binomial-Test zum Niveau 5%, ob signifikant weniger als ein Drittel der Studierenden ein Fastnachtskostüm besitzen.

(b) Bestimmen Sie für das gleiche Testproblem wie in (a) den p-Wert für den exakten Binomial-Test approximativ.

Aufgabe 6.38

Die Firma *DASE* hat die Creme *RuLiba* gegen Rückenschmerzen entwickelt. Um ihre Wirksamkeit zu testen, wurde die Creme an 50 Personen ausprobiert; 16 davon konnten eine Verbesserung feststellen. Parallel dazu wurde einer Gruppe von 60 Personen eine herkömmliche Marken-Hautcreme, *MaHaC*, verabreicht. 12 Personen konnten hier eine Verbesserung feststellen.

Überprüfen Sie mit einem geeigneten Test, ob die Creme *RuLiba* zu einem Niveau von 5% wirksamer als die Creme *MaHaC* bei der Behandlung von Rückenschmerzen ist.

Aufgabe 6.39

Die Mannheimer Parkhausbetreiber interessieren sich dafür, wie hoch der Anteil auswärtiger Besucher an bestimmten Wochentagen ist. Dieser Besucheranteil werde über die Kfz-Kennzeichen festgestellt. So werde jedes Fahrzeug mit einem Kfz-Kennzeichen, das nicht „MA" (für Mannheim) lautet, als „Besucherfahrzeug" kategorisiert. Es werden zwei unabhängige (repräsentative) Stichprobenerhebungen (u.i.v.) für die Wochentage Freitag und Samstag durchgeführt. Bei der Freitagsstichprobe waren von 1016 erhobenen Fahrzeugen 434 Fahrzeuge auswärtig. Bei der Samstagsstichprobe waren von 1412 Fahrzeugen 838 auswärtig.

(a) Ist somit der Besucheranteil bei einem Niveau von 1% samstags signifikant um mehr als 10 Prozentpunkte höher als freitags?

(b) Bestimmen Sie den korrespondierenden p-Wert.

Aufgabe 6.40

Die Kundendatei einer Maßschneiderei erfasst die Merkmale Körpergröße (X_i) und Taillenumfang (Y_i) von 10 ihrer Kunden (in cm) und erhält folgende Daten:

i	1	2	3	4	5	6	7	8	9	10
x_i	185	175	164	176	190	172	177	177	193	178
y_i	101	93	94	99	105	100	101	96	103	92

Die Beobachtungen werden als Realisierungen normalverteilten Zufallsvektoren (X_i, Y_i) aufgefasst (u.i.v.).

(a) Bestimmen Sie die Stichprobenkovarianz der Beobachtungsdaten.

(b) Bestimmen Sie den empirischen Korrelationskoeffizienten.

(c) Führen Sie einen Test zum Signifikanzniveau $\alpha = 0.05$ durch, um zu *zeigen*, dass Körpergröße und Taillenumfang positiv korreliert sind.

Aufgabe 6.41

Gegeben seien die folgenden 6 Beobachtungswerte einer Stichprobe (u.i.v.) aus einer Normalverteilung mit unbekanntem Erwartungswert μ und unbekannter Varianz σ^2:

$$7, \quad -1, \quad 14, \quad 9, \quad 8, \quad 2.$$

Man betrachte das Testproblem $H_0 : \sigma^2 = 10$ vs. $H_1 : \sigma^2 \neq 10$.
Entscheiden Sie, ob H_0

(a) zum Niveau 5% verworfen werden kann.

(b) zum Niveau 2% verworfen werden kann.

Hinweis: Verwenden Sie Resultat (5.11) aus Aufgabe 5.27.

Lösungen

Lösung von Aufgabe 6.1

Wir fassen die Daten in einer Tabelle zusammen:

Angeklagter	freigesprochen	schuldig gesprochen	Summe
unschuldig	3	1	4
schuldig	2	24	26
Summe	5	25	30

(a) Bei 4 unschuldigen Personen, d.h. unter der Nullhypothese, wurde eine Person schuldig gesprochen. Damit wäre $1/4 = 25\%$ ein Schätzwert für die Fehlerwahrscheinlichkeit 1. Art.

(b) Von 26 schuldigen Personen, d.h. unter der Alternative, wurden zwei Personen frei gesprochen. Damit wäre $2/26 \approx 7.69\%$ ein Schätzwert für die Fehlerwahrscheinlichkeit 2. Art.

Lösung von Aufgabe 6.2

(a) Richtig. Der Wert der Gütefunktion an der Stelle $\mu = 13$ ist kleiner als 0.1.

(b) Falsch. Der Wert der Gütefunktion an der Stelle $\mu = 15$ ist kleiner als 0.3; das ist die Wahrscheinlichkeit, H_0 abzulehnen. Die Wahrscheinlichkeit, H_0 beizubehalten, ist damit > 0.7.

(c) Richtig. Die Wahrscheinlichkeit für einen Fehler 2. Art berechnen wir unter der Alternative μ mithilfe der Gütefunktion g als $1 - g(\mu)$. Aus der Abbildung erkennt man, dass $1 - g(16)$ kleiner als $1 - g(12)$ ist.

Lösung von Aufgabe 6.3

In Abbildung 6.4 ist der typische Verlauf der Gütefunktion von α-Niveau-Gauß-Tests für die Testprobleme (i), (ii) und (iii) dargestellt, vgl. Stocker und Steinke [2022], Kapitel 11. Für die Abbildung wurde $\alpha = 0.1$ gewählt. Zur Beantwortung der Frage benötigt man allerdings nur, dass die Tests zur ihren Testproblemen α-Niveau-Tests sind und dass sie unverfälscht sind, d.h. dass die Güte unter der Alternativen stets $\geq \alpha$ ist.

(a) (C). (iii) ist ein α-Niveau-Test für $H_0 : \mu \geq \mu_0$. Für $\mu \geq \mu_0$ ist damit $g_3(\mu) \leq \alpha$, aber $g_1(\mu) \geq \alpha$.

(b) (A). Für $\mu \geq \mu_0$ ist $g_3(\mu) \leq \alpha$, aber $g_2(\mu) \geq \alpha$. Folglich ist $1 - g_3(\mu) \geq 1 - \alpha \geq 1 - g_2(\mu)$.

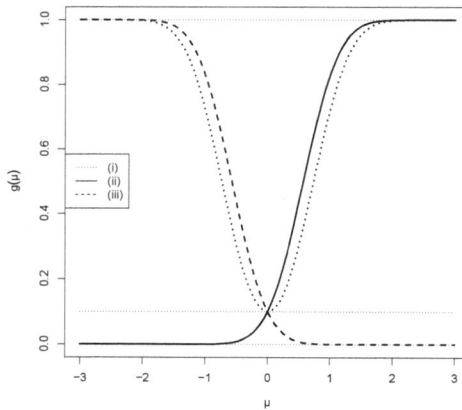

Abb. 6.4: Gütefunktionen von Gauß-Tests (Aufgabe 6.3)

Lösung von Aufgabe 6.4

(a) Mit $X_1, \ldots, X_n \sim N(\mu, 4)$ ist $\overline{X}_n \sim N(\mu, \sigma^2/n)$, $n = 10$, $\sigma^2 = 4$. Dann gilt für die Teststatistik des Gauß-Tests:

$$T = \frac{\overline{X}_n - \mu_0}{\sqrt{\sigma^2/n}}, \quad E(T) = \frac{\mu - \mu_0}{\sqrt{\sigma^2/n}}, \quad Var(T) = 1,$$

also

$$T \sim N\left(\frac{\mu - \mu_0}{\sqrt{\sigma^2/n}}, 1\right) = N\left(\frac{\mu - 2}{\sqrt{0.4}}, 1\right).$$

Insbesondere sind

$$T \sim N(-1/\sqrt{0.4}, 1) \approx N(-1.58, 1) \qquad \text{für } \mu = 1 \text{ und}$$
$$T \sim N(1/\sqrt{0.4}, 1) \approx N(1.58, 1) \qquad \text{für } \mu = 3.$$

(b) H_0 wird abgelehnt, wenn $T < -z_{1-\alpha} \approx -1.64$ ist. $\mu = 1$ gehört zur Alternativen. Um den Fehler 2. Art zu begehen, müssen wir uns also zugunsten der Nullhypothese entscheiden. Gemäß (a) ist $T \sim N(-1.58, 1)$.

$$P(T \geq -1.64) = 1 - F_T(-1.64) \approx 1 - \Phi(-1.64 - (-1.58))$$
$$= 1 - \Phi(-0.06) = \Phi(0.06) \approx \underline{0.5239}.$$

(c) $\mu = 3$ gehört zur Nullhypothese. Um den Fehler 1. Art zu begehen, müssen wir uns also zugunsten der Alternativen entscheiden. Gemäß (a) ist $T \sim N(1.58, 1)$.

$$P(T < -1.64) = F_T(-1.64) \approx \Phi(-1.64 - 1.58) = \Phi(-3.22)$$
$$= 1 - \Phi(3.22) \approx 1 - 0.9994 = \underline{0.0006}.$$

Lösung von Aufgabe 6.5

Die Gütefunktion eines α-Niveau-Tests muss für Argumente aus der Nullhypothese Werte $\leq \alpha$ annehmen. Das ist im Folgenden zu prüfen. Als Hilfslinien sind in Abbildung 6.2 und 6.3 das Signifikanzniveau $\alpha = 0.2$ und der Schwellenwert $\pi_0 = 0.6$ eingezeichnet.

(a) (D). An der Stelle $\pi = 0.6$ ist die Gütefunktion größer als 0.2. Daher ist der Test weder zu Testproblem 1 noch zu Testproblem 2 ein 0.2-Niveau-Test.

(b) (B). Für alle Werte $\pi \in [0, 0.6]$ ist die Gütefunktion ≤ 0.2. Damit liegt ein 0.2-Niveau-Test für Testproblem 1 vor. 0.8 gehört zur Nullhypothese von Testproblem 2 und offenbar ist $g(0.8) > 0.2$. Daher ist der Test kein 0.2-Niveau-Test zu Testproblem 2.

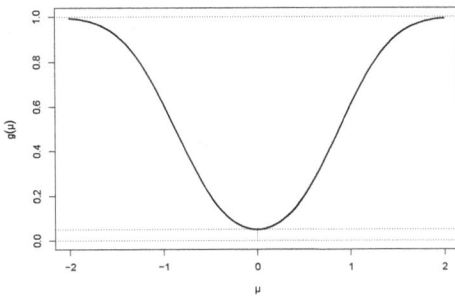

Abb. 6.5: Gütefunktion des zweiseitigen Gauß-Tests (Aufgabe 6.6)

Lösung von Aufgabe 6.6

Allgemein ist $g(\mu) = P(\text{„}H_0 \text{ ablehnen“}|\mu)$. Beim zweiseitigen Gauß-Test wird H_0 abgelehnt, wenn $|T_n| > z_{1-\alpha/2}$ ist, wobei $T_n = \sqrt{n}(\overline{X}_n - \mu_0)/\sigma$ und $\overline{X}_n \sim N(\mu, \sigma^2/n)$ sind.

(a) T_n lässt sich folgendermaßen aufschreiben:

$$T_n = \underbrace{\sqrt{n} \cdot \frac{\overline{X}_n - \mu}{\sigma}}_{=:Z_n} + \underbrace{\sqrt{n} \cdot \frac{\mu - \mu_0}{\sigma}}_{=:\delta_n} = Z_n + \delta_n$$

mit $Z_n \sim N(0, 1)$. Daraus folgt

$$\begin{aligned}
g(\mu) &= P(|T_n| > z_{1-\alpha/2}) = P(T_n < -z_{1-\alpha/2}) + P(T_n > z_{1-\alpha/2}) \\
&= P(Z_n + \delta_n < -z_{1-\alpha/2}) + P(Z_n + \delta_n > z_{1-\alpha/2}) \\
&= F_{Z_n}(-z_{1-\alpha/2} - \delta_n) + 1 - F_{Z_n}(z_{1-\alpha/2} - \delta_n) \\
&= \Phi(-z_{1-\alpha/2} - \delta_n) + 1 - (1 - \Phi(-z_{1-\alpha/2} + \delta_n)).
\end{aligned}$$

Das ist Formel (6.1).

(b) In Abbildung 6.5 finden Sie eine grafische Veranschaulichung der Gütefunktion. An der Stelle $\mu_0 = 0$ ist die Gütefunktion minimal und nimmt den Wert $\alpha = 0.05$ an.

(c) Zunächst ist

$$g(\mu_0) = 2\Phi(-z_{1-\frac{\alpha}{2}}) = 2\Phi(-z_{\frac{\alpha}{2}}) = 2 \cdot \frac{\alpha}{2} = \alpha.$$

Damit ist $g(\mu) = \alpha \leq \alpha$ für alle Werte aus der Nullhypothese, d.h. für μ_0. Damit ist der Test ein α-Niveau-Test für $H_0 : \mu = \mu_0$.

Wir bestimmen die erste und zweite Ableitung von g und zeigen damit, dass g an der Stelle μ_0 ein (globales) Minimum aufweist, wie Abbildung 6.5 suggeriert. φ bezeichne die Dichte der Standardnormalverteilung.

$$g'(\mu) = \varphi\left(-z_{1-\frac{\alpha}{2}} - \frac{\sqrt{n}}{\sigma}(\mu - \mu_0)\right)\left(-\frac{\sqrt{n}}{\sigma}\right) + \varphi\left(-z_{1-\frac{\alpha}{2}} + \frac{\sqrt{n}}{\sigma}(\mu - \mu_0)\right)\left(\frac{\sqrt{n}}{\sigma}\right).$$

$$g''(\mu) = \varphi'\left(-z_{1-\frac{\alpha}{2}} - \frac{\sqrt{n}}{\sigma}(\mu - \mu_0)\right)\left(\frac{n}{\sigma^2}\right) + \varphi'\left(-z_{1-\frac{\alpha}{2}} + \frac{\sqrt{n}}{\sigma}(\mu - \mu_0)\right)\left(\frac{n}{\sigma^2}\right).$$

Damit ist

$$g'(\mu_0) = \varphi(-z_{1-\frac{\alpha}{2}})\left(-\frac{\sqrt{n}}{\sigma}\right) + \varphi(-z_{1-\frac{\alpha}{2}})\left(\frac{\sqrt{n}}{\sigma}\right) = 0.$$

Aus

$$\varphi'(x) = \frac{d}{dx}\frac{1}{\sqrt{2\pi}}e^{-\frac{x^2}{2}} = \frac{1}{\sqrt{2\pi}}e^{-\frac{x^2}{2}}(-2x)\frac{1}{2} = (-x)\varphi(x)$$

folgt

$$g''(\mu_0) = 2\varphi'(-z_{1-\frac{\alpha}{2}})\left(\frac{n}{\sigma^2}\right) = 2z_{1-\frac{\alpha}{2}}\varphi(-z_{1-\frac{\alpha}{2}})\left(\frac{n}{\sigma^2}\right) > 0.$$

Anmerkung: Wir haben gezeigt, dass g an der Stelle μ_0 ein *lokales* Minimum besitzt. Durch eine Diskussion des Kurvenverlaufs von g' kann man auch begründen, dass tatsächlich ein globales Minimum vorliegt. Darauf wird aber an dieser Stelle verzichtet.

Lösung von Aufgabe 6.7

Mithilfe der Gütefunktion kann man die Wahrscheinlichkeit berechnen, dass ein Test zugunsten von H_1 entscheidet; das sind gerade die gesuchten Wahrscheinlichkeiten. Wir bestimmen den Wert der Gütefunktion des Gauß-Tests an der Stelle μ mithilfe der Formel (6.1). Hierbei ist mit $\alpha = 0.05$ das Quantil $z_{1-\alpha/2} = z_{0.975} \approx 1.96$ und $\sigma = 1$.

(a) Es gilt für $n = 10$:

$$g(\mu) = \Phi(-1.96 - \sqrt{10} \cdot 0.1) + \Phi(-1.96 + \sqrt{10} \cdot 0.1) \approx \underline{0.062}.$$

(b) Es gilt für $n = 1000$:

$$g(\mu) = \Phi(-1.96 - \sqrt{1000} \cdot 0.1) + \Phi(-1.96 + \sqrt{1000} \cdot 0.1) \approx \underline{0.885}.$$

Je größer der Stichprobenumfang n wird, desto größer wird die Güte unter der Alternative und desto kleiner wird der Fehler 2. Art.

Lösung von Aufgabe 6.8

Φ ist eine streng monoton wachsende, invertierbare Funktion. Das α-Qunantil, für das $\Phi(z_\alpha) = \alpha$ gilt, kann man daher auch als $z_\alpha = \Phi^{-1}(\alpha)$ schreiben. $T \sim N(0, 1)$ ist stetig verteilt; also gilt insbesondere $P(T = t) = 0$.

(a) $P(T \geq t) = P(T > t) = 1 - P(T \leq t) = 1 - F_T(t) = 1 - \Phi(t)$.

(b) Wegen der strengen Monotonie von Φ gilt $t \geq z_{1-\alpha}$ genau dann, wenn (g.d.w.) $\Phi(t) \geq \Phi(z_{1-\alpha}) = 1 - \alpha$. Umstellen nach α liefert die äquivalente Aussage $\alpha \leq 1 - \Phi(t)$.

(c) Es gilt:

$$P(|T| \geq |t|) = P(T \leq -|t|) + P(T \geq |t|) = F_T(-|t|) + 1 - P(T \leq |t|)$$
$$= \Phi(-|t|) + 1 - \Phi(|t|) = 2(1 - \Phi(|t|)),$$

da $\Phi(-x) = 1 - \Phi(x)$ für alle x ist.

(d) $|t| \geq z_{1-\alpha/2}$ g.d.w. $\Phi(|t|) \geq \Phi(z_{1-\alpha/2}) = 1 - \alpha/2$ g.d.w. $\alpha \leq 2(1 - \Phi(|t|))$.

Bemerkung: Die Durchführung eines Gauß-Tests mithilfe eines p-Wertes ist damit äquivalent mit der Durchführung des Gauß-Tests durch Vergleich der Teststatistik mit einem Quantil. Ausgenommen ist dabei der Fall, dass $T = t$ bzw. $T = -t$ ist, was aber nur mit Wahrscheinlichkeit Null passiert.

Lösung von Aufgabe 6.9

Es ist ein zweiseitiger Gauß-Test durchzuführen. Die Teststatistik berechnet sich als

$$t = \sqrt{n} \cdot (\bar{x} - \mu_0)/\sqrt{\sigma^2} = \sqrt{30} \cdot (10.8 - 10)/\sqrt{6.25} \approx 1.7527 \approx 1.75.$$

(a) Der p-Wert berechnet sich gemäß Aufgabe 6.8:

$$2(1 - \Phi(|t|)) \approx 2(1 - \Phi(1.75)) = 2(1 - 0.9599) = 0.0802.$$

(b) Da der p-Wert $\approx 0.0802 < 0.1 = \alpha$, ist H_0 abzulehnen.

Lösung von Aufgabe 6.10

Es wird ein t-Test durchgeführt für das Testproblem $H_0 : \mu = 110 = \mu_0$ gegen $H_1 : \mu \neq 110$. Wir berechnen zunächst für die $n = 8$ Beobachtungen:

$$\overline{x} = 123.375, \quad s^2 = \frac{1}{n-1}\sum_{i=1}^{n}(x_i - \overline{x})^2 \approx 367.6964, \quad s \approx 19.1754.$$

(a) Der Wert der Teststatistik ist dann

$$t = \sqrt{n} \cdot \frac{\overline{x} - \mu_0}{s} \approx \sqrt{8}\frac{123.375 - 110}{19.1754} \approx \underline{1.973}.$$

Das Quantil $t_{n-1,1-\alpha/2} = t_{7,0.975}$ beträgt 2.3646 (Tab. A.2 im Anhang). Da $|t| = 1.973 \not> 2.3646$ ist, wird H_0 nicht zum Niveau $\alpha = 0.05$ abgelehnt.

(b) Die Testverteilung ist eine t-Verteilung mit $n - 1 = 7$ Freiheitsgraden.

(c) Da H_0 zum Niveau $\alpha = 0.05$ nicht verworfen wird, muss der p-Wert größer als 0.05 sein. Das Quantil $t_{n-1,1-0.1/2} = t_{7,0.95}$ beträgt 1.8946. Da $|t| = 1.973 > 1.8946$ ist, wird H_0 zum Niveau $\alpha = 0.10$ abgelehnt; d.h. der p-Wert muss kleiner als 0.1 sein. Damit liegt der p-Wert im Intervall $(0.05, 0.1)$.

Lösung von Aufgabe 6.11

Laut Aufgabenstellung liegen normalverteilte Beobachtungen vor, wobei σ^2 nicht bekannt ist. Daher ist ein t-Test durchzuführen.

Es gilt $\overline{x} = 0.6$, $\sum_{i=1}^{5} x_i^2 = 51$ und damit

$$s^2 = \frac{1}{n-1}(\sum_{i=1}^{n} x_i^2 - n\overline{x}^2) = \frac{1}{4}(51 - 5 \cdot 0.6^2) = 12.3.$$

Als Wert der Teststatistik des t-Tests erhalten wir

$$t = \sqrt{n} \cdot \frac{\overline{x} - \mu_0}{\sqrt{s^2}} = \sqrt{5} \cdot \frac{0.6 - 5}{\sqrt{12.3}} \approx -2.8053.$$

(a) H_0 ist abzulehnen, wenn $|t| > t_{n-1,1-\alpha/2}$ ist. Für $n = 5$ und $\alpha = 1\% = 0.01$ ergibt das $t_{n-1,1-\alpha/2} = t_{4,0.995} \approx 4.6041$, s. Tabelle 6.1. Da $|t| = 2.8053 \not> 4.6041$ wird H_0 beibehalten.

(b) Für $\alpha = 0.1\% = 0.001$ ist $t_{n-1,1-\alpha/2} = t_{4,0.9995} > t_{4,0.995} \approx 4.6041$. Daher gilt auch hier, dass $|t| = 2.8053 \not> t_{4,0.9995}$ und H_0 ist beizubehalten.

(c) Es sei $T \sim t(n-1) = t(4)$. Dann berechnet sich der p-Wert - unter Verwendung der Symmetrie der t-Verteilung - als

$$p - \text{Wert} = P(|T| > |t|) = 2P(T > |t|) = 2(1 - F_T(|t|))$$
$$= 2(1 - F_T(2.8053)) > 2(1 - F_T(2.9)) \approx \underline{0.0442} > 0.04.$$

$F_T(2.9)$ entnehmen wir Tabelle 6.1. Der p-Wert ist nicht kleiner als 0.04.

Lösung von Aufgabe 6.12

(a) Gemäß Modellannahme sind $X_i \sim N(\mu, \sigma^2)$ u.i.v. Das Testproblem lautet $H_0 : \mu \le 9 = \mu_0$ vs. $H_1 : \mu > 9$. Es ist ein t-Test durchzuführen. Die Teststatistik berechnet sich als

$$t = \sqrt{n}\, \frac{\overline{x} - \mu_0}{s} = \sqrt{20} \cdot \frac{10.355 - 9}{1.9392} \approx 3.1249.$$

H_0 ist abzulehnen, wenn $t > t_{n-1, 1-\alpha} = t_{19, 0.99} = 2.5395$. Da $3.1249 > 2.5395$ ist, ist H_0 abzulehnen. Die Behauptung $\mu \le 9$ wird also verworfen.

(b) (B). Die relevanten Quantile für den Test zu den Niveaus α wurden Tabelle A.2 (im Anhang) entnommen und in folgender Tabelle zusammengefasst:

α	0.01	0.005	0.001
$t_{19, 1-\alpha}$	2.5395	2.8609	3.5794

Zum Niveau 0.01 und 0.005 wäre also H_0 abzulehnen; damit ist der p-Wert kleiner als 0.005. Zum Niveau 0.001 wäre H_0 nicht abzulehnen. Damit ist der p-Wert größer als 0.001.

Lösung von Aufgabe 6.13

(C): Konstruiert man aufgrund der gleichen Daten ein $(1 - \alpha)$-Konfidenzintervall KI oder führt einen t-Test zum Testproblem $H_0 : \mu = \mu_0$ vs. $H_1 : \mu \ne \mu_0$ zum Niveau α durch, dann gilt: $\mu \in KI$ gerade dann, wenn H_0 beibehalten wird.

Da $H_0 : \mu = 3$ und $H_0 : \mu = 4$ beibehalten wurden, müssen die beiden Werte 3 und 4 im Konfidenzintervall liegen. Damit liefern (A) und (D) nicht das Konfidenzintervall. Da $H_0 : \mu = 6$ abgelehnt wurde, liegt 6 nicht im Konfidenzintervall. Damit können wir (B) ausschließen.

Lösung von Aufgabe 6.14

Es sei X_i die Anzahl der hinzugekommenen Mitarbeiter in Unternehmen i. Wir unterstellen, dass $X_1, \ldots, X_n$ u.i.v. sind. Es sei $\mu = E(X_i)$. Wenn es einen Zuwachs an Mitarbeitern im Mittel gab, dann ist $\mu > 0$. Wir prüfen also $H_0 : \mu \le 0 = \mu_0$ vs. $H_1 : \mu > 0$ mit einem approximativen Gauß-Test.

(a) Der Wert der Teststatistik ist

$$t = \frac{\overline{x} - \mu_0}{s/\sqrt{n}} = \frac{\overline{x} - \mu_0}{\overline{s}/\sqrt{n-1}} = \frac{0.6 - 0}{2/\sqrt{99}} \approx 2.98.$$

Da $t > z_{1-\alpha} = z_{0.95} \approx 1.64$, wird H_0 verworfen.

(b) Zur Berechnung des approximativen p-Wertes verwenden wir die entsprechende Formel des Gauß-Tests. Den p-Wert berechnen wir daher approximativ mittels

$$1 - \Phi(t) \approx 1 - \Phi(2.98) \approx 1 - 0.9986 = \underline{\underline{0.0014}}.$$

Der p-Wert beträgt ca. 0.14%.

Lösung von Aufgabe 6.15

Wir fassen zunächst die Ergebnisse zusammen. $b_1, \ldots, b_n$ bzw. $k_1, \ldots, k_n$ seien die Zufriedenheitswerte zur Bezahlung bzw. zum Betriebsklima. Die Unterschiede in den Zufriedenheitswerten beschreiben wir mit $z_i = k_i - b_i$. $B_1, \ldots, B_n, K_1, \ldots, K_n$ und $Z_1, \ldots, Z_n$ seien die zugehörigen Zufallsvariablen zur Modellbeschreibung. Nach Aufgabenstellung sind dann

$$\overline{b} = 0.51, \quad s_b = 0.34, \quad \overline{k} = 0.84, \quad s_k = 0.45, \quad \overline{z} = 0.33, \quad s_z = 0.53.$$

Wir gehen davon aus, dass die $B_1, \ldots, B_n$ u.i.v. sind mit Erwartungswert μ_B und Varianz σ_B^2, $K_1, \ldots, K_n$ u.i.v. sind mit Erwartungswert μ_K und Varianz σ_K^2 und $Z_1, \ldots, Z_n$ u.i.v. sind mit Erwartungswert μ_Z und Varianz σ_Z^2.

(a) Es ist das Testproblem $H_0 : \mu_K \leq 0.5 = \mu_{K,0}$ gegen $H_1 : \mu_K > 0.5$ zu prüfen. Wir verwenden dazu einen approximativen Gauß-Test. Die Teststatistik ist

$$t = \sqrt{n} \cdot \frac{\overline{k} - \mu_{K,0}}{s_K} = \sqrt{1000} \cdot \frac{0.84 - 0.5}{0.45} \approx \underline{\underline{23.89}}.$$

Wir lehnen H_0 ab, wenn $t > z_{1-\alpha} = z_{0.95} \approx 1.64$ ist. Da $23.89 > 1.64$, ist die Zufriedenheit mit dem Betriebsklima signifikant größer als 0.5.

(b) Es ist das Testproblem $H_0 : \mu_Z \leq 0.3 = \mu_{Z,0}$ gegen $H_1 : \mu_Z > 0.3$ zu prüfen. Wir verwenden dazu einen approximativen Gauß-Test. Die Teststatistik ist

$$t = \sqrt{n} \cdot \frac{\overline{z} - \mu_{Z,0}}{s_Z} = \sqrt{1000} \cdot \frac{0.33 - 0.3}{0.53} \approx \underline{\underline{1.79}}.$$

Wir lehnen H_0 ab, wenn $t > z_{1-\alpha} = z_{0.95} \approx 1.64$ ist. Da $1.79 > 1.64$, ist die Zufriedenheit mit dem Betriebsklima signifikant um mehr als 0.3 Punkte größer als die Zufriedenheit mit der Bezahlung.

(c) (B_i, K_i) werden für unterschiedliche i von unterschiedlichen Personen erhoben und sind daher in u.i.v.-Stichproben als unabhängig anzusehen. Insbesondere sind (B_1, K_1) und (B_2, K_2) im Modell unabhängig.

(d) Da B_i und K_i von der gleichen Person erhoben wurden, ist i.d.R. nicht auszuschließen, dass sie abhängig sind. Wenn B_1 und K_1 nicht unabhängig sind und B_2 und K_2 nicht unabhängig sind, dann sind i.d.R. $X = B_1 + B_2$ und $Y = K_1 + K_2$ auch nicht unabhängig.

Lösung von Aufgabe 6.16

Als Linearkombination von unabhängigen, normalverteilten Zufallsvariablen sind $\overline{X}$ bzw. $\overline{X} - \overline{Y}$ wieder normalverteilt.

(a) (B): Wenn $X_1, \ldots, X_n \sim N(\mu, \sigma^2)$, dann ist allgemein $\overline{X} \sim N(\mu, \sigma^2/n)$. Für $\mu = \mu_1$, $\sigma^2 = \sigma_1^2$ und $n = 10$ erhalten wir (B).

(b) (A): Nach den Rechnenregeln der Varianz ist

$$Var(\overline{X} - \overline{Y}) = Var(\overline{X} + (-1)\overline{Y}) = Var(\overline{X}) + (-1)^2 Var(\overline{Y})$$
$$= \frac{\sigma_1^2}{10} + \frac{\sigma_2^2}{6}.$$

Das führt zu Lösung (A).

Lösung von Aufgabe 6.17

Mit Y_{1i} bezeichnen wir die Füllmenge der i-ten geprüften Haselnusspackung von Hersteller A und mit Y_{0j} die Füllmenge der j-ten geprüften Haselnusspackung von Hersteller B. Gemäß Aufgabenstellung ist von normalverteilten Beobachtungen bei gleicher Varianz auszugehen. Gegeben sind:

$$n_1 = 10, \qquad \overline{y}_1 = 204, \qquad s_1 = 5,$$
$$n_0 = 8, \qquad \overline{y}_0 = 200, \qquad s_0 = 3.$$

Es sind jeweils 2-Stichproben-t-Tests für gleiche Varianzen durchzuführen. Die Teststatistik ist damit

$$s_p^2 = \frac{(n_0 - 1)s_0^2 + (n_1 - 1)s_1^2}{n_0 + n_1 - 2} = \frac{7 \cdot 3^2 + 9 \cdot 5^2}{16} = \underline{\underline{18}},$$
$$t = \frac{\overline{y}_1 - \overline{y}_0}{\sqrt{(1/n_0 + 1/n_1)s_p^2}} = \frac{204 - 200}{\sqrt{(1/10 + 1/8) \cdot 18}} \approx 1.9876.$$

(a) Der Schätzwert für die gemeinsame Varianz ist damit $s_p^2 = 18$.

(b) Wir überprüfen $H_0 : \mu_0 = \mu_1$ bzw. $\mu_1 - \mu_0 = 0$ und lehnen H_0 ab, wenn $|t| > t_{n_0+n_1-2,1-\alpha/2} = t_{16,0.975} \approx 2.1199$. H_0 ist nicht abzulehnen.

(c) Wir überprüfen $H_0 : \mu_1 \leq \mu_0$ bzw. $\mu_1 - \mu_0 \leq 0$ vs. $H_1 : \mu_1 - \mu_0 > 0$ und lehnen für $t > t_{n_0+n_1-2,1-\alpha} = t_{16,0.95} \approx 1.7459$ ab. Da $t = 1.9876 > 1.7459$ wird die Nullhypothese abgelehnt. Hersteller A füllt signifikant mehr ab als Hersteller B.

Lösung von Aufgabe 6.18

Y_{1i} bezeichne die Schlafdauer des i-ten männlichen Studenten, Y_{0j} die Schlafdauer der j-ten weiblichen Studentin.

(a) Wir wenden einen approximativen Gauß-Test für Erwartungswertdifferenzen an. Die Teststatistik lautet

$$t = \frac{\bar{y}_1 - \bar{y}_0}{\sqrt{\tilde{s}_0^2/n_0 + \tilde{s}_1^2/n_1}} = \frac{7.4 - 7.6}{\sqrt{0.9^2/47 + 1.3^2/119}} = \frac{-0.2}{0.1773} = -1.128.$$

Das vorgegebene Signifikanzniveau ist $\alpha = 0.1$. Die Entscheidungsregel ist damit:

$$H_0 \text{ ablehnen, wenn } |t| > z_{1-\alpha/2} = z_{0.95} \approx 1.64.$$

Demzufolge wird die Nullhypothese beibehalten.

(b) Große Unterschiede in den Mittelwerten und kleine Standardabweichungen begünstigen die Feststellung signifikanter Unterschiede.

(c) 6 Minuten entsprechen 0.1 Stunden. Die Hypothesen lauten

$$H_0 : \mu_1 - \mu_0 \geq -0.1 = \delta_0 \quad \text{vs.} \quad H_0 : \delta = \mu_1 - \mu_0 < -0.1$$

Die Teststatistik berechnet sich als

$$t = \frac{\bar{y}_1 - \bar{y}_0 - (-0.1)}{\sqrt{\tilde{s}_0^2/n_0 + \tilde{s}_1^2/n_1}} = \frac{7.4 - 7.6 - (-0.1)}{\sqrt{0.9^2/470 + 1.3^2/1190}} = \frac{-0.1}{0.0561} = -1.783.$$

Die Entscheidungsregel ist, $\alpha = 0.05$,

$$H_0 \text{ ablehnen, wenn } t < -z_{1-\alpha} = -z_{0.95} \approx -1.64.$$

Die Nullhypothese wird abgelehnt.

Lösung von Aufgabe 6.19

y_{0i} seien die Bruttoeinkommen aus dem Jahr 2011, y_{1i} aus dem Jahr 2012. $d_i = y_{1i} - y_{0i}$ bezeichne die Veränderung der Bruttoeinkommen. Es wurden $n = 100$ Beobachtunspaare erhoben. Folgende Werte sind gegeben:

$$\bar{y}_0 = 40500, \qquad s_0 = 500,$$
$$\bar{y}_1 = 40700, \qquad s_1 = 600,$$
$$\bar{d} = 200, \qquad s_D = 200.$$

Es wird ein t-Test für verbundene Stichproben durchgeführt. Dabei ist $H_0 : \mu_D \leq 0$ vs. $H_1 : \mu_D > 0$. Die Teststatistik ist

$$t = \sqrt{n}\frac{\bar{d}}{s_D} = \sqrt{100} \cdot \frac{200}{200} = 10.$$

(a) H_0 wird abgelehnt zum Niveau 0.05, wenn $t > z_{0.95} \approx 1.64$. Also wird H_0 abgelehnt.

(b) H_0 wird abgelehnt zum Niveau 0.001, wenn $t > z_{0.999} \approx 3.0902$. Also wird H_0 abgelehnt bzw. der p-Wert ist kleiner als 0.001.

(c) (C) Da die Daten nicht als normalverteilt vorausgesetzt bzw. angenommen wurden, ist die Testverteilung i.A. *nur approximativ* eine t- bzw. Normalverteilung.

(d) Es bezeichne s_{01} die Stichprobenkovarianz zwischen den y_{0i}- und y_{1i}-Werten. Man beachte, dass

$$s_D^2 = \frac{1}{n-1} \sum_{i=1}^{n} (d_i - \bar{d})^2 = \frac{1}{n-1} \sum_{i=1}^{n} ((y_{1i} - \bar{y}_1) - (y_{0i} - \bar{y}_0))^2 = s_1^2 + s_0^2 - 2s_{01},$$

$$s_{01} = \frac{1}{2}(s_0^2 + s_1^2 - s_D^2) = \frac{1}{2}(600^2 + 500^2 - 200^2) = 285\,000,$$

$$r_{01} = \frac{\tilde{s}_{01}}{\tilde{s}_0 \tilde{s}_1} = \frac{s_{01}}{s_0 s_1} = \frac{285\,000}{500 \cdot 600} = \underline{0.95}.$$

Der empirische Korrelationskoeffizient beträgt 0.95.

Lösung von Aufgabe 6.20

Es ist ein approximativer Gauß-Test für Erwartungswertdifferenzen durchzuführen. y_{1i} bzw. y_{0j} seien die wöchentlichen Zeiten, die die Studenten auf Facebook verbringen. Der Index 0 steht für die weiblichen, der Index 1 für die männlichen Studenten. Hierbei sind $n_1 = 171$, $n_0 = 71$ und

$$\bar{y}_1 = 5.8, \qquad \tilde{s}_1 = 7.1, \qquad \bar{y}_0 = 3.8, \qquad \tilde{s}_0 = 3.2.$$

Wir interpretieren die Beobachtungen y_{ij} als Realisierungen von Zufallsvariablen Y_{ij} mit $E(Y_{ij}) = \mu_i$, wobei jeweils $Y_{01}, \dots, Y_{0n_0}$ bzw. $Y_{11}, \dots, Y_{1n_1}$ u.i.v. sind. Zu zeigen ist, dass die Männer im Mittel mehr Zeit auf Facebook verbringen als die Frauen, d.h. $\mu_1 > \mu_0$ (H_1). Daher interessieren wir uns für das Testproblem $H_0 : \mu_1 - \mu_0 \leq 0$ vs. $H_1 : \mu_1 - \mu_0 > 0 = \delta_0$. Der Wert der Teststatistik ist

$$t = \frac{\bar{y}_1 - \bar{y}_0}{\sqrt{\tilde{s}_0^2/n_0 + \tilde{s}_1^2/n_1}} = \frac{5.8 - 3.8}{\sqrt{3.2^2/71 + 7.1^2/171}} \approx 3.02.$$

(a) H_0 wird abgelehnt, wenn $t > z_{1-\alpha} \approx 2.33$ für $\alpha = 0.01$ ist. Da dies der Fall ist, wird H_0 abgelehnt.

(b) Der p-Wert berechnet sich wie der entsprechende p-Wert des Gauß-Tests als $p = 1 - \Phi(t) \approx 1 - \Phi(3.01) \approx \underline{0.0013}$.

(c) Nein. Der Stichprobenumfang ist nicht relevant für die Annahme der Homoskedastizität.

Lösung von Aufgabe 6.21

(a) Paul hat recht. Durch das zusätzliche Schätzen der Parameter müssen die Freiheitsgrade der χ^2-Statistik reduziert werden, womit die entsprechenden Quantile kleiner werden.

(b) Peter hat recht. Die Alternative besteht aus allen Verteilungen, die nicht Normalverteilungen sind. Die Nullhypothese setzt sich aus *allen* Normalverteilungen zusammen.

Lösung von Aufgabe 6.22

Wir gehen davon aus, dass die Reklamationen als Realisierungen einer diskret verteilten Zufallsvariable X aufgefasst werden können, wobei X die Werte 1 bis 5 (für Montag bis Freitag) annehmen kann; $P(X = i) = \pi_i$, $i = 1, \dots, 5$. Gemäß Aufgabenstellung soll geprüft werden, ob $\pi_i = 0.2$ für $i = 1, \dots, 5$ gilt, d.h. im *Mittel* Reklamationen an allen Tage gleich häufig auftreten. Die Gesamtzahl der Beobachtungen ist $n = n_1 + \dots + n_5 = 120$. Die gegebene Häufigkeitstabelle fasst dann die beobachteten x_j zusammen.

(a) Für $k = 5$ und $\alpha = 0.01$ ist der kritische Wert gleich $\chi^2_{k-1,1-\alpha} = \chi^2_{4,0.99} \approx \underline{13.2767}$, s. Tabelle A.3 im Anhang.

(b) Die Teststatistik berechnet sich als

$$
\begin{aligned}
\chi^2 &= \sum_{i=1}^{k} \frac{(n_i - n\pi_i)^2}{n\pi_i} \\
&= \frac{(50 - 120 \cdot 0.2)^2}{120 \cdot 0.2} + \frac{(29 - 120 \cdot 0.2)^2}{120 \cdot 0.2} + \frac{(16 - 120 \cdot 0.2)^2}{120 \cdot 0.2} \\
&\quad + \frac{(15 - 120 \cdot 0.2)^2}{120 \cdot 0.2} + \frac{(20 - 120 \cdot 0.2)^2}{120 \cdot 0.2} \approx 18.4167.
\end{aligned}
$$

Da $\chi^2 \approx 18.4 > 13.2767$ wird die Nullhypothese abgelehnt. Die Reklamationen wären damit nicht gleichmäßig auf die Wochentage verteilt.

(c) Wir berechnen

π_i	0.25	0.2	0.1	0.2	0.25
$n\pi_i$	30	24	12	24	30

Da stets $n\pi_i \geq 5$ gilt, sind die Approximationsregeln erfüllt.

(d) Die erwartete Anzahl von Reklamationen am Mittwoch ist dann $e_3 = n\pi_3 = 120 \cdot 0.1 = 12$.

(e) Wir berechnen die χ^2-Statistik:

$$\chi^2 = \sum_{i=1}^{k} \frac{(n_i - n\pi_i)^2}{n\pi_i} = \frac{(50 - 120 \cdot 0.25)^2}{120 \cdot 0.25} + \frac{(29 - 120 \cdot 0.2)^2}{120 \cdot 0.2} + \frac{(16 - 120 \cdot 0.1)^2}{120 \cdot 0.1}$$

$$+ \frac{(15 - 120 \cdot 0.2)^2}{120 \cdot 0.2} + \frac{(20 - 120 \cdot 0.25)^2}{120 \cdot 0.25} \approx 12.4167.$$

Da $\chi^2 \approx 12.4 \ngtr 13.2767$ wird die Verteilungsaussage zum Niveau 1%=0.01 nicht abgelehnt; damit ist der p-Wert auch nicht kleiner als 0.01.

Lösung von Aufgabe 6.23

(a) Es gilt für $X \sim Po(1.5)$:

$$P(X = 3) = \frac{1.5^3}{3!} e^{-1.5} \approx \underline{0.1255}.$$

Die Wahrscheinlichkeit für genau drei Stürme beträgt nach dem Modell rund 12.55%.

(b) Der kritische Wert ist $\chi^2_{4-1,0.9} \approx 6.2514$, s. Tabelle A.3 im Anhang.

(c) Wir führen einen χ^2-Anpassungstest durch und ergänzen die Tabelle. Hierbei ist

$$\pi_{i+1} = P(X = i) = \frac{1.5^i}{i!} e^{-1.5} \quad \text{für } i = 0, 1, 2,$$

und $\pi_4 = 1 - \pi_1 - \pi_2 - \pi_3$.

	0	1	2	> 2
i	1	2	3	4
n_i	10	15	12	3
π_i	0.2231	0.3347	0.2510	0.3167
$n \cdot \pi_i$	8.924	13.388	10.040	7.648

Daraus ergibt sich die Teststatistik

$$\chi^2 = \sum_{i=1}^{4} \frac{(n_i - n\pi_i)^2}{n\pi_i} = \frac{(10 - 8.924)^2}{8.924} + \frac{(15 - 13.388)^2}{13.388}$$

$$+ \frac{(12 - 10.04)^2}{10.04} + \frac{(3 - 7.648)^2}{7.648} \approx 3.531$$

Da $\chi^2 \approx 3.531 \ngtr 6.2514$, wird die Nullhypothese, dass die Daten Po(1.5)-verteilt sind, nicht abgelehnt.

(d) (C): Zum Niveau 0.1=10% würde der Test nach Aufgabenteil (c) nicht ablehnen. Damit ist der p-Wert > 0.1. Zum Niveau 0.5 würde der Test H_0 ablehnen, da der kritsche Wert dann nur $\chi^2_{3,0.5} \approx 2.3660$ betragen würde. Also ist der p-Wert< 0.5.

Lösung von Aufgabe 6.24

(a) Zum Bestimmen der relativen Häufigkeiten sind die absoluten Häufigkeiten durch die Gesamtanzahl der Würfe, 107, zu teilen.

Wert	1	2	3	4	5	6	Summe
Häufigkeit	18	17	17	12	23	20	107
rel. Häufigkeit	0.168	0.159	0.159	0.112	0.215	0.187	1.00

(b) Sei $Y \sim B(n, \pi)$ die Anzahl der geworfenen Sechsen und π die Wahrscheinlichkeit, mit Mats Würfel eine 6 zu werfen, $n = 107$. Wir konstruieren für π ein approximatives 0.95-Konfidenzintervall gemäß der Formel:

$$\hat{\pi} \pm z_{1-\alpha/2} \sqrt{\hat{\pi}(1 - \hat{\pi})/n}.$$

Mit $\hat{\pi} = 20/107 \approx 0.187$ und $z_{1-\alpha/2} = z_{0.975} \approx 1.96$ für $\alpha = 0.05$ ergibt sich:

$$0.187 \pm 1.96 \cdot \sqrt{0.187 \cdot 0.813/107} = 0.187 \pm 0.074.$$

Als approximatives 0.95-Konfidenzintervall erhalten wir $[0.113, 0.261]$.

(c) Das interessierende Testproblem ist $H_0 : \pi = \pi_0 = 1/6$ vs. $H_1 : \pi \neq \pi_0$. Da $\pi_0 = 1/6 \approx 0.167$ im Konfidenzintervall aus Aufgabenstellung (b) liegt, würden wir H_0 beibehalten. Die Würfelergebnisse sind also verträglich mit der Annahme, dass mit Wahrscheinlichkeit 1/6 eine 6 geworfen wird.

(d) Wir ergänzen die ursprüngliche Häufigkeitstabelle um Zahlen, die für die Berechnung der Teststatistik hilfreich sind. Für einen idealen Würfel gilt $\pi_1 = \cdots = \pi_6 = 1/6$. Der vorliegende Stichprobenumfang ist $n = 107$.

i	1	2	3	4	5	6
n_i	18	17	17	12	23	20
$n\pi_i$	17.83	17.83	17.83	17.83	17.83	17.83
$n_i - n\pi_i$	0.17	-0.83	-0.83	-5.83	5.17	2.17

Wir berechnen die Teststatistik des χ^2-Anpassungstests.

$$\chi_A^2 = \sum_{i=1}^{k} \frac{(n_i - n\pi_i)^2}{n\pi_i}$$

$$\approx \frac{0.17^2}{17.83} + \frac{(-0.83)^2}{17.83} + \frac{(-0.83)^2}{17.83} + \frac{(-5.83)^2}{17.83} + \frac{5.17^2}{17.83} + \frac{2.17^2}{17.83}$$

$$\approx 3.75.$$

H_0 wird abgelehnt, wenn $\chi_A^2 > \chi_{k-1,1-\alpha}^2$. Für $\alpha = 0.05$ und $k = 6$ ist $\chi_{k-1,1-\alpha}^2 = \chi_{5,0.95}^2 \approx 11.07$. Da $\chi^2 \approx 3.75 \ngtr 11.07$, wird die Nullhypothese beibehalten. Die Würfelergebnisse sind verträglich mit der Annahme, dass der Würfel ideal ist.

Lösung von Aufgabe 6.25

Wir ergänzen die ursprüngliche Häufigkeitstabelle um die Zeilen- und Spaltensummen.

G \ I	0	1	2	3	4	5	Summe
M=0	5	20	12	2	66	13	118
W=1	1	9	7	3	13	14	47
Summe	6	29	19	5	79	27	165

Es wurden 118 Männer und 47 Frauen, also insgesamt 165 Personen befragt.

(a) Mit $\chi^2 = 16.442$ berechnet sich der korrigierte Kontingenzkoeffizient, vgl. Aufgabe 2.5, als

$$C = \sqrt{\frac{\chi^2}{\chi^2 + n}} = \sqrt{\frac{16.442}{16.442 + 156}} \approx 0.301, \quad C^* = \sqrt{2} \cdot C \approx \underline{0.426}.$$

(b) Es ist ein χ^2-Unabhängigkeitstest durchzuführen. Erläuterungen zu diesem Test finden sich z.B. in Stocker und Steinke [2022], Abschnitt 11.3.3. Als Wert der Teststatistik dient dabei gerade der gegebene χ^2-Wert, der sich gemäß Formel (2.3), s. Lösung von Aufgabe 2.5, berechnet. Die Nullhypothese H_0 der Unabhängigkeit der beiden Merkmale ist abzulehnen, wenn

$$\chi^2 > \chi^2_{(k-1)(l-1),1-\alpha} \tag{6.2}$$

ist. k bzw. l sind dabei die Anzahl der verschiedenen Werte, die die beiden untersuchten Merkmale annehmen können. In dem vorliegenden Beispiel ist $k = 2$ und $l = 6$, d.h. mit $\alpha = 0.01$ ist $\chi^2_{(k-1)(l-1),1-\alpha} = \chi^2_{(2-1)(6-1),1-0.01} = \chi^2_{5,0.99} \approx 15.0863$, s. Tabelle A.3. Da $\chi^2 = 16.442 > 15.0863$ ist, ist H_0 abzulehnen. Es ist ein signifikanter Zusammenhang zwischen Geschlecht und den präferierten Informationsquellen feststellbar.

(c) Der Platzhalter berechnet sich als

$$\frac{47 \cdot 19}{165} \approx \underline{5.412}.$$

(d) Nein. Der χ^2-Test ist ein approximativer Test. Um sicherzustellen, dass die Teststatistik unter der Nullhypothese approximativ χ^2-verteilt ist, sollten gewisse Voraussetzungen erfüllt sein. Eine typische Forderung ist, dass

$$e_{ij} = \frac{n_{i\bullet} n_{\bullet j}}{n} \geq 5 \tag{6.3}$$

für alle Zellen erfüllt ist. Im vorliegenden Beispiel ist das z.B. für $G = 1$ und $I = 0$ und insgesamt für 3 der 12 Zellen nicht der Fall. Damit ist das Ergebnis des χ^2-Unabhängigkeitstest mit etwas Vorsicht zu genießen. 8 von 12 Zellen, d.h. 66% der Zellen, enthalten einen Wert, der mindestens gleich 5 ist.

(e) Ja. $14/47 \approx 29.8\%$ der Frauen nutzten überwiegend gemischte Informationsquellen im Gegensatz zu nur $13/118 \approx 11.0\%$ der Männer.

(f) Ja. $66/118 \approx 55.9\%$ der Männer nutzen überwiegend das Internet als Informationsquelle im Gegensatz zu $13/47 \approx 27.7\%$ der Frauen.

Lösung von Aufgabe 6.26

Um die Abhängigkeit diskreter Zufallsgrößen zu prüfen, verwenden wir einen χ^2-Unabhängigkeitstest, s. auch Aufgabe 6.25.

(a) Die gegebene Kontingenztabelle wird um die Randhäufigkeiten und die erwarteten Zellenhäufigkeiten

$$e_{ij} = \frac{n_{i\bullet}n_{\bullet j}}{n}$$

ergänzt (in runden Klammern). Wir erhalten

Gehalt\Klima	−1	0	+1	Summe
−1	40	60	40	140
	(21)	(70)	(49)	
0	20	100	60	180
	(27)	(90)	(63)	
+1	0	40	40	80
	(12)	(40)	(28)	
Summe	60	200	140	400

Damit ermitteln wir die Teststatistik, s. (2.3), Lösung von Aufgabe 2.5.

$$\chi^2 = \sum_{i=1}^{3}\sum_{j=1}^{3} \frac{(n_{ij} - e_{ij})^2}{e_{ij}}$$

$$= \frac{(40-21)^2}{21} + \frac{(60-70)^2}{70} + \frac{(40-49)^2}{49} + \frac{(20-27)^2}{27} + \frac{(100-90)^2}{90}$$

$$+ \frac{(60-63)^2}{63} + \frac{(0-12)^2}{12} + \frac{(40-40)^2}{40} + \frac{(40-28)^2}{28} \approx \underline{40.484}.$$

Das Quantil beträgt $\chi^2_{(3-1)(3-1),1-0.05} = \chi^2_{4,0.95} \approx 9.4877$, s. Tabelle A.3. Da $40.484 > 9.4877$ ist, vgl. (6.2), wird die Nullhypothese der Unabhängigkeit abgelehnt. Es besteht also ein signifikanter Zusammenhang zwischen der Zufriedenheit mit dem Gehalt und der Zufriedenheit mit dem Betriebsklima.

(b) Nein. Die Unabhängigkeit hätte Einfluss auf die gemeinsame Verteilung von *Gehalt* und *Klima*, nicht aber auf deren Randverteilungen.

(c) Richtig. Im Falle einer perfekten (empirischen) Unabhängigkeit müssten die e_{ij} den Zellenhäufigkeiten entsprechen. In dem speziellen Fall ist der e_{ij}-Wert für ein Gehalt-Wert von +1 und einen Klima-Wert von 0 gerade 40.

Lösung von Aufgabe 6.27

Die Nullhypothese H_0 ist die Unabhängigkeit der Merkmale Parteienpräferenz und Haltung zum Karneval.

(a) Die Testverteilung ist eine χ^2-Verteilung mit $(3-1)\cdot(5-1) = 8$ Freiheitsgraden.

(b) H_0 wird abgelehnt, wenn $\chi^2 > \chi^2_{(k-1)(l-1),1-\alpha} = \chi^2_{8,0.95} \approx 15.507$ ist. Da $\chi^2 = 4.247 \not> 15.507$ ist, wird H_0 nicht abgelehnt.

(c) (D): Zum Niveau $\alpha = 0.5$ ist das Quantil $\chi^2_{8,0.5} \approx 7.3441$, s. Tabelle A.3. H_0 würde also auch zum Niveau 0.5 nicht abgelehnt werden. Daher ist der p-Wert des Tests ≥ 0.5.

(d) Wir vervollständigen die Kontingenztabelle um Zeilen- und Spaltensummen.

Partei\Haltung	sehr negativ	negativ	neutral	positiv	sehr positiv	Summe
CDU	21	16	13	7	10	67
SPD	17	18	9	10	6	60
Grüne	12	16	5	6	6	45
Summe	50	50	27	23	22	172

Damit ist der zu erwartende Wert in Zeile „CDU" und Spalte „negativ":

$$\frac{67\cdot 50}{172} \approx \underline{19.477}.$$

(e) Da Parteipräferenz und Haltung unabhängig sind, rechnen wir $27/172 \approx 15.70\%$. Ohne die „Unabhängigkeitsannahme" hätten wir diesen Anteil nur auf Grundlage der SPD-Wähler bestimmt: $9/60 \approx 15.0\%$.

Lösung von Aufgabe 6.28

π sei der Anteil der Passanten, die ihre Einkäufe bereits erledigt haben; Y sei deren Anzahl in der Stichprobe. Da nur $n = 14$ Passanten – und damit ein kleiner Anteil aller Passanten – befragt wurden, gehen wir von der Unabhängigkeit der Ergebnisse aus und machen die Modellvoraussetzung $Y \sim B(n,\pi)$. Der Stichprobenwert für Y ist $y = 12$. Es soll ein Test zum Niveau $\alpha = 0.05$ durchgeführt werden. Der Schätzwert für π ist dann $\hat{\pi} = 12/14 \approx 0.8571$.

(a) Es soll getestet werden, ob π *signifikant* größer als 0.7 ist. Damit ist $H_1 : \pi > 0.7$ die Alternative.

$$H_0 : \pi \leq 0.7 \quad \text{vs.} \quad H_1 : \pi > 0.7.$$

(b) H_0 ist für große Werte von y abzulehnen. Der p-Wert berechnet sich als $P(Y \geq y)$ für $Y \sim B(14, 0.7)$. Damit ist

$$P(Y \geq 12) = 1 - P(Y < 12) = 1 - [P(Y \leq 12) - P(Y = 12)]$$
$$\approx 1 - [0.9525 - 0.1134] = \underline{0.1609}.$$

Der p-Wert beträgt ca. 0.1609.

(c) Der p-Wert ist größer als 0.05. H_0 wird also nicht verworfen.

(d) H_0 soll nur für $y = 14$ abgelehnt werden. Für $Y \sim B(14, \pi)$, $\pi = 0.9$, ist

$$P(\text{„}H_0 \text{ nicht ablehnen"}) = P(Y < 14) = 1 - P(Y = 14) = 1 - 0.9^{14} \approx \underline{0.771}.$$

Die Fehlerwahrscheinlichkeit 2. Art beträgt in diesem Fall ca. 77.1%.

Lösung von Aufgabe 6.29

Sei X die Anzahl der Studierenden in der Stichprobe vom Umfang n, die ein Karnevalskostüm besitzen. Unter der Annahme, dass nur ein kleiner Teil der Studierenden befragt wird und die Auswahl der Befragten zufällig ist, ist die Verteilungsannahme zu X: $X \sim B(n, \pi)$ für $n = 10$. Es ist ein exakter Binomialtest durchzuführen.

(a) (A). Es soll $H_1 : \pi > 0.5$ gezeigt werden, damit ist $H_0 : \pi \leq 0.5$.

(b) (C). Da $x = 3$ beobachtet wurde und $H_1 : \pi > 0.5$ ist, berechnet sich der p-Wert für $\pi = 0.5$ als $p = P(X \geq 3)$. Dabei ist $p = P(X \geq 3) > P(X \geq 5) \geq 0.5$, weil $X \sim B(10, 0.5)$ symmetrisch bzgl. 5 verteilt ist.

(c) (A). Da der p-Wert größer als das Signifikanzniveau $5\% = 0.05$ ist, wird H_0 beibehalten.

(d) (C). Es sei $X \sim B(10, 0.05)$. Wir suchen den kleinsten ganzzahligen Wert c, für den $F_X(c) = P(X \leq c) = 1 - P(X > c) \geq 1 - 0.05 = 0.95$ gilt. Dazu berechnen wir:

$$F_X(9) = 1 - P(X = 10) \approx 1 - 0.001 = 0.999 \geq 0.95,$$
$$F_X(8) = F_X(9) - P(X = 9) \approx 0.999 - 0.01 = 0.989 \geq 0.95,$$
$$F_X(7) = F_X(8) - P(X = 8) \approx 0.989 - 0.044 = 0.945 \ngeq 0.95.$$

Damit ist 8 der kritische Wert des Tests.
Anmerkung: 8 ist das 0.95-Quantil der $B(10, 0.05)$-Verteilung.

Lösung von Aufgabe 6.30

(a) Der p-Wert berechnet sich für $S \sim B(100, 0.8)$ und die Realisierung $s = 90$ als

$$P(S \geq 90) = 1 - P(S < 90) = 1 - F_S(89) \approx 1 - 0.9943 = \underline{0.0057}.$$

(b) Der p-Wert berechnet sich für $S \sim B(100, 0.8)$ als

$$P(S \leq 90) = F_S(90) \approx \underline{0.9977}.$$

(c) Die Fehlerwahrscheinlichkeit 2. Art berechnet sich für $S \sim B(100, 0.9)$ mit

$$P(\text{„}H_0 \text{ wird nicht verworfen“}) = P(S \leq 95) = F_S(95) \approx \underline{0.9763}.$$

Lösung von Aufgabe 6.31

(a) Es soll *gezeigt* werden, dass $\pi < 0.1$ ist, damit ist das Testproblem:

$$H_0 : \pi \geq 0.1 = \pi_0 \quad \text{vs.} \quad H_1 : \pi < 0.1.$$

(b) Peter hat recht. X sei die Anzahl der befragten Passanten, die sich die D-Mark zurückwünschen. Peter schlägt folgende Entscheidungsregel vor:

$$H_0 \text{ ablehnen, wenn } X = 0.$$

Für $\pi = 0.1$ gilt dann $X \sim B(25, 0.1)$ und

$$P(\text{„}H_0 \text{ ablehnen“}) = P(X = 0) = 0.9^{25} \approx \underline{0.0718} < 0.1.$$

Für $\pi > 0.1$, also $1 - \pi < 0.9$, ist dann

$$P(\text{„}H_0 \text{ ablehnen“}) = P(X = 0) = (1 - \pi)^{25} < 0.9^{25} \approx 0.0718 < 0.1.$$

Peters Entscheidungsregel ist damit ein 0.1-Niveau-Test.
Pauls Entscheidungsregel wäre:

$$H_0 \text{ ablehnen, wenn } X \leq 1.$$

Für $\pi_0 = 0.1$ und $X \sim B(25, 0.1)$ gilt dann:

$$\begin{aligned}
P(\text{„}H_0 \text{ ablehnen“}) &= P(X \leq 1) = P(X = 0) + P(X = 1) \\
&= 0.9^{25} + 25 \cdot 0.1 \cdot 0.9^{24} \approx \underline{0.2712} > 0.1.
\end{aligned}$$

Durch diese Entscheidungsregel erhält man keinen 0.1-Niveau-Test.

(c) Für $\pi = 0.05$ ist $X \sim B(25, 0.05)$ und

$$P(\text{„}H_0 \text{ annehmen“}) = P(X > 0) = 1 - P(X = 0) = 1 - 0.95^{25} \approx \underline{0.7226}.$$

Die Fehlerwahrscheinlichkeit 2.Art beträgt ca. 72.26%.

(d) Abgelehnt wird die Nullhypothese für kleine Werte von X. Daher berechnen wir für $X \sim B(25, 0.1)$ und die Realisierung $x = 2$, s. auch Aufgabenteil (b):

$$\begin{aligned}
P(X \leq 2) &= P(X \leq 1) + P(X = 2) \\
&\approx 0.2712 + \binom{25}{2} 0.1^2 0.9^{23} \approx \underline{0.5371}.
\end{aligned}$$

Der p-Wert beträgt ca. 53.7%.

Lösung von Aufgabe 6.32

Wir führen Vorzeichentests durch.

(a) $X \sim B(20, \pi)$ zählt die Anzahl der Beobachtungen, die größer als 8 sind. Dann ist $x = 17$. π gibt den Anteil der Kunden an, die länger als 8 Minuten warten mussten. Das Testproblem ist $H_0 : \pi \leq 0.5$ vs. $H_1 : \pi > 0.5$. Es wird der p-Wert berechnet. Für $X \sim B(20, 0.5)$ ist

$$P(X \geq 17) = P(X = 17) + P(X = 18) + P(X = 19) + P(X = 20)$$

$$= \left(\binom{20}{17} + \binom{20}{18} + \binom{20}{19} + \binom{20}{20} \right) \cdot 0.5^{20} \approx \underline{0.001288}.$$

Also wird H_0 abgelehnt, da der p-Wert kleiner als 0.01 ist.

(b) $Y \sim B(20, \pi)$ zählt die Anzahl der Beobachtungen, die größer als 9 sind. Für den Datensatz sind das $y = 15$. Das Testproblem ist immer noch $H_0 : \pi \leq 0.5$ vs. $H_1 : \pi > 0.5$. Für $Y \sim B(20, 0.5)$ ist

$$P(Y \geq 15) = P(Y = 15) + P(Y = 16) + P(Y \geq 17)$$

$$\approx \left(\binom{20}{15} + \binom{20}{16} \right) \cdot 0.5^{20} + 0.001288 \approx \underline{0.0207},$$

unter Verwendung des Ergebnisses von (a). H_0 wird nicht abgelehnt, da der p-Wert größer als 0.01 ist.

Lösung von Aufgabe 6.33

Es wird eine spezielle Version eines Binomial-Tests, ein Vorzeichen-Test, zum Testproblem $H_0 : q_{0.5} \leq 105 = \delta_0$ gegen $H_1 : q_{0.5} > 105 = \delta_0$ durchgeführt.

(a) Die Teststatistik S ist gleich der Anzahl der Beobachtungen, die größer als $\delta_0 = 110$ sind: $s = 7$. Unter der Nullhypothese ($q_{0.5} = 105$) ist die Wahrscheinlichkeit, dass $X_i > 105$ ist gerade gleich 0.5; damit ist in diesem Fall $S \sim B(8, 0.5)$. Für $S \sim B(8, 0.5)$ erhalten wir als p-Wert des Vorzeichentests

$$p\text{-Wert} = P(S \geq 7) = P(S = 7) + P(S = 8) \approx 0.03125 + 0.00391 = \underline{0.03516}.$$

Da der p-Wert kleiner als 0.05 ist, wird H_0 abgelehnt. Die Forschungshypothese konnte also mit Signifikanz zum Niveau $\alpha = 0.05$ gezeigt werden.

(b) Die Testverteilung ist $B(8, 0.5)$.

(c) Der p-Wert, 0.03516, liegt nicht im Intervall $[0.02, 0.03]$.

Lösung von Aufgabe 6.34

Wir machen folgende Modellannahme: $X \sim B(200, \pi)$, wobei X die Anzahl der Beanstandungen in der Zufallsstichprobe ist und π deren Anteil in der Grundgesamtheit. $\hat{\pi} = x/n = 40/200 = 0.2$ ist der Schätzwert für den Anteil der Beanstandungen.

(a) Das Testproblem lautet

$$H_0 : \pi \le 0.25 = \pi_0 \quad \text{vs.} \quad H_1 : \pi > 0.25.$$

Da $\hat{\pi} = 0.2$ zur Nullhypothese und nicht der Alternativen gehört, wird die Nullhypothese nicht abgelehnt. Ein formales Durchrechnen bestätigt diese Aussage: Es soll ein Test zum Niveau $\alpha = 0.05$ durchgeführt werden. Die Teststatistik des approximativen Binomialtests lautet

$$t = \frac{x - n \cdot \pi_0}{\sqrt{n \cdot \pi_0 \cdot (1 - \pi_0)}} = \frac{40 - 200 \cdot 0.25}{\sqrt{200 \cdot 0.25 \cdot 0.75}} \approx \frac{-10}{6.1237} \approx -1.6330.$$

H_0 wird abgelehnt, wenn $t > z_{1-\alpha} = z_{0.95} \approx 1.64$. Das ist nicht der Fall, d.h. H_0 wird beibehalten.

(b) Das Testproblem lautet

$$H_0 : \pi \ge 0.40 = \pi_0 \quad \text{vs.} \quad H_1 : \pi < 0.40.$$

Die Teststatistik des approximativen Binomialtests ist dann

$$t = \frac{x - n \cdot \pi_0}{\sqrt{n \cdot \pi_0 \cdot (1 - \pi_0)}} = \frac{40 - 200 \cdot 0.40}{\sqrt{200 \cdot 0.40 \cdot 0.60}} \approx \frac{-40}{6.9282} \approx -5.7735.$$

Zum Niveau $\alpha = 0.01$, wird H_0 abgelehnt, wenn $t < -z_{1-\alpha} = -z_{0.99} \approx -2.33$ ist. Die Nullhypothese wird daher abgelehnt.

Lösung von Aufgabe 6.35

Es bezeichne X die Anzahl der befragten Passanten, die bereits ein Weihnachtsgeschenk gekauft haben. Als Modellansatz verwenden wir $X \sim B(n, \pi)$, wobei $n = 140$, da 140 Passanten befragt wurden. Das Signifikanzniveau für die Tests ist $\alpha = 0.05$. In der konkreten Stichprobe ergab sich für X der Wert $x = 120$. Damit können wir π über die relative Häufigkeit $\hat{\pi} = 120/140 \approx 0.8571$ schätzen. In beiden Teilaufgaben werden approximative Binomialtests angewendet.

(a) Wir formulieren zunächst die Hypothesen.

$$H_0 : \pi \le 0.7 \quad \text{vs.} \quad H_1 : \pi > 0.7.$$

Der Wert der Teststatistik ist

$$t = \frac{x - n \cdot \pi_0}{\sqrt{n\pi_0(1 - \pi_0)}} = \frac{120 - 140 \cdot 0.7}{\sqrt{140 \cdot 0.7 \cdot 0.3}} = \frac{22}{5.422} \approx 4.057.$$

Die Entscheidungsregel lautet:

$$\text{Lehne } H_0 \text{ ab, wenn } t > z_{0.95} \approx 1.64.$$

H_0 wird abgelehnt.

(b) Die Hypothesen sind hier:

$$H_0 : \pi \ge 0.9 \quad \text{vs.} \quad H_1 : \pi < 0.9.$$

Der Wert der Teststatistik ist

$$t = \frac{x - n \cdot \pi_0}{\sqrt{n\pi_0(1 - \pi_0)}} = \frac{120 - 140 \cdot 0.9}{\sqrt{140 \cdot 0.9 \cdot 0.1}} = \frac{-6}{3.550} \approx -1.69.$$

Die Entscheidungsregel lautet:

$$\text{Lehne } H_0 \text{ ab, wenn } t < -z_{0.95} \approx -1.64.$$

H_0 wird abgelehnt.

Lösung von Aufgabe 6.36

Für eine binomialverteilte Zufallsvariable $X \sim B(n, \pi)$, $n = 20$, lautet das Testproblem $H_0 : \pi \leq 0.1 = \pi_0$ gegen $H_1 : \pi > 0.1$, da die Aussage des Ordnungsamtes ($\pi > 0.1$) gezeigt werden soll.

(a) Unter der Nullhypothese $\pi = \pi_0 = 0.1$ ist $X \sim B(20, 0.1)$. Die Testverteilung ist somit $B(20, 0.1)$.

(b) Wir berechnen für $X \sim B(20, 0.1)$:

$$p\text{-Wert} = P(X \geq 3) = 1 - P(X < 3) = 1 - P(X \leq 2)$$
$$= 1 - P(X = 0) - P(X = 1) - P(X = 2)$$
$$\approx 1 - 0.1216 - 0.2702 - 0.2852 = \underline{0.323}.$$

(c) Da der p-Wert > 0.1 ist, wird H_0 nicht abgelehnt und die Aussage des Ordnungsamtes kann nicht mit Signifikanz bestätigt werden.

(d) Die Testverteilung eines approximativen Binomialtests ist die Standardnormalverteilung.

(e) Wir berechnen

$$t = \frac{x - n\pi_0}{\sqrt{n\pi_0(1 - \pi_0)}} = \frac{30 - 200 \cdot 0.1}{\sqrt{200 \cdot 0.1 \cdot 0.9}} \approx \frac{10}{4.243} \approx \underline{2.357}.$$

Der p-Wert des approximativen Tests berechnet sich dann als

$$p\text{-Wert} = 1 - \Phi(t) \approx 1 - \Phi(2.36) \approx 1 - 0.9909 = \underline{0.0091}.$$

(f) Der p-Wert ist kleiner als 0.05, also wird H_0 abgelehnt und die Aussage des Ordnungsamtes kann mit Signifikanz bestätigt werden.

Lösung von Aufgabe 6.37

X steht für die (zufällige) Anzahl der Studierenden, die in der Umfrage Fastnachtskostüme besitzen. Dann ist $X \sim B(n, \pi)$ mit $n = 150$ und $x = 38$. Es soll eine Aussage über den Anteil π der Studierenden gemacht werden, die ein Fastnachtskostüm besitzen. Das Testproblem lautet $H_0 : \pi \geq 1/3 = \pi_0$ vs. $H_1 : \pi < 1/3$.

(a) Wir führen einen approximativen Binomialtest durch. Die Teststatistik berechnet sich als

$$t = \frac{x - n\pi_0}{\sqrt{n\pi_0(1 - \pi_0)}} = \frac{38 - 150 \cdot (1/3)}{\sqrt{150 \cdot (1/3) \cdot (2/3)}} \approx \frac{-12}{5.7735} \approx -2.078.$$

Da $t \approx -2.078 < -1.64 \approx -z_{1-\alpha}$ ist, wird die Nullhypothese abgelehnt. D.h. signifikant weniger als ein Drittel der Studierenden haben ein Fastnachtskostüm.

(b) Der p-Wert berechnet sich für $X \sim B(150, 1/3)$ als

$$P(X \le 38) \approx \Phi\left(\frac{38 - 150 \cdot 1/3}{\sqrt{150 \cdot (1/3) \cdot (2/3)}}\right) \approx \Phi(-2.08) = 1 - \Phi(2.08)$$

$$\approx 1 - 0.9812 = \underline{0.0188}.$$

Verwenden wir zur Berechnung die Stetigkeitskorrektur (4.25) aus der Lösung von Aufgabe 4.72, erhalten wir mit

$$P(X \le 38) \approx \Phi\left(\frac{38.5 - 150 \cdot 1/3}{\sqrt{150 \cdot (1/3) \cdot (2/3)}}\right) \approx \underline{\underline{0.0232}}$$

ein leicht abweichendes Ergebnis. Eine exakte Berechnung von $P(X \le 38)$ ohne Approximation liefert das Ergebnis 0.0214.

Lösung von Aufgabe 6.38

π_1 sei die Erfolgsquote von *RuLiba* und π_0 diejenige von *MaHaC*. Y_1 bezeichne die Personen bei der Verabreichung von *RuLiba* und Y_0 diejenigen bei der Verabreichung von *MaHaC*, bei denen sich eine Verbesserung der Rückenschmerzen eingestellt hat. Wir machen als Modellannahmen: $Y_1 \sim B(n, \pi_1)$, $n_1 = 50$, und $Y_0 \sim B(n_0, \pi_2)$, $n_0 = 60$. Zu *zeigen* ist die größere Wirksamkeit von *RuLiba* gegenüber *MaHaC*, d.h. $\pi_1 > \pi_0$. Das Testproblem wäre demnach

$$H_0 : \delta = \pi_1 - \pi_0 \le 0 = \delta_0 \quad \text{vs.} \quad H_1 : \delta = \pi_1 - \pi_0 > 0.$$

Wir wenden einen (approximativen) Binomialtest für Anteilswertdifferenzen an. Wir schätzen die Erfolgsquoten

$$\hat{\pi}_1 = \frac{y_1}{n_1} = \frac{16}{50} = 0.32 \quad \text{und} \quad \hat{\pi}_0 = \frac{y_0}{n_0} = \frac{12}{60} = 0.2$$

und berechnen die Teststatistik

$$t = \frac{\hat{\pi}_1 - \hat{\pi}_0}{\sqrt{\hat{\pi}_1(1 - \hat{\pi}_1)/n_1 + \hat{\pi}_0(1 - \hat{\pi}_0)/n_0}}$$

$$= \frac{0.32 - 0.2}{\sqrt{0.32 \cdot 0.68/50 + 0.20 \cdot 0.80/60}} \approx \underline{1.432}.$$

Da $t \not> 1.64 \approx z_{0.95}$ ist, entscheiden wir zugunsten der Nullhypothese. Dass *RuLiba* signifikant wirksamer ist als *MaHaC*, konnte auf Grundlage der vorliegenden Daten *nicht* gezeigt werden.

Lösung von Aufgabe 6.39

Die Freitagsdaten indizieren wir mit 0 und die Samstagdaten mit 1 und setzen

$$y_0 = 434, \quad n_0 = 1016, \quad y_1 = 838, \quad n_1 = 1412.$$

Sei π_0 der Besucheranteil am Freitag und π_1 am Samstag. Zu zeigen ist, dass der Besucheranteil am Samstag um 10 Prozentpunkte höher ausfällt als am Samstag, d.h. $\delta = \pi_1 - \pi_0 > 0.10$. Das Testproblem ist damit

$$H_0 : \delta = \pi_1 - \pi_0 \le 0.10 = \delta_0 \quad \text{vs.} \quad H_1 : \delta > 0.10.$$

Wir unterstellen, dass repräsentative Daten vorliegen und y_0 bzw. y_1 Realisierungen von $Y_0 \sim B(n_0, \pi_0)$ bzw. $Y_1 \sim B(n_1, \pi_1)$ sind. Dann wenden wir einen approximativen Binomialtest für Anteilswertdifferenzen an. Hierbei sind $\hat{\pi}_0 = y_0/n_0 \approx 0.4272$, $\hat{\pi}_1 = y_1/n_1 \approx 0.5935$. Die Teststatistik ist gegeben durch

$$t = \frac{(\hat{\pi}_1 - \hat{\pi}_0) - \delta_0}{\sqrt{\hat{\pi}_0(1 - \hat{\pi}_0)/n_0 + \hat{\pi}_1(1 - \hat{\pi}_1)/n_1}}.$$

Einsetzen der Werte liefert

$$t \approx \frac{(0.5935 - 0.4272) - 0.1}{\sqrt{0.4272 \cdot 0.5728/1016 + 0.5935 \cdot 0.4064/1412}} \approx \frac{0.0663}{0.0203} \approx \underline{3.266}.$$

(a) Die Entscheidungsregel lautet: H_0 ist abzulehnen, wenn $t > z_{1-\alpha}$ ist. Zum Niveau $\alpha = 0.01$ ist der kritische Wert des Tests $z_{0.99} \approx 2.33$. Da $t \approx 3.266 > 2.33$ ist, wird die Nullhypothese abgelehnt.

(b) Der approximative Binomial-Test ist eine Version eines approximativen Gauß-Tests. Daher dürfen die p-Wert-Berechnungsformeln des Gauß-Tests verwendet werden, s. Aufgabe 6.8, auch wenn wir damit nur eine Approximation eines p-Wertes erhalten. Der p-Wert ist damit

$$1 - \Phi(t) \approx 1 - \Phi(3.3) \approx 1 - 0.9995 = 0.0005.$$

Lösung von Aufgabe 6.40

Zunächst berechnen wir einige Hilfsgrößen aus den Beobachtungen: $\bar{x} = 178.7$, $\bar{y} = 98.4$,

$$\sum_{i=1}^{n} x_i^2 = 319997, \qquad \sum_{i=1}^{n} x_i^2 = 97002, \qquad \sum_{i=1}^{n} x_i y_i = 176074.$$

Damit sind

$$s_X^2 = \frac{1}{n-1}\left(\sum_{i=1}^{n} x_i^2 - n\bar{x}^2\right) = \frac{1}{9}(319997 - 10 \cdot 178.7^2) \approx 73.334,$$

$$s_Y^2 = \frac{1}{n-1}\left(\sum_{i=1}^{n} y_i^2 - n\bar{y}^2\right) = \frac{1}{9}(97002 - 10 \cdot 98.4^2) \approx 19.6.$$

(a) Die Stichprobenkovarianz ist dann

$$s_{XY} = \frac{1}{n-1}(\sum_{i=1}^{n} x_i y_i - n\overline{xy})$$

$$= \frac{1}{9}(176074 - 10 \cdot 178.7 \cdot 98.4) \approx \underline{\underline{25.911}}.$$

(b) Der empirische Korrelationskoeffizient berechnet sich als

$$r_{XY} = \frac{s_{XY}}{\sqrt{s_X^2 s_Y^2}} \approx \frac{25.911}{\sqrt{73.334 \cdot 19.6}} \approx 0.683.$$

(c) Wir führen einen Korrelationstests durch, vgl. Stocker und Steinke [2022], Abschnitt 11.3.4, und berechnen den Wert der Teststatistik:

$$t = \sqrt{n-2}\,\frac{r_{XY}}{\sqrt{1-r_{XY}^2}} \approx \sqrt{8} \cdot \frac{0.683}{\sqrt{1-0.683^2}} \approx 2.65.$$

Zum Testproblem $H_0 : \varrho_{XY} \leq 0$ vs. $H_1 : \varrho_{XY} > 0$ lautet die Entscheidungsregel: Lehne H_0 ab, wenn $t > t_{n-2,1-\alpha}$. Für $\alpha = 0.05$ und $n = 10$ ist $t_{n-2,1-\alpha} = t_{8,0.95} \approx 1.8595$, s. A.2. Da $t \approx 2.65 > 1.8595$ ist, wird H_0 abgelehnt. Eine signifikante positive Korrelation zwischen Größe und Taillenlänge konnte zum Niveau 5% nachgewiesen worden.

Lösung von Aufgabe 6.41

Aus der Stichprobe $x_1, \ldots, x_6$ berechnen wir den Schätzwert für die Varianz:

$$\overline{x} = 6.5, \quad s^2 = \frac{1}{n-1}(\sum_{i=1}^{6} x_i^2 - n \cdot \overline{x}^2) = \frac{1}{5}(395 - 6 \cdot 6.5^2) = 28.3.$$

Zunächst können wir feststellen, dass der Schätzwert für σ^2, $s^2 = 28.3$, erheblich vom Vorgabewert $\sigma_0^2 = 10$ abweicht. Wir berechnen die Konfidenzintervalle für σ^2 gemäß Aufgabe 5.27.

(a) Für $\alpha = 0.05$ und $n = 6$ sind $\chi_{n-1,1-\alpha/2}^2 = \chi_{5,0.025}^2 \approx 0.8312$ und $\chi_{n-1,1-\alpha/2}^2 = \chi_{5,0.975}^2 \approx 12.8325$, s. Tabelle A.3.

$$\left[\frac{(n-1)s^2}{\chi_{n-1,1-\alpha/2}^2}, \frac{(n-1)s^2}{\chi_{n-1,\alpha/2}^2}\right] \approx \left[\frac{5 \cdot 28.3}{12.8325}, \frac{5 \cdot 28.3}{0.8312}\right] \approx [11.03, 170.24].$$

Da σ_0^2 nicht im 0.95-Konfidenzintervall liegt, wir H_0 zum Niveau 0.05 verworfen.

(b) Für $\alpha = 0.02$ und $n = 6$ sind $\chi_{n-1,1-\alpha/2}^2 = \chi_{5,0.01}^2 \approx 0.5543$ und $\chi_{n-1,1-\alpha/2}^2 = \chi_{5,0.99}^2 \approx 15.086$, s. Tabelle A.3.

$$\left[\frac{(n-1)s^2}{\chi_{n-1,1-\alpha/2}^2}, \frac{(n-1)s^2}{\chi_{n-1,\alpha/2}^2}\right] \approx \left[\frac{5 \cdot 28.3}{15.086}, \frac{5 \cdot 28.3}{0.5543}\right] \approx [9.38, 255.28].$$

Da σ_0^2 im 0.95-Konfidenzintervall liegt, wir H_0 zum Niveau 0.02 *nicht* verworfen.

Auf Grundlage der Verteilungsaussage (5.10) kann man alternativ zu der hier gewählten Vorgehensweise auch einen eigenen Test konstruieren, s. z.B. Hartung et al. [2009], Kapitel IV.

7 Lineare Regression

Anmerkung zur Notation

Eine Reihe von Formeln, die in der linearen Regression, insbesondere der einfachen linearen Regression, wichtig sind, werden im Rahmen der Aufgaben eingeführt.

Vorweggenommen werden soll hier die Einordnung wichtiger *statistischer* Modelle. Welches Modell man für richtig erachtet, ist dabei wichtig für die Wahl der richtigen Formel, insbesondere in der *schließenden* Statistik. Auf Vollständigkeit wird hierbei verzichtet. Vielmehr sollen die Modelltypten erwähnt werden, die dann auch in den Aufgaben eine Rolle spielen werden.

$(X_i, Y_i)^T$, $i = 1, \ldots, n$ seien Zufallsvektoren; X_i und Y_i sind dabei Zufallsvariablen. Gegeben sei ein *einfaches lineares Regressionsmodell*

$$Y_i = \beta_0 + \beta_1 X_i + U_i, \tag{7.1}$$

für das die folgenden Annahmen gelten:

(A1) $E(U_i|X_i) = 0$.

(A2) $(X_1, Y_1), \ldots, (X_n, Y_n)$ sind u.i.v.

(A3) $E(X_i^k) < \infty$ und $E(Y_i^k) < \infty$ für alle $k \in \mathbb{N}$ und $Var(X_i) > 0$.

In diesem Fall spricht man von einem (bedingt) **heteroskedastischen Modell**. Wird Bedingung (A1) durch

(A1a) $E(U_i|X_i) = 0$ und $Var(U_i|X_i) = \sigma_U^2$

ersetzt, spricht man von einem (bedingt) **homoskedastisches Modell**. Im homoskedastischen Modell sind die bedingten Varianzen der Fehlervariablen U_i identisch, während das im heteroskedastischen Modell im Allgemeinen nicht der Fall ist, d.h $Var(U_i|X_i)$ kann von der Bedingung X_i abhängen.

Ersetzen wir (A1) durch

(A1b) $U_i|X_i = x_i \sim N(0, \sigma_U^2)$,

sprechen wir von einem **klassischen Modell**. Die Fehlervariablen sind in diesem Fall (bedingt) normalverteilt. Bedingung (A1b) impliziert Bedingung (A1a) und diese wiederum (A1).

Nicht näher betrachtet werden an dieser Stelle insbesondere Modelle mit nichtstochastischem Regressor oder Modelle, in denen die (X_i, Y_i) nicht u.i.v. sind.

https://doi.org/10.1515/9783110744187-007

Aufgabe 7.1

Schauen Sie sich die Streudiagramme aus Abbildung 7.1 an, in denen Beobachtungspaare (x_i, y_i) dargestellt sind. Entscheiden Sie,

(a) ob die Beobachtungspaare in den Abbildungen eher durch einen positiven linearen Zusammenhang oder einen negativen linearen Zusammenhang beschrieben werden können.

(b) welche Beobachtungspaare besser bzw. welche schlechter durch eine lineare Beziehung beschrieben werden können.

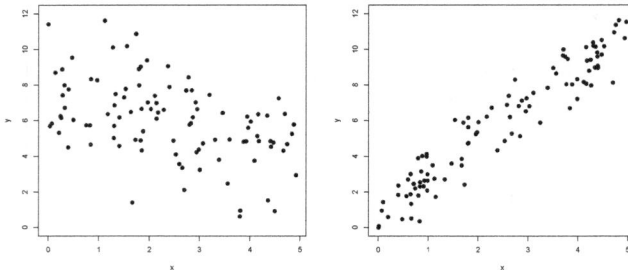

Abb. 7.1: Streudiagramme zu Aufgabe 7.1

Aufgabe 7.2

Gegeben sei folgender zweidimensionaler Datensatz:

i	1	2	3	4	5
x_i	2	4	5	6	8
y_i	8	5	4	5	0

Es soll eine lineare Beziehung zwischen den x- und y-Werten modelliert werden gemäß

$$y_i = \beta_0 + \beta_1 x_i + u_i. \tag{7.2}$$

Die u_i bezeichnet man dabei als *Fehlerterme* oder *Residuen*. Geeignete Koeffizienten für β_0 und β_1 bestimmen wir hierbei mithilfe der *Kleinsten-Quadrate(KQ)Koeffizienten*:

$$\widehat{\beta}_1 = \frac{\sum_{i=1}^{n}(x_i - \overline{x})(y_i - \overline{y})}{\sum_{i=1}^{n}(x_i - \overline{x})^2} = \frac{s_{XY}}{s_X^2} \quad \text{und} \quad \widehat{\beta}_0 = \overline{y} - \widehat{\beta}_1\overline{x}. \tag{7.3}$$

Als *KQ-gefittete Werte* bzw. *KQ-Residuen* bezeichnet man

$$\widehat{y}_i = \widehat{\beta}_0 + \widehat{\beta}_1 x_i \quad \text{bzw.} \quad \widehat{u}_i = y_i - \widehat{y}_i. \tag{7.4}$$

(a) Stellen Sie (x_i, y_i) in einem Streudiagramm dar.

(b) Bestimmen Sie $\widehat{\beta}_0$ und $\widehat{\beta}_1$. Zeichnen Sie die KQ-Gerade $\widehat{y}(x) = \widehat{\beta}_0 + \widehat{\beta}_1 x$ in das Streudiagramm.

(c) Ermitteln Sie $\widehat{y}_i$ und $\widehat{u}_i$ für $i = 1, \ldots, 5$.

(d) Zeichnen Sie die Punkte $(x_i, \widehat{y}_i)$ in das Streudiagramm ein.

Aufgabe 7.3

Um beurteilen zu können, wie gut sich Beobachtungspaare (x_i, y_i) durch eine Gerade beschreiben lassen, kann man auf Grundlage der Ergebnisse einer KQ-Regression folgende Streuungskennzahlen einführen:

$$GQS = \sum_{i=1}^{n}(y_i - \overline{y})^2, \qquad EQS = \sum_{i=1}^{n}(\widehat{y}_i - \overline{y})^2, \qquad RQS = \sum_{i=1}^{n}(y_i - \widehat{y}_i)^2.$$

GQS bezeichnet man auch als *Gesamtquadratsumme*, EQS als *erklärte Quadratsumme* und RQS als *Residuenquadratsumme*. Man kann zeigen, dass die *Streuungszerlegungsformel* der KQ-Regression,

$$GQS = EQS + RQS, \tag{7.5}$$

gilt. Als *Bestimmtheitsmaß* bezeichnet man dann

$$R^2 = \frac{EQS}{GQS} = 1 - \frac{RQR}{GQS}. \tag{7.6}$$

Verwenden Sie die Daten und Ergebnisse von Aufgabe 7.2.

(a) Berechnen Sie GQS, EQS und RQS.

(b) Überprüfen Sie anhand Ihrer Berechnungen die Gültigkeit von (7.5) für das Beispiel.

(c) Ermitteln Sie das Bestimmtheitsmaß R^2 der KQ-Regression.

*Aufgabe 7.4

Zeigen Sie, dass für das Bestimmtheitsmaß

$$R^2 = r_{XY}^2 \tag{7.7}$$

gilt, wobei $r_{XY} = s_{XY}/\sqrt{s_X^2 s_Y^2}$ der empirische Korrelationskoeffizient ist.

Aufgabe 7.5

Überprüfen Sie die Richtigkeit von (7.7) anhand der Daten von Aufgabe 7.2. Verwenden Sie dazu die Ergebnisse von Aufgabe 7.2 und Aufgabe 7.3.

Aufgabe 7.6

Auf Grundlage der Beobachtungspaare (x_i, y_i), $i = 1, \ldots, n$, wird eine lineare Regression gemäß dem Modellansatz

$$y_i = \beta_0 + \beta_1 x_i + u_i$$

mithilfe der Methode der Kleinsten Quadrate durchgeführt. Es sei $s_X^2 > 0$.

(a) Die Aussage $GQS = EQS$ ist dann

    (A) stets richtig.   (B) weder stets richtig noch stets falsch   (C) stets falsch.

(b) Die Formel $\sum_{i=1}^{n} \hat{u}_i = 0$ ist dann

    (A) stets richtig.   (B) weder stets richtig noch stets falsch   (C) stets falsch.

(c) Es sei $\bar{y} \neq 0$. In diesem Fall ist die Gleichung $\sum_{i=1}^{n} \hat{y}_i = 0$

    (A) stets richtig.   (B) weder stets richtig noch stets falsch   (C) stets falsch.

(d) Die Formel $\sum_{i=1}^{n} \hat{y}_i \hat{u}_i = 0$ ist

    (A) stets richtig.   (B) weder stets richtig noch stets falsch   (C) stets falsch.

Aufgabe 7.7

Gegeben sei folgender zweidimensionaler Datensatz:

i	1	2	3	4	5
x_i	8	5	6	2	1
y_i	1	3	2	3	6

Es wird eine KQ-Regression der y-Werte auf die x-Werte durchgeführt. Bestimmen Sie

(a) die KQ-Koeffizienten $\hat{\beta}_0$ und $\hat{\beta}_1$.

(b) den KQ-gefitteten Wert $\hat{y}_3$ und das KQ-Residuum $\hat{u}_3$.

(c) $\sum_{i=1}^{5} \hat{y}_i$.

(d) die Residuenquadratsumme RQS und und das Bestimmtheitsmaß R^2.

Aufgabe 7.8

Gegeben seien die Zwischenergebnisse einer einfachen linearen Regression $y_i = \beta_0 + \beta_1 x_i + u_i$ für $i = 1, \ldots, 10$:

$$R^2 = 0.435, \quad \bar{x} = 0.244, \quad \sum_{i=1}^{10} \hat{y}_i = 3.061, \quad \hat{\beta}_0 = 0.1023, \quad \sum_{i=1}^{10} \hat{u}_i^2 = 8.533.$$

Berechnen Sie s_Y^2 und $\hat{\beta}_1$.

Aufgabe 7.9

Gegeben seien metrisch skalierte Beobachtungswerte $(x_1, y_1), \ldots, (x_5, y_5)$. Es wird eine KQ-Regression der y-Werte auf die x-Werte durchgeführt. Daraus ergaben sich folgende Teilergebnisse:

$$\bar{y} = 3, \quad \sum_{i=1}^{5} y_i^2 = 55 \quad \text{und} \quad \sum_{i=1}^{5} \hat{u}_i^2 = 9.1.$$

Bestimmen Sie GSQ, ESQ und R^2.

Aufgabe 7.10

Max berechnet für den Zusammenhang von Größe x_i (in cm) und Gewicht y_i (in kg) eine einfache Regression $y_i = \beta_0 + \beta_1 x_i + u_i$ für den Stichprobenumfang $n = 10$. Folgende Zwischenergebnisse notiert er sich:

$$\sum_{i=1}^{n} y_i = 751, \quad \sum_{i=1}^{n} y_i^2 = 57\,545, \quad s_{\hat{U}}^2 = 103.12,$$

wobei $s_{\hat{U}}^2$ die Stichprobenvarianz der KQ-Residuen $\hat{u}_1, \ldots, \hat{u}_n$ ist.

(a) Bestimmen Sie RSS und R^2.

(b) Lassen sich Größe und Gewicht anhand der Daten eher

    (A) gut   (B) schlecht

    durch eine lineare Beziehung beschreiben.

Aufgabe 7.11

Gegeben seien n zweidimensionale, metrisch skalierte Beobachtungswerte (x_1, y_1), $\ldots, (x_n, y_n)$. Es werde eine „Ursprungsgerade" an die Daten nach der Methode der kleinsten Quadrate angepasst, d.h. einen Gerade, für die der Achsenabschnitt gleich Null ist.

(a) Peter und Paul streiten sich darüber, in welchem Fall das Minimierungsproblem zur Bestimmung des Steigungskoeffizienten keine eindeutige Lösung besitzt. Peter meint: Das Problem hat keine eindeutige Lösung, falls alle x-Werte gleich 0 sind. Paul meint: Das Problem hat keine eindeutige Lösung, falls alle y-Werte gleich sind. Wer hat recht?

(b) Leiten Sie eine Formel für den KQ-Schätzer der Steigung $\hat{b}$ her!

Wir gehen im Folgenden davon aus, dass das Minimierungsproblem eindeutig lösbar ist. Mit $\hat{y}_i$ bezeichnen wir die gefitteten Werte des Regressionsmodells.

Sind die folgenden Aussagen (A) *stets richtig* oder (B) *nicht stets richtig*?

(c) $\hat{b} = (\sum_{i=1}^{n} \hat{y}_i)/(\sum_{i=1}^{n} x_i)$.

(d) Die Summe der gefitteten Werte ($\hat{y}_i$) ist gleich der Summe der y-Werte.

*Aufgabe 7.12

(X, Y) seien gemeinsam stetig verteilt. Dann kann man bedingte Erwartungswerte von Funktionen von (X, Y) berechnen mit

$$E(g(X, Y)|X = x) = \int_{-\infty}^{\infty} g(x, y)f_{Y|X}(y|x)dy. \tag{7.8}$$

Zeigen Sie mithilfe von (7.8) die Gültigkeit folgender Aussagen:

$$E(g(X, Y)|X = x) = E(g(x, Y)|X = x). \tag{7.9}$$

Wenn X, Y unabhängig sind, dann gilt insbesondere

$$E(g(X, Y)|X = x) = E(g(x, Y)). \tag{7.10}$$

Hinweis: (7.9) und (7.10) gelten allgemein, also nicht nur für gemeinsam stetig verteilte Zufallsvariablen. (7.9) bedeutet, dass man die Bedingung im bedingten Erwartungswert auch einfach einsetzen kann, d.h. X durch x ersetzen darf. Aussage (7.10) besagt, dass man die Bedingung $X = x$ auch weglassen kann, wenn X und Y unabhängig sind.

*Aufgabe 7.13

Verwenden Sie (7.9) und (7.10), um

$$E(g(X)h(Y)|X) = g(X)E(h(Y)|X) \tag{7.11}$$

zu zeigen.

*Aufgabe 7.14

(X_i, Y_i), $i = 1, \ldots, n$ seien Zufallsvektoren und erfüllen das heteroskedastische, einfache lineare Regressionsmodell (7.1). Zeigen Sie:

(a) $E(U_i) = 0$.

(b) $E(Y_i|X_i = x_i) = \beta_0 + \beta_1 x_i$.

(c) $(X_1, U_1), \ldots, (X_n, U_n)$ sind u.i.v.

(d) X_i und U_i sind unkorreliert.

(e) Gilt zusätzlich (A1a), dann ist $Var(U_i) = \sigma_U^2$.

(f) Gilt zusätzlich (A1b), dann ist $U_i \sim N(0, \sigma_U^2)$.

Aufgabe 7.15

Im homoskedastischen einfachen linearen Regressionsmodell, d.h. unter Bedingung (A1a), kann man für die Varianz σ_U^2 den Schätzwert

$$\widehat{\sigma}_U^2 = \frac{1}{n-2} \sum_{i=1}^{n} \widehat{u}_i^2 \tag{7.12}$$

bestimmen.

$$SER = \widehat{\sigma}_U = \sqrt{\widehat{\sigma}_U^2} \qquad (7.13)$$

wird auch als *Standardfehler der Regression* bezeichnet. Für die Varianzen von $\widehat{\beta}_0$ bzw. $\widehat{\beta}_1$ kann man dann mittels

$$\widetilde{\sigma}_{\widehat{\beta}_0}^2 = \frac{\widehat{\sigma}^2 \frac{1}{n} \sum_{i=1}^n x_i^2}{\sum_{i=1}^n (x_i - \overline{x})^2} \quad \text{bzw.} \quad \widetilde{\sigma}_{\widehat{\beta}_1}^2 = \frac{\widehat{\sigma}^2}{\sum_{i=1}^n (x_i - \overline{x})^2} \qquad (7.14)$$

Schätzwerte ermitteln. Bestimmen Sie für die Daten aus Aufgabe 7.3 die Schätzwerte zu $\widehat{\sigma}_U^2$, SER, $\widetilde{\sigma}_{\widehat{\beta}_0}^2$ und $\widetilde{\sigma}_{\widehat{\beta}_1}^2$.

Aufgabe 7.16

Wir betrachten das hetereoskedastische einfache lineare Regressionsmodell. $\widehat{\sigma}_{\widehat{\beta}_j}$ bezeichne den (üblichen) Schätzer für die Standardabweichung von $\widehat{\beta}_j$, $j = 0, 1$. Die Testsstatistik für das Testproblem $H_0 : \beta_j = \beta_{j,0}$ vs. $H_1 : \beta_j \neq \beta_{j,0}$ hat dann folgende Gestalt

$$\widehat{T}_{\beta_j} = \frac{\widehat{\beta}_j - \beta_{j,0}}{\widehat{\sigma}_{\widehat{\beta}_j}}.$$

(a) Dann ist $\widehat{T}_{\beta_j}$, falls $\beta_j = \beta_{j,0}$ ist,

    (A) normalverteilt.   (B) *t*-verteilt.   (C) i.A. weder (A) noch (B) richtig.

Wir gehen jetzt vom *klassischen* einfachen linearen Regressionsmodell aus. $\widetilde{\sigma}_{\widehat{\beta}_j}$ bezeichne den (üblichen) Schätzer für die Standardabweichung von $\widehat{\beta}_j$, $j = 0, 1$. Die Testsstatistik für das Testproblem $H_0 : \beta_j = \beta_{j,0}$ vs. $H_1 : \beta_j \neq \beta_{j,0}$ hat dann folgende Gestalt

$$\widetilde{T}_{\beta_j} = \frac{\widehat{\beta}_j - \beta_{j,0}}{\widetilde{\sigma}_{\widehat{\beta}_j}}.$$

(b) Dann ist $\widetilde{T}_{\beta_j}$, falls $\beta_j = \beta_{j,0}$ ist,

    (A) normalverteilt.   (B) *t*-verteilt.   (C) i.A. weder (A) noch (B) richtig.

Aufgabe 7.17

Eine Befragung von 20 zufällig ausgewählten Arbeitern in der Chemiebranche ergab folgende Schätzung für den Zusammenhang zwischen *Alter* (in Jahren) und durchschnittlichem Stundenlohn *SL* (in Euro):

$$\widehat{SL} = \underset{(1.0)}{2.1} + \underset{(0.1)}{0.2} \cdot \text{Alter}, \quad R^2 = 0.4315.$$

In runden Klammern sind die Standardfehler der entsprechenden Koeffizienten angegeben. Ein 0.95-Konfidenzintervall für den Achsenabschnitt wird angegeben mit [0.00, 4.20]. Die Stichprobenstandardabweichung der Stundenlöhne lag bei 2.0 Euro.

(a) Wurde angenommen, dass das *klassische* Modell gilt?

(b) Hat das Alter zum Niveau 5% einen signifikanten Einfluss auf den Stundenlohn?

(c) Bestimmen Sie *SER*.

Aufgabe 7.18

Bei einem einheitlichen Schultest in Kalifornien (*Caschool*-Datensatz)[1] wurde der Zusammenhang zwischen Lernerfolg (Punkteanzahl, y_i) und Klassengröße (d_i) untersucht. Es wurde dabei lediglich zwischen kleinen Klassen mit höchstens 20 Schülern ($d_i = 0$) und großen Klassen mit mehr als 20 Schülern ($d_i = 1$) unterschieden. Dazu wurde folgendes lineare Modell aufgestellt:

$$y_i = \beta_0 + \beta_1 d_i + u_i$$

– mit den üblichen heteroskedastischen Modellannahmen.

Es wurden insgesamt 420 Klassen untersucht. Davon waren 177 „groß". Die nichtkorrigierte Stichprobenvarianz der kleinen Klassen beträgt 371.96 und der großen Klassen 322.77. Die Schätzwerte der Koeffizienten betragen $\hat{\beta}_0 \approx 657.185$ und $\hat{\beta}_1 \approx -7.185$.

(a) Bestimmen Sie den Durchschnitt der in den großen Klassen erzielten Punkte.

(b) Überprüfen Sie zum Niveau 1%, ob es signifikante Unterschiede zwischen kleinen und großen Klassen hinsichtlich der erreichten Punktzahl gibt.

(c) Bestimmen Sie den Standardfehler der Regression.

(d) Überlegen Sie, ob die hier untersuchte Klassengröße einen *relevanten* Effekt auf die Punkteanzahl hat.

Aufgabe 7.19

Die Befragung von 171 männlichen und 71 weiblichen Studierenden ergab einen wöchentlichen Facebook-Konsum von durchschnittlich 5.8 Stunden bei den Männern und 3.8 Stunden bei den Frauen. Die nichtkorrigierte Stichprobenstandardabweichung betrug 7.1 Stunden bei den Männern und 3.2 Stunden bei den Frauen.

Man schätze das einfache Regressionsmodell im heteroskedastischen Fall:

$$Y_i = \beta_0 + \beta_1 X_i + U_i \quad \text{für } i = 1, \dots, n,$$

wobei Y_i der wöchentliche Facebook-Konsum und X_i das Geschlecht (0 = männlich, 1 = weiblich) der i-ten Person ist.

---

1 Daten aus Stock und Watson [2003] bzw. aus dem *R*-Packet *Ecdat*

(a) Überlegen Sie sich, ob $\hat{\beta}_1$ kleiner oder größer als Null ausfallen wird.

(b) Bestimmen Sie $\hat{\beta}_1$.

(c) Bestimmen Sie $\hat{\sigma}^2_{\hat{\beta}_1}$.

(d) Ermitteln Sie das 95%-Konfidenzintervall für β_0.

(e) Überprüfen Sie, ob β_1 zum Niveau 1% signifikant kleiner als -0.5 ist.

Angenommen, das Modell würde im homoskedastischen Fall geschätzt werden.

(f) Falls die Annahme der Homoskedastizität tatsächlich berechtigt ist, müsste dann $\sigma_{\hat{\beta}_0} = \sigma_{\hat{\beta}_1}$ gelten?

Aufgabe 7.20

Ein Mediziner untersucht mittels eines sog. Belastungs-EKG (EKG = Elektrokardio-gramm) den Zusammenhang zwischen Rauchverhalten R (0 = Nichtraucher, 1 = Rau-cher) und der von Patienten jeweils maximal erzielten Leistung W (in Watt). Unter den insgesamt 120 Patienten waren insgesamt 30 Raucher. Unter den Annahmen (A1)–(A3) ergibt sich als Ergebnis eines einfachen linearen Regressionsmodells:

$$\widehat{W} = 152.8 - 10.5\,R.$$

$$(1.05)\ (1.39)$$

In Klammern sind die Standardfehler der Koeffizienten-Schätzer aufgeführt.

(a) Bestimmen Sie die mittlere Leistung eines Rauchers bzw. Nichtrauchers in der Stichprobe.

(b) Ermitteln Sie die nichtkorrigierten Stichprobenstandardabweichungen für die Leistung der Raucher bzw. Nichtraucher.

(c) Stellen Sie fest, ob die durchschnittliche Leistung der Raucher zum Niveau 5% signifikant schlechter als die der Raucher ist.

Aufgabe 7.21

Im Auftrag der Bundeswehr untersucht ein Mediziner den Zusammenhang zwischen Körpergröße X (in cm) und Gewicht Y (in kg) der Soldaten. Dazu bekommt er Zutritt in eine Kaserne. Ein Trupp von 100 Soldaten kommt soeben von der Mittagsverpflegung. Es gab Bohneneintopf mit zwei Scheiben Brot – für jeden Soldaten die gleiche Ration. Die Soldaten werden umgehend ausgemessen und gewogen. Man habe Berechtigung zur Modellannahme

$$Y = \alpha + \beta X + U.$$

Unter diesen Konstellationen ist davon auszugehen, dass, im Vergleich zur Situation vor Einnahme der Mahlzeit,

(a) der Parameter β

    (A) überschätzt wird.   (B) richtig geschätzt wird.   (C) unterschätzt wird.

(b) der Parameter α

    (A) überschätzt wird.   (B) richtig geschätzt wird.   (C) unterschätzt wird.

Aufgabe 7.22

In einer Untersuchung wurden $n = 15$ Studierende nach Größe G (in cm) und Gewicht W (in kg) befragt. Für den Zusammenhang der beiden Merkmale wurde eine einfache lineare Regression durchgeführt. Dabei ergaben sich

$$\widehat{W} = -101.2 + 0.98 \cdot G, \quad R^2 = 0.47 \quad \text{und} \quad SER = 9.78.$$

Die Durchschnittsgröße der Studierenden lag bei 179.2 cm. Bestimmen Sie

(a) das Durchschnittsgewicht der Studierenden.

(b) die Stichprobenstandardabweichung der Gewichte der Studierenden.

Aufgabe 7.23

Wir betrachten das heteroskedatische Regressionsmodell. Unter gewissen Regularitätsbedingungen gilt dann

$$\widehat{\beta}_0 \overset{approx}{\sim} N\left(\beta_0, \frac{E(H_i^2 U_i^2)}{n[E(H_i^2)]^2}\right).$$

Dabei tritt die Größe H_i auf. Peter hat in diesem Zusammenhang auf einem Zettel notiert:

$$H_i = 1 - \frac{X_i \mu_X}{E(X_i^2)}, \quad \widehat{H}_i = 1 - \frac{X_i \overline{X}}{\frac{1}{n}\sum_{i=1}^{n} X_i^2}.$$

Paul notierte dagegen

$$H_i = 1 - \frac{X_i \overline{X}}{E(X_i^2)}, \quad \widehat{H}_i = 1 - \frac{X_i \mu_X}{\frac{1}{n}\sum_{i=1}^{n} X_i^2}.$$

Entscheiden Sie, wer recht hat.

Aufgabe 7.24

Gegeben sei folgender zweidimensionaler Datensatz (x_i, y_i) mit $n = 3$ Beobachtungen:

i	1	2	3
x_i	5	10	15
y_i	2	4	6

Es wird eine KQ-Regression der y-Werte auf die x-Werte durchgeführt. Im Modell mit heteroskedastischen Fehlertermen berechnen sich die Schätzer für die Varianzen von $\widehat{\beta}_j$ gemäß den Formeln

$$\widehat{\sigma}^2_{\widehat{\beta}_0} = \frac{\frac{1}{n}\sum_{i=1}^{n}\widehat{H}_i^2\widehat{U}_i^2}{n[\frac{1}{n}\sum_{i=1}^{n}\widehat{H}_i^2]^2} \quad \text{mit } \widehat{H}_i = 1 - \left[\overline{X}/\frac{1}{n}\sum_{i=1}^{n}X_i^2\right]X_i$$

und

$$\widehat{\sigma}^2_{\widehat{\beta}_1} = \frac{\frac{1}{n}\sum_{i=1}^{n}(X_i - \overline{X})^2\widehat{U}_i^2}{n[\widetilde{S}_X^2]^2}.$$

(a) Für welche i gilt $\widehat{H}_i < 1$?

(b) Bestimmen Sie $\widehat{\sigma}^2_{\widehat{\beta}_0}$ und $\widehat{\sigma}^2_{\widehat{\beta}_1}$.

Aufgabe 7.25

Betrachten Sie die Formelausdrücke aus Aufgabe 7.24, die im heteroskedastischem Regressionsmodell der Form

$$Y_i = \beta_0 + \beta_1 X_i + U_i, \quad i = 1, \ldots, n$$

verwendet werden. Peter und Paul diskutieren über deren Bedeutung im Regressionsmodell.

Peter behauptet, $\widehat{\sigma}^2_{\widehat{\beta}_1}$ ist eine Zufallsvariable. Paul meint, dass $\widehat{\sigma}^2_{\widehat{\beta}_1}$ die Varianz einer Zufallsvariable ist.

(a) Wer hat recht?

Was folgt notwendigerweise, falls Annahme (A1) erfüllt ist?
Peter meint: $Var(U_1|X_1 = x_1) = Var(U_2|X_2 = x_2)$.
Paul behauptet: $E(U_1|X_1 = x_1) = E(U_2|X_2 = x_2)$.

(b) Wer hat recht?

Welche Formel gilt anstelle von $\widehat{\sigma}^2_{\widehat{\beta}_1}$, falls Modellannahme (A1) durch die Annahme (A1a) der Homoskedastizität ersetzt wird?

$$\text{Peter meint:} \quad \frac{\sum_{i=1}^{n}\widehat{U}_i^2}{\frac{1}{n-2}\sum_{i=1}^{n}(X_i - \overline{X})^2}. \quad \text{Paul meint:} \quad \frac{\frac{1}{n-2}\sum_{i=1}^{n}\widehat{U}_i^2}{\sum_{i=1}^{n}(X_i - \overline{X})^2}.$$

(c) Wer hat recht?

Aufgabe 7.26

Gegeben seien zwei Urnen, A und B, in denen sich Kugeln befinden, die mit Zahlen versehen wurden. In Urne A befinden sich drei Kugeln, die mit den Zahlen 1, 2 und 3 beschriftet sind. In Urne B befinden sich auch drei Kugeln, die aber mit den Zahlen 4,

5 und 6 beschriftet sind. Max wirft zunächst eine Münze. Falls „Zahl" fällt, zieht er aus Urne A zufällig eine Zahl. Falls „Wappen" fällt, zieht er aus Urne B zufällig eine Zahl. Dies wiederholt er n Mal, wobei er die gezogene Kugel jeweils immer wieder zurück in die Urne legt, aus der er sie gezogen hat. Das Ergebnis des i-ten Münzwurfs X_i werde mit 0 bezeichnet, wenn „Zahl" geworfen wurde, und mit 1, wenn „Wappen" geworfen wurde. U_i sei die zugehörige, aus den Urnen gezogene Zahl. Anschließend berechnet er y-Werte gemäss der Gleichung

$$Y_i = \beta_0 + \beta_1 X_i + U_i \text{ für } i = 1, \ldots, n. \tag{$\star$}$$

Die Vektoren $(X_1, Y_1), \ldots, (X_n, Y_n)$ übermittelt er Paula. Sie ermittelt auf Basis der Daten Schätzwerte für β_0 und β_1 gemäß eines einfachen linearen Regressionsmodell der Form ($\star$).

Überprüfen Sie, ob die Annahmen (A1)–(A3) erfüllt sind.

Aufgabe 7.27

Im einfachen linearen Regressionsmodell $Y_i = \beta_0 + \beta_1 X_i + U_i$ seien die Regressorvariable X_i und die Fehlervariable U_i jeweils diskret verteilt. Die (X_i, U_i) seien u.i.v. und die gemeinsame Verteilung von X_i und U_i sei gegeben durch die folgende gemeinsame Wahrscheinlichkeitstabelle:

X $\quad\dfrac{U}{}$	-1	0	1
0	0.2	0.1	0.2
1	0.1	0.3	0.1

(a) Berechnen Sie $Cov(X, U)$.

(b) Stellen Sie fest, ob die Bedingungen (A1)–(A3) erfüllt sind.

(c) Stellen Sie fest, ob (A1a) erfüllt ist, d.h. ein homoskedastisches Modell vorliegt.

Aufgabe 7.28

Bei einem einheitlichen Schultest in Kalifornien (*Caschool*-Datensatz)[2] wurde der Zusammenhang zwischen Lernerfolg und Klassengröße untersucht, wobei nur Schuldistrikte berücksichtigt werden sollen, in denen keine Schüler vergünstigtes Mensaessen beziehen. Nachfolgend finden Sie ausgewählte Ergebnisse der Analyse des Lernerfolgs in Form von Test Scores (S) in Abhängigkeit von der Klassengröße (G) mithilfe einer einfachen linearen Regression unter klassischen Modellannahmen. Einige Zahlenwerte wurden durch Platzhalter ersetzt.

---

2 Daten aus Stock und Watson [2003] bzw. aus dem R-Packet *Ecdat*

Parameter	Schätzwert	Standardfehler	t-Wert	p-Wert
Konstante	737.104	61.656	11.955	$6.52 \cdot 10^{-6}$
G	-3.347	*xxxx*	-0.901	*yyyy*

Der Standardfehler der Regression SER beträgt 17.74 mit 7 Freiheitsgraden. Die F-Statistik beträgt 0.8127 mit 1 und 7 Freiheitsgraden und der zugehörige p-Wert 0.3973.

(a) Wie groß ist die Stichprobengröße, d.h. wie viele Schuldistrikte lagen der Analyse zugrunde?

(b) Bestimmen Sie *xxxx*.

(c) Ermitteln Sie *yyyy*.

(d) Überprüfen Sie zum Niveau 5%, ob sich größere Klassen signifikant negativ auf den Lernerfolg auswirken.

Aufgabe 7.29

Bei einem einheitlichen Schultest in Kalifornien (*Caschool*-Datensatz) wurde der Zusammenhang zwischen Lernerfolg (Punkteanzahl) und Ausgaben pro Student (in Dollar) untersucht. In den 420 Schuldistrikten wurden im Mittel 654.16 Punkte bei einer Stichprobenstandardabweichung von 19.05 Punkten erzielt. Im Mittel wurden je Student 5312.41 Dollar ausgegeben bei einer Stichprobenstandardabweichung von 633.94 Dollar.

Über eine lineare Regression wurden unter klassischen Annahmen die Punktanzahlen in Abhängigkeit der Ausgaben untersucht. Gegeben seien folgende Fragmente aus dem Ergebnis dieser Regression. Ordnen Sie jedem Ausdruck auf der linken Seite einen Wert von der rechten Seite zu.

$\hat{\beta}_1$	0.0363
$\hat{\beta}_1 / \sqrt{\hat{\sigma}^2_{\hat{\beta}_1}}$	0.057
SER	3.95
R^2	18.72

Beachten Sie, dass die angegebenen Ergebnisse gerundet sind.

Aufgabe 7.30

Gegeben seien die Daten eines einheitlichen Schultests in Kalifornien (*Caschool*-Datensatz). Als „Englisch-Lerner" bezeichnen wir dabei Schüler, für die Englisch nicht die Muttersprache ist und die diese Sprache daher noch verstärkt lernen müssen. Basierend auf $n = 420$ Beobachtungen wurde der Zusammenhang zwischen Lernerfolg in Form von Test Scores (S), dem Anteil der Englisch-Lerner in der Klasse (A, in Prozent) und dem durchschnittlichen Einkommen im Schuldistrikt (E, in 1000 Dollar) untersucht. Dazu wurde das heteroskedastische multiple Regressionsmodell

$$S_i = \beta_0 + \beta_i A_i + \beta_2 E_i + U_i, \quad i = 1, \ldots, 420,$$

geschätzt. Die ersten beiden Beobachtungstupel sind dabei:

Distrikt	Test Score	A	E
1	690.8	0.000	22.69
2	661.2	4.583	9.82

Die Schätzwerte für die Koeffizienten seien:

Variable	Konstante	A	E
Schätzwert	638.9260	-0.4892	1.4980

Die Schätzwerte für die Kovarianzmatrix der Koeffizienten seien:

Koeffizient	Konstante	A	E
Konstante	2.04526	-0.02331	-0.09293
A	-0.02331	0.00084	0.00066
E	-0.09293	0.00066	0.00539

(a) Stellen Sie fest, welche Koeffizienten zum Niveau 1% signifikant von 0 verschieden sind.

(b) Überprüfen Sie, ob β_2 zum Niveau 1% signifikant größer als 1 ist.

(c) $\widehat{\beta}_1$ und $\widehat{\beta}_2$ sind dann ausgehend von den Schätzergebnissen

    (A) negativ korreliert.   (B) positiv korreliert.

(d) Betrachtet man den ersten Distrikt, so sind gemäß Regression die Lernergebnisse dort

    (A) unterdurchschnittlich gut.   (B) überdurchschnittlich gut.

(e) Die Residuen und die Beobachtungen zur Variable E sind dabei

    (A) positiv korreliert.   (B) unkorreliert.   (C) negativ korreliert.

Wiederholt man die Berechnungen unter der Annahme, dass ein *klassisches Modell* vorliegt, dann

(f) bleiben $\widehat{\beta}_0$, $\widehat{\beta}_1$ bzw. $\widehat{\beta}_2$

    (A) unverändert.   (B) i.d.R. nicht unverändert.

(g) bleiben die Standardfehler zu $\widehat{\beta}_0$, $\widehat{\beta}_1$ bzw. $\widehat{\beta}_2$

    (A) unverändert.   (B) i.d.R. nicht unverändert.

Aufgabe 7.31

Die Leistung an einem Belastungs-EKG (W) soll in Abhängigkeit vom Alter A (in Jahren) der betreffenden Person und ihrem Rauchverhalten R (0=Nichtraucher, 1=Raucher) mithilfe eines multiplen linearen Regressionsmodells untersucht werden:

$$W = \beta_0 + \beta_1 A + \beta_2 R + U.$$

Dazu wurden die entsprechenden Werte von $n = 100$ Personen erfasst.

Für die erhobenen Daten ergaben sich als Schätzwerte

Konstante	A	R
149.0668	-0.5063	-3.7236

und als Schätzer für die Varianzen der Schätzer:

Konstante	A	R
28.2627	0.007416	6.3898

(a) Überprüfen Sie mit einem statistischen Test, ob sich das Rauchverhalten zum Niveau 5% signifikant auf die Leistungsfähigkeit auswirkt.

(b) Ermitteln Sie ein 0.95-Konfidenzintervall für β_1.

Aufgabe 7.32

Gegeben seien die folgenden dreidimensionalen Beobachtungswerte (a_i, b_i, c_i) für $i = 1, 2, 3$ bezüglich dreier Merkmale A, B und C: $(1, 2, 5)$, $(1, 0, 4)$, $(4, 1, 6)$.

(a) Bei einer linearen Regression von C in Abhängigkeit von A ist

(A) $R^2 = 0$.   (B) $0 < R^2 < 1$.   (C) $R^2 = 1$.

(b) Bei einer linearen Regression von C in Abhängigkeit von A und B ist

(A) $R^2 = 0$.   (B) $0 < R^2 < 1$.   (C) $R^2 = 1$.

Aufgabe 7.33

Eine Befragung zufällig ausgewählter Haushalte in den USA des „Bureau of Labor Statistics" im Jahr 2004 ergab folgende Schätzung für den Zusammenhang zwischen Alter A (in Jahren), dem Bildungsgrad B (1, wenn mindestens ein Bachelor-Abschluss vorliegt, 0 sonst) und dem durchschnittlichen Stundenlohn SL (in Dollar) von $n = 4673$ männlichen Angestellten:

$$\widehat{SL} = \underset{(1.30)}{-0.89} + \underset{(0.04)}{0.53} \, A + \underset{(0.25)}{6.97} \, B, \quad R^2 = 0.17, \quad SER = 8.49.$$

Zugrunde gelegt wurde ein heteroskedastisches multiples lineares Regressionsmodell. In Klammern sind die Standardfehler der Kleinste-Quadrate-Schätzer angegeben.

(a) Überprüfen Sie mit einem Test zum Niveau 1%, ob das Alter einen signifikanten Einfluss auf den Stundenlohn hat.

(b) Ermitteln Sie das adjustierte Bestimmtheitsmaß.

(c) Peter ist 35 Jahre alt, verfügt über einen Bachelor-Abschluss und erhält einen Stundenlohn von 22.50 Dollar. Paul ist 50 Jahre alt, verfügt nur über ein Abitur und erhält einen Stundenlohn von 26 Dollar. Stellen Sie fest, ob Peter bzw. Paul im Vergleich zu den Erwartungen aus der Regression besser bzw. schlechter gestellt sind.

Aufgabe 7.34

Gegeben sei die Situation aus Aufgabe 7.33. Die multiple Regression werde nun aber unter klassischen Annahmen mit den gleichen Beobachtungswerten geschätzt. Das theoretische Modell lautet

$$SL_i = \beta_0 + \beta_1 A_i + \beta_2 B_i + U_i \quad \text{für } i = 1, 2, \dots, 4673.$$

(a) Welche Annahmen werden dann für U_i gemacht?

(b) Für $\hat{\beta}_1$ gilt im Vergleich zu Aufgabe 7.33: $\hat{\beta}_1$

(A) bleibt unverändert.   (B) kann sich verändern.

(c) Für den Schätzer des Standardfehlers von $\hat{\beta}_1$ gilt im Vergleich zu Aufgabe 7.33: Der Schätzer

(A) bleibt unverändert.   (B) kann sich verändern.

(d) Bestimmen Sie die *exakte* Testverteilung für das Testproblem, ob das Alter einen Einfluss auf den Stundenlohn hat oder nicht.

Aufgabe 7.35

Gegeben seien die Daten des *Caschool*-Datensatzes[3], wobei nur Schuldistrikte berücksichtigt werden, in denen es keine Englisch-Lerner gibt (vgl. Aufgabe 7.30). Dies sind insgesamt $n = 49$ Schuldistrikte. Es soll untersucht werden, ob und in welchem Umfang die Klassengröße (*str*) einen Einfluss auf den Lernerfolg (Test Score, *testscr*) hat. Dabei wird zusätzlich der finanzielle Hintergrund berücksichtigt, welcher über den Anteil von Schülern mit vergünstigtem Mensaessen (*mealpct*) und dem Anteil von Schülern mit zusätzlicher staatlicher Unterstützung (*calwpct*) gemessen wird. Folgen-

---

3 Daten aus Stock und Watson [2003] bzw. aus dem *R*-Packet *Ecdat*

de Tabelle gibt Aufschluss über die geschätzten Modelle. Es wurden klassische Annahmen unterstellt. In Klammern sind die korrespondierenden Standardfehler aufgeführt.

Regressor	(1)	(2)	(3)	(4)
β_0	601.59	643.15	640.31	644.55
	(19.10)	(15.49)	(15.58)	(15.34)
β_1: str	3.32	1.81	1.96	1.78
	(1.03)	(0.80)	(0.80)	(0.79)
β_2: mealpct		-0.39		-0.23
		(0.06)		(0.13)
β_3: calwpct			-0.93	-0.44
			(0.15)	(0.30)
R^2	0.18	0.57	0.55	0.58

(a) Im Basismodell (1) sind Klassengröße (str) und zugehöriger Fehlerterm (U) dann voraussichtlich

(A) negativ korreliert. (B) positiv korreliert.

(b) Stellen Sie fest, ob im Modell (4) alle Koeffizienten zum Niveau 5 % signifikant von Null verschieden sind.

(c) Welche Einflussgröße würden Sie als relevanteste Einflussgröße des Modells interpretieren?

(d) Welches Modell würden Sie als finales Modell auswählen?

(A) (1). (B) (2). (C) (3). (D) (4).

Aufgabe 7.36
Gegeben sei die Situation aus Aufgabe 7.35. Modell (2) wurde angewandt:

$$testscr_i = \beta_0 + \beta_1 str_i + \beta_2 mealpct + U_i.$$

Entscheiden Sie über die Richtigkeit folgender Aussagen:

(a) Die $testcr$-Werte und die str-Werte sind empirisch unkorreliert.

(b) Die KQ-Residuen $\hat{u}_i$ und die gefitteten $testscr$-Werte sind empirisch unkorreliert.

(c) Die Summe der KQ-Residuen ist Null.

*Aufgabe 7.37
$(X_1, Y_1), \ldots, (X_n, Y_n)$ erfüllen Bedingung (A2) und (A3). Wir machen einen Modellan-

satz der Form

$$Y_i = \beta_0 + \beta_1 \cdot X_i + U_i, \quad i = 1, \ldots, n, \qquad (\star)$$

wobei Bedingung (A1) nicht gelten muss.

(a) Zeigen Sie, dass für den KQ-Schätzer $\widehat{\beta}_1$ für $(\star)$ dann gilt:

$$\widehat{\beta}_1 \xrightarrow{p} \beta_1 + \frac{\sigma_{XU}}{\sigma_X^2}. \qquad (7.15)$$

Hierbei ist $Cov(X_i, U_i) = \sigma_{XU}$ und $Var(X_i) = \sigma_X^2$.

(b) Der Fehlerterm aus U_i möge sich als $U_i = \beta_2 Z_2 + V_i$ darstellen lassen mit $E(V_i|X_i, Z_i) = 0$, sodass das Modell damit

$$Y_i = \beta_0 + \beta_1 \cdot X_i + \beta_2 \cdot Z_i + V_i \qquad (+)$$

lautet. In diesem Modell wäre damit die zu (A1) äquivalente Bedingung erfüllt. Zeigen Sie, dass dann $\sigma_{XU} = \beta_2 \sigma_{XZ}$ ist.

Bemerkung: Den Ausdruck

$$OVB_X = \frac{\sigma_{XU}}{\sigma_X^2} = \beta_2 \frac{\sigma_{XZ}}{\sigma_X^2} \qquad (7.16)$$

bezeichnet man in diesem Zusammenhang auch als **Omitted-Variable-Bias** und β_1 in Modell $(+)$ als **direkten Effekt** von X auf Y bei Berücksichtigung von Z. In der Regel möchte man im Rahmen der linearen Regression den direkten Einfluss (Effekt) eines Regressors auf eine Zielvariable untersuchen. Wir sagen, der direkte Effekt wird **überschätzt**, wenn $OVB_X > 0$ ist und **unterschätzt**, wenn $OVB_X < 0$ ist.

Aufgabe 7.38

Gegeben sei ein einfaches lineares Regressionsmodell der Form

$$Y_i = \beta_0 + \beta_1 X_i + U_i \quad \text{für } i = 1, \ldots, n.$$

Peter und Paul streiten sich über die Bedeutung des sog. „*Omitted-Variable-Bias-Problems*". Peter meint, dies besage:

$$P(|\widehat{\beta}_1 - \beta_1| < \varepsilon) \xrightarrow{n \to \infty} \varrho_{XU} \frac{\sigma_U}{\sigma_X}$$

für alle $\varepsilon > 0$. Paul meint, dies besage:

$$P(|\widehat{\beta}_1 - \beta_1 - \varrho_{XU} \frac{\sigma_U}{\sigma_X}| > \varepsilon) \xrightarrow{n \to \infty} 0$$

für alle $\varepsilon > 0$.

(a) Wer hat recht?

(b) Lässt sich aus dem richtigen Resultat folgendes ableiten? Falls $\sigma_X = \sigma_U$, folgt $\widehat{\beta}_1 \xrightarrow{p} \varrho_{XU}$.

Aufgabe 7.39

Eine große Firma untersucht auf Stichprobenbasis den Zusammenhang zwischen Alter X (in Jahren) und Anzahl von Krankheitstagen Y (jährliche Anzahl krankheitsbedingter Fehltage) aller Mitarbeiter mit unbefristeten Arbeitsverträgen. Dazu wird eine einfache lineare Regression der Form

$$Y = \beta_0 + \beta_1 X + U$$

durchgeführt. Es sei allgemein bekannt, dass mit zunehmendem Alter die Anzahl von Krankmeldungen generell zunimmt (unabhängig von anderen Einflussfaktoren). Allerdings scheuen sich Führungskräfte eher, eine Krankmeldung einzureichen, als Mitarbeiter ohne Leitungsfunktionen (bei gleichem Krankheitsbild). Im Allgemeinen werden bei dieser Firma ältere Mitarbeiter bei der Übertragung von Leitungsaufgaben bevorzugt. Wird also nicht berücksichtigt, ob ein Mitarbeiter Führungsaufgaben besitzt oder nicht,

(a) dann wird der direkte Effekt des Alters auf die Anzahl der Krankheitstage tendenziell

    (A) überschätzt.   (B) unterschätzt.

(b) sind X und U

    (A) positiv korreliert.   (B) negativ korreliert.

Man definiere die binäre Variable Z, welche den Wert 1 annimmt, falls ein Mitarbeiter Führungsaufgaben besitzt, und sonst den Wert 0. Würde man obiges Modell nun um den Regressor Z erweitern, so sollte bei dieser multiplen Regression der Koeffizient bezüglich Z

(c) (A) negativ sein.   (B) positiv sein.

Aufgabe 7.40

In einem Experiment werde der Zusammenhang von kognitiver Leistungsfähigkeit und Dauer der Beanspruchung untersucht. Dazu werden einzelnen Probanden im Abstand von 5 Sekunden zufällig erzeugte Buchstabenfolgen (6 Buchstaben) auf einem Bildschirm eingeblendet, die sie über eine Tastatur abtippen müssen. Die Gesamtanzahl der Buchstabenfolgen wird zufällig erzeugt und schwankt zwischen 10 und 1000. Das entspricht einer Dauer des Experiments von 50 Sekunden bis 5000 Sekunden, d.h. ca. 83 Minuten. Das Experiment werde in einem Computerpool in der Zeit von 15–20 Uhr durchgeführt. Grundsätzlich habe man Berechtigung zur Annahme eines linearen Zusammenhangs der Form

$$Y = \beta_0 + \beta_1 X + U,$$

wobei Y die Fehlerrate, d.h. der Anteil fehlerhaft erfasster Folgen an der Gesamtanzahl, und X die Dauer des Experiments (in Minuten) sind. Es sei bekannt, dass die

Fehlerrate mit zunehmender Dauer steigt und außerdem am Abend allgemein höher ist als am Nachmittag. Wir nehmen zur Vereinfachung an, dass die Veränderung der Tageszeit wahrend der individuellen Experimentdauer eines Probanden vernachlässigt werden kann. Da das Personal des Computerpools nur bis 20 Uhr bezahlt wird, brechen diese um 20 Uhr alle noch laufenden Experimente ab und nehmen von den betreffenden Probanden (dies sei eine relativ große Anzahl) die bis zu diesem Zeitpunkt erzielte Anzahl von Buchstabenfolgen und Fehlern. Unter den beschriebenen Umständen sollte gelten:

(a) Der direkte Effekt der Dauer des Experiments auf die Fehlerrate wird

   (A) überschätzt.   (B) unterschätzt.

(b) X und U sind

   (A) positiv korreliert.   (B) negativ korreliert.

Die Wissenschaftler erfahren von der Abbruchproblematik und verwenden zur Schätzung nun das Modell

$$Y = \beta_0 + \beta_1 X + \beta_2 Z + V,$$

wobei Z eine binäre Variable ist, die für alle Probanden, die bis 18 Uhr angefangen haben, den Wert 1 und sonst den Wert 0 annimmt. Unter diesen Umständen sollte die Schätzung für

(c) (A) β_1 positiv sein.   (B) β_1 negativ sein.

(d) (A) β_2 positiv sein.   (B) β_2 negativ sein.

Aufgabe 7.41

Es werde der Zusammenhang zwischen jährlichem Einstiegsgehalt Y (in Euro) und Studienabschlussnote X (1.0 bis 4.0) von Ingenieuren im Maschinenbau untersucht. Dazu wird eine einfache lineare Regression der Form

$$Y = \beta_0 + \beta_1 X + U$$

durchgeführt. Es sei bekannt, dass eine längere Studiendauer dem positiven Effekt eines guten Abschlusses entgegenwirkt. Gleichzeitig weisen frischgebackene Ingenieure mit den besseren Abschlussnoten meist auch kürzere Studienzeiten auf. Unter diesen Gegebenheiten gilt für die Schätzung des obigen Modells:

(a) Der direkte Effekt der Abschlussnote auf das Einstiegsgehalt wird tendenziell

   (A) unterschätzt.   (B) überschätzt.

(b) X und U sind negativ korreliert.

   (A) negativ korreliert.   (B) postive korreliert.

Angenommen, die Studiendauer würde über eine Variable Z (Anzahl von Semestern) ebenfalls erfasst werden.

(c) Dann sollte die partielle Korrelation zwischen X und Y unter Konstanthaltung von Z

(A) positiv sein. (B) negativ sein.

Lösungen

Lösung von Aufgabe 7.1

(a) In die Streudigramme wurden in Abbildung 7.2 Geraden eingezeichnet, die den Trend der Daten widerspiegeln. Durch das Streudiagramm der rechten Abbildung kann man sehr gut eine Gerade mit postiven Anstieg legen, während in der linken Abbildung ein abfallender Trend erkennbar ist.

(b) Man beachte, dass beide Abbildungen im gleichen Maßstab gezeichnet wurden. Es ist deutlich erkennbar, dass die Beobachtungspunkte in der linken Abbildung stärker von der eingezeichneten Geraden abweichen, als dass in der rechten Abbildung der Fall ist. Daher werden die Punkte in der rechten Abbildung besser durch eine lineare Beziehung beschrieben.

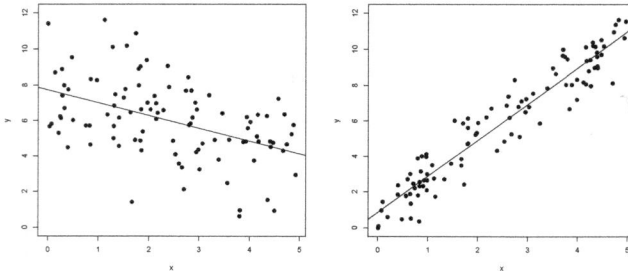

Abb. 7.2: Streudiagramme zu Aufgabe 7.1

Lösung von Aufgabe 7.2

Wir bestimmen zunächst ein paar Hilfsgrößen.

$$\overline{x} = 5, \quad \overline{y} = 4.4, \quad \sum_{i=1}^{5} x_i^2 = 145, \quad \sum_{i=1}^{5} y_i^2 = 130, \quad \sum_{i=1}^{5} x_i y_i = 86.$$

Mit diesen Größen lassen sich die Stichprobenvarianzen und -kovarianzen ermitteln:

$$s_X^2 = \frac{1}{n-1}\left(\sum_{i=1}^{n} x_i^2 - n\overline{x}^2\right) = \frac{1}{4}(145 - 5 \cdot 5^2) = 5,$$

$$s_{XY} = \frac{1}{n-1}\left(\sum_{i=1}^{n} x_i y_i - n\overline{xy}\right) = \frac{1}{4}(86 - 5 \cdot 5 \cdot 4.4) = -6.$$

(a) In Abbildung 7.3 (a) ist das Streudiagramm dargestellt.

(b) Wir ermitteln die KQ-Koeffizienten mithilfe der Formeln (7.3):

$$\hat{\beta}_1 = \frac{s_{XY}}{s_X^2} = \frac{-6}{5} = \underline{\underline{-1.2}}, \quad \hat{\beta}_0 = \overline{y} - \hat{\beta}_1\overline{x} = 4.4 - (-1.2) \cdot 5 = \underline{\underline{10.4}}.$$

Die Regressionsgrade $\hat{y}(x) = 10.4 - 1.2x$ wurde in Abbildung 7.3 (b) eingezeichnet.

(c) Wir ergänzen mittels der Formeln $\hat{y}_i = \hat{\beta}_0 + \hat{\beta}_1 x_i = 10.4 - 1.2x_i$ und $\hat{u}_i = y_i - \hat{y}_i$ die Wertetabelle von (x_i, y_i).

x_i	2.0	4.0	5.0	6.0	8.0
y_i	8.0	5.0	4.0	5.0	0.0
$\hat{y}_i$	8.0	5.6	4.4	3.2	0.8
$\hat{u}_i$	0.0	-0.6	-0.4	1.8	-0.8

(d) Die Punkte $(x_i, \hat{y}_i)$ wurden als Quadrate in die Abbildung 7.3 (b) eingezeichnet. Sie liegen auf der KQ-Geraden $x \mapsto \hat{y}(x)$.

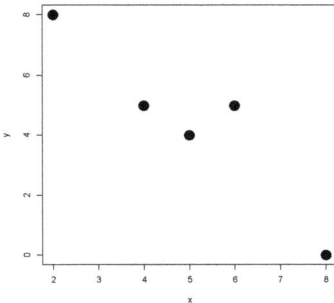

(a) Streudiagramm **(b)** KQ-Gerade

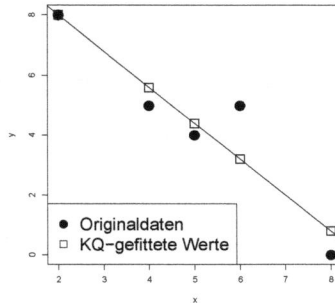

Abb. 7.3: Streudiagramme zu Aufgabe 7.2

Lösung von Aufgabe 7.3

(a) Wir benutzen die Ergebnisse von Aufgabe 7.2, um die Streuungsmaßzahlen zu bestimmen:

$$GQS = \sum_{i=1}^{n}(y_i - \overline{y})^2 = (8.0 - 4.4)^2 + (5.0 - 4.4)^2 + (4.0 - 4.4)^2$$
$$+ (5.0 - 4.4)^2 + (0.0 - 4.4)^2 = \underline{\underline{33.2}},$$

$$EQS = \sum_{i=1}^{n}(\hat{y}_i - \overline{y})^2 = (8.0 - 4.4)^2 + (5.6 - 4.4)^2 + (4.4 - 4.4)^2$$
$$+ (3.2 - 4.4)^2 + (0.8 - 4.4)^2 = \underline{\underline{28.8}}.$$

Schließlich ist:

$$RQS = \sum_{i=1}^{n}(y_i - \hat{y}_i)^2 = \sum_{i=1}^{n} \hat{u}_i^2 = 0.0^2 + (-0.6)^2 + (-0.4)^2$$
$$+ 1.8^2 + (-0.8)^2 = \underline{\underline{4.4}}.$$

(b) Es gilt

$$EQS + RQS = 28.8 + 4.4 = 33.2 = GQS.$$

(c) Das Bestimmtheitsmaß berechnet sich gemäß (7.6):

$$R^2 = \frac{EQS}{GQS} = \frac{28.8}{33.2} \approx \underline{\underline{0.8675}}.$$

Das Bestimmtheitsmaß beträgt rund 0.8675. Damit werden rund 86.8% der Streuung der y-Daten durch die Regressionsgerade erklärt.

Lösung von Aufgabe 7.4

Es gilt $\hat{y}_i = \hat{\beta}_0 + \hat{\beta}_1 x_i$ und $\hat{\beta}_0 = \bar{y} - \hat{\beta}_1 \bar{x}$,

$$\hat{y}_i - \bar{y} = (\bar{y} + \hat{\beta}_1(x_i - \bar{x})) - \bar{y} = \hat{\beta}_1(x_i - \bar{x}).$$

Daher ist

$$\frac{1}{n-1} \sum_{i=1}^{n} (\hat{y}_i - \bar{y})^2 = \frac{1}{n-1} \sum_{i=1}^{n} (\hat{\beta}_1(x_i - \bar{x}))^2$$

$$= \hat{\beta}_1^2 \frac{1}{n-1} \sum_{i=1}^{n} (x_i - \bar{x})^2 = \left(\frac{s_{XY}}{s_X^2}\right)^2 s_X^2 = \frac{s_{XY}^2}{s_X^2}.$$

Damit ergibt sich

$$R^2 = \frac{\sum_{i=1}^{n} (\hat{y}_i - \bar{y})^2}{\sum_{i=1}^{n} (y_i - \bar{y})^2} = \frac{\frac{1}{n-1} \sum_{i=1}^{n} (\hat{y}_i - \bar{y})^2}{\frac{1}{n-1} \sum_{i=1}^{n} (y_i - \bar{y})^2} = \frac{\frac{s_{XY}^2}{s_X^2}}{s_Y^2}$$

$$= \frac{s_{XY}^2}{s_X^2 s_Y^2} = \left(\frac{s_{XY}}{\sqrt{s_X^2 s_Y^2}}\right)^2 = r_{XY}^2.$$

Das ist die Behauptung.

Lösung von Aufgabe 7.5

Wir verwenden die Stichprobenvarianzen und -kovarianzen, die für Aufgabe 7.2 zu berechnen waren. Zusätzlich ist

$$s_Y^2 = \frac{1}{n-1}\left(\sum_{i=1}^{n} y_i^2 - n\bar{y}^2\right) = \frac{1}{4}(130 - 5 \cdot 4.4^2) = 8.3.$$

Damit ergibt sich

$$r_{XY}^2 = \frac{s_{XY}^2}{s_X^2 s_Y^2} = \frac{(-6)^2}{5 \cdot 8.3} \approx \underline{\underline{0.8675}}.$$

Dieser Wert stimmt mit dem Wert von R^2 überein, der in Aufgabe 7.3 zu berechnen war.

Lösung von Aufgabe 7.6

(a) (B). Nach der Definition von $R^2 = EQS/GQS$ gilt: Wenn $R^2 = 1$ ist, dann ist $GQS = EQS$, aber wenn $R^2 < 1$ ist, dann ist $EQS < GQS$. Beide Fälle ($R^2 = 1$ bzw. $R^2 < 1$) können eintreten.

(b) (A). Es gilt:

$$\hat{y}_i = \hat{\beta}_0 + \hat{\beta}_1 x_i = (\overline{y} - \hat{\beta}_1 \overline{x}) + \hat{\beta}_1 x_i = \overline{y} + \hat{\beta}_1 (x_i - \overline{x}),$$

$$\hat{u}_i = y_i - \hat{y}_i = (y_i - \overline{y}) - \hat{\beta}_1 (x_i - \overline{x}) \tag{7.17}$$

Wegen $\sum_{i=1}^{n}(x_i - \overline{x}) = 0$ und $\sum_{i=1}^{n}(y_i - \overline{y}) = 0$ folgt auch

$$\sum_{i=1}^{n} \hat{u}_i = \sum_{i=1}^{n}(y_i - \overline{y}) - \hat{\beta}_1 \sum_{i=1}^{n}(x_i - \overline{x}) = 0. \tag{7.18}$$

(c) (C). Aus $\hat{y}_i = (\hat{y}_i - y_i) + y_i = y_i - \hat{u}_i$ folgt

$$\overline{\hat{y}} = \frac{1}{n}\sum_{i=1}^{n} \hat{y}_i = \frac{1}{n}\sum_{i=1}^{n} y_i - \frac{1}{n}\sum_{i=1}^{n} \hat{u}_i = \overline{y} - 0 = \overline{y}, \tag{7.19}$$

wegen (7.18). Wenn $\overline{y} \neq 0$ ist, dann muss also auch

$$\sum_{i=1}^{n} \hat{y}_i = n \cdot \overline{\hat{y}} = n \cdot \overline{y} \neq 0$$

gelten. Unter der Bedingung $\overline{y} \neq 0$ ist die Aussage damit stets falsch.

(d) (A). Es gilt

$$\sum_{i=1}^{n} \hat{y}_i \hat{u}_i = \sum_{i=1}^{n}(\hat{\beta}_0 + \hat{\beta}_1 x_i)\hat{u}_i = \hat{\beta}_0 \sum_{i=1}^{n} \hat{u}_i + \hat{\beta}_1 \sum_{i=1}^{n} x_i[(y_i - \overline{y}) - \hat{\beta}_1(x_i - \overline{x})],$$

unter Verwendung von (7.17). Der erste Summand wird Null wegen (7.18).

$$\sum_{i=1}^{n} \hat{y}_i \hat{u}_i = 0 + \hat{\beta}_1 [\sum_{i=1}^{n} x_i(y_i - \overline{y}) - \hat{\beta}_1 \sum_{i=1}^{n} x_i(x_i - \overline{x})]$$

$$= \hat{\beta}_1 (n-1)[s_{XY} - \hat{\beta}_1 s_X^2]$$

wegen (5.5), siehe Aufgabe 5.6. Verwenden wir $\hat{\beta}_1 = s_{XY}/s_X^2$, erhalten wir $\sum_{i=1}^{n} \hat{y}_i \hat{u}_i = 0$.

Lösung von Aufgabe 7.7

Wir berechnen

$$\overline{x} = 4.4, \quad \overline{y} = 3, \quad \sum_{i=1}^{5} x_i^2 = 130, \quad \sum_{i=1}^{5} y_i^2 = 59, \quad \sum_{i=1}^{5} x_i y_i = 47,$$

$$s_X^2 = \frac{1}{n-1}(\sum_{i=1}^{n} x_i^2 - n\overline{x}^2) = 8.3, \quad s_Y^2 = \frac{1}{n-1}(\sum_{i=1}^{n} x_i^2 - n\overline{x}^2) = 3.5,$$

$$s_{XY} = \frac{1}{n-1}\left(\sum_{i=1}^{n} x_i y_i - n\overline{xy}\right) = \frac{1}{4}(47 - 5 \cdot 4.4 \cdot 3) = -4.75.$$

(a) Die KQ-Koeffizienten sind dann

$$\hat{\beta}_1 = \frac{s_{XY}}{s_X^2} = \frac{-4.75}{8.3} \approx \underline{-0.5723} \quad \text{und}$$

$$\hat{\beta}_0 = \overline{y} - \hat{\beta}_1 \overline{x} \approx 3 - (-0.5723) \cdot 4.4 \approx \underline{5.518}.$$

(b) Es ist nur in die entsprechenden Formeln einzusetzen.

$$\hat{y}_3 = \hat{\beta}_0 + \hat{\beta}_1 \cdot x_3 \approx 5.518 - 0.5723 \cdot 6 \approx \underline{2.084},$$

$$\hat{u}_3 = y_3 - \hat{y}_3 \approx 2 - 2.084 \approx \underline{-0.084}.$$

(c) Wir nutzen aus, dass $\overline{\hat{y}} = \overline{y}$ ist, vgl. (7.19). Damit ist

$$\sum_{i=1}^{n} \hat{y}_i = n \cdot \overline{y} = 5 \cdot 3 = \underline{\underline{15}}.$$

Alternativ kann man wie in (b) zunächst die $\hat{y}_i$-Werte bestimmen und dann ihre Summe bilden.

(d) Es gilt

$$R^2 = \frac{s_{XY}^2}{s_X^2 s_Y^2} = \frac{(-4.75)^2}{8.3 \cdot 3.5} \approx \underline{0.777}.$$

Aus $1 - R^2 = RQS/GQS$ folgt

$$RQS = (1 - R^2)GQS = (1 - R^2)(n-1)s_Y^2$$

$$\approx (1 - 0.777) \cdot 4 \cdot 3.5 \approx \underline{3.122}.$$

Alternativ könnte man auch alle KQ-Residuen $\hat{u}_i$ bestimmen und daraus RQS berechnen.

Lösung von Aufgabe 7.8

Es ist nach (7.6):

$$1 - R^2 = \frac{RQS}{GQS} = \frac{\sum_{i=1}^{n} \hat{u}_i^2}{\sum_{i=1}^{n}(y_i - \overline{y})^2} = \frac{\sum_{i=1}^{n} \hat{u}_i^2}{(n-1)s_Y^2},$$

$$s_Y^2 = \frac{\sum_{i=1}^{n} \hat{u}_i^2}{(n-1)(1-R^2)} = \frac{8.533}{(10-1) \cdot (1-0.435)} \approx \underline{1.678}.$$

Aus $\hat{\beta}_0 = \overline{y} - \hat{\beta}_1 \overline{x}$ und $\overline{y} = \overline{\hat{y}} = 3.061/10 = 0.3061$ folgt

$$\hat{\beta}_1 = \frac{\overline{y} - \hat{\beta}_0}{\overline{x}} = \frac{0.3061 - 0.1023}{0.244} \approx \underline{0.835}.$$

Die Stichprobenvarianz der y-Werte beträgt 1.678 und der Anstieg der KQ-Geraden 0.835.

Lösung von Aufgabe 7.9

Wir berechnen

$$GQS = \sum_{i=1}^{n}(y_i - \overline{y})^2 = \sum_{i=1}^{n} y_i^2 - n\overline{y}^2 \qquad (7.20)$$

$$= 55 - 5 \cdot 3^2 = \underline{\underline{10}}.$$

Nach der Streuungszerlegungformel ist

$$GQS = RQS + EQS \quad \text{mit} \quad RQS = \sum_{i=1}^{n} \widehat{u}_i^2.$$

Daher ist $EQS = GQS - RQS = 10 - 9.1 = \underline{0.9}$. Nach Definition (7.6) ist

$$R^2 = \frac{EQS}{GQS} = \frac{0.9}{10} = \underline{\underline{0.09}}.$$

Das Bestimmtheitsmaß beträgt 0.09. Nur ca. 9% der Streuung der y-Daten wird durch die Regressionsgeraden erklärt.

Lösung von Aufgabe 7.10

(a) Zunächst ist

$$RQS = \sum_{i=1}^{n} \widehat{u}_i^2 = (n-1)s_{\widehat{U}}^2 = 9 \cdot 103.12 = \underline{\underline{928.08}}.$$

Aus $\overline{y} = \sum_{i=1}^{n} y_i/n = 751/10 = \underline{75.1}$ und

$$GQS = \sum_{i=1}^{n} y_i^2 - n\overline{y}^2 = 57545 - 10 \cdot 75.1^2 = 1144.9$$

ergibt sich

$$R^2 = 1 - \frac{RQS}{GQS} = 1 - \frac{928.08}{1144.9} \approx \underline{\underline{0.1894}}.$$

Das Bestimmtheitsmaß beträgt 0.1894.

(b) (B). R^2 nimmt mit 0.1894 einen relativ kleinen Wert an. Daher werden die Daten eher schlecht durch eine Regressionsgerade beschrieben.

Lösung von Aufgabe 7.11

(a) Im vollständigen Regressionsmodell mit Achsenabschnitt erhalten wir gerade dann keine eindeutige Lösung, wenn alle x_i identisch sind. Das spricht für die These von Peter. Zur Sicherheit rechnen wir nach: Der Ansatz lautet $y_i = bx_i + u_i$.

$$Q(b) = \sum_{i=1}^{n}(y_i - bx_i)^2 = \sum_{i=1}^{n} y_i^2,$$

falls alle x_i gleich Null sind. Damit minimiert jedes beliebige b die Funktion $Q(b)$ und $\widehat{b}$ ist nicht eindeutig bestimmt. Dass es unter der von Paul formulierten Bedingung i.A. eine Lösung gibt, werden wir gleich in (b) sehen.

(b) Wir leiten den KQ-Schätzer her:

$$Q(b) = \sum_{i=1}^{n}(y_i - bx_i)^2, \quad Q'(b) = \sum_{i=1}^{n} 2(y_i - bx_i)(-x_i).$$

$Q'(\widehat{b}) = 0$ führt dann zu

$$\sum_{i=1}^{n} x_i y_i - \widehat{b} \sum_{i=1}^{n} x_i^2 = 0 \implies \widehat{b} = \frac{\sum_{i=1}^{n} x_i y_i}{\sum_{i=1}^{n} x_i^2},$$

falls $\sum_{i=1}^{n} x_i^2 > 0$.

(c) (A). Für die gefitteten Werte gilt $\widehat{y}_i = \widehat{b}x_i$, also

$$\sum_{i=1}^{n} \widehat{y}_i = \widehat{b} \sum_{i=1}^{n} x_i \quad \text{bzw.} \quad \widehat{b} = (\sum_{i=1}^{n} \widehat{y}_i)/\sum_{i=1}^{n} x_i. \qquad (\star)$$

(d) (B). Falls $\sum_{i=1}^{n} x_i = 0$, aber $\sum_{i=1}^{n} y_i \neq 0$, dann folgt aus $(\star)$

$$\sum_{i=1}^{n} \widehat{y}_i = \widehat{b} \sum_{i=1}^{n} x_i = 0 \neq \sum_{i=1}^{n} y_i.$$

Bemerkung: Im allgemeinen linearen Regressionsmodell, d.h. im Modell mit Achsenabschnitt, ist die angegebene Aussage stets richtig, vgl. (7.19).

Beachten Sie, dass Sie (c) und (d) auch ohne die Lösung von (b) beantworten können.

Lösung von Aufgabe 7.12

Formales Einsetzen von (7.8) in die rechte Seite von (7.9) für $g^*(y) = g(x, y)$ ergibt

$$E(g^*(Y)|X = x) = \int_{-\infty}^{\infty} g^*(y) f_{Y|X}(y|x) \, dy$$

$$= \int_{-\infty}^{\infty} g(x, y) f_{Y|X}(y|x) \, dy = E(g(X, Y)|X = x).$$

Wenn X und Y unabhängig sind, dann ist $f_{Y|X}(y|x) = f_Y(y)$, also

$$E(g^*(Y)|X = x) = \int_{-\infty}^{\infty} g^*(y) f_{Y|X}(y|x) \, dy$$

$$= \int_{-\infty}^{\infty} g^*(y) f_Y(y) \, dy = E(g^*(Y)) = E(g(x, Y)).$$

Das ist die Behauptung.

Lösung von Aufgabe 7.13

Nach (7.9) gilt

$$E(g(X)h(Y)|X = x) = E(g(x)h(Y)|X = x) = g(x)E(h(Y)|X = x).$$

Die letzte Umformung kann man damit rechtfertigen, dass $g(x)$ als Konstante aus dem (bedingten) Erwartungswert herausgezogen werden kann. Ersetzen von x durch X liefert dann die Behauptung.

Lösung von Aufgabe 7.14

(a) Nach den Regeln der iterierten Erwartungswertbildung, s. Stocker und Steinke [2022], Abschnitt 7.2, ist

$$E(U_i) = E(E(U_i|X_i)) \overset{(A1)}{=} E(0) = 0.$$

(b) Wir verwenden Formel (7.9) aus Aufgabe 7.12.

$$E(Y_i|X_i = x_i) = E(\beta_0 + \beta_1 X_i + U_i|X_i = x_i) = E(\beta_0 + \beta_1 x_i + U_i|X_i = x_i)$$
$$= \beta_0 + \beta_1 x + E(U_i|X_i = x_i) = \beta_0 + \beta_1 x + 0 = \beta_0 + \beta_1 x_i.$$

(c) Durch Umstellen nach U_i erhalten wir aus (7.1): $U_i = Y_i - \beta_0 - \beta_1 X_i = h(X_i, Y_i)$. Damit ist $(X_i, U_i) = (X_i, h(X_i, Y_i)) =: g(X_i, Y_i)$. Da (X_i, Y_i) u.i.v. sind, sind auch die $g(X_i, Y_i)$ u.i.v., s. Stocker und Steinke [2022], Abschnitt 7.1.

(d) Wir stellen zunächst fest, dass nach (7.11), Aufgabe 7.13,

$$E(X_i U_i|X_i) = X_i E(U_i|X_i) = X_i \cdot 0 = 0$$

ist. Damit folgt

$$Cov(X_i, U_i) = E(X_i U_i) - E(X_i)E(U_i)$$
$$= E(E(X_i U_i|X_i)) - E(X_i) \cdot 0 = E(0) - 0 = 0;$$

damit sind X_i und U_i unkorreliert.

(e) In diesem Fall gilt

$$Var(U_i) = E[Var(U_i|X_i)] + Var[E(U_i|X_i)] = E(\sigma_U^2) + Var(0) = \sigma_U^2.$$

(f) Bedingung $U_i|X_i = x_i \sim N(0, \sigma_U^2)$ bedeutet zunächst, dass die bedingte Verteilungsfunktion von U_i die Verteilungsfunktion der $N(0, \sigma_U^2)$-Verteilung ist, d.h.

$$P(U_i \leq u|X_i = x_i) := E(I_{(-\infty,u]}(U_i)|X_i = x_i) = \Phi(u/\sigma_U)$$

bzw. durch Ersetzen von x_i durch X_i

$$P(U_i \leq u|X_i) = \Phi(u/\sigma_U), \tag{$*$}$$

da die rechte Seite nicht von x_i abhängt. Wir bestimmen die Verteilungsfunktion von U_i und wenden die Rechenregeln für (bedingte) Erwartungswerte an.

$$P(U_i \le u) = E(I_{(-\infty,u]}(U_i)) = E[E(I_{(-\infty,u]}(U_i)|X_i)] = E[P(U_i \le u|X_i)]$$
$$\overset{(*)}{=} E(\Phi(u/\sigma_U)) = \Phi(u/\sigma_U).$$

Die Verteilungsfunktion von U_i ist also die Verteilungsfunktion einer $N(0, \sigma_U^2)$-verteilten Zufallsvarialble. Das ist die Behauptung.

Lösung von Aufgabe 7.15

Wir verwenden die Zwischenergebnisse aus der Lösung von Aufgabe 7.3. $n = 5$,

$$RQS = 4.4, \quad s_X^2 = 5, \quad \sum_{i=1}^{5} x_i^2 = 145.$$

Damit ist

$$\widehat{\sigma}^2 = \frac{RQS}{n-2} = \frac{4.4}{3} \approx \underline{1.467}; \quad SER = \sqrt{1.467} \approx \underline{1.211}.$$

Der Standardfehler der Regression beträgt ca. 1.211. Weiterhin sind

$$\widehat{\sigma}_{\widehat{\beta}_1}^2 = \frac{\widehat{\sigma}^2}{(n-1)s_X^2} \approx \frac{1.467}{4 \cdot 5} \approx \underline{0.0734},$$

$$\widehat{\sigma}_{\widehat{\beta}_0}^2 = \widehat{\sigma}_{\widehat{\beta}_1}^2 \cdot \frac{1}{5} \sum_{i=1}^{5} x_i^2 \approx 0.0734 \cdot \frac{145}{5} \approx \underline{2.127}.$$

Die Schätzwerte für die Varianzen von $\widehat{\beta}_0$ bzw. $\widehat{\beta}_1$ betragen 2.127 bzw. 0.0734.

Lösung von Aufgabe 7.16

(a) (C). Im heteroskedastischen Modell sind nur approximative Verteilungsaussagen möglich.

(b) (B). Mithilfe der Normalverteilungsannahme (A1b) kann man zeigen, dass die Teststatistik bedingt, aber auch unbedingt t-verteilt mit $(n-2)$ Freiheitsgraden ist.

Lösung von Aufgabe 7.17

Die Beobachtungspaare seien modelliert über die Zufallsvektoren (A_i, S_i), wobei A_i für das Alter und S_i für den Stundenlohn steht. Unser Modellansatz wäre dann zunächst

$$S_i = \beta_0 + \beta_1 \cdot A_i + U_i.$$

(a) Ja. Zu den klassischen Annahmen gehört die Normalverteilungsannahme. Ohne diese Annahme bekommt man i.d.R. nur für größere Stichprobenumfänge (etwa $n \geq 60$) verlässliche statistische Resultate wie Konfidenzintervalle. Zusätzlich überprüfen wir, ob die Berechnung des angegebenen Konfidenzintervalls für β_0 mit den Ergebnissen unter klassischen Annahmen konform geht: Mit $t_{n-2,1-\alpha/2} = t_{18,0.975} \approx 2.10$ ist

$$\hat{\beta}_0 \pm t_{n-2,1-\alpha/2} \cdot \hat{\sigma}_{\hat{\beta}_0} \approx 2.1 \pm 2.10 \cdot 1.0 = [0.00, 4.20],$$

d.h. wir erhalten das angegebene Konfidenzintervall. Damit wurde zur Konfidenzintervallberechnung gerade die Formel angewandt, die im klassischen Modell verwendet wird.

(b) Das Alter hat in unserem Modell gerade dann keinen signifikanten Einfluss auf den Stundenlohn, wenn $H_0 : \beta_1 = 0$ nicht verworfen wird. Die Teststatistik zu dieser Nullhypothese ist

$$t = \frac{\hat{\beta}_1 - 0}{\hat{\sigma}_{\hat{\beta}_1}} = \frac{0.2}{0.1} = 2.$$

H_0 wird abgelehnt, wenn $|t| > t_{n-2,1-\alpha/2} = t_{18,0.975} \approx 2.10$ ist. Da $|t| = 2 \not> 2.10$, wird die Nullhypothese beibehalten. Ein signifikanter Einfluss des Alters auf den Stundenlohn ist zum Niveau $\alpha = 0.05$ nicht nachweisbar.

(c) Zunächst gilt

$$\hat{\sigma}_U^2 = \frac{1}{n-2} RQS, \quad \frac{RQS}{GQS} = 1 - R^2, \quad \text{d.h.} \quad RQS = (n-1)s_S^2(1 - R^2).$$

Hierbei ist s_S^2 die Stichprobenvarianz der Stundenlöhne, die laut Aufgabenstellung 4 beträgt. Es folgt

$$\hat{\sigma}_U^2 = \frac{n-1}{n-2}s_S^2(1 - R^2) \approx \frac{19}{18} \cdot 2^2 \cdot (1 - 0.4315) \approx \underline{2.400},$$

$$SER = \hat{\sigma} \approx \sqrt{2.400} \approx \underline{1.549}.$$

Der Schätzwert SER für die Standardabweichung der Regression σ_U beträgt 1.549.

Lösung von Aufgabe 7.18

Im heteroskedastischen einfachen linearen Regressionsmodell mit binärem Regressor berechnen wir die Schätzwerte für die KQ-Koeffizienten mit den Formeln

$$\hat{\beta}_0 = \bar{y}_0 \quad \text{und} \quad \hat{\beta}_1 = \bar{y}_1 - \bar{y}_0 \tag{7.21}$$

und die Schätzwerte für die Varianzen der Schätzer mittels

$$\hat{\sigma}^2_{\hat{\beta}_0} = \frac{\tilde{s}^2_0}{n_0} \quad \text{und} \quad \hat{\sigma}^2_{\hat{\beta}_1} = \frac{\tilde{s}^2_0}{n_0} + \frac{\tilde{s}^2_1}{n_1}. \tag{7.22}$$

Hierbei geben n_0 bzw. n_1 an, wie häufig die Regressorvariable den Wert 0 bzw. 1 annimmt, $\bar{y}_0$ und $\tilde{s}^2_0$ bzw. $\bar{y}_1$ und $\tilde{s}^2_1$ sind die Mittelwerte und nichtkorrigierten Stichprobenvarianzen derjenigen y-Werte, für die die Regressorvariable den Wert 0 bzw. 1 annimmt.

(a) Aus (7.21) folgt:

$$\bar{y}_1 = \hat{\beta}_0 + \hat{\beta}_1 \approx 657.185 + (-7.185) = \underline{650.00}.$$

Im Mittel wurden in den großen Klassen 650 Punkte erzielt.

(b) Zur Schätzung der Varianz von $\hat{\beta}_1$ verwenden wir (7.22). Mit $n_1 = 177$ und $n = 420$ sind $n_0 = n - n_1 = 243$ und

$$\hat{\sigma}^2_{\hat{\beta}_1} = \frac{\tilde{s}^2_0}{n_0} + \frac{\tilde{s}^2_1}{n_1} = \frac{371.96}{243} + \frac{322.77}{177} \approx 3.354.$$

Die Klassengröße hat dann einen Effekt auf die Punktzahl, wenn $\beta_1 \neq 0$ ist. Das Testproblem lautet daher $H_0 : \beta_1 = 0$ vs. $H_1 : \beta_1 \neq 0$. Die Teststatistik berechnet sich als

$$t = \frac{\hat{\beta}_1}{\hat{\sigma}_{\hat{\beta}_1}} = \frac{-7.185}{\sqrt{3.354}} \approx -3.92.$$

Zum Niveau $\alpha = 0.01$ wird H_0 abgelehnt, wenn $|t| > z_{1-\alpha/2} = z_{0.995} \approx 2.58$ ist. Da $|t| \approx 3.92 > 2.58$, ist die Nullhypothese $H_0 : \beta_1 = 0$ zum Niveau 1% dementsprechend abzulehnen. Es ist ein statistisch signifikanter Effekt der Klassengröße nachweisbar.

(c) Für die KQ-gefitteten Werte bei binärem Regressor gilt:

$$\hat{y}_i = \begin{cases} \hat{\beta}_0 = \bar{y}_0, & \text{wenn der Regressor } =0 \text{ ist,} \\ \hat{\beta}_0 + \hat{\beta}_1 = \bar{y}_1, & \text{wenn der Regressor } =1 \text{ ist.} \end{cases}$$

Damit ist

$$SER^2 = \hat{\sigma}^2_U = \frac{1}{n-2} \sum_{i=1}^{n} (y_i - \hat{y}_i^2) = \frac{1}{n-2}(n_0 \tilde{s}^2_0 + n_1 \tilde{s}^2_1).$$

Der Schätzwert für den Standardfehler der Regression mit binären Regressor ergibt sich aus

$$SER^2 = \frac{243 \cdot 371.96 + 177 \cdot 322.77}{418} \approx 352.9;$$

der Schätzwert beträgt damit $SER = \sqrt{352.9} \approx \underline{18.8}$.

(d) Beachten Sie, dass mit $\bar{y}_0 = \hat{\beta}_0 \approx 657.185$ kleine und große Klassen punktmäßig im Mittel *nur* ca. 7.2 Punkte auseinander liegen. D.h. kleine Klassen erzielen ca. 1.1% mehr Punkte als große Klassen. Daher könnte man den Klassengrößeneffekt, der sich anhand der statistischen Analyse als signifikant erwiesen hat, eher als praktisch weniger relevant einordnen.

Lösung von Aufgabe 7.19

Mit dem Index 0 versehen wir die zu den Männern gehörenden Daten, die der Frauen mit dem Index 1. Dann sind

$\bar{y}_0 = 5.8,$	$n_0 = 171,$	$\tilde{s}_0 = 7.1,$
$\bar{y}_1 = 3.8,$	$n_1 = 71,$	$\tilde{s}_1 = 3.2,$

$n = n_0 + n_1 = 171 + 71 = 242.$

(a) Da die y_i-Werte für die Frauen ($x_i = 1$) im Mittel kleiner sind ($\bar{y}_1 = 3.8$) als die der Männer ($x_i = 0$, $\bar{y}_0 = 5.8$), ist von einem negativen Wert für β_1 auszugehen.

(b) Wir berechnen, s. (7.21),

$$\hat{\beta}_1 = \bar{y}_1 - \bar{y}_0 = 3.8 - 5.8 = \underline{-2.0}.$$

(c) Wir verwenden die Formel (7.22):

$$\hat{\sigma}^2_{\hat{\beta}_1} = \frac{\tilde{s}_0^2}{n_0} + \frac{\tilde{s}_1^2}{n_1} = \frac{7.1^2}{171} + \frac{3.2^2}{71} \approx \underline{\underline{0.4390}};$$

damit ist $\hat{\sigma}_{\hat{\beta}_1} \approx 0.663$.

(d) Als Schätzwert verwenden wir $\hat{\beta}_0 = \bar{y}_0 = 5.8$, als Schätzwert für die Varianz von $\hat{\beta}_0$ ermitteln wir, vgl. (7.22):

$$\hat{\sigma}^2_{\hat{\beta}_0} = \frac{\tilde{s}_0^2}{n_0} = \frac{7.1^2}{171} \approx \underline{\underline{0.2948}}, \quad \hat{\sigma}_{\hat{\beta}_0} \approx 0.543.$$

Damit ergibt sich als approximatives 0.95-Konfidenzintervall

$$\hat{\beta}_0 \pm z_{1-\frac{\alpha}{2}} \hat{\sigma}_{\hat{\beta}_0} \approx 5.8 \pm 1.96 \cdot 0.543 \approx \underline{[4.736, 6.864]}.$$

(e) Die Teststatistik zum Testproblem $H_0 : \beta_1 \geq -0.5 = \beta_{1,0}$ vs. $H_1 : \beta_1 < -0.5$ ist

$$t = \frac{\hat{\beta}_1 - \beta_{1,0}}{\hat{\sigma}_{\beta_1}} \approx \frac{-2.0 - (-0.5)}{0.663} \approx -2.26.$$

H_0 wird abgelehnt, wenn $t < -z_{1-\alpha}$ ist. Da $t \approx -2.26 \nless -2.33 \approx -z_{0.99}$, wird die Nullhypothese $H_0 : \beta_1 \geq -0.5$ *nicht* abgelehnt.

(f) Nein. Aus der Homoskedastizität folgt, dass die U_i alle die gleich Varianz besitzen, $Var(U_i) = \sigma_U^2$. Man würde dann z.B. erwarten, dass $\bar{s}_0 \approx \bar{s}_1$. Die Standardfehler für die Koeffizientenschätzer $\widehat{\beta}_0$ und $\widehat{\beta}_1$ werden nach unterschiedlichen Formeln berechnet und fallen i.d.R. unterschiedlich aus, also $\sigma_{\widehat{\beta}_0} \neq \sigma_{\widehat{\beta}_1}$.

Lösung von Aufgabe 7.20

Wir betrachten das Regressionsmodell $W_i = \beta_0 + \beta_1 R_i + U_i$. Die Schätzwerte sind $\widehat{\beta}_0 = 152.8$ und $\widehat{\beta}_1 = -10.5$.

(a) Wir verwenden (7.21). Demnach ist

$$\widehat{y}_0 = \widehat{\beta}_0 + \widehat{\beta}_1 \cdot 0 = \widehat{\beta}_0 = \underline{152.8} \quad \text{und}$$

$$\widehat{y}_1 = \widehat{\beta}_0 + \widehat{\beta}_1 \cdot 1 = \widehat{\beta}_0 + \widehat{\beta}_1 = \underline{142.3}.$$

Die Nichtraucher haben eine mittlere Leistung von 152.8 Watt und die Raucher von 142.3 Watt erzielt.

(b) Wir verwenden (7.22).

$$\widehat{\sigma}_{\widehat{\beta}_0}^2 = \frac{\bar{s}_0^2}{n_0}, \quad \text{also} \quad \bar{s}_0^2 = n_0 \widehat{\sigma}_{\widehat{\beta}_0}^2 = 90 \cdot 1.05^2 = 99.225,$$

d.h. $\bar{s}_0 \approx \underline{9.96}$.

$$\widehat{\sigma}_{\widehat{\beta}_1}^2 \approx \frac{\bar{s}_0^2}{n_0} + \frac{\bar{s}_1^2}{n_1} = \widehat{\sigma}_{\widehat{\beta}_0}^2 + \frac{\bar{s}_1^2}{n_1},$$

Daraus folgt

$$\bar{s}_1^2 = n_1(\widehat{\sigma}_{\widehat{\beta}_1}^2 - \widehat{\sigma}_{\widehat{\beta}_0}^2) = 30(1.39^2 - 1.05^2) \approx 24.89, \text{ also } \bar{s}_1 \approx \underline{4.99}.$$

(c) Die Leistung der Raucher ist schlechter als die der Nichtraucher, wenn $\beta_1 < 0$ ist. Wir testen $H_0 : \beta_1 \geq 0$ vs. $H_1 : \beta_1 < 0$. Die Teststatistik berechnet sich als

$$t = \frac{\widehat{\beta}_1 - \beta_{1,0}}{\widehat{\sigma}_{\widehat{\beta}_1}} = \frac{-10.5 - 0}{1.39} \approx -7.55.$$

t ist damit deutlich kleiner als $-z_{1-\alpha} = -z_{0.95} \approx -1.64$. D.h. die durchschnittliche Leistung der Raucher ist signifikant kleiner als die der Nichtraucher.

Lösung von Aufgabe 7.21

Die Einnahme der Mahlzeit führt zu einer Verschiebung der y_i-Daten: $y_i^* = y_i + d$, wobei d das Gewicht der Mahlzeit ist. Die x_i bleiben unverändert. Nach Einnahme der Mahlzeit würde man für (x_i, y_i^*) anstelle (x_i, y_i) die Regression durchführen.

(a) (B): Eine Verschiebung der y_i-Werte um d liefert bei der Berechnungsformel für β_1 das gleiche Ergebnis wie vorher. β_1 wird immer noch richtig geschätzt.

(b) (A): Es gilt:

$$\widehat{\beta}_0^* = \overline{y}^* - \widehat{\beta}_1^* \overline{x} = \overline{y} + d - \widehat{\beta}_1 \overline{x} = \widehat{\beta}_0 + d.$$

β_0 wird um d überschätzt.

Lösung von Aufgabe 7.22

Es wurde ein Regressionsmodell vom Typ $w_i = \beta_0 + \beta_1 g_i + u_i$ angewandt. Hierbei steht g_i für die Größe und w_i das Gewicht des i-ten Studierenden.

(a) Aus $\widehat{\beta}_0 = \overline{w} - \widehat{\beta}_1 \overline{g}$ folgt

$$\overline{w} = \widehat{\beta}_0 + \widehat{\beta}_1 \overline{g} = -101.2 + 0.98 \cdot 179.2 = \underline{74.416}.$$

Das Durchschnittsgewicht der Studierenden beträgt 74.4 kg.

(b) Aus $1 - R^2 = RQS/GQS = (n-2)SER^2/((n-1)s_W^2)$ folgt

$$s_W^2 = \frac{(n-2)SER^2}{(n-1)(1-R^2)} = \frac{13 \cdot 9.78^2}{14 \cdot 0.53} \approx 167.578, \quad s_W \approx \sqrt{167.578} \approx \underline{12.95}.$$

Lösung von Aufgabe 7.23

Peter hat recht. Dazu kann man die Formeln mit denen aus der Literatur vergleichen. Man kann das auch folgendermaßen erkennen: $\widehat{H}_i$ ist eine Art Schätzer von H_i. Dazu werden unbekannte Größen wie μ_X und $E(X_i^2)$ durch Schätzer ersetzt. Diese Vorgehensweise passt zu den Formeln von Peter, aber nicht zu denen von Paul.

Lösung von Aufgabe 7.24

(a) Da alle $x_i > 0$ sind, ist $x_i \cdot \overline{x}/(\frac{1}{n}\sum_{i=1}^n x_i^2) > 0$ und $\widehat{H}_i < 1$ für alle i.

(b) Es gilt $y_i = (2/5)x_i$. Die (x_i, y_i) liegen also auf einer Gerade. Damit sind alle $\widehat{u}_i = 0$ und $\widehat{\sigma}_{\widehat{\beta}_0}^2 = 0$ und $\widehat{\sigma}_{\widehat{\beta}_0}^2 = 0$.

Lösung von Aufgabe 7.25

(a) Peter hat recht. $\widehat{\sigma}_{\widehat{\beta}_1}^2$ ist der Schätzer für eine Varianz und damit eine Zufallsvariable.

(b) Paul hat recht. $E(U_1|X_1 = x_1) = E(U_2|X_2 = x_2) = 0$. Die bedingten Varianzen müssen im hetereoskedastischen Modell nicht identisch sein.

(c) Paul hat recht. Peters Ausdruck strebt für $n \to \infty$ gegen unendlich.

Lösung von Aufgabe 7.26

(A1) ist verletzt, da z.B. $E(U_i|X_i = 0) = 2$ ist.

(A2) ist erfüllt: (X_i, U_i) sind u.i.v., damit sind auch (X_i, Y_i) u.i.v.

(A3) ist erfüllt: Sowohl X_i als auch Y_i sind beschränkt; damit sind alle Momente endlich. Außerdem ist $X_i \sim B(1, 0.5)$ und damit $Var(X_i) = 0.25 > 0$.

Lösung von Aufgabe 7.27

Wir ergänzen die Kontingenztabelle

X ＼ U	−1	0	1	Summe
0	0.2	0.1	0.2	0.5
1	0.1	0.3	0.1	0.5
Summe	0.3	0.4	0.3	1

und berechnen die bedingten Verteilungen von U gegeben $X = 0$ bzw. $X = 1$:

u	−1	0	1
$P(U = u|X = 0)$	0.2/0.5=0.4	0.1/0.5=0.2	0.2/0.5=0.4
$P(U = u|X = 1)$	0.1/0.5=0.2	0.3/0.5=0.6	0.1/0.5=0.2

(a) Gemäß Verschiebungsformel der Kovarianz ist

$$Cov(X, U) = E(X \cdot U) - E(X)E(U).$$

Aufgrund der symmetrischen Verteilung von U bzgl. 0 ist $E(U) = 0$.

$$E(X \cdot U) = \sum_{x=0}^{1} \sum_{u=-1}^{1} x \cdot u \cdot P(X = x, U = u)$$
$$= 1 \cdot (-1) \cdot 0.1 + 1 \cdot 1 \cdot 0.1 = 0.$$

Die Summanden, die Null ergeben, wurden nicht mitgeschrieben. Folglich ist $Cov(X, U) = \underline{\underline{0}}$.

(b) $E(U|X = x) = \underline{0}$ für $x = 0$ und $x = 1$ wegen der Symmetrie der bedingten Verteilungen bzgl. 0 bzw. wegen

$$E(U|X = 0) = (-1) \cdot 0.4 + 0 \cdot 0.2 + 1 \cdot 0.4 = 0,$$
$$E(U|X = 1) = (-1) \cdot 0.2 + 0 \cdot 0.6 + 1 \cdot 0.2 = 0.$$

Da (X_i, U_i) u.i.v. sind, sind auch (X_i, Y_i) im Regressionsmodell u.i.v. Da (X_i, U_i) gleichmäßig beschränkt sind, gilt das auch für (X_i, Y_i) und alle Momente existieren. Außerdem ist $X_i \sim B(1, 0.5)$ und damit $Var(X_i) = 0.25 > 0$. Damit sind die Bedingungen (A1)–(A3) erfüllt.

(c) Wir berechnen die bedingten Varianzen von U gegeben X. Es sind

$$E(U^2|X=0) = (-1)^2 \cdot 0.4 + 0^2 \cdot 0.2 + 1^2 \cdot 0.4 = \underline{0.8} \text{ bzw.}$$
$$E(U^2|X=1) = (-1)^2 \cdot 0.2 + 0^2 \cdot 0.6 + 1^2 \cdot 0.2 = \underline{0.4}$$

und

$$Var(U|X=0) = E(U^2|X=0) - (E(U|X=0))^2 = 0.8 - 0^2 = \underline{0.8} \text{ bzw.}$$
$$Var(U|X=1) = E(U^2|X=1) - (E(U|X=1))^2 = 0.4 - 0^2 = \underline{0.4}.$$

Da die bedingten Varianzen nicht identisch sind, liegt ein heteroskedastisches Modell vor.

Lösung von Aufgabe 7.28

Wir betrachten ein einfaches lineares Regressionsmodell der Form $S_i = \beta_0 + \beta_1 G_i + U_i$, wobei S_i für die Test Scores und G_i für die Klassengröße steht.

(a) Aus dem 2. Freiheitsgrad FG der F-Statistik kann man die Stichprobengröße n bestimmen, da $FG = n - 2$ gilt. D.h. $n = FG + 2 = \underline{9}$. Die Analyse basiert also nur auf 9 Beobachtungspaaren.

(b) Die Teststatistik zu $H_0 : \beta_1 = 0$ berechnet sich als $t_{\beta_1} = \hat{\beta}_1 / \hat{\sigma}_{\hat{\beta}_1}$, d.h.

$$xxxx = \hat{\sigma}_{\hat{\beta}_1} = \frac{\hat{\beta}_1}{t_{\beta_1}} = \frac{-3.347}{-0.901} \approx \underline{3.7148}.$$

(c) Der p-Wert zu $H_0 : \beta_1 = 0$ stimmt beim einfachen linearen Regressionsmodell mit dem p-Wert des F-Tests überein, also $yyyy = 0.3973$.

(d) Wir prüfen $H_0 : \beta_1 \geq 0$ vs. $H_1 : \beta_1 < 0$. Unter den klassischen Annahmen vergleichen wir den Wert der Teststatistik -0.901 mit dem kritischem Wert $-t_{n-2,1-\alpha} = -t_{7,0.95} \approx -1.8946$. Da $t \not< -1.8946$, wird H_0 nicht abgelehnt. Ein signifikanter Nachweis, dass größere Klassen zu einem schlechteren Lernerfolg führen, konnte nicht erbracht werden.

Lösung von Aufgabe 7.29

x_i seien die Ausgaben des i-ten Studierenden und y_i die Punktezahl des i-ten Studierenden. Es wurden die Daten von $n = 420$ Studenten erhoben. Gegeben sind dann

$$\bar{y}_n = 654.16, \quad s_Y = 19.05, \quad \bar{x}_n = 5312.41, \quad s_X = 633.94.$$

R^2 muss in $[0, 1]$ liegen, kann also nur einen der Werte 0.0363 oder 0.0057 annehmen. Es gilt:

$$R^2 = 1 - \frac{RQS}{GQS} = 1 - \frac{(n-2)SER^2}{(n-1)s_Y^2} \implies SER = \sqrt{(1-R^2)\frac{n-1}{n-2}} \cdot s_Y.$$

Für $R^2 = 0.0057$ erhält man $SER \approx 19.018$ und für $R^2 = 0.0363$ ergibt sich $SER \approx 18.723$. Vergleicht man diese Zuordnung mit den gegebenen Werten, dann sieht man, dass die zweite richtig sein muss. Wir halten fest, dass $R^2 \approx 0.034$ und $SER \approx 18.72$ gelten und die Zahlen 0.057 und 3.95 noch geeignet zugeordnet werden müssen. Es ist

$$\widehat{\sigma}_{\widehat{\beta}_1} = \frac{SER}{\sqrt{n-1} \cdot s_X} = \frac{18.72}{\sqrt{419} \cdot 633.94} \approx 0.001443.$$

Falls $\widehat{\beta}_1 = 0.0057$ wäre, dann wäre $\widehat{\beta}_1/\widehat{\sigma}_{\widehat{\beta}_1} \approx 3.951$. Dieser Wert passt zu den angegebenen Ergebnissen. Falls $\widehat{\beta} = 3.95$ wäre, dann wäre $\widehat{\beta}_1/\widehat{\sigma}_{\widehat{\beta}_1} \approx 2737.6$. Damit ergibt sich die Zuordnung:

$$R^2 \approx 0.0363, \quad SER \approx 18.72, \quad \widehat{\beta}_1 \approx 0.0057, \quad \widehat{\beta}_1/\widehat{\sigma}_{\widehat{\beta}_1} \approx 3.95.$$

Lösung von Aufgabe 7.30

(a) Aus der Kovarianzmatrix der Koeffizienten bestimmen wir die geschätzten Standardfehler der Schätzer:

$$\widehat{\sigma}_{\widehat{\beta}_0} = \sqrt{2.04526} \approx 1.430, \quad \widehat{\sigma}_{\widehat{\beta}_1} = \sqrt{0.00084} \approx 0.0290,$$

$$\widehat{\sigma}_{\widehat{\beta}_2} = \sqrt{0.00539} \approx 0.0734.$$

Die Werte der Teststatistiken für die Testprobleme $H_0 : \beta_i = 0$ sind dann

$$t_0 = \frac{\widehat{\beta}_0}{\widehat{\sigma}_{\widehat{\beta}_0}} \approx \frac{638.926}{1.43} \approx 446.76, \quad t_1 = \frac{\widehat{\beta}_1}{\widehat{\sigma}_{\widehat{\beta}_1}} \approx \frac{-0.4892}{0.029} \approx -16.88,$$

$$t_2 = \frac{\widehat{\beta}_2}{\widehat{\sigma}_{\widehat{\beta}_2}} \approx \frac{20.404}{0.0734} \approx 20.40.$$

Da alle t_i Werte betragsmäßig größer als $z_{0.995} \approx 2.58$ sind, sind alle Hypothesen $H_0 : \beta_i = 0$ zum Niveau 1% zu verwerfen. Alle Koeffizienten sind signifikant von 0 verschieden.

(b) Für $H_0 : \beta_2 \leq 1$ gegen $H_1 : \beta_2 > 1$ berechnen wir die Teststatistik

$$t = \frac{\widehat{\beta}_2 - 1}{\widehat{\sigma}_{\widehat{\beta}_2}} \approx \frac{1.498 - 1}{0.0734} \approx 6.783.$$

Da $t \approx 6.783 > 2.33 \approx z_{0.99}$ ist, ist $H_0 : \beta_2 \leq 1$ zum Niveau 1% zu verwerfen.

(c) (B). Der Schätzwert der Kovarianz zwischen A und E ist der Kovarianztabelle zu entnehmen und beträgt 0.00066. Damit wären A und E positiv korreliert.

(d) (B). Das erwartete Lernergebnis für Distrikt 1 wäre

$$\widehat{s}_1 = \widehat{\beta}_0 + \widehat{\beta}_1 a_1 + \widehat{\beta}_2 e_1 = 638.926 - 0.4892 \cdot 0 + 1.498 \cdot 22.69$$

$$\approx 672.92 < 690.8 = s_1.$$

Die tatsächlichen Lernergebnisse sind also besser als die erwarteten, d.h. sie sind überdurchschnittlich gut.

(e) (B). Nach der Konstruktion der Schätzer als Lösungen der Methode der Kleinsten Quadrate sind die Residuen mit den e_i-Werten unkorreliert.

(f) (A). Es werden immer noch die gleichen Formeln zur Berechnung der Schätzwerte verwendet. Die Schätzwerte bleiben unverändert.

(g) (B). Die Schätzwerte der Varianzen bzw. Standardabweichungen ändern sich i.d.R., wenn man anstelle eines heteroskedastischen Modells von einem homoskedastischen Modell ausgeht.

Lösung von Aufgabe 7.31

(a) Die Teststatitik für das Testproblem $H_0 : \beta_2 = 0$ vs. $H_1 : \beta_2 \neq 0$ ist

$$t = \frac{\widehat{\beta}_2}{\widehat{\sigma}_{\widehat{\beta}_2}} = \frac{-3.7236}{\sqrt{6.3898}} \approx \underline{-1.473}.$$

Da $|t| \not> 1.96 \approx z_{0.975} \approx t_{n-3,0.975}$ ist, wird H_0 beibehalten. Ein signifikanter Einfluss des Rauchverhaltens auf die Leistungsfähigkeit der Personen kann nicht nachgewiesen werden.

(b) Wir rechnen

$$\widehat{\beta}_1 \pm t_{n-3,1-\frac{\alpha}{2}} \cdot \widehat{\sigma}_{\widehat{\beta}_1} \approx -0.5063 \pm 1.96 \cdot \sqrt{0.007416} \approx -0.5063 \pm 0.1688$$

und erhalten $\underline{\underline{[-0.6751, -0.3375]}}$.

Lösung von Aufgabe 7.32

(a) (B). Eine Skizze, s. Abbildung 7.4, der relevanten Beobachtungspunkte (a_i, c_i), (1,5), (1,4), (4,6), zeigt, dass die Punkte nicht auf einer Geraden liegen. Damit ist $R^2 = 1$ auszuschließen. Außerdem kann man erkennen, das die KQ-Gerade durch die Punkte einen positiven Anstieg haben wird. Damit ist auch $R^2 = 0$ auszuschließen. Auf eine Rechnung wird deshalb verzichtet.

(b) (C). Durch drei Punkt im Raum kann man immer eine Ebene legen. Diese beschreibt dann eine perfekte lineare Abhängigkeit der c-Werte von den a- und b-Werten. Also ist $R^2 = 1$.

Lösung von Aufgabe 7.33

Die Modellgleichung sei $SL = \beta_0 + \beta_1 A + \beta_2 B + U$.

(a) Wir berechnen die Teststatistik für das Testproblem $H_0 : \beta_1 = 0$ vs. $H_1 : \beta_1 \neq 0$:

$$t = \frac{\widehat{\beta}_1}{\widehat{\sigma}_{\widehat{\beta}_1}} = \frac{0.53}{0.04} \approx \underline{13.25}.$$

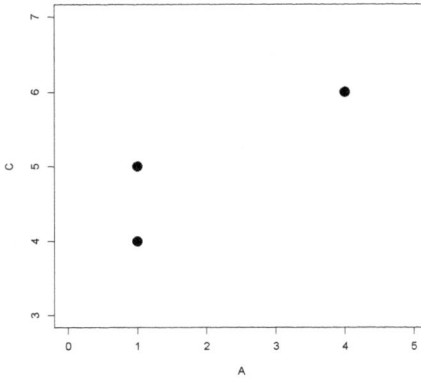

Abb. 7.4: Abbildung zu Aufgabe 7.32

Als Quantil wählen wir $z_{0.995} \approx 2.575$. Da $|t| \approx 13.25 > 2.575$ ist, wird die Nullhypothese verworfen. Das Alter hat damit einen signifikanten Einfluss auf den Stundenlohn.

(b) Bei einem Stichprobenumfang von 4673 macht die sich die Abänderung von $\overline{R}^2$ im Vergleich zu R^2 kaum bemerkbar. Es gilt

$$\overline{R}^2 = 1 - \frac{n-1}{n-p-1}(1 - R^2) = 1 - \frac{4672}{4670}(1 - 0.17) \approx \underline{\underline{0.1696}}.$$

(c) Für Peter erhalten wir aus der Regression

$$-0.89 + 0.53 \cdot 35 + 6.97 \cdot 1 = 24.63 > 22.5;$$

damit ist Peter schlechter gestellt als aus der Regression zu erwarten wäre. Für Paul ergibt sich

$$-0.89 + 0.53 \cdot 50 + 6.97 \cdot 0 = 25.61 < 26,$$

d.h. Paul ist besser gestellt.

Lösung von Aufgabe 7.34

(a) Die U_i sind u.i.v. und normalverteilt.

(b) (A). Die Berechnung der Schätzer bleibt unverändert.

(c) (A). Die Berechnung des Schätzers der Standardabweichung bleibt unverändert – im Vergleich zum allgemeinen homoskedastischen Modell.

(d) Die Teststatistik ist t-verteilt mit $n - k - 1$ Freiheitsgraden. Bei $k = 2$ Regressorvariablen ist sie also $t(4670)$-verteilt.

Lösung von Aufgabe 7.35

(a) (B). Der Schätzwert von β_1 im Modell (4) (bzw. (2) oder (3)) ist kleiner als im Modell (1). Im Modell (1) liegt damit voraussichtlich ein positiver Bias vor. Dieser entsteht, wenn Klassengröße und Fehlerterm positiv korreliert sind.

(b) Die Werte der Teststatistiken zu den Testproblemen $H_0 : \beta_i = 0$ vs. $H_1 : \beta_i \neq 0$, $i = 0, 1, 2, 3$, sind

$$t_0 = \frac{644.55}{15.34} \approx 42.018, \qquad t_1 = \frac{1.78}{0.79} \approx 2.253,$$

$$t_2 = \frac{-0.23}{0.13} \approx -1.769, \qquad t_3 = \frac{-0.44}{0.30} \approx -1.467.$$

$H_0 : \beta_i = 0$ wird abgelehnt, wenn $|t_i| > t_{n-k-1,1-\alpha/2} \approx z_{1-\alpha/2} \approx 1.96$. Zum Niveau 5% sind daher nur die Koeffizienten β_0 und β_1 signifikant von 0 verschieden.

(c) Nur *str* hat nach (b) einen signifikanten Einfluss auf den Lernerfolg. Damit ist *str* die „relevanteste" Einflussgröße.

(d) (B). Modell (4) hat den größten R^2-Wert, allerdings sind die Koeffizienten β_2 und β_3 nicht signifikant von Null verschieden. Es scheint also angebracht, mindestens eine der Variablen *mealpct* bzw. *calwpct* wegzulassen. Damit wären wir bei Modell (3) bzw. (2). In beiden Modellen haben beide verbliebenen Regressoren einen signifikanten Einfluss auf den Lernerfolg. Wir wählen (2), da dieses Modell den größeren R^2-Wert hat. Man beachte, dass der R^2-Wert von (2) nur geringfügig kleiner als der des vollständigen Modells (4) ist.

Lösung von Aufgabe 7.36

(a) Falsch. *str* hat nach den Ergebnissen von Aufgabe 7.35 signifikanten Einfluss auf *testcr*. Damit wären die entsprechenden Werte korreliert.

(b) Richtig. Das ist eine Eigenschaft der KQ-Regression.

(c) Richtig. Das ist auch eine Eigenschaft der KQ-Regression.

Lösung von Aufgabe 7.37

Im u.i.v.-Fall konvergieren $S_{XY} \xrightarrow{p} \sigma_{XY}$ und $S_X^2 \xrightarrow{p} \sigma_X^2$. Dabei ist

$$Cov(X, Y) = Cov(X, \beta_0 + \beta_1 X + U) = \beta_1 Cov(X, X) + Cov(X, U)$$
$$= \beta_1 \sigma_X^2 + \sigma_{XU}.$$

(a) Damit gilt aufgrund der Konsistenz von S_{XY} und S_X^2:

$$\widehat{\beta}_1 = \frac{\overline{S}_{XY}}{\overline{S}_X^2} = \frac{S_{XY}}{S_X^2} \xrightarrow{p} \frac{Cov(X, Y)}{Var(X)} = \frac{\beta_1 \sigma_X^2 + \sigma_{XU}}{\sigma_X^2} = \beta_1 + \frac{\sigma_{XU}}{\sigma_X^2}.$$

(b) Für den Modellansatz gilt:

$$Cov(X, U) = Cov(X, \beta_2 Z + V) = \beta_2 Cov(X, Z) + Cov(X, V)$$
$$= \beta_2 \sigma_{XZ}.$$

Bemerkung: Zu einer OVB-Verzerrung des Schätzers $\hat{\beta}_1$ kann es also kommen, wenn ein in der Regression nicht berücksichtigtes Merkmal (Z) mit dem Regressor (X) korreliert ist ($\sigma_{XZ} \neq 0$) und einen direkten Effekt auf die Zielvariable hat ($\beta_2 \neq 0$). Umgekehrt können aber auch Einflussgrößen bei einer linearen Regression vernachlässigt werden, wenn sie mit dem interessierenden Regressor (X) nicht korreliert sind. Ausführliche Betrachtungen zu diesem Thema finden sich in Stocker und Steinke [2022], Abschnitt 12.2.

Lösung von Aufgabe 7.38

(a) Paul hat recht. Seine Aussage bedeutet anders ausgedrückt

$$\hat{\beta}_1 \xrightarrow{p} \beta_1 + \varrho_{XU} \cdot \frac{\sigma_U}{\sigma_X} = \beta_1 + \frac{\sigma_{XU}}{\sigma_X^2}, \tag{7.23}$$

vgl. (7.16) in Aufgabe 7.37.

(b) Nein. Falls $\sigma_X = \sigma_U$ ist, dann gilt

$$\hat{\beta}_1 \xrightarrow{p} \beta_1 + \varrho_{XU} \neq \varrho_{XU}.$$

$\hat{\beta}_1 \xrightarrow{p} \varrho_{XU}$ gilt also i.d.R. nicht.

Lösung von Aufgabe 7.39

(a) (B). Die Variable Z fehlt im ursprünglichen Regressionsmodell. Da Personen in Führungspositionen i.d.R. älter sind, ist Z positiv mit dem Alter X korreliert ($\sigma_{XZ} > 0$). Da sich Personen in Führungspositionen bei gleichem Alter seltener krank melden, sind Z und Y negativ korreliert ($\beta_2 < 0$). Damit sind X und U voraussichtlich negativ korreliert und β_1 wird tendenziell unterschätzt, vgl. (7.16) in Aufgabe 7.37.

(b) (B). Siehe (a).

(c) (A). Da sich Personen in Führungspositionen seltener krank melden, sollte der Koeffizient negativ sein ($\beta_2 < 0$).

Lösung von Aufgabe 7.40

Die Tageszeit T ist eine Einflussgröße, die nicht berücksichtigt wurde. Je später die Messung stattfindet, umso mehr Fehler treten bei gleich langer Dauer X des Tests tendenziell auf (positiver direkter Effekt von T auf Y, $\beta_{2,T} > 0$). Durch den Abbruch der Tests um 20 Uhr gilt aber auch: Je später die Messung beginnt, umso kürzer ist sie tendenziell auch ($\sigma_{XT} < 0$). Daher ist davon auszugehen, dass X und U negativ korreliert sind und β_1 unterschätzt wird, vgl. (7.16) in Aufgabe 7.37.

(a) (B).

(b) (B).

(c) (A). Eine längere Dauer des Tests führt im Mittel zu mehr Fehlern.

(d) (B). Anstelle der Tageszeit T soll Z in das Modell aufgenommen werden. Es ist $Z = 0$, wenn die Messung spät (nach 18 Uhr) begonnen wurde, und $Z = 1$, wenn sie früh (vor 18 Uhr) begonnen wurde. Ein später Zeitpunkt der Messung führt im Mittel zu mehr Fehlern. Aber ein später Zeitpunkt wird durch einen kleinen z-Wert ausgedrückt. Daher übt Z auf Y voraussichtlich einen negativen direkten Effekt aus.

Lösung von Aufgabe 7.41

Wir verwenden die Notation von Aufgabe 7.37. Wenn kürzere Studiendauern Z bei gleichen Noten tendenziell zu höheren Einstiegsgehältern führen (negativer direkter Effekt von Z auf Y, $\beta_2 < 0$) und Studenten mit kürzeren Studienzeiten auch bessere, d.h. kleinere, Noten aufweisen ($\sigma_{XZ} > 0$), dann kann man davon ausgehen, dass X und U durch Weglassen von Z negativ korreliert sind: Nach Aufgabe 7.37 ist

$$\sigma_{XU} = \beta_2 \sigma_{XZ} < 0$$

und der Omitted-Variable-Bias hat das gleiche Vorzeichen wie σ_{XU}. Daraus ergibt sich:

(a) Richtig, da $\varrho_{XU} < 0$.

(b) Richtig.

(c) Falsch. Bei gleicher Studiendauer würde eine bessere, d.h. kleinere Note, im Mittel zu einem höherem Einstiegsgehalt führen ($\beta_2 < 0$).

Anhang: Tabellen

Tab. A.1: Wertetabelle der Standardnormalverteilung

Tabelliert sind die Werte der Verteilungsfunktion der Normalverteilung, $\Phi(z)$.
Ablesebeispiel: $\Phi(1.23) = \Phi(1.2 + 0.03) \approx 0.8907$.

z	0.00	0.01	0.02	0.03	0.04	0.05	0.06	0.07	0.08	0.09
0.0	0.5000	0.5040	0.5080	0.5120	0.5160	0.5199	0.5239	0.5279	0.5319	0.5359
0.1	0.5398	0.5438	0.5478	0.5517	0.5557	0.5596	0.5636	0.5675	0.5714	0.5753
0.2	0.5793	0.5832	0.5871	0.5910	0.5948	0.5987	0.6026	0.6064	0.6103	0.6141
0.3	0.6179	0.6217	0.6255	0.6293	0.6331	0.6368	0.6406	0.6443	0.6480	0.6517
0.4	0.6554	0.6591	0.6628	0.6664	0.6700	0.6736	0.6772	0.6808	0.6844	0.6879
0.5	0.6915	0.6950	0.6985	0.7019	0.7054	0.7088	0.7123	0.7157	0.7190	0.7224
0.6	0.7257	0.7291	0.7324	0.7357	0.7389	0.7422	0.7454	0.7486	0.7517	0.7549
0.7	0.7580	0.7611	0.7642	0.7673	0.7704	0.7734	0.7764	0.7794	0.7823	0.7852
0.8	0.7881	0.7910	0.7939	0.7967	0.7995	0.8023	0.8051	0.8078	0.8106	0.8133
0.9	0.8159	0.8186	0.8212	0.8238	0.8264	0.8289	0.8315	0.8340	0.8365	0.8389
1.0	0.8413	0.8438	0.8461	0.8485	0.8508	0.8531	0.8554	0.8577	0.8599	0.8621
1.1	0.8643	0.8665	0.8686	0.8708	0.8729	0.8749	0.8770	0.8790	0.8810	0.8830
1.2	0.8849	0.8869	0.8888	0.8907	0.8925	0.8944	0.8962	0.8980	0.8997	0.9015
1.3	0.9032	0.9049	0.9066	0.9082	0.9099	0.9115	0.9131	0.9147	0.9162	0.9177
1.4	0.9192	0.9207	0.9222	0.9236	0.9251	0.9265	0.9279	0.9292	0.9306	0.9319
1.5	0.9332	0.9345	0.9357	0.9370	0.9382	0.9394	0.9406	0.9418	0.9429	0.9441
1.6	0.9452	0.9463	0.9474	0.9484	0.9495	0.9505	0.9515	0.9525	0.9535	0.9545
1.7	0.9554	0.9564	0.9573	0.9582	0.9591	0.9599	0.9608	0.9616	0.9625	0.9633
1.8	0.9641	0.9649	0.9656	0.9664	0.9671	0.9678	0.9686	0.9693	0.9699	0.9706
1.9	0.9713	0.9719	0.9726	0.9732	0.9738	0.9744	0.9750	0.9756	0.9761	0.9767
2.0	0.9772	0.9778	0.9783	0.9788	0.9793	0.9798	0.9803	0.9808	0.9812	0.9817
2.1	0.9821	0.9826	0.9830	0.9834	0.9838	0.9842	0.9846	0.9850	0.9854	0.9857
2.2	0.9861	0.9864	0.9868	0.9871	0.9875	0.9878	0.9881	0.9884	0.9887	0.9890
2.3	0.9893	0.9896	0.9898	0.9901	0.9904	0.9906	0.9909	0.9911	0.9913	0.9916
2.4	0.9918	0.9920	0.9922	0.9925	0.9927	0.9929	0.9931	0.9932	0.9934	0.9936
2.5	0.9938	0.9940	0.9941	0.9943	0.9945	0.9946	0.9948	0.9949	0.9951	0.9952
2.6	0.9953	0.9955	0.9956	0.9957	0.9959	0.9960	0.9961	0.9962	0.9963	0.9964
2.7	0.9965	0.9966	0.9967	0.9968	0.9969	0.9970	0.9971	0.9972	0.9973	0.9974
2.8	0.9974	0.9975	0.9976	0.9977	0.9977	0.9978	0.9979	0.9979	0.9980	0.9981
2.9	0.9981	0.9982	0.9982	0.9983	0.9984	0.9984	0.9985	0.9985	0.9986	0.9986
3.0	0.9987	0.9987	0.9987	0.9988	0.9988	0.9989	0.9989	0.9989	0.9990	0.9990
3.1	0.9990	0.9991	0.9991	0.9991	0.9992	0.9992	0.9992	0.9992	0.9993	0.9993
3.2	0.9993	0.9993	0.9994	0.9994	0.9994	0.9994	0.9994	0.9995	0.9995	0.9995
3.3	0.9995	0.9995	0.9995	0.9996	0.9996	0.9996	0.9996	0.9996	0.9996	0.9997
3.4	0.9997	0.9997	0.9997	0.9997	0.9997	0.9997	0.9997	0.9997	0.9997	0.9998
3.5	0.9998	0.9998	0.9998	0.9998	0.9998	0.9998	0.9998	0.9998	0.9998	0.9998
3.6	0.9998	0.9998	0.9999	0.9999	0.9999	0.9999	0.9999	0.9999	0.9999	0.9999
3.7	0.9999	0.9999	0.9999	0.9999	0.9999	0.9999	0.9999	0.9999	0.9999	0.9999
3.8	0.9999	0.9999	0.9999	0.9999	0.9999	0.9999	0.9999	0.9999	0.9999	0.9999
3.9	1.0000	1.0000	1.0000	1.0000	1.0000	1.0000	1.0000	1.0000	1.0000	1.0000

https://doi.org/10.1515/9783110744187-008

Tab. A.2: Quantilstabelle der t-Verteilung

Tabelliert sind die Quantile der t-Verteilung für n Freiheitsgrade.
Für $n > 30$ gilt: $t_{n,\alpha} \approx z_\alpha$, wobei z_α das α-Quantil der Standardnormalverteilung ist.
Ablesebeispiel: $t_{20,0.99} \approx 2.528$.

n	0.6	0.8	0.9	0.95	0.975	0.99	0.995	0.999	0.9995
1	0.3249	1.3764	3.0777	6.3138	12.706	31.821	63.657	318.31	636.62
2	0.2887	1.0607	1.8856	2.9200	4.3027	6.9646	9.9248	22.327	31.599
3	0.2767	0.9785	1.6377	2.3534	3.1824	4.5407	5.8409	10.2145	12.924
4	0.2707	0.9410	1.5332	2.1318	2.7764	3.7469	4.6041	7.1732	8.6103
5	0.2672	0.9195	1.4759	2.0150	2.5706	3.3649	4.0321	5.8934	6.8688
6	0.2648	0.9057	1.4398	1.9432	2.4469	3.1427	3.7074	5.2076	5.9588
7	0.2632	0.8960	1.4149	1.8946	2.3646	2.9980	3.4995	4.7853	5.4079
8	0.2619	0.8889	1.3968	1.8595	2.3060	2.8965	3.3554	4.5008	5.0413
9	0.2610	0.8834	1.3830	1.8331	2.2622	2.8214	3.2498	4.2968	4.7809
10	0.2602	0.8791	1.3722	1.8125	2.2281	2.7638	3.1693	4.1437	4.5869
11	0.2596	0.8755	1.3634	1.7959	2.2010	2.7181	3.1058	4.0247	4.4370
12	0.2590	0.8726	1.3562	1.7823	2.1788	2.6810	3.0545	3.9296	4.3178
13	0.2586	0.8702	1.3502	1.7709	2.1604	2.6503	3.0123	3.8520	4.2208
14	0.2582	0.8681	1.3450	1.7613	2.1448	2.6245	2.9768	3.7874	4.1405
15	0.2579	0.8662	1.3406	1.7531	2.1314	2.6025	2.9467	3.7328	4.0728
16	0.2576	0.8647	1.3368	1.7459	2.1199	2.5835	2.9208	3.6862	4.0150
17	0.2573	0.8633	1.3334	1.7396	2.1098	2.5669	2.8982	3.6458	3.9651
18	0.2571	0.8620	1.3304	1.7341	2.1009	2.5524	2.8784	3.6105	3.9216
19	0.2569	0.8610	1.3277	1.7291	2.0930	2.5395	2.8609	3.5794	3.8834
20	0.2567	0.8600	1.3253	1.7247	2.0860	2.5280	2.8453	3.5518	3.8495
21	0.2566	0.8591	1.3232	1.7207	2.0796	2.5176	2.8314	3.5272	3.8193
22	0.2564	0.8583	1.3212	1.7171	2.0739	2.5083	2.8188	3.5050	3.7921
23	0.2563	0.8575	1.3195	1.7139	2.0687	2.4999	2.8073	3.4850	3.7676
24	0.2562	0.8569	1.3178	1.7109	2.0639	2.4922	2.7969	3.4668	3.7454
25	0.2561	0.8562	1.3163	1.7081	2.0595	2.4851	2.7874	3.4502	3.7251
26	0.2560	0.8557	1.3150	1.7056	2.0555	2.4786	2.7787	3.4350	3.7066
27	0.2559	0.8551	1.3137	1.7033	2.0518	2.4727	2.7707	3.4210	3.6896
28	0.2558	0.8546	1.3125	1.7011	2.0484	2.4671	2.7633	3.4082	3.6739
29	0.2557	0.8542	1.3114	1.6991	2.0452	2.4620	2.7564	3.3962	3.6594
30	0.2556	0.8538	1.3104	1.6973	2.0423	2.4573	2.7500	3.3852	3.6460

Tab. A.3: Quantilstabelle der χ^2-Verteilung

Tabelliert sind die Quantile der χ^2-Verteilung für n Freiheitsgrade.
Ablesebeispiel: $\chi^2_{10,0.95} \approx 18.307$.

n	0.01	0.025	0.05	0.1	0.5	0.9	0.95	0.975	0.99
1	0.000	0.001	0.004	0.016	0.455	2.705	3.841	5.024	6.635
2	0.020	0.051	0.103	0.211	1.386	4.605	5.992	7.378	9.210
3	0.115	0.216	0.352	0.584	2.366	6.251	7.815	9.348	11.345
4	0.297	0.484	0.711	1.064	3.357	7.779	9.488	11.143	13.277
5	0.554	0.831	1.145	1.610	4.351	9.236	11.070	12.832	15.086
6	0.872	1.237	1.635	2.204	5.348	10.645	12.592	14.449	16.812
7	1.239	1.690	2.167	2.833	6.346	12.017	14.067	16.013	18.475
8	1.647	2.180	2.733	3.490	7.344	13.362	15.507	17.535	20.090
9	2.088	2.700	3.325	4.168	8.343	14.684	16.919	19.023	21.666
10	2.558	3.247	3.940	4.865	9.342	15.987	18.307	20.483	23.209
11	3.054	3.816	4.575	5.578	10.341	17.275	19.675	21.920	24.725
12	3.571	4.404	5.226	6.304	11.340	18.549	21.026	23.337	26.217
13	4.107	5.009	5.892	7.042	12.340	19.812	22.362	24.736	27.688
14	4.660	5.629	6.571	7.790	13.339	21.064	23.685	26.119	29.141
15	5.229	6.262	7.261	8.547	14.339	22.307	24.996	27.488	30.578
16	5.812	6.908	7.962	9.312	15.338	23.542	26.296	28.845	32.000
17	6.408	7.564	8.672	10.085	16.338	24.769	27.587	30.191	33.409
18	7.015	8.231	9.390	10.865	17.338	25.989	28.869	31.526	34.805
19	7.633	8.906	10.117	11.651	18.338	27.204	30.143	32.852	36.191
20	8.260	9.591	10.851	12.443	19.337	28.412	31.410	34.170	37.566
21	8.897	10.283	11.591	13.240	20.337	29.615	32.671	35.479	38.932
22	9.543	10.982	12.338	14.041	21.337	30.813	33.924	36.781	40.289
23	10.196	11.689	13.091	14.848	22.337	32.007	35.172	38.076	41.638
24	10.856	12.401	13.848	15.659	23.337	33.196	36.415	39.364	42.980
25	11.524	13.120	14.611	16.473	24.337	34.382	37.653	40.647	44.314
26	12.198	13.844	15.379	17.292	25.337	35.563	38.885	41.923	45.642
27	12.879	14.573	16.151	18.114	26.336	36.741	40.113	43.194	46.963
28	13.565	15.308	16.928	18.939	27.336	37.916	41.337	44.461	48.278
29	14.257	16.047	17.708	19.768	28.336	39.087	42.557	45.722	49.588
30	14.954	16.791	18.493	20.599	29.336	40.256	43.773	46.979	50.892

Literatur

[1] Fahrmeir, L., Künstler, R., Pigeot, I., Tutz, G., Caputo, A. und Lang, S. (2010): *Arbeitsbuch Statistik*. 4. Auflage. Berlin; Heidelberg: Springer.

[2] Fahrmeir, L., Künstler, R., Pigeot, I. und Tutz, G. (2010): *Statistik: Der Weg zur Datenanalyse*. 7. Auflage. Berlin; Heidelberg: Springer.

[3] Hartung, J., Elpelt, B. und Klösener, K.-H. (2009): *Statistik: Lehr- und Handbuch der angewandten Statistik*. 15. Auflage. München: Oldenbourg.

[4] Hartung, J. und Heine, B. (2004): *Statistik-Übungen: Induktive Statistik*. 4. Auflage. München: Oldenbourg.

[5] Schira, J. (2012): *Statistische Methoden in der VWL und BWL*. 4. Auflage. München: Pearson.

[6] Stock, J.H. und Watson, M.W. (2003): *Introduction to Econometrics*. Addison-Wesley.

[7] Stocker, T.C. und Steinke, I. (2022): *Statistik - Grundlagen und Methodik*. München: De Gruyter Oldenbourg.

https://doi.org/10.1515/9783110744187-009

www.ingramcontent.com/pod-product-compliance
Lightning Source LLC
Chambersburg PA
CBHW061804210326

41599CB00034B/6868